산업안전기사 자격시험 안내

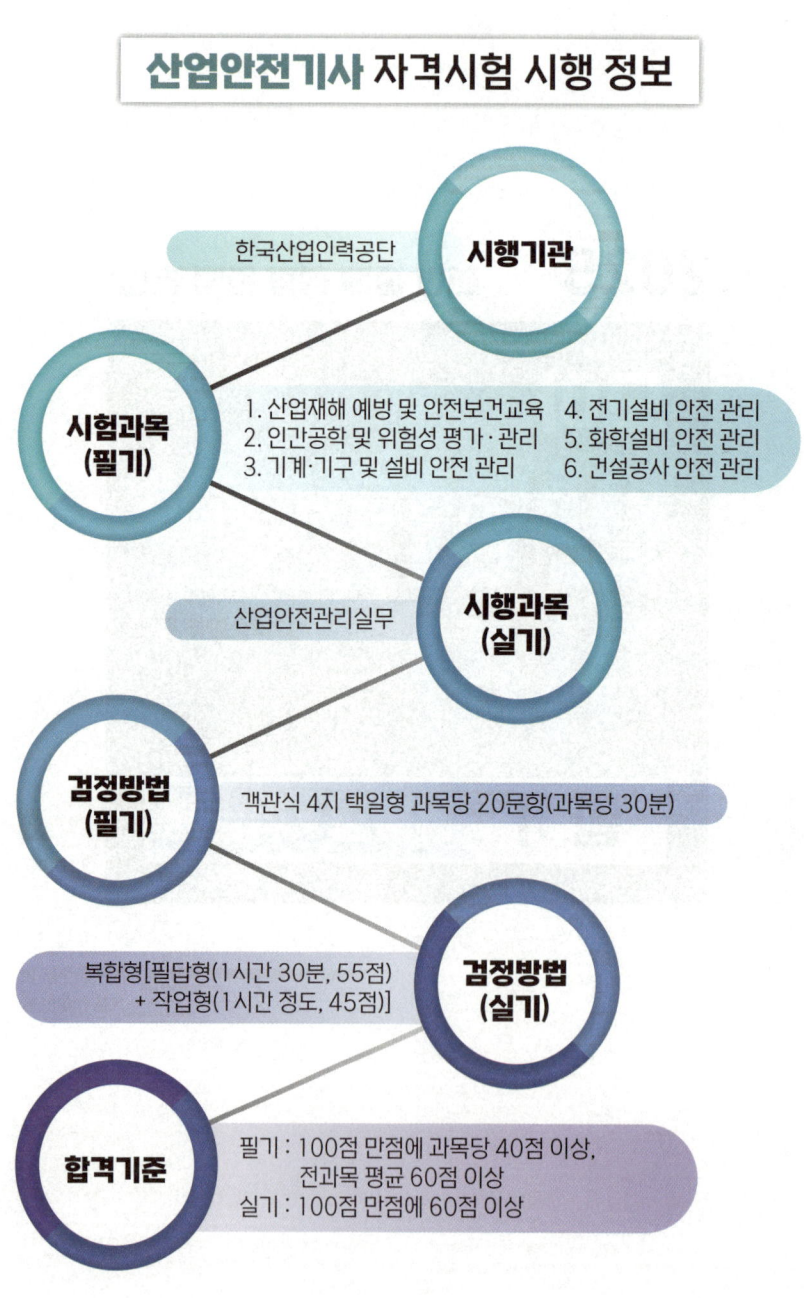

*2025년 시험일정과 자세한 정보는 큐넷(https://www.q-net.or.kr)을 참고 바랍니다.

산업안전기사 최근 5개년 합격률

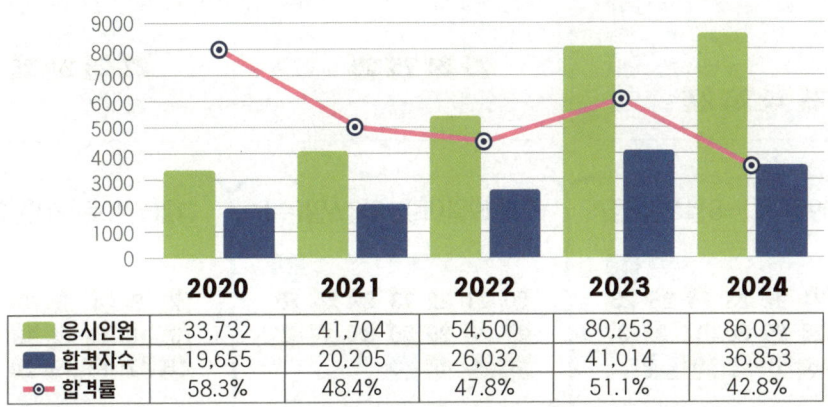

필기

	2020	2021	2022	2023	2024
응시인원	33,732	41,704	54,500	80,253	86,032
합격자수	19,655	20,205	26,032	41,014	36,853
합격률	58.3%	48.4%	47.8%	51.1%	42.8%

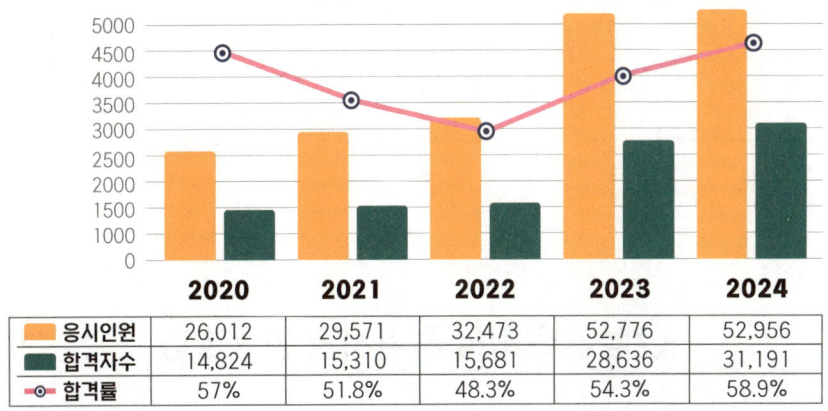

실기

	2020	2021	2022	2023	2024
응시인원	26,012	29,571	32,473	52,776	52,956
합격자수	14,824	15,310	15,681	28,636	31,191
합격률	57%	51.8%	48.3%	54.3%	58.9%

2025 산업안전기사 실기시험 일정

산업안전기사 자격시험 접수방법

큐넷(https://www.q-net.or.kr) 원서 접수는 온라인(인터넷, 모바일앱)에서만 가능합니다. 스마트폰, 태블릿PC 사용자는 모바일앱 프로그램을 설치한 후 접수 및 취소, 환불 서비스를 이용하시기 바랍니다.

2025 모아 산업안전기사 시리즈

필기(이론)

필기(과년도)
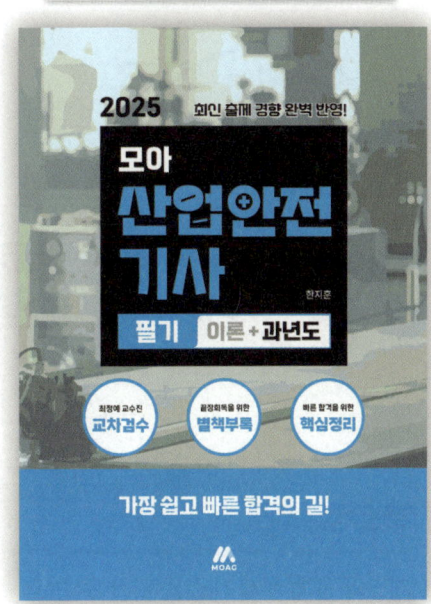

필기(끝장회독)

실기(필답형+작업형)

이 책의 구성_필답형

*산업안전기사는 위험물 품질명, 물질명 명칭 변경된 부분이 미적용된 상태이므로 해당 교재에서도 변경 전 명칭을 사용했습니다.
위험물 품질명, 물질명 명칭 변경 내용은 교재 마지막에 부록으로 확인 가능합니다.

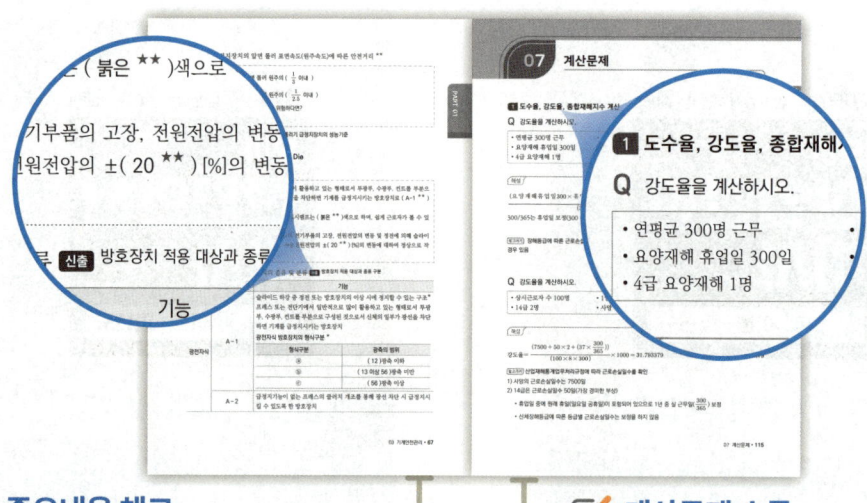

✅ 중요내용 체크
별표 체크와 함께 문제 해결을 위한 포인트를 기재하였습니다. 신출 표시로 최신 출제경향을 파악할 수 있도록 하였습니다.

✅ 계산문제 수록
계산식이 들어가는 문제들을 한꺼번에 모아 각 유형별로 연습할 수 있도록 하였습니다.

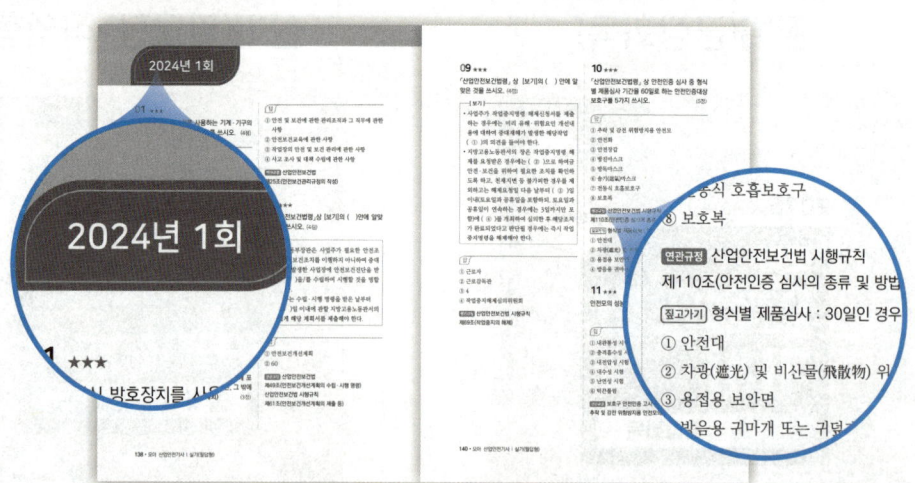

✅ 12개년 기출문제 수록
2024년도부터 2013년도까지 12개년의 기출문제를 통해 실전감각을 익힐 수 있도록 하였습니다.

✅ 빈틈없이 담은 해설
꼭 필요한 해설 수록과 함께 연관규정과 짚고 넘어가야 할 부분을 추가하여 폭넓은 이해가 가능하도록 하였습니다.

이 책의 구성_작업형

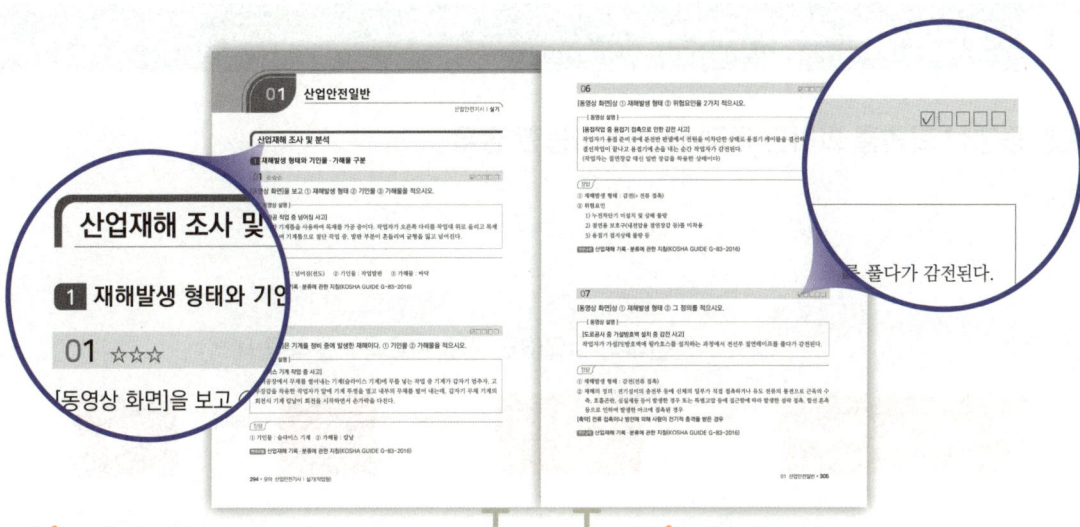

✅ 8개년 기출 분석

2024년도부터 2017년도까지 8개년의 기출을 유형별로 분석하여 출제 경향을 파악하고 실전감각을 익힐 수 있도록 하였습니다.

✅ 회독체크 박스

문제마다 회독 체크박스를 수록하여 반복해서 문제를 풀고 회독수를 표시할 수 있도록 하였습니다.

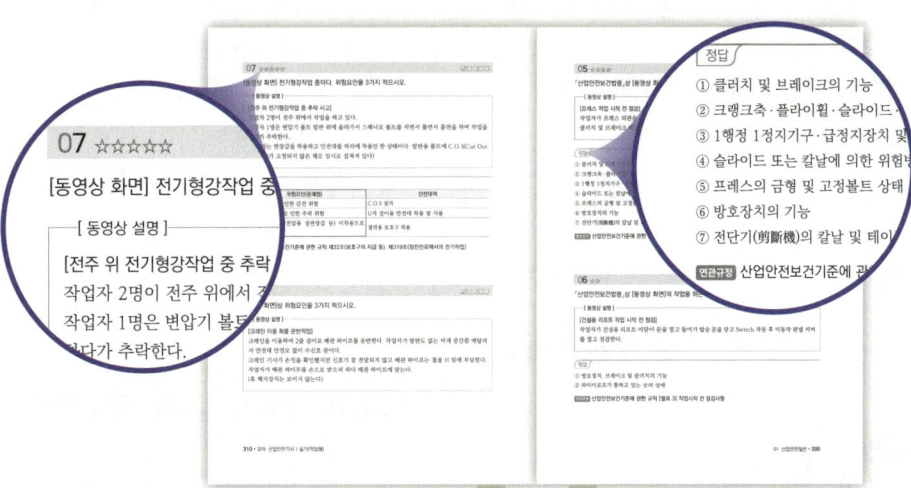

✅ 중요문제 별표 체크

중요 문제에 별표를 체크하여 실전에서 마주칠 수 있는 문제를 짚고 넘어갈 수 있도록 하였습니다. 별표 개수에 따라 중요도를 확인할 수 있습니다.

✅ 정답과 해설

정답으로 문제에서 요구하는 모범답안을 상세히 제시하였습니다. 각 문제별로 정답이 될 수 있는 항목을 충분히 제공함과 동시에 연관규정을 확인할 수 있도록 하였습니다.

 **작업형 시험 학습전략**

1 작업형 시험 요령

1 동영상 화면을 봐야만 문제 접근이 가능한 경우

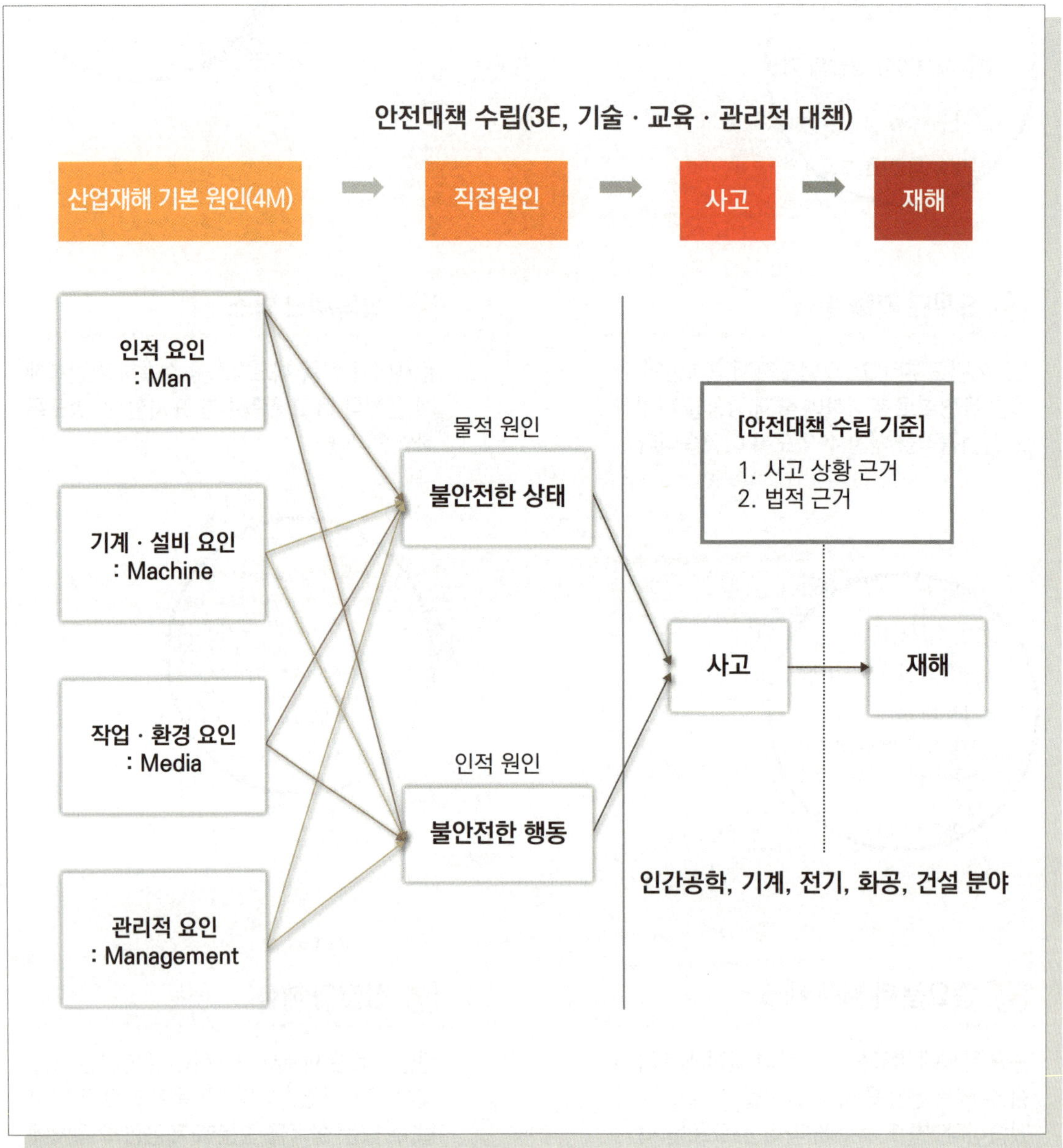

안전대책 수립(3E, 기술·교육·관리적 대책)

산업재해 기본 원인(4M) ⇒ 직접원인 ⇒ 사고 ⇒ 재해

- 인적 요인 : Man
- 기계·설비 요인 : Machine
- 작업·환경 요인 : Media
- 관리적 요인 : Management

물적 원인 → **불안전한 상태**
인적 원인 → **불안전한 행동**

→ 사고 → 재해

[안전대책 수립 기준]
1. 사고 상황 근거
2. 법적 근거

인간공학, 기계, 전기, 화공, 건설 분야

> **분석 절차**

(1) 1단계 : 산업재해 기본원인을 파악한다.

인적 원인	무의식 행동, 착오, 피로, 연령, 커뮤니케이션 등
기계·설비 요인	기계·설비의 설계상 결함, 방호장치의 불량, 작업표준화의 부족, 점검·정비의 부족 등
작업·환경 요인	작업정보의 부적절, 작업자세·동작의 결함, 작업방법의 부적절, 작업환경 조건의 불량 등
관리적 요인	관리조직의 결함, 규정·매뉴얼의 불비·불철저, 안전교육의 부족, 지도 감독의 부족 등

(2) 2단계 : [동영상 화면] 속, 근로자의 행동을 통해 사고 발생에 직접 원인(위험요인)을 파악한다.

인적 원인(불안전한 행동)	물적 원인(불안전한 상태)
○ 위험장소 접근 ○ 복장 보호구의 잘못된 사용 ○ 운전 중인 기계 장치의 점검 ○ 위험물 취급 부주의 ○ 불안전한 자세나 동작 ○ 안전장치의 기능 제거 ○ 기계 기구의 잘못된 사용 ○ 불안전한 속도 조작 ○ 불안전한 상태 방치 ○ 감독 및 연락 불충분	○ 물건 자체의 결함 ○ 안전방호장치의 결함 ○ 복장, 보호구의 결함 ○ 기계의 배치 및 작업장소의 결함 ○ 불안전한 자세나 동작 ○ 작업환경의 결함 ○ 생산공정의 결함 ○ 경계표시 및 설비의 결함

(3) 3단계 : 사고가 발생된 이유를 파악한다.

→ 산업재해조사(기인물, 가해물, 재해발생형태)

① 기인물과 가해물의 구분

기인물	직접적으로 재해를 유발하거나 영향을 끼친 에너지원(운동, 위치, 열, 전기 등)을 지닌 기계·장치, 구조물, 물체·물질, 사람 또는 환경 등
2차 기인물	복합적 요인으로 발생된 재해에 있어서 기인물을 유발(가속화)시켰거나 재해 또는 특정물질에 노출을 유도한 것, 즉 간접적 영향을 끼친 물체, 사람, 에너지원, 환경요인
가해물	근로자에게 직접적으로 상해를 입힌 기계, 장치, 구조물, 물체·물질, 사람 또는 환경 등

② 재해발생형태의 종류

과거	현재	정의
추락	떨어짐 (높이가 있는 곳에서 사람이 떨어짐)	사람이 인력(중력)에 의하여 건축물, 구조물, 가설물, 수목, 사다리 등의 높은 장소에서 떨어지는 것
전도	넘어짐 (사람이 미끄러지거나 넘어짐)	사람이 인력(중력)에 의하여 건축물, 구조물, 가설물, 수목, 사다리 등의 높은 장소에서 떨어지는 것
전도	깔림·뒤집힘 (물체의 쓰러짐이나 뒤집힘)	기대어져 있거나 세워져 있는 물체 등이 쓰러져 깔린 경우 및 지게차 등의 건설기계 등이 운행 또는 작업 중 뒤집어진 것
충돌	부딪힘 (물체에 부딪힘)·접촉	재해자 자신의 움직임·동작으로 인하여 기인물에 접촉 또는 부딪히거나, 물체가 고정부에서 이탈하지 않은 상태로 움직임(규칙, 불규칙) 등에 의하여 부딪히거나 접촉한 것
낙하·비래	맞음 (날아오거나 떨어진 물체에 맞음)	구조물, 기계 등에 고정되어 있던 물체가 중력, 원심력, 관성력 등에 의하여 고정부에서 이탈하거나 또는 설비 등으로부터 물질이 분출되어 사람을 가해하는 것
협착	끼임 (기계설비에 끼이거나 감김)	두 물체 사이의 움직임에 의하여 일어난 것으로 직선 운동하는 물체 사이의 끼임, 회전부와 고정체 사이의 끼임, 로울러 등 회전체 사이에 물리거나 또는 회전체·돌기부 등에 감긴 것
붕괴·도괴	무너짐 (건축물이나 쌓여진 물체가 무너짐)	토사, 적재물, 구조물, 건축물, 가설물 등이 전체적으로 허물어져 내리거나 또는 주요 부분이 꺾어져 무너지는 것
압박·진동		재해자가 물체의 취급과정에서 신체특정부위에 과도한 힘이 편중·집중·눌려진 경우나 마찰접촉 또는 진동 등으로 신체에 부담을 주는 것
신체반작용		물체의 취급과 관련없이 일시적이고 급격한 행위·동작, 균형상실에 따른 반사적 행위 또는 놀람, 정신적 충격, 스트레스 등
부자연스런 자세		물체의 취급과 관련없이 작업환경 또는 설비의 부적절한 설계 또는 배치로 작업자가 특정한 자세·동작을 장시간 취하여 신체의 일부에 부담을 주는 경우

과거	현재	정의
	과도한 힘·동작	물체의 취급과 관련하여 근육의 힘을 많이 사용하는 경우로서 밀기, 당기기, 지탱하기, 들어올리기, 돌리기, 잡기, 운반하기 등과 같은 행위·동작
	반복적 동작	신체의 취급과 관련하여 근육의 힘을 많이 사용하지 않는 경우로서 지속적 또는 반복적인 업무수행으로 신체의 일부에 부담을 주는 행위·동작
	이상온도 노출·접촉	고·저온 환경 또는 물체에 노출·접촉된 것
	이상기압 노출	고·저기압 등의 환경에 노출된 것
	유해·위험물질 노출·접촉	유해·위험물질에 노출·접촉 또는 흡입하였거나 독성동물에 쏘이거나 물린 것
	소음노출	폭발음을 제외한 일시적·장기적인 소음에 노출된 것
	유해광선 노출	전리 또는 비전리 방사선에 노출된 것
	산소결핍·질식	유해물질과 관련 없이 산소가 부족한 상태·환경에 노출되었거나 이물질 등에 의하여 기도가 막혀 호흡기능이 불충분한 것
	화재	가연물에 점화원이 가해져 비의도적으로 불이 일어난 경우를 말하며, 방화는 의도적이기는 하나 관리할 수 없으므로 화재에 포함시킨다.
	폭발	건축물, 용기 내 또는 대기 중에서 물질의 화학적, 물리적 변화가 급격히 진행되어 열, 폭음, 폭발압이 동반되어 발생하는 경우
	감전	전기설비의 충전부 등에 신체의 일부가 직접 접촉하거나 유도전류의 통전으로 근육의 수축, 호흡곤란, 심실세동 등이 발생한 경우 또는 특별고압 등에 접근함에 따라 발생한 섬락 접촉, 합선·혼촉 등으로 인하여 발생한 아크에 접촉된 경우
	폭력행위	의도적인 또는 의도가 불분명한 위험행위(마약, 정신질환 등)로 자신 또는 타인에게 상해를 입힌 폭력·폭행을 말하며, 협박·언어·성폭력 및 동물에 의한 상해 등도 포함한다.

③ 산업재해조사 실시

◆ 기본기준

1. 산업재해가 발생된 형태를 우선적으로 파악·분류
2. 사고가 상해에 직접적인 영향을 주지 못한 경우 : 기인된 물체 또는 물질을 확인하고 재해자에게 어떻게 접촉 또는 폭로되었는가를 기준으로 분류
3. 단일 사고로 여러 명의 재해자가 발생하여 상해 결과가 재해자별로 상이한 경우 : 사고 형태에 의한 분류

◆ 복합적 현상에 의한 발생형태 분류기준

1. 1차 원인에 의한 현상이 상해 결과를 유발하기에 적합한 경우 : 1차 원인의 현상을 발생형태로 분류
2. 1차 원인의 현상이 부적절한 경우 : 재해자의 상병종류·부위 및 사망·부상원인 등을 파악·비교하여 상해결과에 적합한 현상을 판단하여 분류
3. 사망·부상원인 및 상해 결과 등 직접적 요인 파악이 어려운 경우
   - 폭력행위, 폭발, 화재, 전류접촉, 유해·위험물질접촉 순으로 특정 사고를 우선하여 분류
   - 재해 정도를 고려 가장 우선적으로 재해예방대책이 요구되는 현상
   - 1차 원인(즉, 발단이 된 현상)

◆ 분류 시 유의사항

1. 두 가지 이상의 발생형태가 연쇄적으로 발생된 사고의 경우 : 상해결과 또는 피해를 크게 유발한 형태로 분류
   - 재해자가 「넘어짐」으로 인하여 기계의 동력전달부위 등에 끼이는 사고가 발생하여 신체부위가 「절단」된 경우 : 「끼임」
   - 재해자가 구조물 상부에서 「넘어짐」으로 인하여 사람이 떨어져 두개골 골절이 발생한 경우 : 「떨어짐」
   - 재해자가 「넘어짐」 또는 「떨어짐」으로 물에 빠져 익사한 경우 : 「유해·위험물질 노출·접촉」
   - 재해자가 전주에서 작업 중 「전류접촉」으로 떨어진 경우
     1) 상해 결과가 골절인 경우 : 「떨어짐」
     2) 상해 결과가 전기쇼크인 경우에는 「전류접촉」
2. 기계의 구동축, 회전체 등 주요 부위의 파단, 파열 등으로 사고가 발생한 경우
   - 상해를 입힌 물체의 운동형태에 따라 「맞음」

3. 「떨어짐」과 「넘어짐」 재해의 분류
   - 사고 당시 바닥면과 신체가 떨어진 상태로 더 낮은 위치로 떨어진 경우 : 「떨어짐」
   - 바닥면과 신체가 접해 있는 상태에서 더 낮은 위치로 떨어진 경우 : 「넘어짐」
   - 신체가 바닥면과 접해 있었는지 여부를 알 수 없는 경우
     1) 작업발판 등 구조물의 높이가 보폭(약 60cm) 이상인 경우 : 「떨어짐」
     2) 그 보폭 미만인 경우 : 「넘어짐」
4. 「맞음」, 「이상온도 노출·접촉」 또는 「유해·위험물질 노출·접촉」의 분류
   - 물체 또는 물질이 떨어지거나 날아와 타박상 등의 상해를 입었을 경우 : 「맞음」
   - 고·저온 물체 또는 물질이 떨어지거나 날아와 화상을 입었을 경우 : 「이상온도 노출·접촉」
   - 떨어지거나 날아온 물체 또는 물질의 특성에 의하여 상해를 입은 경우 : 「유해·위험물질 노출·접촉」
5. 「폭력행위」와 「유해·위험물질 노출·접촉」의 분류
   - 개, 뱀 등 동물에게 물려 광견병, 독성물질 중독이 발생한 경우 : 「유해·위험물질 접촉」
   - 감염은 없이 찔림 정도의 교상만 발생한 경우 : 「폭력행위」
6. 「폭발」과 「화재」의 분류
   - 폭발과 화재, 두 현상이 복합적으로 발생된 경우 : 「폭발」

(4) 4단계 : [동영상 화면]에서 확인된 위험요인에 따라, 적용 우선순위를 고려하여 안전대책을 마련한다.

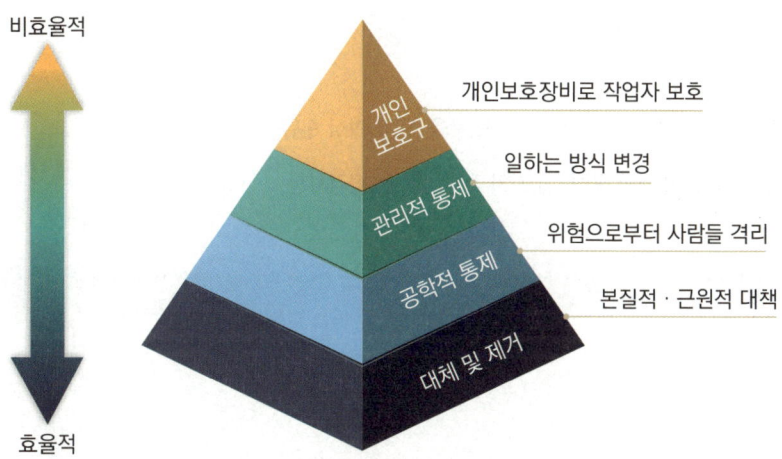

안전대책 마련 시, [동영상 화면]에 사고 발생에 직접 원인에 근거하여 법적으로 준수해야 하는 근거 기반으로 작성한다.

2 동영상 화면을 봐야만 문제 접근이 가능한 경우

주로 필답형에서 공부하였던 암기사항들로 「산업안전보건법령」과 관계된 사항, 「○○공사 표준안전지침」 등 문제를 읽고도 해결가능한 문제이다. 모범답안이 아닌 정답이 존재하기 때문에 명확하게 암기하면 해당 문제에서 고득점을 확보할 수 있다.

예시 : 컨베이어의 작업시작 전 점검사항

「산업안전보건법령」상 동영상(컨베이어)의 작업시작 전 점검 사항 3가지를 적으시오.

[동영상 설명]

[컨베이어 사용 상자 이송 작업]
큰 공장 안에 대형 컨베이어가 가동 중이며, 컨베이어 위에 상자가 줄지어 이동 중이다.
컨베이어 벨트를 청소하는 작업자가 정지 중이던 벨트와 풀리 사이를 청소하려고 손을 집어 넣을 때, 다른 작업자가 컨베이어 기계를 작동시키면서 청소하던 작업자의 손이 물려들어가 고통스러운 표정을 짓는다.

정답
① 원동기 및 풀리 기능의 이상 유무
② 이탈 등의 방지장치 기능의 이상 유무
③ 비상정지장치 기능의 이상 유무
④ 원동기·회전축·기어 및 풀리 등의 덮개 또는 울 등의 이상 유무

연관규정 산업안전보건기준에 관한 규칙 [별표 3] 작업시작 전 점검사항

2 작업형 시험 문제유형

1. 기인물, 가해물, 재해발생유형 파악
2. 직접원인(불안전한 행동 및 상태) 파악
3. 위험요인 분석 및 안전대책 수립
4. 작업 조건별 보호구의 선정 및 기준
5. 작업계획서 작성사항

3 작업형 시험(CBT)

A타입 : 가스기능장, 가스기사, 가스산업기사, 가스기능사, 건설안전기사, 건설안전산업기사, 산업안전기사, 산업안전산업기사, 설비보전기사, 설비보전기능사, 방수산업기사

※테스트용으로 종목과 문제(영상 포함)는 일치하지 않을 수 있습니다. 형식과 사용방법만 참고하세요.

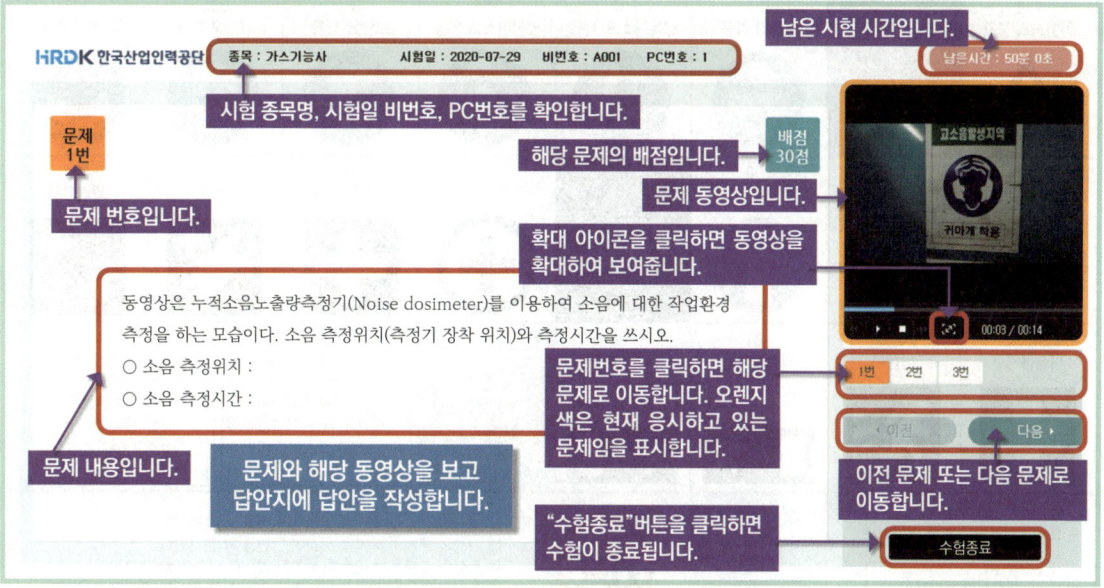

별도로 제공되는 답안지에 종목명, 문제번호를 수험생이 직접 기입 후, 동영상 문제번호에 해당되는 답란에 답안을 작성하는 방식입니다. 컴퓨터 사용에 익숙하지 않은 수험자는 한국산업인력공단 홈페이지(https://www.q-net.or.kr)에 접속해 공지사항에서 '동영상 실기시험 체험 프로그램'을 방문하여 사전에 연습해보기 바랍니다.

안전보건표지

2025 최신 출제 경향 완벽 반영!

모아 산업안전기사

한지훈

실기 필답형 + 작업형

- 최정예 교수진 **교차검수**
- 빠른 합격을 위한 **요약노트**
- 실전 대비를 위한 **기출문제**

가장 쉽고 빠른 합격의 길!

MOAG

이 책의 목차

PART 01 필답형 요약노트

01	산업재해 예방 및 안전보건교육	22
02	인간공학 및 위험성 평가·관리	58
03	기계안전관리	64
04	화공안전관리	76
05	전기안전관리	95
06	건설안전관리	100
07	계산문제(2024 ~ 2013)	115

PART 02 필답형 과년도 기출문제(2024 ~ 2013)

2024년 1회	138	2021년 1회	175
2024년 2회	142	2021년 2회	179
2024년 3회	146	2021년 3회	183
2023년 1회	150	2020년 1회	187
2023년 2회	154	2020년 2회	191
2023년 3회	158	2020년 3회	195
		2020년 4회	199
2022년 1회	162		
2022년 2회	167	2019년 1회	203
2022년 3회	171	2019년 2회	207
		2019년 3회	211

2018년 1회	214	2015년 1회	251
2018년 2회	218	2015년 2회	255
2018년 3회	222	2015년 3회	259
2017년 1회	226	2014년 1회	264
2017년 2회	231	2014년 2회	268
2017년 3회	235	2014년 3회	272
2016년 1회	239	2013년 1회	276
2016년 2회	243	2013년 2회	281
2016년 3회	247	2013년 3회	286

PART 03 작업형 유형별 분석(2024 ~ 2017)

01	산업안전일반	294
02	기계안전관리	338
03	인간공학 및 위험성 평가·관리	362
04	건설안전관리	365
05	전기안전관리	409
06	화공안전관리	420

PART 01 필답형 요약노트

학습전략 필답형 → 합격을 위한 토대이자, 작업형 시험 고득점을 위한 디딤돌

필답형 시험은 반드시 원하는(必, 반드시 **필**) 대답(答, 대답할 **답**)이 존재한다. 즉, 문제에 근거가 되는 이론과 법적 기준이 명확하다. 정확하게 답변할 시 모든 점수를 받을 수 있으며 아닐 시는 부분 점수를 받을 수 있지만 법적 기준은 되도록 수험자 뜻대로 축약하거나 변형해서는 좋은 점수를 받기는 어렵다. 이론 요약노트를 통해 매년 반복되었던 주요 사항을 확인하고 빠르게 전체적인 내용을 이해하고 12개년 과년도 기출문제를 풀어 본다면, 총 55점(14문제) 40점 이상을 노려볼 만하다. 무엇보다도 작업형 시험 중 절반 정도는 법적 근거를 기반으로 답을 작성하기에 필답형을 잘 준비한다면 작업형 시험 또한 고득점을 받을 수 있다. 한 달을 공부할 여유가 있다면 3주는 필답형, 1주는 작업형을 공부하도록 한다.

01 산업재해 예방 및 안전보건교육
02 인간공학 및 위험성 평가·관리
03 기계안전관리
04 화공안전관리
05 전기안전관리
06 건설안전관리
07 계산문제(2024 ~ 2013)

산업재해 예방 및 안전보건교육

산업안전기사 I 실기

1 안전관리 제이론 *

1) 하인리히 재해 구성 비율 1 : 29 : 300 법칙의 의미 설명 *
   (1) 중상 또는 사망(= 중대사고) 1회
   (2) 경상 29회
   (3) 무상해 사고(= 아차사고) 300회

2) 하인리히 등 사고발생(재해 연쇄성)이론

단계	하인리히 * / 웨버	버드	아담스 *
제1단계	사회적 환경과 유전적 요소	통제부족	관리구조
제2단계	개인적 결함/인간적 결함	기본원인	작전적 에러
제3단계	불안전한 행동 및 상태	직접원인	전술적 에러
제4단계	사고	사고	사고
제5단계	상해	상해	상해

3) 하인리히의 재해예방 대책 5단계 *
   (1) 제1단계 : 안전관리조직
   (2) 제2단계 : 사실의 발견
   (3) 제3단계 : 분석평가
   (4) 제4단계 : 시정책 선정
   (5) 제5단계 : 시정책 적용

4) 재해예방대책 4원칙 ** 정의와 설명
   (1) 예방가능의 원칙 : 천재지변을 제외한 모든 인재는 예방이 가능
   (2) 손실우연의 원칙 : 사고의 결과 손실의 유무 또는 대소는 사고 당시의 조건에 따라 우연적으로 발생
   (3) 원인연계(원인계기)의 원칙 : 사고에는 반드시 원인이 있고 원인은 대부분 복합적 연계 원인
   (4) 대책선정의 원칙 : 사고의 원인이나 불안전 요소가 발견되면 반드시 대책은 선정

5) 위험예지 훈련 4라운드 ★★
   (1) 제1단계 : 현상파악
   (2) 제2단계 : 본질추구
   (3) 제3단계 : 대책수립
   (4) 제4단계 : 목표설정

6) 동기부여의 이론 : 매슬로우 욕구단계론, 허츠버그 동기위생이론, 알더퍼 ERG이론을 비교

단계 구분	욕구단계론 ★	동기위생이론	ERG이론 ★
제1단계	생리적 욕구	위생요인	생존욕구
제2단계	안전 욕구		
제3단계	사회적 욕구	동기요인	관계욕구
제4단계	인정받으려는 욕구		성장욕구
제5단계	자아실현의 욕구		

7) 데이비스의 동기부여 이론 공식 ★

   가) 능력 = (지식) × (기능)   나) 동기 = (상황) × (태도)

[짚고가기]
① 경영의 성과 = 인간의 성과 × 물질적 성과
② 인간의 성과 = 능력 × 동기 유발

8) 인간관계의 메커니즘 ★★

- (투사) : 자기 속의 억압된 것을 다른 사람의 것으로 생각하는 것
- (동일화) : 다른 사람의 행동 양식이나 태도를 투입시키거나 다른 사람 가운데서 자기와 비슷한 점을 발견하는 것
- (모방) : 남의 행동이나 판단을 표본으로 하여 그것과 같거나 또는 그것에 가까운 행동 또는 판단을 취하는 것

[짚고가기] 인간의 적응기제(공격·방어·도피) 중 방어기제의 종류
- 보상 : 자신의 결함과 무능에 의하여 생긴 열등감이나 긴장을 해소시키기 위해 장점 같은 것으로 그 결함을 보충
- 합리화 : 자기의 실패나 약점을 그럴 듯한 이유를 들어 남에게 비난받지 않도록 함
- 승화 : 억압당한 욕구를 다른 가치 있는 목적으로 실현하도록 노력함으로써 욕구 충족

9) 행동주의 학습이론 : 파브로브 조건반사설 학습의 원리 ★ 4가지
   (1) 일관성의 원리
   (2) 계속성의 원리

(3) 강도의 원리
(4) 시간의 원리

10) 안전관리의 주요 대상인 4M과 안전 대책인 3E와의 관계도 ★

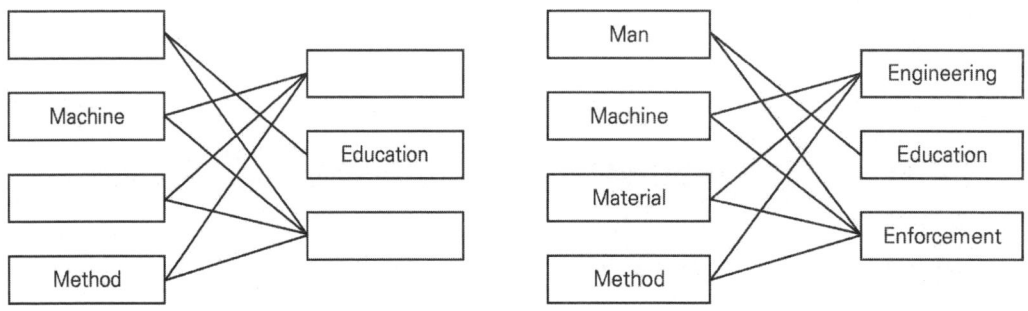

※ 휴먼 에러의 배후 요소 4M
Man, Machine, Media, Management

11) 시몬즈 방식에 보험코스트와 비보험코스트 중 비보험코스트 항목 ★ 4가지
   (1) 총재해코스트 = 보험코스트(산재 보상비) + 비보험코스트
   (2) 비보험 코스트 = (A × 휴업상해 건수 + B × 통원상해 건수 + C × 구급 조치 건수 + D × 무상해 사고 건수)

> [짚고가기] 하인리히 방식
> ① 총재해 코스트 = 직접비 + 간접비
> ② 직접비(Direct Cost) : 산재 보상비
> ③ 간접비(Indirect Cost) : 생산 손실, 물적 손실, 인적 손실
> ④ 직접비 : 간접비 = 1 : 4

2 안전보건관리 체제 및 운용

1) 「산업안전보건법령」상 사업주의 의무와 근로자의 의무 ★★ 각각 2가지
   (1) 사업주의 의무
      ① 이 법과 이 법에 따른 명령으로 정하는 산업재해 예방을 위한 기준을 지킬 것
      ② 근로자의 신체적 피로와 정신적 스트레스 등을 줄일 수 있는 쾌적한 작업환경을 조성하고 근로조건을 개선할 것
      ③ 해당 사업장의 안전 보건에 관한 정보를 근로자에게 제공할 것
   (2) 근로자의 의무
      ① 근로자는 이 법과 이 법에 따른 명령으로 정하는 기준 등 산업재해 예방에 필요한 사항을 지켜야 한다.

② 사업주 또는 근로감독관, 공단 등 관계자가 실시하는 산업재해 방지에 관한 조치에 따라야 한다.

[연관규정] 산업안전보건법 제5조(사업주 등의 의무), 제6조(근로자의 의무)

2) 산업안전보건위원회

사업장의 안전 및 보건에 관한 중요한 사항을 심의·의결하기 위해 구성·운영해야 할 기구 ★

(1) 구성위원 ★ 1가지씩

근로자위원 ★ 3가지
1. 근로자대표
2. 명예산업안전감독관이 위촉되어 있는 사업장의 경우 근로자대표가 지명하는 1명 이상의 명예산업안전감독관
3. 근로자대표가 지명하는 9명 이내의 해당 사업장의 근로자

사용자위원
1. 해당 사업의 대표자
2. 안전관리자 1명
3. 보건관리자 1명
4. 산업보건의(해당 사업장에 선임되어 있는 경우로 한정)
5. 해당 사업의 대표자가 지명하는 9명 이내의 해당 사업장 부서의 장

(2) 정기회의 개최 주기 : 분기마다 ★

(3) 산업안전보건위원회의 회의록 작성사항 ★★★ 3가지

① 개최 일시 및 장소

② 출석위원

③ 심의 내용 및 의결·결정 사항

④ 그 밖의 토의사항

(4) 산업안전보건위원회의 심의·의결 사항 ★ 4가지

① 사업장의 산업재해 예방계획의 수립에 관한 사항

② 안전보건관리규정의 작성 및 변경에 관한 사항

③ 근로자의 안전보건교육에 관한 사항

④ 작업환경 측정 등 작업환경의 점검 및 개선에 관한 사항

⑤ 근로자의 건강진단 등 건강관리에 관한 사항

⑥ 산업재해(중대재해)의 원인조사 및 재발 방지대책 수립에 관한 사항

⑦ 산업재해에 관한 통계의 기록 및 유지에 관한 사항

⑧ 유해하거나 위험한 기계·기구·설비를 도입한 경우 안전 및 보건조치에 관한 사항

⑨ 그 밖에 해당 사업장 근로자의 안전 및 보건을 유지·증진시키기 위하여 필요한 사항

> **연관규정** 산업안전보건법 제15조(안전보건관리책임자), 산업안전보건법 제24조(산업안전보건위원회), 산업안전보건법 시행령 제35조(산업안전보건위원회의 구성), 제37조(산업안전보건위원회의 회의 등), 제25조의4(회의 등)

3) 노사협의체(건설공사 대상) ★

(1) 설치대상 : 공사금액이 120억 원(토목공사업은 150억 원) 이상 건설공사

(2) 정기회의 개최주기 : 2개월마다

> **연관규정** 산업안전보건법 시행령 제63조(노사협의체의 설치 대상), 제64조(노사협의체의 구성), 제65조(노사협의체의 운영 등)

4) 안전보건관리담당자의 업무 ★ 4가지

(1) 안전보건교육 실시에 관한 보좌 및 지도·조언

(2) 위험성평가에 관한 보좌 및 지도·조언

(3) 작업환경측정 및 개선에 관한 보좌 및 지도·조언

(4) 건강진단에 관한 보좌 및 지도·조언

(5) 산업재해 발생의 원인 조사, 산업재해 통계의 기록 및 유지를 위한 보좌 및 지도·조언

(6) 산업안전·보건과 관련된 안전장치 및 보호구 구입 시 적격품 선정에 관한 보좌 및 지도·조언

> **연관규정** 산업안전보건법 시행령 제25조(안전보건관리담당자의 업무)

5) 안전보건총괄책임자의 직무 ★ 4가지

(1) 위험성평가의 실시에 관한 사항

(2) 작업의 중지

(3) 도급 시 산업재해 예방조치

(4) 산업안전보건관리비의 관계수급인 간의 사용에 관한 협의·조정 및 그 집행의 감독

(5) 안전인증대상기계등과 자율안전확인대상기계 등의 사용 여부 확인

> **연관규정** 산업안전보건법 시행령 제53조(안전보건총괄책임자의 직무 등)

6) 안전보건총괄책임자 지정대상 사업 ★ 3가지

(1) 관계수급인에게 고용된 근로자를 포함한 상시근로자가 100명 이상인 사업

(2) 관계수급인에게 고용된 근로자를 포함한 상시근로자 50명 이상인 선박 및 보트 건조업, 1차 금속 제조업 및 토사석 광업

(3) 관계수급인의 공사금액을 포함한 해당 공사의 총공사금액 20억 원 이상인 건설업

> **연관규정** 산업안전보건법 시행령 제52조(안전보건총괄책임자 지정 대상사업)
> 수급인과 하수급인에게 고용된 근로자를 포함한 상시 근로자가 100명(선박 및 보트 건조업, 1차 금속 제조업 및 토사석 광업의 경우에는 50명) 이상인 사업 및 수급인과 하수급인의 공사금액을 포함한 해당 공사의 총공사금액이 20억 원 이상인 건설업을 말한다.

7) 관리감독자의 업무 ★ 4가지

   (1) 기계·기구 또는 설비의 안전·보건 점검 및 이상 유무의 확인
   (2) 근로자의 작업복·보호구 및 방호장치의 점검과 그 착용·사용에 관한 교육·지도
   (3) 해당작업에서 발생한 산업재해에 관한 보고 및 이에 대한 응급조치
   (4) 해당작업의 작업장 정리·정돈 및 통로 확보에 대한 확인·감독
   (5) 사업장의 안전관리자, 보건관리자, 안전보건관리담당자, 산업보건의의 지도·조언에 대한 협조
   (6) 위험성평가에 관한 유해·위험요인의 파악에 대한 참여
   (7) 위험성평가에 관한 유해·개선조치의 시행에 대한 참여
   (8) 그 밖에 해당작업의 안전 및 보건에 관한 사항으로서 고용노동부령으로 정하는 사항

   연관규정 산업안전보건법 시행령 제15조(관리감독자의 업무 등)

3 안전보건관리규정

1) 안전보건관리규정에 포함해야 하는 사항 ★★ 3가지 ★★★★★ 4가지

> - 안전 및 보건에 관한 관리조직과 그 직무에 관한 사항
> - 안전보건교육에 관한 사항
> - 작업장의 안전 및 보건 관리에 관한 사항
> - 사고 조사 및 대책 수립에 관한 사항
> - 그 밖에 안전 및 보건에 관한 사항

[안전보건관리규정을 작성해야 할 사업의 종류 및 상시근로자 수]

사업의 종류	상시근로자 수
1. 농업 2. 어업 3. 소프트웨어 개발 및 공급업 4. 컴퓨터 프로그래밍, 시스템 통합 및 관리업 5. 정보서비스업 6. 금융 및 보험업 7. 임대업 ; 부동산 제외 8. 전문, 과학 및 기술 서비스업(연구개발업은 제외한다) 9. 사업지원 서비스업 10. 사회복지 서비스업	300명 이상
11. 제1호부터 제10호까지의 사업을 제외한 사업 ★	<u>100명 이상</u>

2) 안전관리자를 정수 이상으로 증원·교체하여 임명할 수 있는 사유 ★★★ 3가지
   (1) 해당 사업장의 연간재해율이 같은 업종의 평균재해율의 2배 이상인 경우
   (2) 중대재해가 연간 2건 이상 발생한 경우
   (3) 관리자가 질병이나 그 밖의 사유로 3개월 이상 직무를 수행할 수 없게 된 경우
   (4) 화학적 인자로 인한 직업성 질병자가 연간 3명 이상 발생한 경우

   연관규정 산업안전보건법 시행규칙 제12조(안전관리자 등의 증원·교체임명 명령)

3) 업종별 안전관리자 선임기준 계산 ★★
   (1) 건설공사 외

구분	위험도	안전관리자 수	
		1명 이상	2명 이상
토사석 광업, 일반제조업 발전업, 창고업 등	↑↑	50명 이상 500명 미만	500명 이상
그 외	↓↓	50명 이상 1000명 미만	1000명 이상

   (2) 건설공사

공사금액	공사기간	
	15 ~ 85 [%]	15 [%] 미만, 85 [%] 초과
공사금액 50억 원 이상 ~ 800억 미만	1명 이상	1명 이상
공사금액 800억 원 이상 1,500억 원 미만	2명 이상	1명 이상
공사금액 1,500억 원 이상 2,200억 원 미만	3명 이상	2명 이상
공사금액 2,200억 원 이상 3천 억 원 미만	4명 이상	2명 이상
공사금액 3천 억 원 이상 3,900억 원 미만	5명 이상	3명 이상
공사금액 3,900억 원 이상 4,900억 원 미만	6명 이상	3명 이상
공사금액 4,900억 원 이상 6천 억 원 미만	7명 이상	4명 이상
공사금액 6천 억 원 이상 7,200억 원 미만	8명 이상	4명 이상
공사금액 7,200억 원 이상 8,500억 원 미만	9명 이상	5명 이상
공사금액 8,500억 원 이상 1조 원 미만	10명 이상	5명 이상
1조 원 이상 (2천 억 원 초과 시 1명 추가 단, 2조 원 이상부터는 3천 억 원 초과 시 1명 추가)	11명 이상	6명 이상

   연관규정 산업안전보건법 시행령 [별표 3]
   안전관리자를 두어야 하는 사업의 종류, 사업장의 상시근로자 수, 안전관리자의 수 및 선임방법

4 유해위험방지계획서

1) 유해위험방지계획서 제출 대상

기계·기구 및 설비 ★ 3가지	
① 금속이나 그 밖의 광물의 용해로	② 화학설비
③ 건조설비	④ 가스집합 용접장치
⑤ 근로자의 건강에 상당한 장해를 일으킬 우려가 있는 물질로서 고용노동부령으로 정하는 물질의 밀폐·환기·배기를 위한 설비	

전기 계약용량이 300 [kW] 이상인 경우(제조업 해당) ★ 3가지	
① 금속가공제품 제조업 ; 기계 및 가구 제외	② 비금속 광물제품 제조업
③ 1차 금속 제조업	④ 기타 기계 및 장비 제조업
⑤ 자동차 및 트레일러 제조업	⑥ 식료품 제조업
⑦ 고무제품 및 플라스틱제품 제조업	⑧ 목재 및 나무제품 제조업
⑨ 기타 제품 제조업	⑩ 가구 제조업
⑪ 화학물질 및 화학제품 제조업	⑫ 반도체 제조업
⑬ 전자부품 제조업	

대통령령으로 정하는 크기, 높이 등에 해당하는 건설공사를 착공하려는 경우 ★★ 4가지

1. 다음 각 목의 어느 하나에 해당하는 건축물 또는 시설 등의 건설·개조 또는 해체 공사
   가. 지상높이가 31 [m] 이상인 건축물 또는 인공구조물 해당 작업공종 ★ 4가지
   나. 연면적 30,000 [m²] 이상인 건축물
   다. 연면적 5,000 [m²] 이상인 시설로서 다음의 어느 하나에 해당하는 시설
      1) 문화 및 집회시설(전시장 및 동물원·식물원은 제외)
      2) 판매시설, 운수시설(고속철도의 역사 및 집배송시설은 제외)
      3) 종교시설
      4) 의료시설 중 종합병원
      5) 숙박시설 중 관광숙박시설
      6) 지하도상가
      7) 냉동·냉장 창고시설
2. 연면적 5,000 [m²] 이상인 냉동·냉장 창고시설의 설비공사 및 단열공사
3. 최대 지간길이가 50 [m] 이상인 다리의 건설 등 공사
4. 터널의 건설 등 공사
5. 다목적댐, 발전용댐, 저수용량 20,000,000 [ton] 이상의 용수 전용 댐 및 지방상수도 전용 댐의 건설 등 공사
6. 깊이 10 [m] 이상인 굴착공사

연관규정 산업안전보건법 시행령 제42조(유해위험방지계획서 제출 대상) 2호

2) 지상 높이가 31 [m] 이상 되는 건축물을 건설하는 공사현장에서 건설공사 유해위험방지계획서를 작성하여 제출하고자 할 때 첨부하여야 하는 작업공종 4가지
   (1) 가설공사
   (2) 구조물공사
   (3) 마감공사
   (4) 기계 설비공사
   (5) 해체공사

   연관규정 산업안전보건법 시행규칙 [별표 10] 유해위험방지계획서 첨부서류(제42조 제3항 관련)

3) 제품의 생산 공정과 직접적으로 관련된 건설물·기계·기구 및 설비 등 전부를 설치·이전하거나 그 주요 구조부분을 변경하려는 경우, 유해위험방지계획서를 제출할 때 첨부해야 하는 서류 (단, 그 밖에 고용노동부장관이 정하는 도면 및 서류는 제외) **신출** 3가지
   (1) 건축물 각 층의 평면도
   (2) 기계·설비의 개요를 나타내는 서류
   (3) 기계·설비의 배치도면
   (4) 원재료 및 제품의 취급, 제조 등의 작업방법의 개요

4) 건설공사 유해위험방지계획서
   (1) 제출기한 : 해당 공사의 착공 전날까지 ★★
   (2) 첨부서류 ★★ 2가지
      ① 공사 개요 및 안전보건관리계획
      ② 작업 공사 종류별 유해위험방지계획

   연관규정 산업안전보건법 시행규칙 제42조(제출서류 등) [별표 10] 유해위험방지계획서 첨부서류(제42조 제3항 관련)

5 안전보건계획

1) 안전보건계획의 수립 의무 대상 **신출**
   다음 회사는 매년 회사의 안전 및 보건에 관한 계획을 수립하여 이사회에 보고하고 승인을 받아야 한다.
   (1) 상시근로자 (500)명 이상을 사용하는 회사
   (2) 「건설산업기본법」에 따라 평가하여 공시된 시공능력의 순위 상위 (1000)위 이내의 건설회사

2) 안전보건개선계획의 수립·시행 및 제출 신출
   ⑴ 고용노동부장관은 사업주가 필요한 안전조치 또는 보건조치를 이행하지 아니하여 중대재해가 발생한 사업장에 안전보건진단을 받아 (안전보건개선계획)을/를 수립하여 시행할 것을 명할 수 있다.
   ⑵ 사업주는 수립·시행 명령을 받은 날부터 (60)일 이내에 관할 지방고용노동관서의 장에게 해당 계획서를 제출해야 한다.

6 산업재해조사 및 관리

1) 사업장에서 발생하는 산업재해의 재해조사 목적 ★ 2가지
   ⑴ 재해의 발생원인과 결함을 규명
   ⑵ 예방 자료를 수집
   ⑶ 동종 재해 및 유사 재해의 재발 방지대책을 강구

2) 중대재해 정의 ★ 3가지
   ⑴ 사망자가 (1명) 이상 발생한 재해
   ⑵ 3개월 이상의 요양이 필요한 부상자가 동시에 (2명) 이상 발생한 재해
   ⑶ 부상자 또는 직업성질병자가 동시에 (10명) 이상 발생한 재해

   연관규정 산업안전보건법 시행규칙 제2조(정의)

3) 산업재해 발생 시의 조치순서 ★

   > 산업재해발생 → 긴급처리 → 재해조사 → 원인강구 → 대책수립 → 대책실시계획 → 실시 → 평가

4) 중대사고 발생 시 노동부에 구두나 유선으로 보고해야 하는 사항 ★ 4가지
   ⑴ 발생 개요 ⑵ 피해 상황 ⑶ 조치 ⑷ 전망 ⑸ 그 밖의 중요한 사항

   연관규정 산업안전보건법 시행규칙 제67조(중대재해 발생 시 보고)

5) 산업재해 분석 ★

   > 근로자가 작업장 통로를 걷다가 바닥의 기름에 미끄러져 넘어져서, 선반에 머리를 부딪쳐 부상을 당한다.

   ⑴ 재해 유형 : 넘어짐
   ⑵ 가해물 : 선반
   ⑶ 기인물 : (작업장 통로) (바닥의) 기름

6) 재해발생 형태 구분 ★

> ① 폭발과 화재 2가지 현상이 복합적으로 발생한 경우 : 폭발
> ② 재해 당시 바닥면과 신체가 떨어진 상태로 더 낮은 위치로 떨어진 경우 : 떨어짐
> ③ 재해 당시 바닥면과 신체가 접해 있는 상태에서 더 낮은 위치로 떨어진 경우 : 넘어짐
> ④ 재해자가 전도로 인하여 기계의 동력전달부위 등에 협착되어 신체부위가 절단된 경우 : 끼임

[짚고가기] 복합적 현상에 의한 발생형태 분류기준 : 1차 원인에 의한 현상이 상해 결과를 유발하기에 적합한 경우에는 1차 원인의 현상을 발생형태로 분류한다.

[연관규정] 산업재해 기록 분류에 관한 지침 KOSHA GUIDE G - 83 - 2016

7) 산업재해 발생 시 산업재해조사표 [재해발생 개요] 작성 ★

> 사출성형부 플라스틱 용기 생산 1팀 사출공정에서 재해자 A와 동료작업자 1명이 같이 작업 중이었으며 재해자 A가 사출성형기 2호기에서 플라스틱 용기를 꺼낸 후 금형을 점검하던 중 재해자가 점검 중임을 모르던 동료근로자 B가 사출성형기 조작스위치를 가동하여 금형 사이에 재해자가 끼어 사망하였다.
> 재해 당시 사출성형기 도어인터록 장치는 설치가 되어 있었으나 고장 중이어서 기능을 상실한 상태였고, 점검과 관련하여 "수리 중·조작금지"의 안전 표지판이나, 전원스위치 작동금지용 잠금장치는 설치하지 않은 상태에서 동료 근로자가 조작스위치를 잘못 조작하여 재해가 발생하였다.
>
> [재해발생개요]
> ① 어디서 :
> ② 누가 :
> ③ 무엇을 :
> ④ 어떻게 :

(1) 어디서 : 사출성형부 플라스틱 용기 생산 1팀 사출공정에서
(2) 누가 : 재해자 A와 동료작업자 1명이
(3) 무엇을 : 사출성형기 2호기에서 플라스틱 용기를 꺼낸 후 금형을 점검하던 중
(4) 어떻게 : 재해자가 점검 중임을 모르던 동료근로자 B가 사출성형기 조작스위치를 가동하여 금형 사이에 재해자가 끼어 사망하였음

8) 산업재해조사표의 주요항목

① 재해자의 국적 ………… [해당]
② 보호자의 성명
③ 재해발생 일시 ………… [해당]
④ 고용형태 ………… [해당]
⑤ 휴업예상일수 ………… [해당]
⑥ 급여수준
⑦ 응급조치 내역 ………… [해당]
⑧ 재해자의 직업 ………… [해당]
⑨ 재해자 복귀일시
⑩ 목격자 인적사항
⑪ 상해종류 ………… [해당]
⑫ 가해물
⑬ 치료·요양기관
⑭ 재해발생 후 첫 출근일자

9) 산업재해조사표에 작성해야 할 상해의 종류 ★ 4가지

(1) 골절
(2) 절단
(3) 타박상
(4) 찰과상
(5) 중독·질식
(6) 화상
(7) 감전
(8) 뇌진탕
(9) 고혈압
(10) 뇌졸중
(11) 피부염
(12) 진폐
(13) 수근관증후군

연관규정 산업안전보건법 시행규칙 [별지 제30호 서식] 산업재해조사표

■ 산업안전보건법 시행규칙 [별지 제30호서식] <개정 2021. 11. 19.>

산업재해조사표

※ 뒤쪽의 작성방법을 읽고 작성하시기 바라며, [ ]에는 해당하는 곳에 √ 표시를 합니다. (앞쪽)

Ⅰ. 사업장 정보	①산재관리번호 (사업개시번호)			사업자등록번호	
	②사업장명			③근로자 수	
	④업종			소재지	(-)
	⑤재해자가 사내 수급인 소속인 경우(건설업 제외)	원도급인 사업장명		⑥재해자가 파견근로자 인 경우	파견사업주 사업장명
		사업장 산재관리번호 (사업개시번호)			사업장 산재관리번호 (사업개시번호)
	건설업만 작성	발주자		[ ]민간 [ ]국가·지방자치단체 [ ]공공기관	
		⑦원수급 사업장명		공사현장 명	
		⑧원수급 사업장 산재관리번호(사업개시번호)			
		⑨공사종류		공정률 %	공사금액 백만원

※ 아래 항목은 재해자별로 각각 작성하되, 같은 재해로 재해자가 여러 명이 발생한 경우에는 별지에 추가로 적습니다.

Ⅱ. 재해 정보	성명		주민등록번호 (외국인등록번호)		성별 [ ]남 [ ]여
	주소				휴대전화 - -
	국적	[ ]내국인 [ ]외국인 [국적: ⑩체류자격:]			⑪직업
	입사일 년 월 일		⑫같은 종류업무 근속 기간		년 월
	⑬고용형태 [ ]상용 [ ]임시 [ ]일용 [ ]무급가족종사자 [ ]자영업자 [ ]그 밖의 사항 [ ]				
	⑭근무형태 [ ]정상 [ ]2교대 [ ]3교대 [ ]4교대 [ ]시간제 [ ]그 밖의 사항 [ ]				
	⑮상해종류 (질병명)		⑯상해부위 (질병부위)		⑰휴업예상 일수 휴업 [ ]일
					사망 여부 [ ] 사망
Ⅲ. 재해 발생 개요 및 원인	⑱재해 발생 개요	발생일시	[ ]년 [ ]월 [ ]일 [ ]요일 [ ]시 [ ]분		
		발생장소			
		재해관련 작업유형			
		재해발생 당시 상황			
	⑲재해발생원인				
Ⅳ. ⑳재발 방지 계획					

※ ⑳재발방지 계획 이행을 위한 안전보건교육 및 기술지도 등을 한국산업안전보건공단에서 무료로 제공하고 있으니 즉시 기술지원 서비스를 받으려는 경우 오른쪽에 √ 표시를 하시기 바랍니다.   즉시 기술지원 서비스 요청 [ ]

※ 근로복지공단은 재해자의 개인정보를 활용하는 것에 동의하는 사람에 한정하여 해당 재해자에게 산재보험급여의 신청방법을 안내하고 있으니 관련 안내를 받으려는 재해자는 오른쪽에 √ 표시를 하시기 바랍니다.   산재보험급여 신청방법 안내를 위한 재해자의 개인정보 활용 동의 [ ]

작성자 성명
작성자 전화번호   작성일   년   월   일
                          사업주   (서명 또는 인)
                          근로자대표(재해자)   (서명 또는 인)

(   )**지방고용노동청장(지청장)** 귀하

재해 분류자 기입란	발생형태	□□□	기인물	□□□□□
(사업장에서는 적지 않습니다)	작업지역·공정	□□□	작업내용	□□□

210mm×297mm[백상지(80g/㎡) 또는 중질지(80g/㎡)]

10) 재해 통계지수

(1) 도수율 ★ = $\dfrac{재해건수}{총근로시간수} \times 1,000,000$

→ **연간 총 근로시간 100만 시간당 재해발생 건수**

환산도수율 = 도수율 × 0.1은 조건에 10만 시간이 있는 경우 사용할 수 있다.

> 도수율 = $\dfrac{재해건수}{총근로시간수} \times 1000000$ → 환산도수율(재해건수) = $\dfrac{도수율 \times 총근로시간수}{1000000}$

(2) 강도율 ★ = $\dfrac{총근로손실일수}{연근로시간수} \times 1,000$

→ **연간 총 근로시간 1000시간당 요양재해로 인해 발생하는 근로손실일수** ★

환산강도율 = 강도율 × 100 : 평생 근무시간을 10만 시간으로 하고, 10만 시간당 근로손실일수

(3) 평균강도율 ★ = $\dfrac{강도율}{도수율} \times 1000$

→ **재해 1건당 평균손실일수**

(4) 연천인율 ★ = $\dfrac{연간재해자수}{연평균근로자수} \times 1000$

→ **근로자 1000명당 1년간 발생하는 재해발생자수의 비율**

(5) 사망만인율 ★ = $\dfrac{사망자수}{산재보험적용근로자수} \times 10000$

→ **산재보험적용 근로자 10000명당 사망자수의 비율**

① 사고사망자 수 산정에서 제외되는 경우 ★
  1. 사업장 밖의 교통사고
  2. 체육행사에 의한 사망
  3. 폭력행위에 의한 사망
  4. 통상의 출퇴근에 의한 사망
  5. 사고발생일로부터 1년을 경과하여 사망한 경우

(6) 안전활동율 = $\dfrac{안전활동건수}{총근로시간수} \times 1000000$ = $\dfrac{안전활동건수}{근로시간수 \times 평균근로자수} \times 1000000$

11) ILO(International Labor Organization, 국제노동기구)가 정한 근로 불능 상해의 종류 ★

> - 영구 전노동 불능 상해 ★ (1 ~ 3등급) : 부상 결과로 노동기능을 완전히 잃게 되는 부상
> - 영구 일부노동 불능 상해 ★ (4 ~ 14급) : 부상 결과로 신체 일부분의 일부기 노동 기능을 상실한 부상
> - 일시 전노동 불능 상해 ★ (휴업상해) : 의사의 진단(소견)에 따라 일정기간 정규 노동에 종사하지 못하게 되는 부상
> - 일시 일부노동 불능 상해(통원상해) : 일정기간 정규 노동에 종사할 수 없으나 휴업상해가 아닌 상해
> - 구급조치상해 : 구급조치 후 노동 가능한 부상

짚고가기 근로손실일수 7500일의 산출 근거

1) 평균 근로일수 : 25년 × 300일 = 7500일
2) 사망사고의 평균 연령 : 30세
   근로가능 연령 : 55세(55 - 30 = 25년)
3) 연간 근로손실일수 : 300일
4) 의미 : 사망 및 1 ~ 3등급 재해의 경우 평균 근로손실일수는 30세로 사망 시 연간 300일의 근로손실일수를 입으며 근로 가능연령인 55세까지 25년간 평균 근로손실일수는 7500일이다.

연관규정 산업재해업무처리통계규정, ILO

7 안전보호구 관리

1) 보호구

근로자의 신체 일부 또는 전체에 착용해 외부의 유해·위험요인을 차단하거나 그 영향을 감소시켜 산업재해를 예방하거나 피해의 정도와 크기를 줄여주는 기구

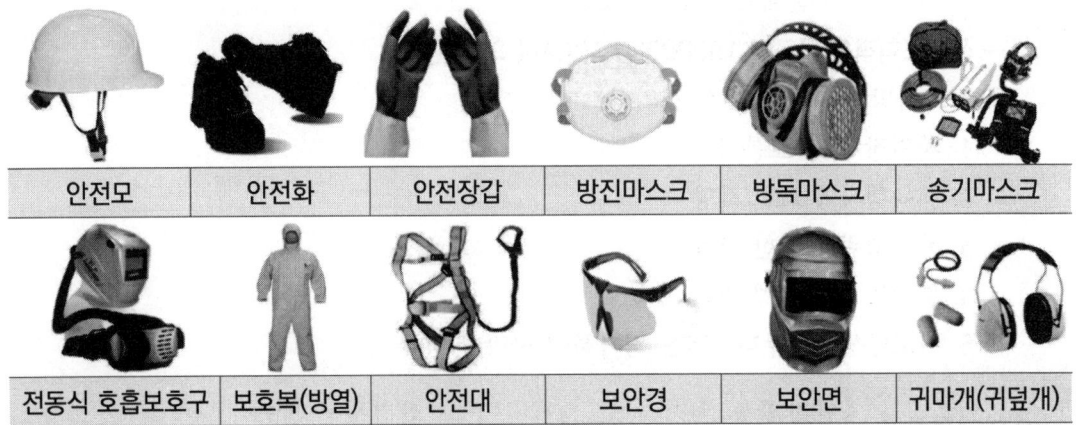

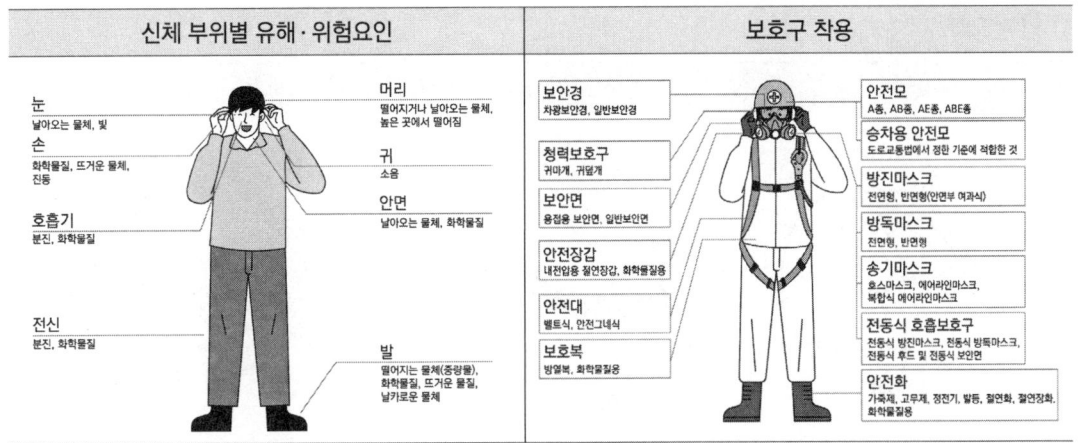

2) 보호구의 지급 및 착용

(1) 물체가 떨어지거나 날아올 위험 또는 근로자가 추락할 위험이 있는 작업 : 안전모 ★

(2) 높이 또는 깊이 2 [m] 이상의 추락할 위험이 있는 장소에서 하는 작업 : 안전대 ★

(3) 물체의 낙하·충격, 물체에의 끼임, 감전 또는 정전기의 대전(帶電)에 의한 위험이 있는 작업 : 안전화

(4) 물체가 흩날릴 위험이 있는 작업 : 보안경 ★

(5) 용접 시 불꽃이나 물체가 흩날릴 위험이 있는 작업 : 보안면

(6) 감전의 위험이 있는 작업 : 절연용 보호구

(7) 고열에 의한 화상 등의 위험이 있는 작업 : 방열복 ★

(8) 선창 등에서 분진이 심하게 발생하는 하역작업 : 방진마스크

(9) 섭씨 영하 18도 이하인 급냉동어창에서 하는 하역작업 : 방한모·방한복·방한화·방한장갑

(10) 물건을 운반하거나 수거·배달하기 위하여 이륜자동차 또는 원동기장치자전거를 운행하는 작업 : 「도로교통법 시행규칙」 적합한 승차용 안전모 [2024.6.28 개정]

(11) 물건을 운반하거나 수거·배달하기 위해 자전거등을 운행하는 작업 : 「도로교통법 시행규칙」 적합한 안전모(충격 흡수성, 내관통성 기준 제외) [2024.6.28 개정]

연관규정 산업안전보건기준에 관한 규칙 제32조(보호구의 지급 등)

3) 안전모

안전모의 부위별 명칭

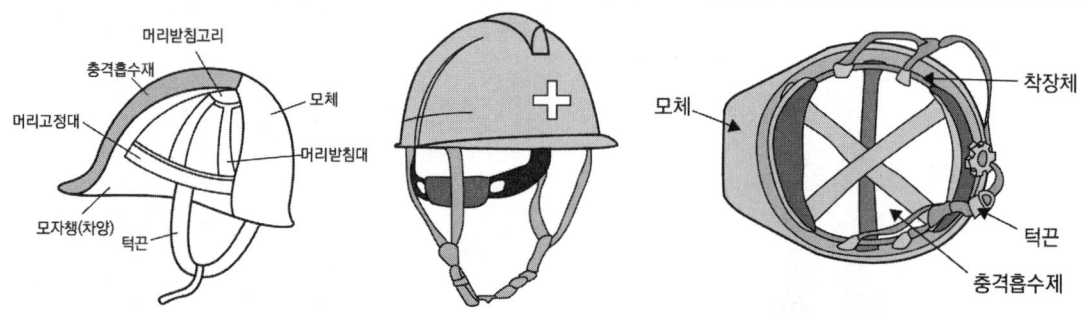

※ 착장체(머리받침끈, 머리고정대, 머리받침고리)

사용장소에 따른 종류	A : 떨어지거나 날아오는 물체에 맞을 위험을 방지
	B : 추락에 의한 위험을 방지
	E : 머리부위 감전위험을 방지 A* 낙하 및 비래

구분	종류	역할
안전인증	AB종	떨어지거나 날아오는 물체에 맞을 위험을 방지 및 추락에 의한 위험을 방지 또는 경감시키기 위한 것
	AE종	떨어지거나 날아오는 물체에 맞을 위험을 방지 또는 경감하고 머리부위 감전위험을 방지함
	ABE종	떨어지거나 날아오는 물체에 맞을 위험을 방지 및 추락에 의한 위험을 방지 또는 경감하고, 머리부위 감전에 의한 위험을 방지하기 위한 것
자율안전확인	A종	떨어지거나 날아오는 물체에 맞을 위험을 방지 또는 경감함
내전압성 기준		7,000 [V] 이하의 전압에 견디는 것

안전인증 안전모의 시험성능기준 ★★ 4가지 vs 자율안전확인 안전모의 시험성능기준 ★

항목	안전인증
내관통성	AE, ABE종 안전모는 관통거리가 9.5 [mm] 이하 *이고, AB종 안전모는 관통거리가 11.1 [mm] *이하이어야 한다.
충격흡수성	최고전달충격력이 4,450 [N]을 초과해서는 안 되며, 모체와 착장체의 기능이 상실되지 않아야 한다.
내전압성	AE, ABE종 안전모는 교류 20 [kV]에서 1분간 절연파괴 없이 견뎌야 하고, 이때 누설되는 충전전류는 10 [mA] 이하이어야 한다.
내 수 성	AE, ABE종 안전모는 질량증가율이 1 [%] 미만이어야 한다.
난 연 성	모체가 불꽃을 내며 5초 이상 연소되지 않아야 한다.
턱끈풀림	150 [N] 이상 250 [N] 이하에서 턱끈이 풀려야 한다.

항목	자율안전확인
내관통성	11.1 [mm] 이하
충격흡수성	동일
내전압성	–
내 수 성	–
난 연 성	동일
턱끈풀림	동일

연관규정 보호구 안전인증 고시 [별표 1] 추락 및 감전 위험방지용 안전모의 성능기준

4) 방진마스크 : 산소농도 18 [%] 이상인 조건에서 사용

분진 등의 입자상 물질을 걸러내 호흡기를 보호하며 채광, 분쇄, 광물의 재단, 조각, 연마작업, 석면 취급 작업, 용접작업 등에 사용

형태 및 등급에 따른 시험성능기준 ★★

연관규정 보호구 안전인증 고시 [별표 4의2] 방진마스크의 시험방법

형태 및 등급		시험(%)	형태 및 등급		시험(%)
안면부 여과식	특급	(99)	분리식	특급	(99.95)
	1급	(94)		1급	(94)
	2급	(80)		2급	(80)

사용장소 구분

등급	특급 ★★ 2가지	1급 ★★ 3가지	2급
사용장소	• 베릴륨 등과 같이 독성이 강한 물질을 함유한 분진 등의 발생장소 • 석면 취급장소	• 특급 제외 • 금속 흄 등과 같이 열적으로 생기는 분진 등의 발생장소 • 기계적으로 분진 등의 발생하는 장소	• 특급 및 1급 제외

형태 및 등급에 따른 시험성능기준 ★★
연관규정 보호구 안전인증 고시 [별표 4의2] 방진마스크의 시험방법

- 방진마스크의 종류 구분

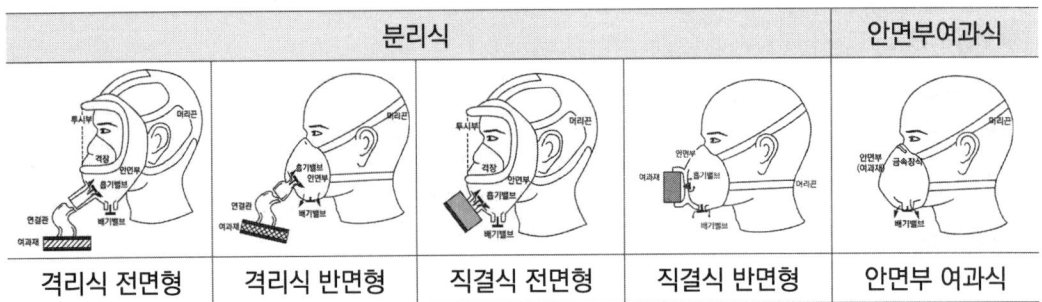

분리식				안면부여과식
격리식 전면형	격리식 반면형	직결식 전면형	직결식 반면형	안면부 여과식

- 방진마스크의 시험성능기준 ★ 4가지
  ① 안면부 흡기저항   ② 여과재 분진 등 포집효율   ③ 안면부 배기저항
  ④ 안면부 누설율   ⑤ 배기밸브 작동   ⑥ 시야
  ⑦ 강도, 신장율 및 영구변형율 ⑧ 불연성   ⑨ 음성전달판
  ⑩ 투시부의 내충격성   ⑪ 여과재 질량   ⑫ 여과재 호흡저항
  ⑬ 안면부 내부의 이산화탄소 농도

연관규정 보호구 안전인증 고시 [별표4] 방진마스크의 성능기준

5) 방독마스크 : 산소농도 18 [%] 이상인 조건에서 사용(작업환경 및 유해화학물질의 종류에 따른 선정)

유기용제, 산과 알칼리성 화학물질의 가스와 증기 독성으로부터 호흡기 보호 및 중독 방지하며, 석유화학산업 현장이나 도장작업, 산과 알칼리 세척작업, 발포작업 등 다양한 작업에서 사용

사용 장소에 따른 방독마스크의 송급 기준 ★
연관규정 보호구 안전인증 고시 [별표 5] 방독마스크의 성능기준(제14조 관련)

등급	사용장소
고농도	가스 또는 증기의 농도가 100분의 (2) 이하의 대기 중에서 사용하는 것
중농도	가스 또는 증기의 농도가 100분의 (1) 이하의 대기 중에서 사용하는 것
저/최저	가스 또는 증기의 농도가 100분의 0.1 이하의 대기 중에서 사용하는 것
비고	방독마스크는 산소농도가 (18) [%] 이상인 장소에서 사용하여야 한다.

사용 장소에 따른 방독마스크의 등급 기준 ★
연관규정 보호구 안전인증 고시 [별표 5] 방독마스크의 성능기준(제14조 관련)

- 방독마스크의 종류 구분

격리식	
전면형	반면형

직결식		
전면형(1안식)	전면형(2안식)	반면형

- 방독마스크의 종류에 따른 시험가스와 색상을 구분 ★

종류	시험가스	색		대상 유해물질
유기 화합물용	시클로헥산(C_6H_{12}) 디메틸에테르(CH_3OCH_3) 이소부탄(C_4H_{10})	갈색 ★		유기용제 등의 가스나 증기
할로겐용	염소가스 또는 증기(Cl_2) ★	회색 ★		할로겐가스나 증기
황화수소용	황화수소가스(H_2S)			황화수소가스
시안화수소용	시안화수소가스(HCN)			시안화수소가스나 시안산 증기

사용 장소에 따른 방독마스크의 송급 기준 ★
연관규정 보호구 안전인증 고시 [별표 5] 방독마스크의 성능기준(제14조 관련)

종류	시험가스	색	대상 유해물질
아황산용	아황산가스(SO_2)	노랑색 ★	아황산가스나 증기
암모니아용	암모니아가스(NH_3)	녹색 ★	암모니아가스나 증기

연관규정 보호구 안전인증 고시 [별표 5] 방독마스크의 성능기준(제14조 관련)

6) **보안경** : 유해광선이나 비산물, 분진 등으로부터 눈을 보호하기 위한 것

구분	종류	역할
안전인증 4가지	자외선용	자외선이 발생하는 장소
	적외선용	적외선이 발생하는 장소
	복합용	자외선 및 적외선이 발생하는 장소
	용접용	산소용접작업에서처럼 자외선, 적외선, 강렬한 가시광선이 발생하는 장소
자율 안전확인	일반보안경 (유리, 플라스틱, 도수)	비산물부터 눈을 보호하기 위한 것

⑴ 차광보안경(안전인증) : 적외선, 자외선, 가시광선으로부터 눈을 보호
⑵ 일반보안경(자율안전확인대상) : 미분, 칩, 기타 비산물로부터 눈을 보호

연관규정 보호구 안전인증 고시 [별표 10] 차광보안경의 성능기준
연관개념 일반적인 보안경 구분
① 차광보안경 : 적외선, 자외선, 가시광선으로부터 눈을 보호 ★3가지
② 유리보안경 : 미분, 칩, 기타 비산물로부터 눈을 보호
③ 플라스틱보안경 : 미분, 칩, "액체 약품" 등 기타 비산물로부터 눈을 보호

7) **보안면** : 작업 시 발생하는 유해·위험요인으로부터 얼굴 부분을 보호하기 위한 것

구분	종류	역할
안전인증	용접용 보안면	용접작업 시 유해광선이나 분진 등으로부터 눈과 안면부를 보호하기 위해 착용하는 것
자율 안전확인	일반 보안면	각종 비산물과 유해한 액체로부터 얼굴(머리 전면, 이마, 턱, 목앞부분, 코, 입)을 보호하기 위해 착용하는 것

8) 귀마개 및 귀덮개

귀마개		귀덮개
EP-1 : 저음, 고음 차단 **EP-2 : 고음만 차단**		EM
폼타입 귀마개의 종류	재사용 귀마개의 종류	귀덮개의 종류

9) 보호복 : 화학적, 기계적, 물리적 작용으로부터 전신을 보호하는 의류 형태의 것으로 화학물질용과 방열복으로 구분되고 있다.

호흡보호구	유해화학물질로 오염된 공기 흡입을 방지
보호복	유해화학물질 등의 피부 접촉 방지
안전장갑	유해화학물질 등에 손이 접촉하는 것을 방지

 ※ 취급 화학물질에 적합한 마크 부착 보호복 착용

종류	착용부위
방열상의	상체
방열하의	하체
방열일체복	몸체(상·하체)
방열장갑	손
방열두건	머리

[화학물질용 보호복]　　　　　　[방열복]

10) 안전대
  (1) 안전대의 종류 : 상체식(벨트식)과 안전그네식

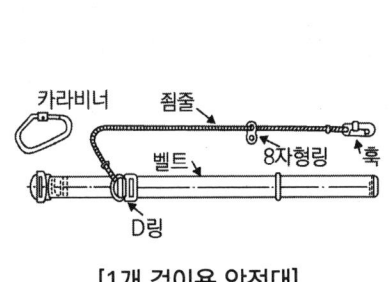
[1개 걸이용 안전대]

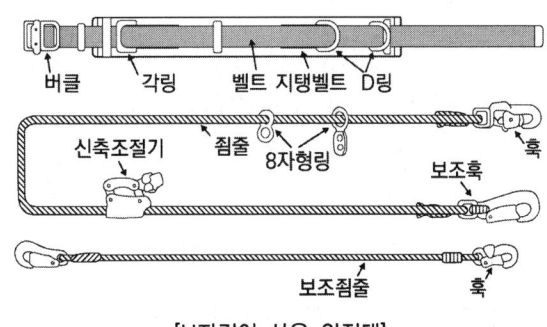
[U자걸이 사용 안전대]

벨트식	1개 걸이용	• 추락 시 신체를 붙잡아주는 목적 • 작업발판이 설치되어 신체를 안전대에 의지할 필요가 없는 경우 사용	훅 / 죔줄 / D링 / 카라비너
	U자 걸이용	• 로프를 구조물 등에 U자 모양으로 돌려 신체를 안전대에 지지 • 신체를 안전대에 지지하여 두 손으로 작업이 필요한 경우 사용	보조죔줄 / U자걸이용 안전대
안전 그네식	추락 방지대	• 달비계, 고층 사다리, 철골 철탑 등의 상·하행 시 사용	추락방지대 / 구조대 / 안전그네
	안전블록	신출 명칭구분 및 구조 조건 • 떨어짐을 억제할 수 있는 <u>자동잠김장치</u> 사용 • <u>부품의 부식방지처리</u>	안전블록 / 안전그네

(2) U자걸이를 사용할 수 있는 안전대의 구조 관련 기준 ★ 3가지
   ① 지탱벨트, 각링, 신축조절기가 있을 것
   ② D링, 각링은 착용자의 몸통 양 측면에 고정(되도록 지탱벨트 또는 안전그네에 부착할 것)
   ③ 신축 조절기는 죔줄로부터 이탈하지 않도록
   ④ (신체의 추락을 방지하기 위하여) 보조죔줄을 사용 등

연관규정 보호구 안전인증 고시 [별표 9] 안전대의 성능기준

11) 안전장갑
   (1) 구분

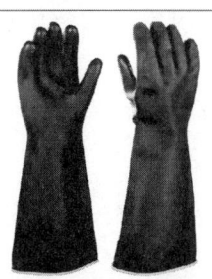

내전압용 절연장갑	화학물질용 안전장갑
고압 감전 방지 및 방수를 겸함	유기용제와 산·알칼리성 화학물질 접촉 위험에서 손을 보호하고 내수성, 내화학성을 겸함

   (2) 내전압용 절연장갑 ★★★

등급	최대사용전압		색상
	교류(V. 실효값)	직류(V)	
00	500	<u>750</u>	갈색
0	<u>1000</u>	1500	빨간색
1	7500	11250	흰색
2	17000	25500	노란색
3	26500	39750	녹색
4	<u>36000</u>	<u>54000</u>	등색

• 등색(호박색 = 오렌지색)

[연관규정] 보호구 안전인증 고시 [별표 3] 내전압용 절연장갑의 성능기준

12) 소음 관련 정의

(1) 소음작업

1일 8시간 작업을 기준으로 (85데시벨) 이상의 소음이 발생하는 작업을 말한다.

(2) 강렬한 소음작업

① 90데시벨 이상의 소음이 1일 (8시간) 이상 발생하는 작업
② 95데시벨 이상의 소음이 1일 (4시간) 이상 발생하는 작업
③ 100데시벨 이상의 소음이 1일 2시간 이상 발생하는 작업
④ 105데시벨 이상의 소음이 1일 1시간 이상 발생하는 작업
⑤ 110데시벨 이상의 소음이 1일 30분 이상 발생하는 작업
⑥ 115데시벨 이상의 소음이 1일 15분 이상 발생하는 작업

(3) 충격소음작업 1초 이상의 간격으로 발생하는 작업

① 120데시벨을 초과하는 소음이 1일 1만회 이상 발생하는 작업
② 130데시벨을 초과하는 소음이 1일 1천회 이상 발생하는 작업
③ 140데시벨을 초과하는 소음이 1일 1백회 이상 발생하는 작업

연관규정 산업안전보건기준에 관한 규칙 제512조(정의)

13) 조도 관련 정의

상시 작업하는 장소의 작업면의 조도 기준

근로자가 작업하는 장소에 채광 및 조명을 하는 경우 (명암)의 차이가 심하지 않고 눈이 부시지 않게 하여야 한다. <u>근로자가 상시 작업하는 장소의 작업면 조도는 다음의 기준에 맞도록 하여야 한다</u>. 다만 (갱내 작업장과 감광재료)를 취급하는 작업장은 별도로 한다.

(1) **초정밀작업**은 750럭스 이상의 밝기로 하여야 한다. ★★★
(2) **정밀작업**은 300럭스 이상의 밝기로 하여야 한다. ★★★★
(3) **보통작업**은 150럭스 이상의 밝기로 하여야 한다. ★★★
(4) **그 밖의 작업**은 75럭스 이상의 밝기로 하여야 한다. ★★★

연관규정 산업안전보건기준에 관한 규칙 제8조(조도)

8 안전보건표지

1) 안전보건표지의 종류와 형태

1 금지표지	101 출입금지	102 보행금지	103 차량통행금지	104 사용금지	105 탑승금지	106 금연	107 화기금지
108 물체이동금지		2 경고표지	201 인화성물질 경고	202 산화성물질 경고	203 폭발성물질 경고	204 급성독성물질 경고	205 부식성물질 경고	206 방사성물질 경고
207 고압전기 경고	208 매달린 물체 경고	209 낙하물 경고	210 고온 경고	211 저온 경고	212 몸균형 상실 경고	213 레이저광선 경고	214 발암성·변이원성·생식독성·전신독성·호흡기과민성 물질 경고
215 위험장소 경고		3 지시표지	301 보안경 착용	302 방독마스크 착용	303 방진마스크 착용	304 보안면 착용	305 안전모 착용	306 귀마개 착용
307 안전화 착용	308 안전장갑 착용	309 안전복 착용		4 안내표지	401 녹십자표지	402 응급구호표지	403 들것	404 세안장치
405 비상용기구	406 비상구	407 좌측비상구	408 우측비상구	5 관계자외 출입금지	501 허가대상물질 작업장	502 석면취급/해체 작업장
503 금지대상물질의 취급 실험실 등	6 문자 추가 시 예시문					

[연관규정] 산업안전보건법 시행규칙 [별표 6] 안전보건표지의 종류와 형태

[안전보건표지 관련 문제 유형]
Q. 안전보건표지의 종류에 따른 명칭
** 화기금지, 폭발성물질 경고, 고압전기 경고, 물체이동금지, 부식성물질 경고, 들것

Q. 안전보건표지 그리기 및 색채와 형태표현 *** 출입금지표지 *** 응급구호표지
Q. 안전보건표지의 종류 중 00표지 모두 고르기 * 지시표지
Q. 안전보건표지의 종류 중 00표지 적기 * 안내표지 4가지
Q. 안전보건표지의 종류 중, 관계자 외 출입금지표지 종류 그리고 하단 문구 ** 3가지

[관계자외 출입금지 표지 하단 문구] 신출
① 보호구/보호복 착용
② 흡연 및 음식물 섭취금지

2) 안전보건표지의 색도기준 및 용도

색채	색도기준	용도	사용례
빨간색 *	7.5R 4/14	금지	정지신호, 소화설비 및 그 장소, 유해행위의 금지
		경고 *	화학물질 취급 장소에서의 유해, 위험경고
노란색	5Y 8.5/12	경고	화학물질 취급 장소에서의 유해, 위험경고 이외의 위험경고, 주의표지 또는 기계방호
파란색	2.5PB 4/10	지시	특정행위의 지시 및 사실의 고지
녹색	2.5G 4/10	안내	비상구 및 피난소, 사람 또는 차량의 통행표지
흰색	N9.5		**파란색 또는 녹색에 대한 보조색** *
검정색	N0.5		문자 및 빨간색 또는 노란색에 대한 보조색

연관규정 산업안전보건법 시행규칙 [별표 8] 안전보건표지의 색도기준 및 용도

3) 안전보건표지의 종류별 용도, 설치·부착 장소

분류	종류	용도 및 설치·부착 장소
금지 표지	1. 출입금지	출입을 통제해야할 장소
	2. 보행금지	사람이 걸어 다녀서는 안 될 장소
	3. 차량통행금지	제반 운반기기 및 차량의 통행을 금지시켜야 할 장소
	4. 사용금지	수리 또는 고장 등으로 만지거나 작동시키는 것을 금지해야 할 기계·기구 및 설비
	5. 탑승금지	엘리베이터 등에 타는 것이나 어떤 장소에 올라가는 것을 금지
	6. 금연	담배를 피워서는 안 될 장소
	7. 화기금지	화재가 발생할 염려가 있는 장소로서 화기 취급을 금지하는 장소
	8. 물체이동금지	정리 정돈 상태의 물체나 움직여서는 안 될 물체를 보존하기 위하여 필요한 장소
경고 표지	1. 인화성물질 경고 ★★	휘발유 등 화기의 취급을 극히 주의해야 하는 물질이 있는 장소
	2. 산화성물질 경고 ★★	가열·압축하거나 강산·알칼리 등을 첨가하면 강한 산화성을 띠는 물질이 있는 장소
	3. 폭발성물질 경고 ★★	폭발성 물질이 있는 장소
	4. 급성독성물질 경고	급성독성 물질이 있는 장소
	5. 부식성물질 경고	신체나 물체를 부식시키는 물질이 있는 장소
	6. 방사성물질 경고	방사능물질이 있는 장소
	7. 고압전기 경고	발전소나 고전압이 흐르는 장소
	8. 매달린물체 경고	머리 위에 크레인 등과 같이 매달린 물체가 있는 장소
	9. 낙하물체 경고 ★★★	돌 및 블록 등 떨어질 우려가 있는 물체가 있는 장소
	10. 고온 경고	고도의 열을 발하는 물체 또는 온도가 아주 높은 장소
	11. 저온 경고	아주 차가운 물체 또는 온도가 아주 낮은 장소
	12. 몸균형 상실 경고 ★★★	미끄러운 장소 등 넘어지기 쉬운 장소
	13. 레이저광선 경고	레이저광선에 노출될 우려가 있는 장소
	14. 발암성·변이원성·생식독성·전신독성·호흡기과민성 물질 경고	발암성·변이원성·생식독성·전신독성·호흡기과민성 물질이 있는 장소
	15. 위험장소 경고	그 밖에 위험한 물체 또는 그 물체가 있는 장소

분류	종류	용도 및 설치·부착 장소
지시 표지	1. 보안경 착용	보안경을 착용해야만 작업 또는 출입을 할 수 있는 장소
	2. 방독마스크 착용	방독마스크를 착용해야만 작업 또는 출입을 할 수 있는 장소
	3. 방진마스크 착용	방진마스크를 착용해야만 작업 또는 출입을 할 수 있는 장소
	4. 보안면 착용	보안면을 착용해야만 작업 또는 출입을 할 수 있는 장소
	5. 안전모 착용	헬멧 등 안전모를 착용해야만 작업 또는 출입을 할 수 있는 장소
	6. 귀마개 착용	소음장소 등 귀마개를 착용해야만 작업 또는 출입을 할 수 있는 장소
	7. 안전화 착용	안전화를 착용해야만 작업 또는 출입을 할 수 있는 장소
	8. 안전장갑 착용	안전장갑을 착용해야 작업 또는 출입을 할 수 있는 장소
	9. 안전복 착용	방열복 및 방한복 등의 안전복을 착용해야만 작업 또는 출입을 할 수 있는 장소
안내 표지	1. 녹십자표지	안전의식을 북돋우기 위하여 필요한 장소
	2. 응급구호표지	응급구호설비가 있는 장소
	3. 들것	구호를 위한 들것이 있는 장소
	4. 세안장치	세안장치가 있는 장소
	5. 비상용기구	비상용기구가 있는 장소
	6. 비상구	비상출입구
	7. 좌측비상구	비상구가 좌측에 있음을 알려야 하는 장소
	8. 우측비상구	비상구가 우측에 있음을 알려야 하는 장소
출입 금지 표지	1. 허가대상유해물질 취급	허가대상유해물질 제조, 사용 작업장
	2. 석면취급 및 해체·제거	석면 제조, 사용, 해체·제거 작업장
	3. 금지유해물질 취급	금지유해물질 제조·사용설비가 설치된 장소

4) 형태 및 색채

분류	색채
금지표지	바탕은 흰색, 기본모형은 빨간색, 관련 부호 및 그림은 검은색
경고표지	바탕은 노란색, 기본모형, 관련 부호 및 그림은 검은색 다만 인화성물질 경고, 산화성물질 경고, 폭발성물질 경고, 급성독성물질 경고, 부식성물질 경고 및 발암성·변이원성·생식독성·전신독성·호흡기과민성 물질 경고의 경우 바탕은 무색, 기본모형은 빨간색(검은색도 가능)
지시표지	바탕은 파란색, 관련 그림은 흰색
안내표지	바탕은 흰색, 기본모형 및 관련 부호는 녹색, 바탕은 녹색, 관련 부호 및 그림은 흰색
출입금지 표지	글자는 흰색바탕에 흑색 다음 글자는 적색 - ○○○제조/사용/보관 중 - 석면취급/해체 중 - 발암물질 취급 중

연관규정 산업안전보건기준에 관한 규칙 [별표 7] 안전보건표지의 종류별 용도, 설치·부착 장소, 형태 및 색채

9 안전보건교육

1) 근로자 안전보건교육(제26조 제1항, 제28조 제1항 관련)

교육과정	교육대상		교육시간
정기	사무직 종사		• 매반기 6시간 이상
	사무직 종사 ×	판매업무 직접종사	• 매반기 6시간 이상
		판매업무 직접종사 ×	• 매반기 12시간 이상
	관리감독자		• 연간 16시간 이상
채용 시	일용 및 근로계약기간 1주일 이하		• 1시간 이상
	근로계약기간이 1주일 초과 1개월 이하인 기간제 근로자		• 4시간 이상
	그 밖(관리감독자 포함)		• 8시간 이상 ★
작업내용 변경 시	일용 및 근로계약기간 1주일 이하		• 1시간 이상
	그 밖(관리감독자 포함)		• 2시간 이상 ★
특별	제1 ~ 38호 특별교육 일용 및 근로계약기간 1주일 이하		• 2시간 이상
	제39호 타워크레인 신호작업종사 일용 및 근로계약기간 1주일 이하		• 8시간 이상
	그 밖(관리감독자 포함)		• 16시간 이상(기본) • 단기간 작업 또는 간헐적 작업인 경우 : 2시간 이상
건설업 기초안전·보건	건설 일용		• 4시간 이상

2) 안전보건관리책임자 등에 대한 교육(제29조 제2항 관련)

교육대상	교육시간	
	신규교육	보수교육
• 안전보건관리책임자 ★	6시간 이상 ★★	6시간 이상 ★★
• 안전보건관리담당자 ★	-	8시간 이상 ★
• 안전관리자 ★, 안전관리전문기관의 종사자 • 보건관리자, 보건관리전문기관의 종사자 • 건설재해예방전문지도기관의 종사자 • 석면조사기관의 종사자 • 안전검사기관, 자율안전검사기관의 종사자	34시간 이상 ★★	24시간 이상 ★

연관규정 산업안전보건법 시행규칙 [별표 4] 안전보건교육 교육과정별 교육시간

3) 사업주가 근로자에게 시행해야 하는 안전보건교육의 종류 ** 4가지
   (1) 정기교육
   (2) 채용 시 및 작업내용 변경 시 교육
   (3) 특별교육
   (4) 최초 노무 제공 시 교육

   연관규정 안전보건교육규정 제2조(정의)

4) 근로자 안전보건교육 중 정기교육 * 3가지
   (1) 산업안전 및 사고 예방에 관한 사항
   (2) 산업보건 및 직업병 예방에 관한 사항
   (3) 위험성평가에 관한 사항
   (4) 건강증진 및 질병 예방에 관한 사항
   (5) 유해·위험 작업환경 관리에 관한 사항
   (6) 산업안전보건법령 및 산업재해보상보험 제도에 관한 사항
   (7) 직무스트레스 예방 및 관리에 관한 사항
   (8) 직장 내 괴롭힘, 고객의 폭언 등으로 인한 건강장해 예방 및 관리에 관한 사항

5) 근로자 안전보건교육 중 채용 시 교육 및 작업내용 변경 시 교육 ** 3가지 * 4가지
   (단, 산업안전보건법령 및 산업재해보상보험 제도에 관한 사항은 제외한다)
   (1) 산업안전 및 사고 예방에 관한 사항
   (2) 산업보건 및 직업병 예방에 관한 사항
   (3) 위험성평가에 관한 사항
   (4) 직무스트레스 예방 및 관리에 관한 사항
   (5) 직장 내 괴롭힘, 고객의 폭언 등으로 인한 건강장해 예방 및 관리에 관한 사항
   (6) 기계·기구의 위험성과 작업의 순서 및 동선에 관한 사항
   (7) 작업 개시 전 점검에 관한 사항
   (8) 정리정돈 및 청소에 관한 사항
   (9) 사고 발생 시 긴급조치에 관한 사항
   (10) 물질안전보건자료에 관한 사항

6) 관리감독자 안전보건교육 중 정기교육 *** 4가지 * 5가지
   (단, 산업보건 및 직업병 예방에 관한 사항과 그 밖의 관리감독자의 직무에 관한 사항은 제외)
   (1) 산업안전 및 사고 예방에 관한 사항
   (2) 위험성평가에 관한 사항
   (3) 유해·위험 작업환경 관리에 관한 사항

(4) 산업안전보건법령 및 산업재해보상보험 제도에 관한 사항
(5) 직무스트레스 예방 및 관리에 관한 사항
(6) 직장 내 괴롭힘, 고객의 폭언 등으로 인한 건강장해 예방 및 관리에 관한 사항
(7) 작업공정의 유해·위험과 재해 예방대책에 관한 사항
(8) 사업장 내 안전보건관리체제 및 안전·보건조치 현황에 관한 사항
(9) 표준안전 작업방법 결정 및 지도·감독 요령에 관한 사항
(10) 현장근로자와의 의사소통능력 및 강의능력 등 안전보건교육 능력 배양에 관한 사항
(11) 비상시 또는 재해 발생 시 긴급조치에 관한 사항

7) 특수형태근로종사자가 최초 노무제공 시 사업주가 실시해야 하는 안전보건교육 내용 ★ 5가지
   (1) 산업안전 및 사고 예방에 관한 사항
   (2) 산업보건 및 직업병 예방에 관한 사항
   (3) 건강증진 및 질병 예방에 관한 사항
   (4) 유해·위험 작업환경 관리에 관한 사항
   (5) 산업안전보건법령 및 산업재해보상보험 제도에 관한 사항
   (6) 직무스트레스 예방 및 관리에 관한 사항
   (7) 직장 내 괴롭힘, 고객의 폭언 등으로 인한 건강장해 예방 및 관리에 관한 사항
   (8) 기계·기구의 위험성과 작업의 순서 및 동선에 관한 사항
   (9) 작업 개시 전 점검에 관한 사항
   (10) 정리정돈 및 청소에 관한 사항
   (11) 사고 발생 시 긴급조치에 관한 사항
   (12) 물질안전보건자료에 관한 사항
   (13) 교통안전 및 운전안전에 관한 사항
   (14) 보호구 착용에 관한 사항

8) 건설업 기초안전보건교육의 교육내용 ★ 2가지
   (1) 건설공사의 종류(건축·토목 등) 및 시공 절차
   (2) 산업재해 유형별 위험요인 및 안전보건조치
   (3) 안전보건관리체제 현황 및 산업안전보건 관련 근로자 권리·의무

9) 로봇작업에 대한 특별안전보건교육을 실시할 때 교육내용 ★★★ 4가지
   (1) 로봇의 기본원리·구조 및 작업방법에 관한 사항
   (2) 조작방법 및 작업순서에 관한 사항
   (3) 안전시설 및 안전기준에 관한 사항
   (4) 이상 발생 시 응급조치에 관한 사항

10) 타워크레인 설치·해체 시 근로자 특별안전보건교육 내용 ★★ 4가지
   (1) 붕괴·추락 및 재해 방지에 관한 사항
   (2) 설치·해체 순서 및 안전작업방법에 관한 사항
   (3) 부재의 구조·재질 및 특성에 관한 사항
   (4) 신호방법 및 요령에 관한 사항
   (5) 이상 발생 시 응급조치에 관한 사항
   (6) 그 밖에 안전·보건관리에 필요한 사항

11) 건설용 리프트·곤돌라를 이용한 작업 시 근로자에게 실시하는 특별안전보건교육
    ★ 2가지 ★ 4가지
   (1) 방호장치의 기능 및 사용에 관한 사항
   (2) 기계, 기구, 달기체인 및 와이어 등의 점검에 관한 사항
   (3) 화물의 권상·권하 작업방법 및 안전작업 지도에 관한 사항
   (4) 기계·기구에 특성 및 동작원리에 관한 사항
   (5) 신호방법 및 공동작업에 관한 사항
   (6) 그 밖에 안전·보건관리에 필요한 사항

12) 작업장에서 취급하는 대상화학물질의 물질안전보건자료에 해당되는 내용을 근로자에게 교육하여야 한다. 근로자에게 실시하는 교육사항 ★ 4가지
   (1) 대상화학물질의 명칭(또는 제품명)
   (2) 물리적 위험성 및 건강 유해성
   (3) 취급상의 주의사항
   (4) 적절한 보호구
   (5) 응급조치 요령 및 사고 시 대처방법
   (6) 물질안전보건자료 및 경고표지를 이해하는 방법

   연관규정 산업안전보건법 시행규칙 [별표 5] 교육대상별 교육내용

10 관리감독자의 작업시작 전 점검사항

작업의 종류	점검내용
프레스등을 사용하여 작업을 할 때 ※ 등 : 전단기, 절곡기(날 포함)	★ 2가지 • 클러치 및 브레이크의 기능 • 크랭크축·플라이휠·슬라이드·연결봉 및 연결 나사의 풀림 여부 • 1행정 1정지기구·급정지장치 및 비상정지장치의 기능 • 슬라이드 또는 칼날에 의한 위험방지 기구의 기능 • 프레스의 금형 및 고정볼트 상태 • 방호장치의 기능 • 전단기(剪斷機)의 칼날 및 테이블의 상태
로봇의 작동 범위에서 그 로봇에 관하여 교시 등의 작업을 할 때	★★ 3가지 • 외부 전선의 피복 또는 외장의 손상 유무 • 매니퓰레이터(Manipulator) 작동의 이상 유무 • 제동장치 및 비상정지장치의 기능 ※ 매니퓰레이터 : 조종기 즉, 로봇의 암(Arm, 팔)부분
공기압축기를 가동할 때	★★ 4가지 • 공기저장 압력용기의 외관 상태 • 드레인밸브(Drain Valve)의 조작 및 배수 • 압력방출장치의 기능 • 언로드밸브(Unloading Valve)의 기능 • 윤활유의 상태 • 회전부의 덮개 또는 울 • 그 밖의 연결 부위의 이상 유무
크레인을 사용하여 작업을 하는 때	★ 3가지 ★ 2가지 • 권과방지장치·브레이크·클러치 및 운전장치의 기능 • 주행로의 상측 및 트롤리(Trolley)가 횡행하는 레일의 상태 • 와이어로프가 통하고 있는 곳의 상태 ※ 이동식 크레인은 작업장소의 지반상태를 추가적으로 확인

작업의 종류	점검내용
이동식 크레인을 사용하여 작업을 할 때	★ 2가지 ★ 3가지 • 권과방지장치나 그 밖의 경보장치의 기능 • 브레이크·클러치 및 조정장치의 기능 • 와이어로프가 통하고 있는 곳 및 작업장소의 지반상태
리프트(자동차정비용 리프트를 포함)를 사용하여 작업을 할 때	• 방호장치·브레이크 및 클러치의 기능 • 와이어로프가 통하고 있는 곳의 상태
곤돌라를 사용하여 작업을 할 때	• 방호장치·브레이크의 기능 • 와이어로프·슬링와이어(Sling Wire) 등의 상태
양중기의 와이어로프·달기체인·섬유로프·섬유벨트 또는 훅·샤클·링 등의 철구	• 와이어로프등의 이상 유무
화물자동차를 사용하는 작업을 하게 할 때	• 제동장치 및 조종장치의 기능 • 하역장치 및 유압장치의 기능 • 바퀴의 이상 유무
지게차를 사용하여 작업을 하는 때	• 제동장치 및 조종장치 기능의 이상 유무 • 하역장치 및 유압장치 기능의 이상 유무 • 바퀴의 이상 유무 • 전조등·후미등·방향지시기 및 경보장치 기능의 이상 유무
구내운반차를 사용하여 작업을 할 때	• 제동장치 및 조종장치 기능의 이상 유무 • 하역장치 및 유압장치 기능의 이상 유무 • 바퀴의 이상 유무 • 전조등·후미등·방향지시기 및 경음기 기능의 이상 유무 • 충전장치를 포함한 홀더 등의 결합상태의 이상 유무

작업의 종류	점검내용
고소작업대를 사용하여 작업을 할 때	• 비상정지장치 및 비상하강 방지장치 기능의 이상 유무 • 과부하 방지장치의 작동 유무(와이어로프 또는 체인구동방식의 경우) • 아웃트리거 또는 바퀴의 이상 유무 • 작업면의 기울기 또는 요철 유무 • 활선작업용 장치의 경우 홈·균열·파손 등 그 밖의 손상 유무
컨베이어등을 사용 작업	★ 3가지 ★ 2가지 • 원동기 및 풀리(Pulley) 기능의 이상 유무 • 이탈 등의 방지장치 기능의 이상 유무 • 비상정지장치 기능의 이상 유무 • 원동기·회전축·기어 및 풀리 등의 덮개 또는 울 등의 이상 유무
차량계 건설기계를 사용작업	• 브레이크 및 클러치 등의 기능
용접·용단 작업 등의 화재위험작업을 할 때	• 작업 준비 및 작업 절차 수립 여부 • 화기작업에 따른 인근 가연성물질에 대한 방호조치 및 소화기구 비치 여부 • 용접불티 비산방지덮개 또는 용접방화포 등 불꽃·불티 등의 비산을 방지하기 위한 조치 여부 • 인화성 액체의 증기 또는 인화성 가스가 남아 있지 않도록 하는 환기 조치 여부 • 작업근로자에 대한 화재예방 및 피난교육 등 비상조치 여부
이동식 방폭구조 전기기계·기구를 사용할 때	• 전선 및 접속부 상태
근로자가 반복하여 계속적으로 중량물을 취급하는 작업을 할 때 ★★★ 2가지	• 중량물 취급의 올바른 자세 및 복장 • 위험물이 날아 흩어짐에 따른 보호구의 착용 • 카바이드·생석회(산화칼슘) 등과 같이 온도상승이나 습기에 의하여 위험성이 존재하는 중량물의 취급방법 • 그 밖에 하역운반기계등의 적절한 사용방법
양화장치를 사용하여 화물을 싣고 내리는 작업을 할 때	• 양화장치(揚貨裝置)의 작동상태 • 양화장치에 제한하중을 초과하는 하중을 실었는지 여부
슬링 등을 사용하여 작업	• 훅이 붙어 있는 슬링·와이어슬링 등이 매달린 상태 • 슬링·와이어슬링 등의 상태(작업시작 전 및 작업 중 수시로 점검)

02 인간공학 및 위험성 평가 · 관리

산업안전기사 | 실기

1 인간-기계 통합시스템에서 시스템(System)이 갖는 기본 기능 ★★ 4가지 ★★ 5가지

1) 입력
2) 감지
3) 정보 처리 및 의사 결정
4) 행동(작동)
5) 출력
6) 정보 보관(정보 저장)

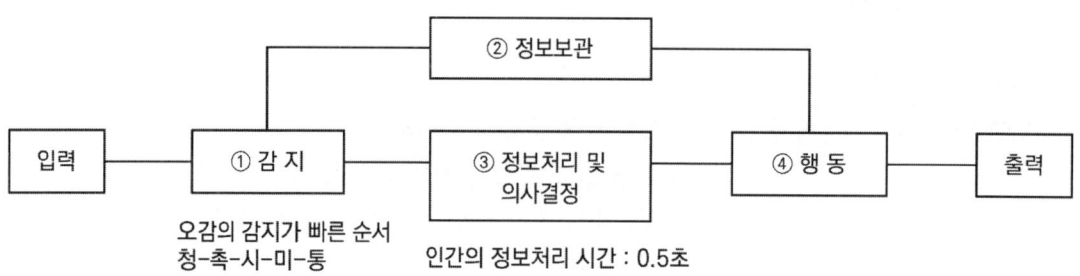

2 인체계측 3원칙 ★★★

1) 극단치(최소치와 최대치) 설계원칙   2) 조절식 설계원칙   3) 평균치 설계원칙

3 휴먼 에러의 분류와 설명 ★

1) 독립행동에 관한 분류(심리적 분류) ★ 독립행동에 관한 분류와 원인에 의한 분류를 2가지
   (1) 생략 에러(Omission Error, 누락오류 또는 부작위오류) : 필요한 직무 또는 절차를 수행하지 않음 ★★
       예 납 접합을 빠뜨렸다. 부품을 빠뜨렸다. ★
   (2) 실행 에러(Commission Error, 작위오류 또는 수행오류) : 필요한 직무 또는 절차의 불확실한 수행 ★★
       예 전선의 연결이 바뀌었다. 부품이 거꾸로 배열되었다. 다른 부품을 사용하였다. ★
   (3) 순서 에러(Sequential Error)
   (4) 시간 에러(Time Error)
   (5) 과잉행동 에러(Extraneous Error) = 불필요한 행동

2) 원인에 관한 분류 ★ 2가지

    (1) 1차 에러(Primary Error)

    (2) 2차 에러(Secondary Error)

    (3) 지시 에러(Command Error)

    짚고가기 정보처리과정에 의한 분류

    ㉠ 기능에 기초한 행동   ㉡ 규칙에 기초한 행동   ㉢ 지식에 기초한 행동

4 인간의 주의, 부주의 특성

1) 인간의 주의 특성 ★ 3가지

    (1) 선택성 : (여러 종류의 자극 중에서) 소수의 특정한 것을 선택

    (2) 변동성 : 장시간 주의를 집중하지 못함

    (3) 방향성 : 한 지점에 주의를 하면, 다른 곳에 대한 주의는 약해진다.

2) 부주의 현상 : 부주의는 원인이 아니라 결과이다.

    (1) 의식의 중단 : 의식에 흐름에 단절이 생기고, 공백이 나타나는 현상

    (2) 의식의 우회 : 의식의 흐름 중 다른 생각을 하게 되는 현상 = 다른 곳에 주의를 돌리는 것 ★

    (3) 의식수준의 저하 : 심신이 피로하거나, 단조로운 작업을 할 때 나타나는 각성수준의 저하

    (4) 의식의 혼란 : 외적 자극에 문제가 있어서 유발되는 의식의 분산

    (5) 의식의 과잉 : 지나친 의욕에 의하여 생기는 과도한 집중 현상

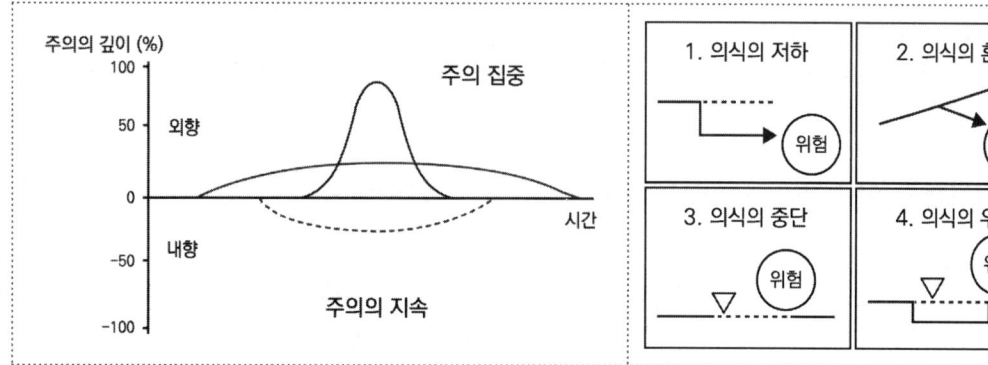

5 양립성

1) 양립성의 종류와 예시 ★★ 종류 3가지 ★★ 종류와 예시 2가지

    (1) 공간 양립성(Spatial Compatibility) : 오른쪽 버튼을 누르면, 오른쪽 기계가 작동

    (2) 운동 양립성(Movement Compatibility) : 조종장치를 오른쪽으로 움직이면, 기계나 표시장치도 오른쪽으로 움직이는 것, 자동차 핸들 조작 방향으로 바퀴가 회전

(3) 개념적 양립성(Conceptual Compatibility) : 온수는 빨간색, 냉수는 파란색, 보행자 신호등의 사람이 걷는 그림

(4) 양식 양립성(Modality Compatibility) : 문화적 관습에 관한 양립성으로 온수 왼쪽, 냉수 오른쪽, 스위치를 켤 때 위로 올리면 켜지고 아래로 내리면 꺼지지만, 반대인 나라도 있음

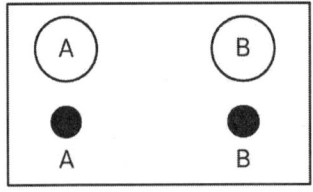
[공간적 양립성]

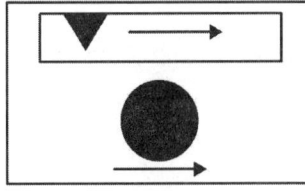
[운동 양립성]

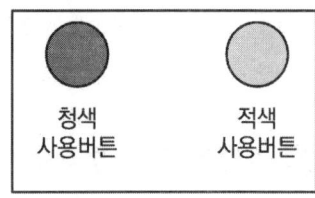
[개념적 양립성]

6 표시장치와 조종장치의 설계

1) 시각적 표시장치 중 정량적 표시장치의 지침 설계 요령 ★ 4가지

(1) (선각이 약 20도 되는) 뾰족한 지침 사용

(2) 지침의 끝은 작은 눈금과 맞닿되 겹치지 않게

(3) (원형 눈금의 경우) 지침의 색은 선단에서 눈금의 중심까지 칠함

(4) (시차를 없애기 위해) 지침은 눈금면과 밀착

7 안전성평가 진행순서 ★★★

① 자료정비 → ② 정성적 평가 → ③ 정량적 평가 → ④ 대책검토 → ⑤ 재평가 → ⑥ FTA재평가

8 예비위험분석(Preliminary Hazard Analysis, PHA)의 목표를 달성하기 위한 특징
★ 4가지

1) 시스템의 모든 주요 사고를 식별하고 사고를 대략적으로 표현

2) 사고요인 식별

3) 사고를 가정한 후 시스템에 생기는 결과를 식별하고 평가

4) 식별된 사고를 파국적, 위기적, 한계적, 무시가능의 4가지 카테고리로 분리

9 시스템 위험성 평가(MIL-STD-882B)의 위험강도 분류 ★★★ 4가지

1) 파국적(Catastrophic)   2) 중대적 또는 위기적(Critical)

3) 한계적(Marginal)   4) 무시가능(Negligible)

10 시스템 안전프로그램 계획(System Safety Program Plan, SSPP) 포함사항 ★ 4가지

1) 계획의 개요 2) 안전조직
3) 계약조건 4) 관련 부문과의 조정
5) 안전기준 6) 안전해석
7) 안전성평가

11 FTA(결함수 분석) 기법

1) 최소 컷셋(Minimal Cut Set) ★ : 정상사상을 일으키는 최소한의 컷셋
2) 최소 패스셋(Minimal Path Set) ★ : 정상사상을 일으키지 않는 최소한의 패스셋

12 FTA에 의한 재해사례 연구순서 4단계 순서 ★

① TOP 사상의 선정
② 사상마다 재해원인 규명
③ FT도 작성
④ 개선계획 작성

13 FT도의 각 단계별 순서 ★

분석현상이 된 시스템을 정의한다. → 정상사상의 원인이 되는 기초사상을 분석한다. → 정상사상과의 관계는 논리게이트를 이용하여 도해한다. → 이전단계에서 결정된 사상이 조금 더 전개가 가능한지 검사한다. → FT를 간소화한다. → 정성 정량적으로 해석 평가한다.

14 사건수 분석(Event Tree Analysis, ETA) ★

사상의 안전도를 사용하여 시스템의 안전도를 나타내는 시스템 모델 중 하나로 귀납적, 정량적인 분석기법

15 휴먼 에러 예측기법(Technique for Human Error Rate Prediction, THERP) ★

인간의 실수의 확률을 "정량적"으로 평가하기 위한 기법으로서, 분석하고자 하는 작업을 기본행위로 하여 각 행위의 성공과 실패 확률을 계산하는 방법

16 인간과오 불안전 분석가능 도구 ★ 4가지

1) FTA(Fault Tree Analysis, 결함 수 분석)
2) ETA(Event Tree Analysis, 사건 수 분석)
3) THERP(Technique for Human Error Rate Prediction)
4) MORT(Management Oversight Risk Tree)

17 HAZOP(위험과 운전분석) 기법

가이드 워드	의미
AS WELL AS 부가, 성질상의 증가 ★★★	설계의도 외에 다른 공정변수가 부가되는 상태 예 오염(Contamination) 등과 같이 설계 의도 외에 부가로 이루어지는 상태
PART OF 부분, 성질상의 감소	설계의도대로 완전히 이루어지지 않는 상태 예 조성 비율이 잘못된 것과 같이 설계 의도대로 되지 않는 상태
OTHER THAN 기타	설계의도가 완전히 바뀜 예 밸브의 잘못 조작으로 다른 원료가 공급되는 상태 등
REVERSE 반대 ★★★	설계의도와 정반대로 나타나는 상태 예 유량이나 반응 등에 흔히 적용되며 반대 흐름(Reverse Flow)이라고 표현할 경우, 즉 검토구간 내에서 유체가 정반대 방향으로 흐르는 상태
No, Not, or None 설계의도와 정반대, 없음 ★★★	설계의도에 완전히 반하여 공정변수의 양이 없는 상태 예 유량 없음(No Flow)이라고 표현할 경우, 즉 검토구간 내에서 유량이 없거나 흐르지 않는 상태
More 증가 ★★★	공정변수가 양적으로 증가 예 유량 증가(More Flow)라고 표현할 경우, 즉 검토구간 내에서 유량이 설계의도보다 많이 흐르는 상태
Less 감소	공정변수가 양적으로 감소 예 유량 감소(Less Flow)라고 표현할 경우, 누설 등으로 설계의도보다 유량이 적어진 경우를 뜻함

18 직렬이나 병렬구조로 단순화 될 수 없는 복잡한 시스템의 신뢰도나 고장확률을 평가하는 기법 ★ 3가지

① 사상 공간법(Event Space Method) : 시스템의 구성요소들에 대해 모든 가능한 경우들을 나열하여 시스템의 신뢰도나 불신뢰도를 구하는 방법
② 경로 추적법(Path Tracing Method) : 시스템이 작동하는 경로를 찾아 그 합집합의 확률로서 신뢰도를 구하는 방법
③ 분해법(Pivotal Decomposition Method) : 복잡한 시스템의 신뢰도 구조를 좀 더 간단한 구조로 분해하여 조건부 확률을 사용해서 시스템의 신뢰도를 구하는 방법

19 사업장 위험성평가에 관한 지침

1) 사업장 위험성평가 진행과정(절차) 나열 ★★

① 평가대상의 선정 등 사전준비
② 근로자의 작업과 관계되는 유해·위험요인 파악
③ 추정한 위험성이 허용 가능한 위험성인지 여부 결정
④ 위험성 감소대책 수립 및 실행
⑤ 위험성평가 실시 내용 및 결과 기록

연관규정 사업장 위험성평가에 관한 지침 제8조(위험성평가의 절차)

03 기계안전관리

산업안전기사 | 실기

1 기계설비의 근원적 안전을 확보하기 위한 안전화 방법 ★ 4가지

1) 외형의 안전화
2) 기능의 안전화
3) 보전작업의 안전화
4) 구조의 안전화

2 기계설비 방호 기본원리 ★ 3가지

1) 위험제거
2) 덮어씌움
3) 차단
4) 위험에 적응

3 안전설계 기법

① Fail Safe : 인간 또는 기계에 과오나 동작상의 실수가 있어도 사고를 발생시키지 않도록 2중, 3중으로 통제를 가하는 것을 말한다. ★★ 설명
② Fool Proof : 인간의 착오, 미스 등 이른바 휴먼 에러가 발생하더라도 기계설비나 그 부품은 안전 쪽으로 작동하게 설계하는 안전 설계의 기법 중 하나이다. ★★ 설명

1) Fail Safe 기능면(기능적) 분류 ★ 3가지
   (1) Fail Passive(고장 → 기계 정지)
   (2) Fail Active(고장 → 경보 + 짧은 시간 내 운전 가능)
   (3) Fail Operational(고장 → 보수 시까지 안전 운전)
   (4) Fail Soft(고장 → 기능의 저하)

2) Fool Proof 기계·기구 ★ 3가지
   (1) 가드(Guard)
   (2) 록(Lock) 혹은 인터록(Interlock)
   (3) 트립(Trip)
   (4) 밀어내기(Push Pull)
   (5) 오버런(Over run)
   (6) 기동방지 등

4 공장의 설비 배치 3단계 ★

① 지역배치 → ② 건물배치 → ③ 기계배치

5 기계 위험점의 종류와 정의

협착점	왕복운동을 하는 동작부분과 움직임이 없는 고정부분 사이에 형성되는 위험점 ★★ 예 프레스, 전단기, 성형기, 조형기, 절곡기 등
끼임점	고정부분과 회전하는 동작 부분이 함께 만드는 위험점 ★★ 예 연삭숫돌과 작업대 사이, 교반기의 날개와 몸체 사이, 회전 풀리와 베드 사이 등
절단점	회전하는 운동부분 자체의 위험에서 초래되는 위험점 예 목재 가공용 둥근톱날, 목공용 띠톱날, 밀링커터 등
물림점	반대 방향으로 맞물려 회전하는 두 개의 회전체에 물려 들어갈 위험성이 형성되는 것 ★ 예 롤러와 롤러의 물림, 기어와 기어의 물림, 압연기 등
회전말림점	회전하는 물체에 작업복 등이 말려드는 위험이 존재하는 위험점 ★ 예 회전하는 축, 커플링, 회전하는 공구(드릴) 등
접선물림점	회전하는 부분의 접선 방향으로 물려 들어갈 위험이 존재하는 위험점 ★ 예 평 벨트, V 벨트, 체인벨트, 기어와 랙 등

6 기계 및 재료에 대한 검사

1) 비파괴 검사법의 종류 ★ 4가지
   (1) 자분탐상시험(MT)
   (2) 침투탐상시험(PT)
   (3) 방사선투과시험(RT)
   (4) 초음파탐상시험(UT) 등

7 유해·위험 방지를 위한 방호조치를 하지 아니하고는 양도, 대여, 설치 또는 사용에 제공하거나 양도·대여의 목적으로 진열해서는 안 되는 기계·기구와 방호장치
★ 3가지, ★★ 종류 4가지, ★★★★★ 방호장치 5가지

1) 예초기 : 날접촉 예방장치 ★

2) 원심기 : 회전체 접촉 예방장치

3) 공기압축기 : 압력방출장치 ★

4) 금속절단기 : 날접촉 예방장치 ★

5) 지게차 : 헤드 가드, 백레스트(Backrest), 전조등, 후미등, 안전벨트

6) 포장기계 : 구동부 방호 연동장치

연관규정 산업안전보건법 제80조(유해하거나 위험한 기계·기구에 대한 방호조치), 산업안전보건법 시행규칙 제98조(방호조치)

8 기계의 원동기·회전축·기어·풀리·플라이휠·벨트 및 체인 등 근로자가 위험에 처할 우려가 있는 부위에 사업주가 설치해야 하는 위험 방지 조치 ★ 3가지

1) 덮개

2) 울

3) 슬리브

4) 건널다리

연관규정 산업안전보건기준에 관한 규칙 제87조(원동기·회전축 등의 위험 방지)

9 롤러기 방호장치

1) 급정지장치 조작부 설치위치 종류 구분 ★

- 손조작식 : 밑면에서 1.8 [m] 이내
- 복부조작식 : 밑면에서 0.8 [m] 이상 1.1 [m] 이내
- 무릎조작식 : 밑면에서 0.6 [m] 이내
  (위치는 급정지장치의 조작부의 중심점을 기준)

연관규정 방호장치 자율안전기준 고시 [별표 3] 롤러기 급정지장치의 성능기준

2) 롤러기 급정지장치의 앞면 롤러 표면속도(원주속도)에 따른 안전거리 ★★

> ① 30 [m/min] 미만 - 앞면 롤러 원주의 ($\frac{1}{3}$ 이내)
>
> ② 30 [m/min] 이상 - 앞면 롤러 원주의 ($\frac{1}{2.5}$ 이내)
>
> [짚고가기] 표면속도가 높다면? 위험하다. 위험하다면?
> 안전거리는 ↑ : ① 0.33 < ② 0.4

[연관규정] 방호장치 자율안전기준 고시 [별표 3] 롤러기 급정지장치의 성능기준

10 프레스 등의 방호장치 중 Hand in Die

1) 광전자식 방호장치 프레스

> 가) 프레스 또는 전단기에서 일반적으로 많이 활용하고 있는 형태로서 투광부, 수광부, 컨트롤 부분으로 구성된 것으로서 신체의 일부가 광선을 차단하면 기계를 급정지시키는 방호장치로 (A-1 ★★) 분류에 해당한다.
> 나) 정상동작표시램프는 (녹 ★★)색, 위험표시램프는 (붉은 ★★)색으로 하며, 쉽게 근로자가 볼 수 있는 곳에 설치해야 한다.
> 다) 방호장치는 릴레이, 리미트 스위치 등의 전기부품의 고장, 전원전압의 변동 및 정전에 의해 슬라이드가 불시에 동작하지 않아야 하며, 사용전원전압의 ±(20 ★★) [%]의 변동에 대하여 정상으로 작동되어야 한다.

2) <u>프레스 또는 전단기</u> 방호장치의 종류 및 분류 [신출] 방호장치 적용 대상과 종류 구분

종류	분류	기능
광전자식	A-1	슬라이드 하강 중 정전 또는 방호장치의 이상 시에 정지할 수 있는 구조★ 프레스 또는 전단기에서 일반적으로 많이 활용하고 있는 형태로서 투광부, 수광부, 컨트롤 부분으로 구성된 것으로서 신체의 일부가 광선을 차단하면 기계를 급정지시키는 방호장치 **광전자식 방호장치의 형식구분** ★ | 형식구분	광축의 범위 | |---|---| | ⓐ | (12)광축 이하 | | ⓑ | (13 이상 56)광축 미만 | | ⓒ | (56)광축 이상 |
	A-2	급정지기능이 없는 프레스의 클러치 개조를 통해 광선 차단 시 급정지시킬 수 있도록 한 방호장치

종류	분류	기능
양수 조작식	B-1, B-2	1행정 1정지식 프레스에 사용되는 것 *으로서 양손으로 동시에 조작하지 않으면 기계가 동작하지 않으며, 한손이라도 떼어내면 기계를 정지시키는 방호장치
가드식	C	가드가 열려 있는 상태에서는 기계의 위험부분이 동작되지 않고 기계가 위험한 상태일 때에는 가드를 열 수 없도록 한 방호장치
손 쳐내기식	D	슬라이드의 작동에 연동시켜 위험상태로 되기 전에 손을 위험 영역에서 밀어내거나 쳐내는 방호장치로서 프레스용으로 확동식 클러치형 프레스에 한해서 사용됨(다만 광전자식 또는 양수조작식과 이중으로 설치 시에는 급정지 가능프레스에 사용 가능) 슬라이드 하행정거리의 3/4 위치에서 손을 완전히 밀어내어야 한다. *
수인식	E	슬라이드와 작업자 손을 끈으로 연결하여 슬라이드 하강 시 작업자 손을 당겨 위험영역에서 빼낼 수 있도록 한 방호장치로서 프레스용으로 확동식 클러치형 프레스에 한해서 사용됨(다만 광전자식 또는 양수조작식과 이중으로 설치 시에는 급정지가능 프레스에 사용 가능) 손목밴드는 착용감이 좋으며 쉽게 착용할 수 있는 구조이고, 수인끈은 작업자와 작업공정에 따라 그 길이를 조정할 수 있어야 한다. *

연관규정 방호장치 안전인증 고시

11 목재가공용 둥근톱의 방호장치 : 분할날의 설치기준

- 분할날의 두께는 둥근톱 두께의 1.1배 이상 *일 것
  1.1 $t_1 ≦ t_2 < b$ (t_1 : 톱두께, t_2 : 분할날두께, b : 치진폭)
- 견고히 고정할 수 있으며 분할날과 톱날 원주면과의 거리는 (12 **) [mm] 이내로 조정, 유지할 수 있어야 하고 표준 테이블면 상의 톱 뒷날의 2/3 이상 *을 덮도록 할 것
- 분할날 조임볼트는 (2 *)개 이상일 것
- 분할날 조임볼트는 둥근톱 직경에 따라 볼트를 사용하여야 하며 볼트는 (이완방지 *) 조치가 되어 있을 것

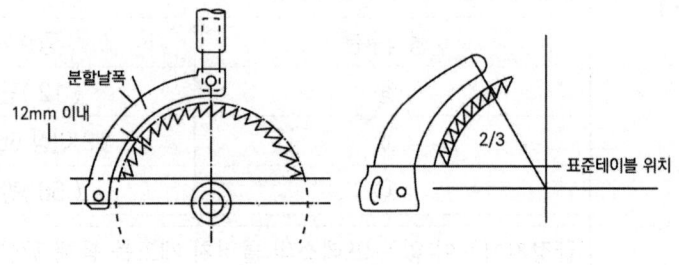

연관규정 방호장치 자율안전기준 고시 [별표 5] 목재가공용 덮개 및 분할날 성능기준

12 지게차의 방호장치 : 헤드가드

화물의 낙하에 의하여 지게차의 운전자에 위험을 미칠 우려가 있는 작업장에서 사용된 지게차의 헤드가드가 갖추어야 하는 사항 ★★★ 2가지

① 강도는 지게차의 최대하중의 (2 ★★★)배 값(4 [ton]을 넘는 값에 대해서는 4 [ton]으로 한다)의 등분포정하중에 견딜 수 있을 것
② 상부틀의 각 개구의 폭 또는 길이가 (16 ★★★) [cm] 미만일 것
③ 운전자가 앉아서 조작하거나 서서 조작하는 지게차의 헤드가드는 「산업표준화법」에 따른 한국산업표준에서 정하는 높이 기준 이상일 것
  • 좌승식 기준 : 운전자가 앉아서 조작하는 방식의 지게차에 있어서는 운전자의 좌석의 상면에서 헤드가드의 상부틀의 하면까지의 높이가 903 [mm](0.903 [m]) 이상일 것
  • 입승식 기준 : 운전자가 서서 조작하는 방식의 지게차에 있어서는 운전석의 바닥면에서 헤드가드의 상부틀의 하면까지의 높이가 1880 [mm](1.88 [m]) 이상일 것

[연관규정] 산업안전보건기준에 관한 규칙 제180조(헤드가드)

13 산업용 로봇의 위험방지 : 지침 설정

산업용 로봇의 작동 범위 내에서 해당 로봇에 대하여 교시(教示) 등의 작업을 할 경우에는 해당 로봇의 예기치 못한 작동 또는 오조작에 의한 위험을 방지하기 위하여 관련 지침을 정하여 그 지침에 따라 작업을 하도록 하여야 하는데, 이에 관련 지침에 포함되어야 할 사항 ★★ 4가지 ★ 5가지

1) 로봇의 조작방법 및 순서
2) 작업 중의 매니퓰레이터의 속도
3) 2명 이상의 근로자에게 작업을 시킬 경우의 신호방법
4) 이상을 발견한 경우의 조치
5) 이상을 발견하여 로봇의 운전을 정지시킨 후 이를 재가동시킬 경우의 조치
6) 그 밖에 로봇의 예기치 못한 작동 또는 오동작에 의한 위험 방지를 하기 위하여 필요한 조치

[짚고가기] 교시(教示) : 매니퓰레이터(Manipulator)의 작동순서, 위치·속도의 설정·변경 또는 그 결과를 확인하는 것
[연관규정] 산업안전보건기준에 관한 규칙 제222조(교시 등)

14 연삭기

1) 연삭숫돌의 시험운전

> 사업주는 연삭숫돌을 사용하는 작업의 경우 작업을 시작하기 전에는 (1분 ★★★) 이상, 연삭숫돌을 교체한 후에는 (3분 ★★★) 이상 시험운전을 하고 해당 기계에 이상이 있는지를 확인하여야 한다.

연관규정 산업안전보건기준에 관한 규칙 제122조(연삭숫돌의 덮개 등)

2) 연삭기 덮개의 시험방법 : 연삭기 작동시험 확인 ★★

> 1) 연삭 (숫돌)과 덮개의 접촉 여부
> 2) 탁상용 연삭기는 덮개, (워크레스트) 및 (조정편) 부착상태의 적합성 여부

연관규정 방호장치 자율안전기준 고시 [별표 4의2] 연삭기 덮개의 시험방법

3) 고속회전체에 대한 비파괴검사의 실시기준 ★

> 사업주는 고속 회전체(회전축의 중량이 (1) [ton]을 초과하고 원주 속도가 초당 (120) [m] 이상인 것으로 한정한다)의 회전시험을 하는 경우 미리 회전축의 재질 및 형상 등에 상응하는 종류의 비파괴검사를 해서 결함 여부를 확인하여야 한다.

연관규정 산업안전보건기준에 관한 규칙 제115조(비파괴검사의 실시)

4) 연삭숫돌 사용 시, 연삭숫돌 파괴원인 ★★★ 4가지
   (1) 숫돌이 외부의 큰 충격을 받을 경우
   (2) 숫돌이 최고 사용회전속도를 초과하여 사용하는 경우
   (3) 숫돌 자체에 이미 균열이 있을 때
   (4) 숫돌의 회전중심이 제대로 잡히지 않았을 때
   (5) 플랜지 직경이 숫돌 직경의 1/3 이하일 때
   (6) 측면을 사용하는 것을 목적으로 하지 않는 숫돌의 측면을 사용하는 경우

연관규정 산업안전보건기준에 관한 규칙 제122조(연삭숫돌의 덮개 등)
위험기계·기구 자율안전확인 고시 [별표 1] 연삭기 또는 연마기의 제작 및 안전기준(제5조 관련)

5) 연삭기의 덮개 각도(단, 이상, 이하, 이내를 정확히 구분해서 적으시오)

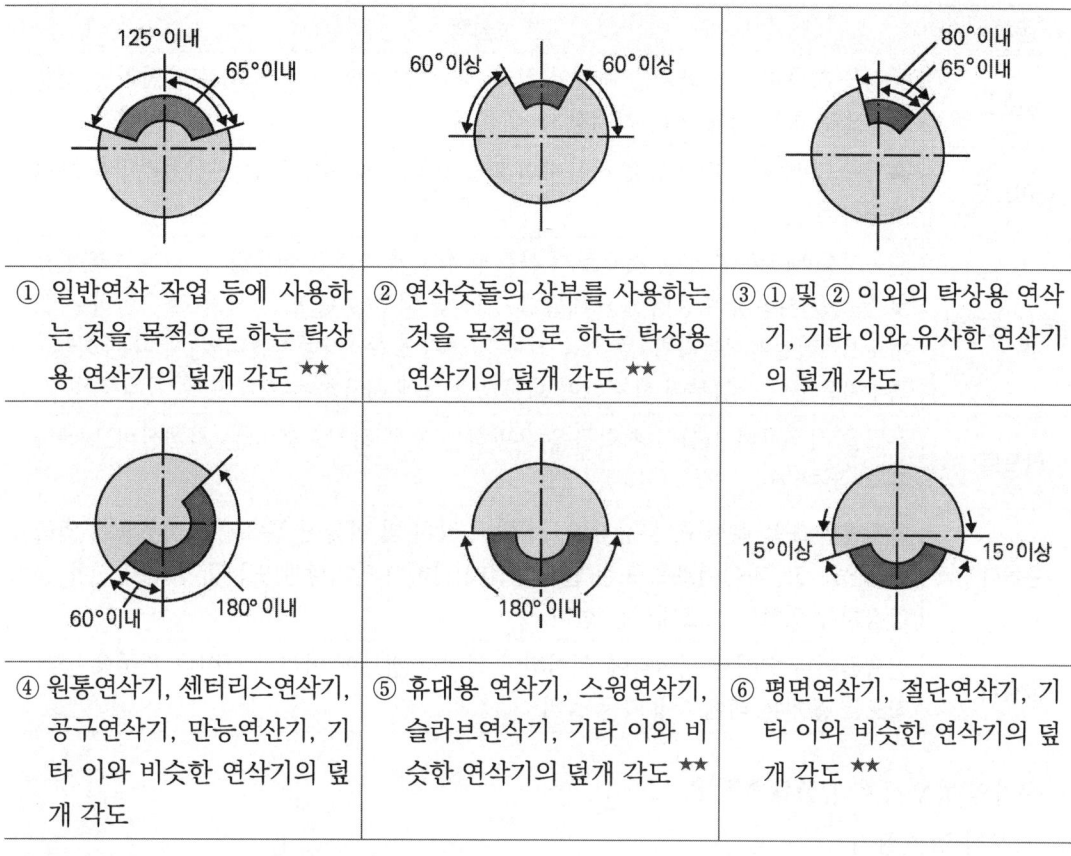

연관규정 방호장치 자율안전기준 고시 [별표 4] 연삭기 덮개의 성능기준

15 양중기의 종류와 방호장치

1) 양중기 종류 ** 5가지
   (1) 크레인[호이스트(Hoist) 포함]
   (2) 이동식 크레인
   (3) 곤돌라
   (4) 승강기
   (5) 리프트(이삿짐운반용 리프트는 적재하중이 0.1 [ton] 이상)

   연관규정 산업안전보건기준에 관한 규칙 제132조(양중기)

2) 양중기의 종류별 정의 신출

종류	정의
크레인	동력을 사용하여 중량물을 매달아 상하 및 좌우(수평 또는 선회)로 운반하는 것을 목적으로 하는 기계 또는 기계장치
호이스트	훅이나 그 밖의 달기구 등을 사용하여 화물을 권상 및 횡행 또는 권상동작만을 하여 양중하는 것
이동식 크레인	원동기를 내장하고 있는 것으로서 불특정 장소에 스스로 이동할 수 있는 크레인으로 동력을 사용하여 중량물을 매달아 상하 및 좌우(수평 또는 선회)로 운반하는 설비로서 「건설기계관리법」을 적용 받는 기중기 또는 「자동차관리법」에 따른 화물·특수자동차의 작업부에 탑재하여 화물운반 등에 사용하는 기계 또는 기계장치
리프트	동력을 사용하여 사람이나 화물을 운반하는 것을 목적으로 하는 기계설비로서 다음 각 목의 것
곤돌라	달기발판 또는 운반구, 승강장치, 그 밖의 장치 및 이들에 부속된 기계부품에 의하여 구성되고, 와이어로프 또는 달기강선에 의하여 달기발판 또는 운반구가 전용 승강장치에 의하여 오르내리는 설비
승강기	건축물이나 고정된 시설물에 설치되어 일정한 경로에 따라 사람이나 화물을 승강장으로 옮기는 데에 사용되는 설비

3) 양중기의 방호장치의 종류 ★ 3가지
   (1) 과부하 방지장치
   (2) 권과 방지장치
   (3) 비상 정지장치
   (4) 제동장치
   (5) 훅 해지장치

   연관규정 산업안전보건기준에 관한 규칙 제134조(방호장치의 조정), 제137조(해지장치의 사용)

16 안전인증 및 안전검사 등 ★ 안전인증대상기계등 구분하기

안전인증대상기계등	안전검사대상기계등	자율안전확인대상기계등
★ 3가지	기계 또는 설비	★ 4가지
• 프레스 • 전단기 및 절곡기 • 크레인 • 리프트 • 압력용기 • 롤러기 • 사출성형기 • 고소 작업대 • 곤돌라 [설치·이전 시] ★ • 크레인 • 리프트 • 곤돌라	• 프레스 • 전단기 • 크레인(정격 하중이 2 [ton] 미만인 것은 제외) • 리프트 • 압력용기 • 곤돌라 • 국소 배기장치(<u>이동식</u>은 제외) • 원심기(<u>산업용</u>만 해당) • 롤러기(<u>밀폐형 구조</u> 제외) • 사출성형기[형 체결력 294킬로뉴턴(KN) 미만은 제외] • 고소작업대 (「자동차관리법」에 따른 화물자동차 또는 특수자동차에 탑재한 고소작업대로 한정) • 컨베이어 • 산업용 로봇	• 연삭기 또는 연마기 (휴대형 제외) • 산업용 로봇 • 혼합기 • 파쇄기 또는 분쇄기 • 식품가공용 기계(파쇄·절단·혼합·제면기만 해당) • 컨베이어 • 자동차정비용 리프트 • 공작기계(선반, 드릴기, 평삭·형삭기, 밀링만 해당) • 고정형 목재가공용 기계(둥근톱, 대패, 루타기, 띠톱, 모떼기 기계만 해당) • 인쇄기
방호장치	자율검사프로그램인정	방호장치
• 프레스 및 전단기 방호장치 • 양중기용 과부하 방지장치 • 보일러 압력방출용 안전밸브 • 압력용기 압력방출용 안전밸브 • 압력용기 압력방출용 파열판 • 절연용 방호구 및 활선작업용 기구 • 방폭구조전기기계·기구 및 부품 • 추락·낙하 및 붕괴 등의 위험 방지 및 보호에 필요한 가설기자재 • 충돌·협착 등의 위험 방지에 필요한 산업용 로봇 방호장치	∥ 안전검사와 동일	• 아세틸렌 용접장치용 또는 가스집합 용접장치용 안전기 • 교류 아크용접기용 자동전격방지기 • 롤러기 급정지장치 • 연삭기 덮개 • 목재 가공용 둥근톱 반발 예방장치와 날 접촉 예방장치 • 동력식 수동대패용 칼날 접촉 방지장치 • 추락·낙하 및 붕괴 등의 위험 방지 및 보호에 필요한 가설기자재

★★ 3가지	★ 8가지	보호구
[기본복장] • 추락 및 감전 위험방지용 안전모 • 안전화 • 안전장갑 • 안전대 * [중독 및 질식] • 방진마스크 • 방독마스크 • 송기마스크 • 전동식 호흡보호구 [혹한, 고열 등] • 보호복 [광선, 비산물] * • 차광 및 비산물 위험방지용 보안경 • 용접용 보안면 [소음] * • 방음용 귀마개 또는 귀덮개	없음	안전모 보안경 보안면

형식별 제품심사 기간 구분 신출
① 30일인 경우 * : 안전대, 차광 및 비산물 위험방지용 보안경, 용접용 보안면, 방음용 귀마개 또는 귀덮개
② 나머지 60일

1) 안전인증대상기계등에 안전인증을 전부 또는 일부를 면제할 수 있는 경우 ★★ 3가지
   (1) 연구·개발을 목적으로 제조·수입하거나 수출을 목적으로 제조하는 경우
   (2) 고용노동부장관이 정하여 고시하는 외국의 안전인증기관에서 인증을 받은 경우
   (3) 다른 법령에서 안전성에 관한 검사나 인증을 받은 경우

   연관규정 산업안전보건법 제84조(안전인증)

2) 자율검사프로그램의 인정을 취소하거나, 인정받은 자율검사프로그램의 내용에 따라 검사를 하도록 개선을 명할 수 있는 경우 ★★ 2가지
   (1) 거짓이나 그 밖의 부정한 방법으로 자율검사프로그램을 인정받는 경우 제외
   (2) 자율검사프로그램을 인정받고도 검사를 하지 아니한 경우
   (3) 인정받은 자율검사프로그램의 내용에 따라 검사를 하지 아니한 경우
   (4) 자격을 가진 사람 또는 자율안전검사기관이 검사를 하지 아니한 경우

   연관규정 산업안전보건법 제99조(자율검사프로그램 인정의 취소 등)

3) 안전인증대상 기계·기구 등이 안전기준에 적합한지를 확인하기 위하여 안전인증기관이 심사하는 심사의 종류 ★★ 4가지
   ⑴ 예비심사 : 기계 및 방호장치·보호구가 유해·위험기계 등 인지를 확인하는 심사
   ⑵ 서면심사 : 유해·위험기계 등의 종류별 또는 형식별로 설계도면 등 유해·위험기계 등의 제품기술과 관련된 문서가 안전인증기준에 적합한지에 대한 심사
   ⑶ 기술능력 및 생산체계 심사 : 유해·위험기계 등의 안전성능을 지속적으로 유지·보증하기 위하여 사업장에서 갖추어야 할 기술능력과 생산체계가 안전인증기준에 적합한지에 대한 심사
   ⑷ 제품심사 : 유해·위험기계등이 서면심사 내용과 일치하는지와 유해·위험기계 등의 안전에 관한 성능이 안전인증기준에 적합한지에 대한 심사
     ① 개별 제품심사 : 서면심사 결과가 안전인증기준에 적합할 경우에 유해·위험기계 등 모두에 대하여 하는 심사
     ② 형식별 제품심사 : 서면심사와 기술능력 및 생산체계 심사 결과가 안전인증기준에 적합할 경우에 유해·위험기계 등의 형식별로 표본을 추출하여 하는 심사

구분	심사 기한	비고
예비심사	7일	-
서면심사	15일	외국에서 제조한 경우 30일
기술능력 및 체계심사	30일	외국에서 제조한 경우 45일
제품심사	개별 제품심사 : 15일 형식별 제품심사 : 30일	-
확인심사	매 2년마다	우수한 경우 3년에 1회 실시

연관규정 산업안전보건법 시행규칙 제110조(안전인증 심사의 종류 및 방법)

4) 검사주기 ★ 타워크레인의 검사주기 ★ 건설현장 사용 vs 미사용 구분

대상품		안전검사	자율검사확인프로그램
건설업 관련	건설공사 ×	• 3년 이내마다 최초 안전검사 실시 • 그 이후로부터 2년마다 실시	• 안전검사 주기의 2분의 1 • 건설현장 외 사용하는 크레인의 경우 6개월 주기
	건설공사 ○	• 최초 설치한 날부터 6개월마다 실시	
제조업 관련	압력용기 ×	• 3년 이내마다 최초 안전검사 실시 • 그 이후로부터 2년마다 실시	
	압력용기 ○	공정안전보고서 제출하여 확인받은 경우 4년마다 실시	

연관규정 산업안전보건법 시행규칙 제126조(안전검사의 주기와 합격표시 및 표시방법)

04 화공안전관리

산업안전기사 I 실기

1 화재 및 연소이론

1) 화재의 종류를 구분 및 표시 색 ★★

유형	화재의 분류	색상
A	일반화재	백색
B	유류화재	황색
C	전기화재	청색
D	금속화재	무색

2) 연소의 3 + 1요소와 요소별 소화방법 ★

> ① 가연성 물질 : 제거소화
> ② 산소 공급원 : 질식소화(산소를 15 [%] 이하)
> ③ 점화원 : 냉각소화
> + 연쇄반응 : 억제소화

3) 소화기의 적응성 구분 : 2가지씩 나누기 ★

> ① CO_2소화기
> ② 건조사
> ③ 봉상수소화기
> ④ 물통 또는 수조
> ⑤ 포소화기
> ⑥ 할로겐화합물소화기

(1) 전기설비 : CO_2소화기, 할로겐화합물소화기
(2) 인화성 액체 : 건조사, 포소화기
(3) 자기반응성 물질 : 봉상수소화기, 물통 또는 수조

연관규정 위험물안전관리법 시행규칙 [별표 17] 소화설비, 경보설비 및 피난설비의 기준

제1류: 산화성고체 제2류: 가연성고체 제3류: 자연발화 및 금수성 제4류: 인화성액체 제5류: 자기반응성물질 제6류: 산화성액체	건축물·그 밖의 공작물	전기설비	제1류 위험물		제2류 위험물			제3류 위험물		제4류 위험물	제5류 위험물	제6류 위험물
			알카리금속과산화물 등	그 밖의 것	철분·금속분·마그네슘 등	인화성고체	그 밖의 것	금수성물질	그 밖의 것			
봉상수소화기	O			O		O	O		O		O	O
무상수소화기	O	O		O		O	O		O		O	O
봉상강화액소화기	O			O		O	O		O		O	O
무상강화액소화기	O	O		O		O	O		O	O	O	O
포소화기	O			O		O	O		O	O	O	O
이산화탄소(CO₂)소화기		O				O				O		△
할로겐화합물소화기		O				O				O		
분말소화기 – 인산염류소화기	O	O		O		O	O			O		O
분말소화기 – 탄산수소염류소화기		O	O		O	O		O		O		
분말소화기 – 그 밖의 것			O		O			O				
기타 – 물통 또는 수조	O			O		O	O		O		O	O
기타 – 건조사			O	O	O	O	O	O	O	O	O	O
기타 – 팽창질석 또는 팽창진주암			O	O	O	O	O	O	O	O	O	O

4) 할로겐화합물 소화기에 사용하는 할로겐원소의 부촉매제(연소 억제제)의 종류 ★ 4가지
   (1) F(불소 또는 플루오린)
   (2) Cl(염소)
   (3) Br(브롬)
   (4) I(요오드 또는 아이오딘)

> **연관규정** 할로겐화합물 소화설비의 화재 안전기준 – 제5조(소화약제)
> 1. 할론 명명법은 탄소(C)를 맨 앞에 두고 할론 원소를 주기율표 순서대로 F(불소) → Cl(염소) → Br(브롬) → I(요오드)의 원자수 만큼 해당하는 숫자를 부여하며 맨 끝의 숫자가 0일 경우는 이를 생략한다.
> 2. 할로겐 구조식에 따른 구분
>
> | 할론 1301 | CF_3Br |
> |---|---|
> | 할론 2402 | $C_2F_4Br_2$ |
> | 할론 1211 | CF_2ClBr |
> | 할론 1011 | CH_2ClBr |

2 화학설비 및 부속설비의 안전기준

1) 사업주가 화학설비 또는 그 부속설비의 용도를 변경하는 경우(사용하는 원재료의 종류를 변경하는 경우를 포함), 해당 설비의 점검 사항 ★★ 3가지
   (1) 그 설비 내부에 폭발이나 화재의 우려가 있는 물질이 있는지 여부
   (2) 안전밸브·긴급차단장치 및 그 밖의 방호장치 기능의 이상 유무
   (3) 냉각장치·가열장치·교반장치·압축장치·계측장치 및 제어장치 기능의 이상 유무

   > **연관규정** 산업안전보건기준에 관한 규칙 제277조(사용 전의 점검 등)

2) 과압에 따른 폭발을 방지하기 위하여 폭발 방지 성능과 규격을 갖춘 안전밸브 또는 파열판을 설치하여야 하는 경우 ★ 3가지
   (1) 압력용기(안지름이 150 [mm] 이하인 압력용기는 제외하며, 압력 용기 중 관형 열교환기의 경우에는 관의 파열로 인하여 상승한 압력이 압력용기의 최고사용압력을 초과할 우려가 있는 경우만 해당)
   (2) 정변위 압축기
   (3) 정변위 펌프(토출 측에 차단밸브가 설치된 것만 해당)
   (4) 배관(2개 이상의 밸브에 의하여 차단되어 대기온도에서 액체의 열팽창에 의하여 파열될 우려가 있는 것으로 한정)
   (5) 그 밖의 화학설비 및 그 부속설비로서 해당 설비의 최고사용압력을 초과할 우려가 있는 것

   > **연관규정** 산업안전보건기준에 관한 규칙 제261조(안전밸브 등의 설치)

3) 파열판 및 안전밸브의 요건

- 사업주는 급성 독성물질이 지속적으로 외부에 유출될 수 있는 화학설비 및 그 부속설비에 파열판과 안전밸브를 (직렬)로 설치하고 그 사이에는 (압력지시계) 또는 (자동경보장치)를 설치하여야 한다.
- 사업주는 설치한 안전밸브 등이 안전밸브 등을 통하여 보호하려는 설비의 최고사용압력 이하에서 작동되도록 하여야 한다. 단, 안전밸브 등이 2개 이상 설치된 경우에 1개는 최고사용압력의 (1.05)배 (외부화재를 대비한 경우에는 (1.1)배) 이하에서 작동되도록 설치할 수 있다.

[연관규정] 산업안전보건기준에 관한 규칙 제263조(파열판 및 안전밸브의 직렬설치), 제264조(안전밸브등의 작동요건)
방호장치 안전인증 고시 제7장 방폭구조 전기기계·기구 및 부품

4) 파열판을 설치해야 하는 경우 ★★★ 3가지

(1) 반응 폭주 등 급격한 압력 상승 우려가 있는 경우
(2) 급성 독성물질의 누출로 인하여 주위의 작업환경을 오염시킬 우려가 있는 경우
(3) 운전 중 안전밸브에 이상 물질이 누적되어 안전밸브가 작동되지 아니할 우려가 있는 경우

[연관규정] 산업안전보건기준에 관한 규칙 제262조(파열판의 설치)

5) 안전밸브 형식표시사항 ★★

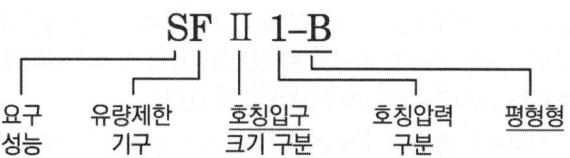

S	F	II	1
증기의 분출압력을 요구	전량식	25 [mm] 초과 50 [mm] 이하	1 [MPa] 이하

(1) 요구성능 → S : 증기의 분출압력을 요구, G : 가스의 분출압력을 요구
(2) 용량제한기구 → L : 양정식, F : 전량식
(3) 호칭지름의 구분

호칭지름의 구분	I	II	III	IV	V
범위(mm)	25 이하	25 초과 50 이하	50 초과 80 이하	80 초과 100 이하	100 초과

(4) 호칭압력의 구분

호칭압력의 구분	1	3	5	10	21	22
설정압력의 범 (MPa)	1 이하	1 초과 3 이하	3 초과 5 이하	5 초과 10 이하	10 초과 21 이하	21 초과

[연관규정] 방호장치 안전인증 고시

6) 보일러를 유지 관리하기 위하여 설치하여야 하는 장치 ★★★ 3가지
   (1) 압력방출장치   (2) 압력제한스위치
   (3) 고저수위 조절장치   (4) 화염 검출기

   [연관규정] 산업안전보건기준에 관한 규칙 제116조(압력방출장치), 제117조(압력제한스위치), 제118조(고저수위 조절장치), 제119조(폭발위험의 방지)

7) 보일러에서 발생하는 캐리오버 현상 원인 ★ 4가지
   (1) 보일러수가 과잉 농축되었을 때
   (2) 열부하가 급격하게 변동해 증감될 때
   (3) 운전 중 수위 조절이 원활하게 이뤄지지 못한 경우
   (4) 보일러의 운전 압력을 너무 낮게 설정해 놓았을 때
   (5) 기수분리기의 불량 등 기계적 고장

   [짚고가기]
   1) 캐리오버(비수현상) ★
      보일러수 속의 용해 고형물이나 현탁 고형물이 증기에 섞여 보일러 밖으로 튀어 나가는 현상
   2) 캐리오버의 종류
      • 프라이밍(Priming) : 급격한 증발현상, 압력강하 등으로 수면에서 작은 입자의 물방울이 증기와 혼합하여 드럼 밖으로 튀어 오르는 현상. 이러한 현상의 원인은 급작스런 증기의 부하가 증가 하였거나 고수위상태가 유지, 급작스런 압력강하, 보일러수의 농축 등으로 인해 발생
      • 포밍(Foaming) ★ : 보일러수 중 용해 고형물, 유지분, 가스 등에 의하여 수면에 거품같이 기포가 덮이는 현상으로 심할 경우 증기와 함께 거품이 나갈 수도 있음. 이러한 포밍현상은 용해 고형물 및 유지분등이 과도한 농축과 유기물 용해가스의 존재 때문에 발생

8) 위험물을 저장·취급하는 화학설비 및 그 부속설비를 설치하는 경우에는 폭발이나 화재에 따른 피해를 줄일 수 있도록 설비 및 시설 간에 충분한 안전거리 ★

구분	안전거리
단위공정시설 및 설비로부터 다른 단위공정시설 및 설비의 사이	설비의 바깥 면으로부터 (10)[m] 이상
플레어 스택으로부터 단위공정시설 및 설비, **위험물 저장탱크 또는 위험물 하역 설비의 사이**	플레어 스택으로부터 반경 (20)[m] 이상 단, 단위공정시설 등이 불연재로 시공된 지붕 아래에 설치된 경우에는 적용하지 않음
위험물 저장탱크로부터 단위공정시설 및 설비, 보일러 또는 가열로의 사이	저장탱크의 바깥 면으로부터 (20)[m] 이상 단, 저장탱크의 방호벽, 원격조종화설비 또는 살수설비를 설치한 경우에는 적용하지 않음

구분	안전거리
사무실, 연구실, 실험실, 정비실 또는 식당으로부터 단위공정시설 및 설비, **위험물 저장탱크**, 위험물 하역 설비, 보일러 또는 가열로의 사이	사무실 등의 바깥 면으로부터 (20) [m] 이상. 단, 난방용 보일러인 경우 또는 사무실 등의 벽을 방호구조로 설치한 경우에는 적용하지 않음

연관규정 산업안전보건기준에 관한 규칙 제271조(안전거리) [별표 8] 안전거리

9) 가스폭발 위험장소 또는 분진폭발 위험장소에 설치되는 건축물 등에 대해서 해당하는 부분을 내화구조로 하여야 하며, 그 성능이 항상 유지될 수 있도록 점검·보수 등 적절한 조치를 하여야 한다. 해당하는 부분 ★★★ 2가지

   (1) 건축물의 기둥 및 보 : 지상 1층(지상 1층의 높이가 6 [m]를 초과하는 경우에는 6 [m])까지
   (2) 위험물 저장·취급용기의 지지대(높이가 30 [cm] 이하인 것은 제외한다) : 지상으로부터 지지대의 끝부분까지
   (3) 배관·전선관 등의 지지대 : 지상으로부터 1단(1단의 높이가 6 [m]를 초과하는 경우에는 6 [m])까지

연관규정 산업안전보건기준에 관한 규칙 제270조(내화기준)

10) 「산업안전보건법령」상 위험물질을 제조·취급하는 작업장과 그 작업장이 있는 건축물에 출입구 외에 안전한 장소로 대피할 수 있는 비상구 1개 이상을 설치해야 하는 구조 조건 ★ 2가지

   (1) 출입구와 같은 방향에 있지 아니하고, 출입구로부터 3 [m] ★ 이상 떨어져 있을 것
   (2) 작업장의 각 부분으로부터 하나의 비상구 또는 출입구까지의 수평거리가 50 [m] ★ 이하가 되도록 할 것
   (3) 비상구의 너비는 0.75 [m] ★ 이상으로 하고, 높이는 1.5 [m] ★ 이상으로 할 것
   (4) 비상구의 문은 피난 방향으로 열리도록 하고, 실내에서 항상 열 수 있는 구조로 할 것

연관규정 산업안전보건기준에 관한 규칙 제17조(비상구의 설치)

3 폭발

1) UVCE와 BLEVE 설명 ★

   (1) UVCE(개방계 증기운폭발, Unconfined Vapour Cloud Explosion) : 대기 중에 구름형태로 모여 바람·대류 등의 영향으로 움직이다가 점화원에 의하여 순간적으로 폭발하는 현상
   (2) BLEVE(비등액체 증기폭발, Boiling Liquid Expanding Vapour Explosion) : 비점(끓는점) 이상의 온도에서 액체 상태로 들어있는 용기 파열 시 발생

2) 비등액체증기폭발(BLEVE)에 영향을 주는 인자 ★★ 3가지
   (1) 저장된 물질의 종류와 형태
   (2) 저장용기의 재질
   (3) 내용물의 물리적 역학상태
   (4) 주위온도와 압력상태
   (5) 내용물의 인화성 및 독성상태

3) 용융고열물을 취급하는 설비를 내부에 설치한 건축물에 대하여 수증기 폭발을 방지하기 위하여 사업주가 해야 하는 조치 ★ 2가지
   (1) 바닥은 물이 고이지 아니하는 구조로 할 것
   (2) 지붕·벽·창 등은 빗물이 새어들지 아니하는 구조로 할 것

   연관규정 산업안전보건기준에 관한 규칙 제249조(건축물의 구조)
   용어 용융고열물 : 용융(鎔融)한 고열의 광물

4 가스장치실 설치기준 ★★ 3가지

1) 가스가 누출된 경우에는 그 가스가 정체되지 않도록 할 것
2) 지붕과 천장에는 가벼운 불연성 재료를 사용할 것
3) 벽에는 불연성 재료를 사용할 것

연관규정 산업안전보건기준에 관한 규칙 제292조(가스장치실의 구조 등)

5 화기 작업

1) 가연성물질이 있는 장소에서 화재위험작업을 하는 경우, 사업주가 화재예방을 위해 준수해야 하는 사항 ★★ 3가지
   (1) 작업 준비 및 작업 절차 수립
   (2) 작업장 내 위험물의 사용·보관 현황 파악
   (3) 화기작업에 따른 인근 가연성물질에 대한 방호조치 및 소화기구 비치
   (4) 용접불티 비산방지덮개, 용접방화포 등 불꽃, 불티 등 비산방지조치
   (5) 인화성 액체의 증기 및 인화성 가스가 남아 있지 않도록 환기 등의 조치
   (6) 작업근로자에 대한 화재예방 및 피난교육 등 비상조치

   연관규정 산업안전보건기준에 관한 규칙 제241조(화재위험작업 시의 준수사항)

2) 용접·용단 작업 시 사업주가 화재감시자를 지정하여 배치해야 하는 장소 기준 ★ 3가지
   (1) 작업반경 11 [m] 이내에 건물구조 자체나 내부에 가연성물질이 있는 장소
   (2) 작업반경 11 [m] 이내의 바닥 하부에 가연성물질이 11 [m] 이상 떨어져 있지만 불꽃에 의해 쉽게 발화될 우려가 있는 장소
   (3) 가연성물질이 금속으로 된 칸막이·벽·천장 또는 지붕의 반대쪽 면에 인접해 있어 열전도나 열복사에 의해 발화될 우려가 있는 장소

   연관규정 산업안전보건기준에 관한 규칙 제241조의2(화재감시자)

3) 아세틸렌 용접장치 검사 시 안전기의 설치 위치 기준 ★★★★

   - 사업주는 아세틸렌 용접장치의 (취관)마다 안전기를 설치하여야 한다. 다만 주관 및 취관에 가장 가까운 (분기관)마다 안전기를 부착한 경우에는 그러하지 아니하다.
   - 사업주는 가스용기가 발생기와 분리되어 있는 아세틸렌 용접장치에 대하여 (발생기)와 가스용기 사이에 안전기를 설치하여야 한다.

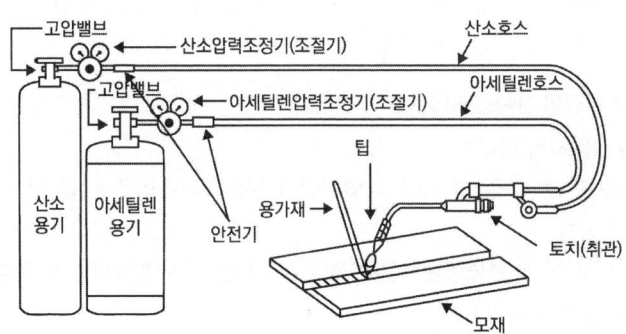

[산소 – 아세틸렌 가스용접 장치의 구성]

연관규정 산업안전보건기준에 관한 규칙 제289조(안전기의 설치)

4) 아세틸렌 용접장치의 관리 등 ★

사업주는 아세틸렌 용접장치를 사용하여 금속의 용접·용단 또는 가열작업을 하는 경우에 다음 각 호의 사항을 준수하여야 한다.
1. 발생기(이동식 아세틸렌 용접장치의 발생기는 제외한다)의 (종류), (형식), (제작업체명), 매시 평균 가스발생량 및 1회 카바이드 공급량을 발생기실 내의 보기 쉬운 장소에 게시할 것
2. 발생기실에는 관계 근로자가 아닌 사람이 출입하는 것을 금지할 것
3. 발생기에서 (5 [m]) 이내 또는 발생기실에서 (3 [m]) 이내의 장소에서는 흡연, 화기의 사용 또는 불꽃이 발생할 위험한 행위를 금지시킬 것

연관규정 산업안전보건기준에 관한 규칙 제290조(아세틸렌 용접장치의 관리 등)

5) 아세틸렌 용접장치의 발생기실 설치장소 기준 ★

> 사업주는 아세틸렌 용접장치의 아세틸렌 발생기(이하 "발생기"라 한다)를 설치하는 경우에는 전용의 발생기실에 설치하여야 한다.
> - 발생기실은 건물의 (최상층)에 위치하여야 하며, 화기를 사용하는 설비로부터 (3)[m]를 초과하는 장소에 설치하여야 한다.
> - 발생기실을 옥외에 설치한 경우에는 그 개구부를 다른 건축물로부터 (1.5)[m] 이상 떨어지도록 하여야 한다.

`연관규정` 산업안전보건기준에 관한 규칙 제286조(발생기실의 설치장소 등)

6) 아세틸렌 용접기 도관의 점검항목 ★ 3가지
   (1) 밸브의 작동상태   (2) 누출의 유무
   (3) 역화방지기 접속부 및 밸브코크의 작동상태의 이상 유무

`연관개념` 아세틸렌 용접기 일반적 점검사항

7) 아세틸렌 또는 가스집합 용접장치에 설치하는 역화방지기 성능시험 종류 ★ 4가지
   (1) 내압시험   (2) 기밀시험   (3) 역류방지시험   (4) 역화방지시험   (5) 가스압력손실시험

`연관규정` 방호장치 자율안전확인 고시(고시 제2015-94호)
(1) 안전기(역화방지기) 성능시험 항목
    ① 내압시험 ② 기밀시험 ③ 역류방지시험 ④ 역화방지시험 ⑤ 가스압력손실시험
(2) 전격방지기 성능시험 항목
    ① 구조시험 ② 내충격시험 ③ 온도상승시험 ④ 절연저항시험 ⑤ 내전압시험 ⑥ 특성시험
(3) 롤러기 급정지장치의 성능시험 항목
    ① 절연저항시험 ② 내전압시험 ③ 무부하동작시험
(4) 연삭기 덮개의 성능시험 항목
    ① 작동시험 ② 휴대용 연삭기의 작동시험

`연관규정` 방호장치 안전인증 고시(고시 제2013-54호)
(1) 전자식 및 전기식 과부하방지장치 성능시험 항목
    ① 절연저항시험 ② 내전압시험 ③ 공진시험 ④ 진동·내구성시험 ⑤ 내충격시험
(2) 기계식 과부하방지장치 성능시험 항목
    ① 압축영구줄음률 시험 ② 내수성시험 ③ 무부하시험 ④ 부하동작시험
(3) 안전밸브의 성능시험 항목
    ① 분출압력 및 분출차 ② 밀폐성시험 ③ 내압시험 ④ 공칭분출량시험
(4) 파열판의 성능시험 항목
    ① 성능시험기 및 시험유체 ② 누설시험 ③ 분출용량시험

8) 가스 용기의 색채

가스의 종류	도색의 구분
액화탄산가스	청색(의료 : 회색)
산소	녹색 ★(의료 : 백색)
수소	주황색
아세틸렌	황색 ★
액화 암모니아	백색 ★
액화염소	갈색
액화석유가스 / 기타	밝은 회색 / 회색(질소) ★

연관규정 고압가스 안전관리법

6 방폭구조의 종류

1) [방폭구조의 종류] Ex "n" ★ 5가지 ★ 해당 방폭구조의 기호 적기

가스·증기 방폭구조 0종 고위험 1종 보통 2종 낮음	**내압방폭구조(d 1종까지 가능)** 용기내부에서 폭발성가스 또는 증기가 폭발하였을 때 용기가 그 압력에 견디며 또한 접합면, 개구부 등을 통해서 외부의 폭발성 가스·증기에 인화되지 않도록 한 구조
	압력방폭구조(p 1종까지 가능) 용기내부에 보호가스(신선한 공기 또는 불연성가스)를 압입하여 내부압력을 유지하므로써 폭발성 가스 또는 증기가 용기 내부로 유입하지 않도록 된 구조
	안전증방폭구조(e 1종까지 가능) ★ 내부에 안전을 증가하여 원천적으로 폭발을 방지한 방폭구조
	유입방폭구조(o 1종까지 가능) ★ 전기불꽃, 아크 또는 고온이 발생하는 부분을 기름속에 넣고, 기름면 위에 존재하는 폭발성가스 또는 증기에 인화되지 않도록 한 구조
	본질안전방폭구조(ia 0종도 가능, ib) 단락, 지락과 같은 전기불꽃이나 아크 등의 이상 상태에서도 폭발이 나지 않게 별도 스위치를 설치한 방폭구조
	비점화방폭구조(n 2종만 가능) 정상인 상태에서 가스 점화를 시키지 않도록 한 구조
	몰드방폭구조(m 1종까지 가능) 콤 파운드를 사용함으로써 가스 침입을 방지한 구조

	충전방폭구조(q 1종까지 가능) ★
	충전물을 내부에 채워 가연성 가스를 막아 들어오지 못하게 만든 구조
	특수방폭구조(s 1종까지 가능) ★
분진방폭 구조 20종 고위험 21종 보통 22종 낮음	특수방진방폭구조(SDP)
	보통방진방폭구조(DP)
	방진특수방폭구조(XDP)

2) 방폭구조의 표시 해석

- 방폭구조 : 외부의 가스가 용기 내로 침입하여 폭발하더라도 용기는 그 압력에 견디고 외부의 폭발성 가스에 착화될 우려가 없도록 만들어진 구조
- 그룹 : 잠재적 폭발성 위험분위기에서 사용되는 전기기기(폭발성 메탄가스 위험분위기에서 사용되는 광산용 전기기기 제외)
- 최대안전틈새 : 0.8 [mm]
    ① 최고표면온도 : 90° ★   ② 최고표면온도 : 180° ★

(1) Ex d IIB T5   (2) Ex d IIB T3

그룹 Ⅰ : 폭발성 메탄가스 위험분위기에서 사용되는 광산용 전기기기
그룹 Ⅱ : 잠재적 폭발성 위험분위기에서 사용되는 전기기기
최대 안전틈새 ★ 방폭등급에 따른 안전간격과 가스명

분류	Ⅱ A	Ⅱ B	Ⅱ C
최대안전틈새	0.9 [mm] 이상	0.5 [mm] 초과 0.9 [mm] 미만	0.5 [mm] 이하
가스명	프로판	에틸렌	수소, 아세틸렌

최고표면온도

최고표면온도의 범위(°C)	온도등급	최고표면온도의 범위(°C)	온도등급
300 초과 450 이하	T1	100 초과 135 이하	T4
200 초과 300 이하	T2	85 초과 100 이하	T5
135 초과 200 이하	T3	85 이하	T6

※ 「산업안전보건법」상 기준과 가스시설 전기방폭기준 상이

연관규정 방호장치 안전인증 고시 [별표 6] 가스·증기방폭구조인 전기기기의 일반성능기준
가스시설 전기방폭 기준 KGS GC201(2018)

3) 소형 전기기기와 방폭부품의 경우, 표시크기를 줄일 수 있다. 이러한 전기기기 또는 방폭부품에 최소 표시사항 ★ 4가지
   (1) 제조자의 이름 또는 등록상표
   (2) 형식
   (3) 기호 Ex 및 방폭구조의 기호
   (4) 인증서 발급기관의 이름 또는 마크, 합격번호
   (5) X 또는 U 기호

   연관규정 방호장치 안전인증 고시

7 공정안전보고서 신출 정의와 설명

> - 사업주는 사업장에 대통령령으로 정하는 유해하거나 위험한 설비가 있는 경우 "중대산업사고"를 예방하기 위하여 (공정안전보고서)를 작성하고 고용노동부장관에게 제출하여 심사를 받아야 한다.
> - 사업주는 (공정안전보고서)를 작성할 때 (산업안전보건위원회) 심의를 거쳐야 한다. 다만 (산업안전보건위원회)가 설치되어 있지 아니한 사업장의 경우에는 근로자대표의 의견을 들어야 한다.

※ 중대산업사고 : 설비로부터의 위험물질 누출, 화재 및 폭발 등으로 인하여 사업장 내의 근로자에게 즉시 피해를 주거나 사업장 인근 지역에 피해를 줄 수 있는 사고

1) 공정안전보고서에 포함되어야 하는 사항 ★★★★★ 4가지
   (1) 공정안전자료
   (2) 공정위험성 평가서
   (3) 안전운전계획
   (4) 비상조치계획

   연관규정 산업안전보건법 시행령 제44조(공정안전보고서의 내용)

2) 공정안전보고서의 제출 대상이 되는 유해·위험설비로 보지 않는 시설이나 설비의 종류 ★ 2가지
   (1) 원자력 설비
   (2) 군사시설
   (3) 사업주가 해당 사업장 내에서 직접 사용하기 위한 난방용 연료의 저장설비 및 사용설비
   (4) 도매·소매시설
   (5) 차량 등의 운송설비
   (6) 「액화석유가스의 안전관리 및 사업법」에 따른 액화석유가스의 충전·저장시설
   (7) 「도시가스사업법」에 따른 가스공급시설

(8) 그 밖에 고용노동부장관이 누출·화재·폭발 등으로 인한 피해의 정도가 크지 않다고 인정하여 고시하는 설비

연관규정 산업안전보건법 시행령 제33조의6(공정안전보고서의 제출 대상) 2항

3) 공정안전보고서의 제출·심사·확인 및 이행상태평가 등에 관한 규정 상, 공정흐름도에 표시되어야 할 사항 ★ 3가지
   (1) 주요 동력기계, 장치 및 설비의 표시 및 명칭
   (2) 주요 계장설비 및 제어설비,
   (3) 물질 및 열 수지
   (4) 운전온도 및 운전압력

연관규정 공정안전보고서의 제출·심사·확인 및 이행상태평가 등에 관한 규정 제22조(공정도면)

4) 공정안전보고서의 내용 중 '공정위험성 평가서'에서 적용하는 위험성 평가기법에 있어 '제조공정 중 반응, 분리(증류, 추출 등), 이송시스템 및 전기·계장시스템 등' 간단한 단위공정에 대한 위험성 평가기법 ★ 4가지
   (1) 위험과 운전 분석(HAZOP)
   (2) 공정위험분석(PHR)
   (3) 이상위험도 분석(FMECA)
   (4) 결함 수 분석(FTA)
   (5) 사건 수 분석(ETA)
   (6) 원인결과 분석(CCA)

5) 공정안전보고서의 내용 중 '공정위험성 평가서'에서 적용하는 위험성 평가기법에 있어 '저장탱크설비, 유틸리티설비 및 제조공정 중 고체 건조·분쇄설비 등' 간단한 단위공정에 대한 위험성 평가기법 **신출** 2가지 선택
   (1) 체크리스트기법(Checklist)
   (2) 작업자실수분석기법(HEA)
   (3) 사고예상질문분석기법(What-if)
   (4) 위험과 운전분석기법(HAZOP)
   (5) 상대 위험순위결정기법(DMI)
   (6) 공정위험분석기법(PHR)
   (7) 공정안정성분석기법(K-PSR)

연관규정 공정안전보고서의 제출·심사·확인 및 이행상태평가 등에 관한 규정 제29조(공정위험성 평가기법)

6) 공정안전보고서 제출 대상 사업장 : 유해·위험물질 중 하나 이상의 물질을 규정량(kg) 이상 제조·취급·저장하는 설비 등 ★

유해·위험물질	규정량(kg)
질산암모늄	제조·취급·저장 : 500,000
인화성 가스 ★, 인화성 액체	제조·취급 : 5,000 (저장 : 200,000)
니트로 셀롤로오스(질소 함유량 12.6 [%] 이상)	제조·취급·저장 : 100,000
질산(중량 94.5 [%] 이상), 암모니아수(중량 20 [%] 이상), 트리니트로톨루엔	제조·취급·저장 : 50,000
발연황산(삼산화황 중량 65 [%] 이상 80 [%] 미만), 염산(중량 20 [%] 이상) ★, 황산(중량 20 [%] 이상) ★, 질소 트리플루오르화물	제조·취급·저장 : 20,000
아크릴로니트릴, 암모니아 ★, 이산화황, 삼산화황, 이황화탄소, 염화수소(무수염산), 과산화수소(중량 52 [%] 이상), 니트로글리세린, 불산(중량 10 [%] 이상), 클로로술폰산, 브롬화수소, 삼염화인, 일산화질소, 붕소 트리염화물, 메틸에틸케톤과산화물, 디에틸 알루미늄 염화물, 염화 티오닐	제조·취급·저장 : 10,000
수소	제조·취급·저장 : 5,000
과산화벤조일, 과염소산 암모늄. 디이소프로필 퍼옥시디카보네이트	제조·취급·저장 : 3,500
니트로아닐린	제조·취급·저장 : 2,500
톨루엔 디이소시아네이트, 염화 벤질, 시아누르 플루오르화물	제조·취급·저장 : 2,000
염소	제조·취급·저장 : 1,500
불화수소(무수불산), 황화수소, 산화에틸렌, 실란(Silane), 브롬, 삼불화 붕소, 디클로로실란, 메틸 이소시아네이트, 염소 트리플루오르화	제조·취급·저장 : 1,000
시안화수소, 불소, 이산화염소, 포스겐, 포스핀	제조·취급·저장 : 500

연관규정 산업안전보건법 시행령 제43조(공정안전보고서의 제출 대상) [별표 13] 유해·위험물질 규정량(제43조 제1항 관련)

7) 공정안전보고서 이행 상태의 평가 ★

> 가) 고용노동부장관은 공정안전보고서의 확인 후 1년이 경과한 날부터 (2)년 이내에 공정안전보고서 이행 상태의 평가를 하여야 한다.
> 나) 사업주가 이행평가에 대한 추가요청을 하면 (1년 또는 2년) 기간 내에 이행평가를 할 수 있다.

연관규정 산업안전보건법 시행규칙 제54조(공정안전보고서 이행 상태의 평가)

8 유해화학물질의 관리

1) 유해물질의 취급 등으로 근로자에게 유해한 작업에 있어서 그 원인을 제거하기 위하여 조치해야 할 사항 ★ 3가지

   (1) 위험한 작업의 폐지·변경
   (2) 변경, 유해·위험물질 대체 등의 조치 또는 설계
   (3) 계획 단계에서 위험성을 제거 또는 저감

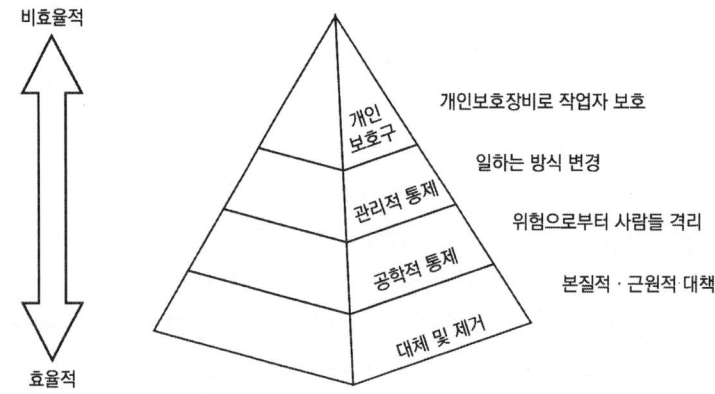

[위험성 감소대책 수립 시 고려 순서]
1. 위험한 작업의 폐지·변경, 유해·위험물질 대체 등의 조치 또는 설계나 계획 단계에서 위험성을 제거 또는 저감하는 조치
2. 연동장치, 환기장치 설치 등의 공학적 대책
3. 사업장 작업절차서 정비 등의 관리적 대책
4. 개인용 보호구의 사용

   [연관규정] 사업장 위험성평가에 관한 지침 제5조의2(위험성평가의 대상), 제12조(위험성 감소대책 수립 및 실행)

2) 대상화학물질을 양도하거나 제공하는 자는 물질안전보건자료의 기재 내용을 변경할 필요가 생긴 때에는 물질안전보건자료대상물질을 제조하거나 수입한 자는 정하는 사항이 변경된 경우 그 변경 사항을 반영한 물질안전보건자료를 고용노동부장관에게 제출하여야 한다. 이때 변경사항 ★ 3가지

   (1) 제품명(구성성분의 명칭 및 함유량의 변경이 없는 경우로 한정)
   (2) 화학물질의 명칭 및 함유량(제품명의 변경 없이 구성성분의 명칭 및 함유량만 변경된 경우로 한정)
   (3) 건강 및 환경에 대한 유해성, 물리적 위험성

   [연관규정] 산업안전보건법 제110조(물질안전보건자료의 작성 및 제출)
   산업안전보건법 시행규칙 제159조(변경이 필요한 물질안전보건자료의 항목 및 제출시기)

3) 물질안전보건자료(MSDS) 작성 시 포함사항 ★ 4가지
   (1) 화학제품과 회사에 관한 정보   (2) 유해성·위험성
   (3) 구성성분의 명칭 및 함유량   (4) 응급조치요령
   (5) 폭발·화재 시 대처방법   (6) 누출사고 시 대처방법
   (7) 취급 및 저장방법   (8) 노출방지 및 개인보호구
   (9) 물리화학적 특성   (10) 안정성 및 반응성
   (11) 독성에 관한 정보   (12) 환경에 미치는 영향
   (13) 폐기 시 주의사항   (14) 운송에 필요한 정보
   (15) 법적규제 현황   (16) 그 밖의 참고사항

   연관규정 화학물질의 분류·표시 및 물질안전보건자료에 관한 기준 제10조(작성항목)

4) 물질안전보건자료의 작성 및 제출에서 제외하는 대상 화학물질 ★★ 4가지 (단, 화학물질 또는 혼합물로서 일반소비자의 생활용으로 제공되는 것과 그 밖에 고용노동부장관이 독성 폭발성 등으로 인한 위해의 정도가 적다고 인정하여 고시하는 화학물질은 제외한다)
   (1) 건강기능식품   (2) 농약
   (3) 마약 및 향정신성의약품   (4) 비료
   (5) 사료   (6) 「생활주변방사선 안전관리법」에 따른 원료물질
   (7) 안전확인대상생활화학제품 및 살생물제품 중 일반소비자의 생활용으로 제공되는 제품
   (8) 식품 및 식품첨가물   (9) 의약품 및 의약외품
   (10) 방사성물질   (11) 위생용품
   (12) 의료기기   (13) 첨단바이오의약품
   (14) 화약류   (15) 폐기물
   (16) 화장품

   연관규정 산업안전보건법 시행령 제86조(물질안전보건자료의 작성·제출 제외 대상 화학물질 등)

5) 신규화학물질의 제조 및 수입

   신규화학물질을 제조하거나 수입하려는 자는 제조하거나 수입하려는 날 (30)일 전까지 신규화학물질 유해성·위험성 조사보고서에 따른 서류를 첨부하여 (고용노동부장관)에게 제출하여야 한다.

   연관규정 산업안전보건법 시행규칙 제86조(유해성·위험성 조사보고서의 제출)

6) 사업주가 관리대상 유해물질을 취급하는 작업장의 보기 쉬운 장소에 항상 고시하거나 부착해야 할 사항 ★★ 5가지
   (1) 관리대상 유해물질의 명칭

(2) 인체에 미치는 영향

(3) 취급상 주의사항

(4) 착용하여야 할 보호구

(5) 응급조치와 긴급 방재 요령

연관규정 산업안전보건기준에 관한 규칙 제442조(명칭 등의 게시)

7) 사업주가 작업장에서 취급하는 물질안전보건자료의 내용을 근로자에게 교육해야 해야 하는 경우 **신출** 2가지

(1) 물질안전보건자료대상물질을 제조·사용·운반 또는 저장하는 작업에 근로자를 배치하게 된 경우

(2) 새로운 물질안전보건자료대상물질이 도입된 경우

(3) 유해성·위험성 정보가 변경된 경우

8) 인체에 해로운 분진, 흄(Fume), 미스트(Mist), 증기 또는 가스 상태의 물질을 배출하기 위하여 설치하는 국소배기장치의 후드 설치 시 준수사항 ★★ 3가지

(1) 유해물질이 발생하는 곳마다 설치할 것

(2) (유해인자의 발생형태와 비중, 작업방법 등을 고려하여) 해당 분진 등의 발산원을 제어할 수 있는 구조로 설치할 것

(3) 후드 형식은 가능하면 포위식 또는 부스식 후드를 설치할 것

(4) 외부식 또는 리시버식 후드는 해당 분진 등의 발산원에 가장 가까운 위치에 설치할 것

연관규정 산업안전보건기준에 관한 규칙 제72조(후드)

9) 사업주가 분진 등을 배출하기 위하여 설치하는 국소배기장치(이동식은 제외)의 덕트(Duct)를 설치할 때 준수사항 ★ 3가지

(1) 가능하면 길이는 짧게 하고 굴곡부의 수는 적게 할 것

(2) 접속부의 안쪽은 돌출된 부분이 없도록 할 것

(3) 청소구를 설치하는 등 청소하기 쉬운 구조로 할 것

(4) 덕트 내부에 오염물질이 쌓이지 않도록 이송속도를 유지할 것

(5) 연결 부위 등은 외부 공기가 들어오지 않도록 할 것

연관규정 산업안전보건기준에 관한 규칙 제73조(덕트)

10) 인간에 대한 화학물질 허용 한계 값 TLV(Threshold Limit Value, 허용한계값 = 임계제한값) ★

(1) 시간가중평균농도 TLV-TWA(Threshold Limit Value-Time Weighted Average)
1일 8시간, 1주 40시간을 일하는 정상적인 노동 시간 중의 **평균** 농도로 화학물질의 허용 한계 값을 나타낸 값=1일 8시간 작업 동안에 폭로된 유해물질의 시간 가중 평균농도 상한치

(2) 단시간 노출 기준 TLV-STEL(Threshold Limit Value-Short Time Exposure Level)
근로자가 1회 15분간 폭로될 수 있는 화학물질의 최대 허용 값, 이때 폭로는 15분을 넘지 않아야 하고, 폭로와 다음 폭로 사이에는 적어도 60분이 경과해야 하며, 하루 총 4회를 초과하여 폭로되어서는 안 된다.

(3) 최고 허용 농도 TLV-C(Threshold Limit Value-Ceiling)
이 화학물질은 잠시라도 이 농도 이상을 노동자에게 노출하면 건강 장해를 초래하므로 순간적이라고 하더라도 절대적으로 이 농도를 초과해서 노출시켜서는 안 되는 농도

- 기출된 주요 화학물질의 노출기준(TLV-TWA)

① 불소(플루오린 F_2, Fluorine) : 0.1 [ppm] ★ 위험성이 가장 높은 것
② 과산화수소(H_2O_2) : 1 [ppm]
③ 염화수소(염산 HCl) : 1 [ppm]
④ 사염화탄소(CCl_4) : 5 [ppm]
⑤ 암모니아(NH_3) : 25 [ppm]

관련규정 화학물질 및 물리적인자의 노출기준

9 위험물질

1) 위험물질 종류 ★ 5가지 ★ 종류별 물질 구분

(1) 폭발성 물질 및 유기과산화물
질산에스테르류, 아조화합물, 유기과산화물, 하이드라진 유도체 ★, 니트로화합물 ★

(2) 물반응성 물질 및 인화성고체
리튬 ★, 칼륨, 나트륨, 황 ★, 마그네슘분말, 금속분말, 알카리 금속의 수소화물, 인화물

(3) 산화성액체 및 산화성고체
과산화수소 및 무기과산화물, 질산, 과염소산, 중크롬산, 염소산, 브롬산 과망간산

(4) 인화성액체
에틸에테르, 가솔린, 아세트알데히드, 산화프로필렌, 등유

(5) 인화성가스
수소, 아세틸렌, 에틸렌, 메탄, 에탄, 프로판, 부탄(인화한계 농도의 최저한도가 13 [%] 이하 혹은 최고, 최저한도의 차가 12 [%] 이상)

(6) 부식성물질
① 부식성산류(농도가 20 [%] 이상) : 염산, 황산, 질산
② 부식성산류(농도가 60 [%] 이상) : 인산, 아세트산, 불산
③ 부식성염기류(농도가 40 [%] 이상) : 수산화나트륨, 수산화칼륨

(7) 급성독성 물질 ★

> - LD₅₀은 (300) [mg/kg]을 쥐에 대한 경구투입실험에 의하여 실험동물의 50 [%]를 사망케 한다.
> - LD₅₀은 (1000) [mg/kg]을 쥐 또는 토끼에 대한 경피흡수실험에서 의하여 실험동물의 50 [%]를 사망케 한다.
> - LC₅₀은 가스로 (2500) [ppm]을 쥐에 대한 4시간 동안 흡입실험에 의하여 실험동물의 50 [%]를 사망케 한다.
> - LC₅₀은 증기로 (10) [mg/ℓ]을 쥐에 대한 4시간 동안 흡입실험에 의하여 실험동물의 50 [%]를 사망케 한다.
> - LC₅₀은 분진 또는 미스트로 (1) [mg/ℓ]을 쥐에 대한 4시간 동안 흡입 실험에 의하여 실험동물의 50 [%]를 사망케 한다.
>
> [짚고가기] 경구(經口) : 입을 통해   경피(經皮) : 피부를 통해

- LD₅₀ 설명 ★ : 피실험동물의 절반이 죽게 되는 양(Lethal Dose 50 [%])

[짚고가기] Lethal : '치명적인'이란 뜻
[비교] LC₅₀(Lethal Concentration 50 [%]) : 피실험동물의 절반이 죽게 되는 농도
[연관규정] 산업안전보건기준에 관한 규칙 [별표1] 위험물질의 종류

- 위험물과 혼재 가능한 물질
  [1류] 산화성고체   [2류] 가연성고체
  [3류] 자연발화 및 금수성물질   [4류] 인화성액체
  [5류] 자기반응성물질   [6류] 산화성액체

- 유별을 달리하는 위험물의 혼재기준(별표 19관련)

위험물의 구분	제1류	제2류	제3류	제4류	제5류	제6류
제1류		×	×	×	×	○
제2류	×		×	○	○	×
제3류	×	×		○	×	×
제4류	×	○	○		○	×
제5류	×	○	×	○		×
제6류	○	×	×	×	×	

[비고]
1. "×" 표시는 혼재할 수 없음을 표시한다.   2. "○"표시는 혼재할 수 있음을 표시한다.
3. 이 표는 지정수량의 $\frac{1}{10}$ 이하의 위험물에 대하여는 적용하지 아니한다.

[연관규정] 위험물안전관리법 시행령 [별표 1] 위험물 및 지정수량, 위험물안전관리법 시행규칙 [별표 19] 위험물의 운반에 관한 기준

05 전기안전관리

산업안전기사 | 실기

1 전기 기계·기구 등으로 인한 위험 방지

1) 사업주가 전기기계·기구를 설치하려는 경우 고려사항 ★★ 3가지
   (1) 전기기계·기구의 충분한 전기적 용량 및 기계적 강도
   (2) 습기·분진 등 사용장소의 주위 환경
   (3) 전기적·기계적 방호수단의 적정성

   [연관규정] 산업안전보건기준에 관한 규칙 제303조(전기기계·기구의 적정설치 등)

2 누전으로 인한 감전위험방지

1) 누전차단기 설치 대상 전기기계·기구 ★★ 3가지
   (1) 대지전압이 150 [V]를 초과하는 이동형 또는 휴대형 전기기계·기구
   (2) 물 등 도전성이 높은 액체가 있는 습윤장소에서 사용하는 저압용 전기기계·기구
   (3) 철판·철골 위 등 도전성이 높은 장소에서 사용하는 이동형 또는 휴대형 전기기계·기구
   (4) 임시배선의 전로가 설치되는 장소에서 사용하는 이동형 또는 휴대형 전기기계·기구

   [연관규정] 산업안전보건기준에 관한 규칙 제304조(누전차단기에 의한 감전방지)

2) 누전차단기의 정격 감도전류와 동작시간 ★★ 조건판단
   전기기계·기구에 설치되어 있는 누전차단기는 정격감도전류가 (30 [mA] 이하)이고 작동시간은 (0.03초 이내)일 것. 다만 정격전부하전류가 50 [A] 이상인 전기기계·기구에 접속되는 누전차단기는 오작동을 방지하기 위하여 정격감도전류는 (200 [mA] 이하)로, 작동시간은 (0.1초 이내)로 할 수 있다.

   [연관규정] 산업안전보건기준에 관한 규칙 제304조(누전차단기에 의한 감전방지)

3) 누전차단기
   (1) 누전차단기는 지락검출장치, (트립장치), 개폐기구 등으로 구성
   (2) 중감도형 누전차단기는 정격감도전류가 (50 [mA]) ~ 1000 [mA] 이하
   (3) 시연형 누전차단기는 동작시간이 0.1초 초과 (2초) 이내

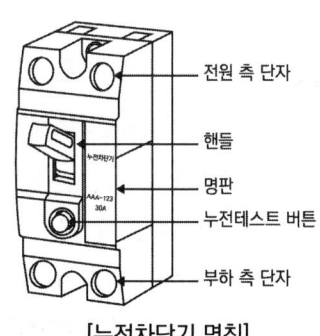

[누전차단기 명칭]

구분		정격감도전류(mA)	동작 시간
고감도형	고속형	5, 10, 15, 30	정격감도전류에서 0.1초 이내, 인체감전보호형은 0.03초 이내
	시연형		정격감도전류에서 0.1초를 초과하고 2초 이내
	반한시형		정격감도전류에서 0.2초를 초과하고 1초 이내 정격감도전류 1.4배의 전류에서 0.1초를 초과하고 0.5초 이내 정격감도전류 4.4배의 전류에서 0.05초 이내
중감도형	고속형	50, 100, 200, 500, 1,000	정격감도전류에서 0.1초 이내
	시연형		정격감도전류에서 0.1초를 초과하고 2초 이내
저감도형	고속형	3,000, 5,000, 10,000, 20,000	정격감도전류에서 0.1초 이내
	시연형		정격감도전류에서 0.1초를 초과하고 2초 이내

4) 누전에 의한 감전의 위험을 방지하기 위해 접지를 실시하는 코드와 플러그를 접속하여 사용하는 전기기계·기구 ** 3가지 * 5가지 *해당 전기기계·기구 선택

 (1) 사용전압이 대지전압 150 [V]를 넘는 것
 (2) 냉장고·세탁기·컴퓨터 및 주변기기 등과 같은 **고정형 전기기계·기구**
 (3) **고정형·이동형 또는 휴대형 전동기계·기구**
 (4) 물 또는 도전성(導電性)이 높은 곳에서 사용하는 전기기계·기구, 비접지형 콘센트
 (5) 휴대형 손전등

 연관규정 산업안전보건기준에 관한 규칙 제302조(전기기계·기구의 접지)

5) 전기를 사용하지 아니하는 설비 중 접지를 해야 하는 금속체 부분 * 3가지

 (1) 전동식 양중기의 프레임과 궤도
 (2) 전선이 붙어있는 비전동식 양중기의 프레임
 (3) 고압 이상의 전기를 사용하는 전기기계·기구 주변의 금속체 칸막이·망 및 이와 유사한 장치

 연관규정 산업안전보건기준에 관한 규칙 제302조(전기 기계·기구의 접지) 중 3항

3 충전부의 감전 위험 방지

1) 근로자가 작업이나 통행 등으로 인하여 전기기계, 기구 또는 전로 등의 충전 부분에 접촉하거나 접근함으로써 감전 위험이 있는 충전 부분에 대하여 감전을 방지하기 위하여, 사업주가 해야 하는 방호 조치 ** 5가지

 (1) 충전부가 노출되지 않도록 **폐쇄형 외함**이 있는 구조로 할 것
 (2) 충전부에 **충분한 절연효과**가 있는 방호망이나 절연덮개를 설치할 것

(3) 충전부는 내구성이 있는 절연물로 완전히 덮어 감쌀 것
(4) 발전소·변전소 및 개폐소 등 구획되어 있는 장소로서 관계 근로자가 아닌 사람의 출입이 금지되는 장소에 충전부를 설치하고, 위험표시 등의 방법으로 방호를 강화할 것
(5) 전주 위 및 철탑 위 등 격리되어 있는 장소로서 관계 근로자가 아닌 사람이 접근할 우려가 없는 장소에 충전부를 설치할 것

연관규정 산업안전보건기준에 관한 규칙 제301조(전기 기계·기구 등의 충전부 방호)

4 정전기 화재·폭발 등 방지

1) 정전기에 의한 화재 또는 폭발 등의 위험이 발생할 우려가 있는 경우 사업주의 준수사항
   (1) **설비에 대한 위험방지** ★★ 3가지

   > 사업주는 정전기에 의한 화재 또는 폭발 등의 위험이 발생할 우려가 있는 경우에는 해당 설비에 대하여 확실한 방법으로 (접지)★★ 를 하거나, (도전성)★★ 재료를 사용하거나 가습 및 점화원이 될 우려가 없는 (제전장치)★★ 를 사용하는 등 정전기의 발생을 억제하거나 제거하기 위하여 필요한 조치를 하여야 한다.

   (2) **인체에 대한 위험방지** ★ 3가지

   > 사업주는 인체에 대전된 정전기에 의한 화재 또는 정전기 대전방지용 안전화 착용, 제전복(除電服) 착용, 정전기 제전용구 사용 등의 조치를 하거나 작업장 바닥 등에 도전성을 갖추도록 하는 등 필요한 조치를 하여야 한다.

연관규정 산업안전보건기준에 관한 규칙 제325조(정전기로 인한 화재 폭발 등 방지)

설비 정전기 방지 vs **인체** 정전기 방지	
접지	
도전성 재료를 사용	작업장 바닥 등에 도전성을 갖추도록 조치
가습	
점화원이 될 우려가 없는 제전장치를 사용	제전복 착용, 정전기 제전용구 사용
대전 방지제 사용	정전기 대전방지용 안전화 착용

5 충전전로 전기작업 시 접근한계거리

충전전로의 선간전압(단위 : kV)	충전전로에 대한 접근 한계거리(단위 : cm)
0.3 이하	접촉금지
0.3 초과 0.75 이하	30 ★★★★
0.75 초과 2 이하	45 ★★★★
2 초과 15 이하	60 ★★★★★
15초과 37 이하	90 ★★★★
37 초과 88 이하	110 ★
88 초과 121 이하	130
121 초과 145 이하	150
145 초과 169 이하	170 ★
169 초과 242 이하	230
242 초과 362 이하	380
362 초과 550 이하	550
550 초과 800 이하	790

[연관규정] 산업안전보건기준에 관한 규칙 제321조(충전전로에서의 전기작업)

6 아크 용접 시 전격방지 : 자동전격방지기 등

1) 교류아크용접기에 자동전격방지기를 설치해야 하는 장소 ★ 2가지

① 추락할 위험이 있는 높이 2 [m] 이상의 장소로 철골 등 도전성이 높은 물체에 근로자가 접촉할 우려가 있는 장소
② 선박의 이중 선체 내부, 밸러스트 탱크(Ballast Tank, 평형수 탱크), 보일러 내부 등 도전체에 둘러싸인 장소
③ 근로자가 물·땀 등으로 인하여 도전성이 높은 습윤 상태에서 작업하는 장소

[짚고가기] 교류아크용접기의 자동전격방지기의 성능기준

아크발생 중지 후 1초 이내에 2차 측 무부하 전압을 25 [V] 이내로 낮출 것

[연관규정] 산업안전보건기준에 관한 규칙 제306조(교류아크용접기 등)

7 전기설비기술기준 [개정사항]

전로의 사용전압 [V]	DC시험전압 [V]	전열저항 [MΩ]
SELV 및 PELV	250	0.5
FELV, 500 [V] 이하	500	1.0
500 [V] 초과	1000	1.0

[주] 특별저압(Extra Low Voltage : 2차 전압이 AC 50 [V], DC 120 [V] 이하)으로 SELV(비접지회로 구성) 및 PELV(접지회로 구성)은 1차와 2차가 전기적으로 절연된 회로, FELV는 1차와 2차가 전기적으로 절연되지 않은 회로

[짚고가기] ELV : Extra Low Voltage 특별 저압
- SELV : Safety Extra Low Voltage
- PELV : Protected Extra Low Voltage
- FELV : Functional Extra Low Voltage

06 건설안전관리

산업안전기사 | 실기

1 건설공사발주자의 산업재해 예방 조치

1) 건설공사 단계별 건설공사발주자의 조치사항 ★

> - 총 공사금액 (50억 원) 이상 건설공사의 건설공사발주자는 산업재해 예방을 위하여 건설공사의 계획, 설계 및 시공 단계에서 다음 구분에 따른 조치를 하여야 한다.
> - 건설공사 계획단계 : 해당 건설공사에서 중점적으로 관리하여야 할 유해·위험요인과 이의 감소방안을 포함한 기본안전보건대장을 작성할 것
> - 건설공사 설계단계 : 건설공사 계획단계에 따른 (기본안전보건대장)을 설계자에게 제공하고, 설계자로 하여금 유해·위험요인의 감소방안을 포함한 (설계안전보건대장)을 작성하게 하고 이를 확인할 것
> - 건설공사 시공단계 : 건설공사발주자로부터 건설공사를 최초로 도급받은 수급인에게 건설공사 설계단계에 따른 설계안전보건대장을 제공하고, 그 수급인에게 이를 반영하여 안전한 작업을 위한 (공사안전보건대장)을 작성하게 하고 그 이행 여부를 확인할 것

연관규정 산업안전보건법 제67조(건설공사발주자의 산업재해 예방 조치)

2 도급사업의 합동 안전·보건점검을 할 때 점검반으로 구성하여야 하는 사람 ★ 3가지

1) 도급인(같은 사업 내에 지역을 달리하는 사업장이 있는 경우에는 그 사업장의 안전보건관리책임자)
2) 관계수급인(같은 사업 내에 지역을 달리하는 사업장이 있는 경우에는 그 사업장의 안전보건관리책임자)
3) 도급인의 근로자 각 1명
4) 관계수급인의 근로자 각 1명(해당 공정만 해당)

연관규정 산업안전보건법 시행규칙 제82조(도급사업의 합동 안전·보건점검)

3 도급 시 설치해야 하는 위생시설 등의 종류 ★ 4가지

1) 휴게시설   2) 세면·목욕시설   3) 세탁시설
4) 탈의시설   5) 수면시설

연관규정 산업안전보건법 시행규칙 제64조(도급에 따른 산업재해 예방조치), 제81조(위생시설의 설치 등 협조)
산업안전보건기준에 관한 규칙 - 제79조의2(세척시설 등)

4 와이어로프 기본

1) 와이어로프 꼬임형식 *
   (1) 보통꼬임 : 스트랜드에 있어서 올의 꼬인 방향과 로프에 있어서 스트랜드가 꼬인 방향이 반대
   (2) 랭꼬임 : 와이어로프의 꼬임이 스트랜드의 꼬임 방향과 일치

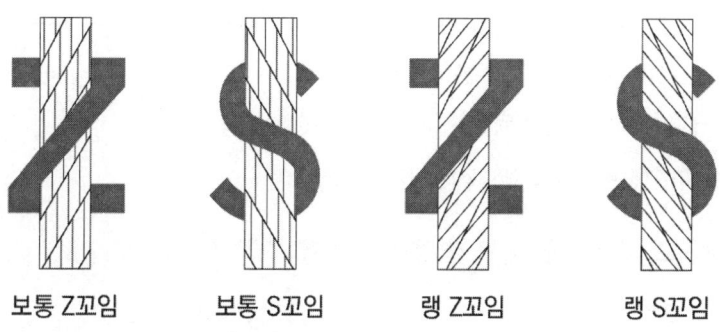

보통 Z꼬임   보통 S꼬임   랭 Z꼬임   랭 S꼬임

[로프 꼬임의 종류]

5 와이어로프 등 달기구의 안전계수

1) 근로자가 탑승하는 운반구를 지지하는 달기와이어로프 또는 달기체인의 경우 : 10 이상 *
2) 화물의 하중을 직접 지지하는 달기와이어로프 또는 달기체인의 경우 : (5) 이상 **
3) 훅, 샤클, 클램프, 리프팅 빔의 경우 : 3 이상 *
4) 그 밖의 경우 : 4 이상

연관규정 산업안전보건기준에 관한 규칙 제163조(와이어로프 등 달기구의 안전계수)

6 화물운반용 또는 고정용으로 사용할 수 없는 섬유로프의 조건 [신출] 2가지

1) 꼬임이 끊어진 것
2) 심하게 손상되거나 부식된 것

연관규정 산업안전보건기준에 관한 규칙
제387조(꼬임이 끊어진 섬유로프 등의 사용 금지)

연관규정 산업안전보건기준에 관한 규칙 제55조(작업발판의 최대적재하중)
짚고가기 안전계수

- 안전계수 = $\dfrac{절단하중}{최대하중}$

  : 안전계수는 달기구 절단하중의 값을 그 달기구에 걸리는 하중의 최댓값으로 나눈 값

7 폐기기준

1) 달비계에 사용할 수 없는 달기체인의 기준 ★★ 3가지

   (1) 링의 단면지름의 감소가 그 달기체인이 제조된 때의 당해 링의 지름의 (10 [%]) ★를 초과한 것
   (2) 달기체인의 길이의 증가가 그 달기체인이 제조된 때의 길이의 (5 [%]) ★를 초과한 것
   (3) 균열이 있거나 심하게 변형된 것

   연관규정 산업안전보건기준에 관한 규칙 제63조(달비계의 구조)

2) 달비계 와이어로프의 사용금지 조건(양중기 준용) ★★★ 4가지

   (1) 이음매가 있는 것
   (2) 꼬인 것
   (3) 심하게 변형 또는 부식된 것
   (4) 와이어로프의 한 꼬임(스트랜드)에서 끊어진 소선의 수가 10 [%] 이상인 것
   (5) 지름의 감소가 공칭지름의 7 [%]를 초과하는 것
   (6) 열과 전기충격에 의한 손상된 것

   연관규정 산업안전보건기준에 관한 규칙 제63조(달비계의 구조), 제166조(이음매가 있는 와이어로프 등의 사용 금지)

8 안전시설물 점검

1) 비계의 구비요건 ★

   • 안정성 : (충분한 강도)   • 작업성 : (작업 용이)   • 경제성 : (저렴)

2) 비, 눈, 또는 폭풍이나 악천후 발생으로 작업을 중지시킨 후 그 비계에서 작업을 하는 경우 작업을 시작하기 전에 점검하고, 이상을 발견하면 즉시 보수해야 하는 사항 ★★ 5가지 ★★★★★ 4가지

   (1) 발판 재료의 손상 여부 및 부착 또는 걸림 상태
   (2) 해당 비계의 연결부 또는 접속부의 풀림 상태
   (3) 연결 재료 및 연결 철물의 손상 또는 부식 상태
   (4) 손잡이의 탈락 여부
   (5) 기둥의 침하, 변형, 변위 또는 흔들림 상태

(6) 로프의 부착 상태 및 매단 장치의 흔들림 상태

연관규정 산업안전보건기준에 관한 규칙 제58조(비계의 점검 및 보수)

3) 말비계 조립 시 준수사항 * 3가지
   (1) 지주부재 의 하단에는 (미끄럼 방지 *) 장치를 하고, 근로자가 양측 끝부분에 서서 작업하지 않도록 할 것
   (2) 지주부재와 수평면의 기울기를 (75 *)도 이하로 하고, 지주부재와 지주부재 사이를 고정시키는 보조부재를 설치할 것
   (3) 말비계의 높이가 (2 *) [m]를 초과하는 경우에는 작업발판의 폭을 (40 *) [cm] 이상으로 할 것

연관규정 산업안전보건기준에 관한 규칙 제67조(말비계)

4) 이동식 비계 조립 시 준수사항 * 4가지
   (1) 이동식비계의 바퀴에는 뜻밖의 갑작스러운 이동 또는 전도를 방지하기 위하여 **브레이크·쐐기** 등으로 바퀴를 고정시킨 다음 비계의 일부를 견고한 시설물에 고정하거나 **아웃트리거**(Outrigger, 전도방지용 지지대)를 설치하는 등 필요한 조치를 할 것
   (2) 승강용사다리는 견고하게 설치할 것
   (3) 비계의 최상부에서 작업을 하는 경우에는 안전난간을 설치할 것
   (4) 작업발판은 항상 수평을 유지하고 작업발판 위에서 안전난간을 딛고 작업을 하거나 받침대 또는 사다리를 사용하여 작업하지 않도록 할 것
   (5) 작업발판의 최대적재하중은 250 [kg]을 초과하지 않도록 할 것

연관규정 산업안전보건기준에 관한 규칙 제68조(이동식비계)

5) 비계(달비계, 달대비계 및 말비계는 제외)의 높이가 2 [m] 이상인 작업장소에 설치해야 하는 작업발판에 대한 설치기준 *
   (1) 발판재료는 작업할 때의 하중을 견딜 수 있도록 견고한 것으로 할 것
   (2) 작업발판의 폭은 (40) [cm] 이상으로 하고, 발판재료 간의 틈은 (3) [cm] 이하로 할 것. 다만 외줄비계의 경우에는 고용노동부장관이 별도로 정하는 기준에 따른다.
   (3) 작업발판재료는 뒤집히거나 떨어지지 않도록 (2 = 둘)이상의 지지물에 연결하거나 고정시킬 것
   (4) 추락의 위험이 있는 장소에는 (안전난간)을 설치할 것

연관규정 산업안전보건기준에 관한 규칙 제56조(작업발판의 구조)

6) 안전난간의 구조 및 설치요건 ★ 안전난간의 주요 구성요소

> - 상부난간대 : 바닥면·발판 또는 경사로의 표면으로부터 (90 ★★) [cm] 이상
> - 난간대 : 지름 (2.7 ★★) [cm] 이상 금속제 파이프나 그 이상의 강도가 있는 재료
> - 하중 : 구조적으로 가장 취약한 지점에서 가장 취약한 방향으로 작용하는 (100 ★★) [kg] 이상의 하중에 견딜 수 있는 튼튼한 구조일 것

(1) 상부 난간대를 120 [cm] 이하에 설치하는 경우에는 중간 난간대는 상부 난간대와 바닥면등의 중간에 설치하여야 하며, 120 [cm] 이상 지점에 설치하는 경우에는 중간 난간대를 2단 이상으로 균등하게 설치하고 난간의 상하 간격은 60 [cm] 이하가 되도록 할 것. 다만 계단의 개방된 측면에 설치된 난간기둥 간의 간격이 25 [cm] 이하인 경우에는 중간 난간대를 설치하지 아니할 수 있다.

(2) 발끝막이판은 바닥면 등으로부터 10 [cm] 이상의 높이를 유지할 것. 다만 물체가 떨어지거나 날아올 위험이 없거나 그 위험을 방지할 수 있는 망을 설치하는 등 필요한 예방 조치를 한 장소는 제외한다.

(3) 난간기둥은 상부 난간대와 중간 난간대를 견고하게 떠받칠 수 있도록 적정한 간격을 유지할 것

(4) 상부 난간대와 중간 난간대는 난간 길이 전체에 걸쳐 바닥면등과 평행을 유지할 것

연관규정 산업안전보건기준에 관한 규칙 제13조(안전난간의 구조 및 설치요건)

7) 가설통로 설치 시 준수사항 ★★ 3가지
   (1) **견고한 구조로 할 것**
   (2) **경사는** (30도 이하 ★)로 할 것
   (3) **경사가** (15도를 초과 ★★★)하는 경우에는 **미끄러지지 아니하는 구조로 할 것**
   (4) **추락할 위험이 있는 장소에는** (안전난간 ★)을 설치할 것
   (5) **수직갱에 가설된 통로의 길이가 15 [m] 이상인 경우에는** (10 [m] 이내 ★★★)마다 계단참을 설치할 것
   (6) **건설공사에 사용하는 높이 8 [m] 이상인 비계다리에는** (7 [m] 이내 ★★★)마다 계단참을 설치할 것

연관규정 산업안전보건기준에 관한규칙 제23조(가설통로의 구조)

8) 추락방호망 설치기준 ★
   (1) 추락방호망의 설치위치는 가능하면 작업면으로부터 가까운 지점에 설치하여야 하며, 작업면으로부터 망의 설치지점까지의 수직거리는 (10) [m]를 초과하지 아니할 것

(2) 추락방호망은 수평으로 설치하고, 망의 처짐은 짧은 변 길이의 12 [%] 이상이 되도록 할 것
(3) 건축물 등의 바깥쪽으로 설치하는 경우 추락방호망의 내민 길이는 벽면으로부터 (3) [m] 이상 되도록 할 것. 다만 그물코가 20 [mm] 이하인 추락방호망을 사용한 경우에는 낙하물방지망을 설치한 것으로 본다.

연관규정 산업안전보건기준에 관한 규칙 제42조(추락의 방지)

9) 낙하물방지망 설치기준 ★★★
  (1) 높이 10 [m] 이내마다 설치하고, 내민 길이는 벽면으로부터 2 [m] 이상으로 할 것
  (2) 수평면과의 각도는 20도 이상 30도 이하를 유지할 것

연관규정 제14조(낙하물에 의한 위험의 방지)

10) 계단 및 계단참의 설치기준
  (1) 사업주는 계단 및 계단참을 설치하는 경우 매제곱미터당 (500 ★★) [kg] 이상의 하중에 견딜 수 있는 강도를 가진 구조로 설치하여야 하며, 안전율은 (4 ★★) 이상으로 하여야 한다.
  (2) 계단을 설치하는 경우 그 폭을 (1 ★★) [m] 이상으로 하여야 한다.
  (3) 높이가 (3 ★★) [m]를 초과하는 계단에는 높이 3 [m] 이내마다 너비 1.2 [m] 이상의 계단참을 설치하여야 한다.
  (4) 높이 (1 ★★) [m] 이상인 계단의 개방된 측면에 안전난간을 설치하여야 한다.
  (5) 사업주는 계단을 설치하는 경우 바닥면으로부터 높이 2 [m] 이내의 공간에 장애물이 없도록 하여야 한다.

연관규정 산업안전보건기준에 관한 규칙 제26조, 제27조, 제28조, 제30조

11) 사다리식 통로 등을 설치 시 구조기준 ★ 5가지
  (1) 견고한 구조로 할 것
  (2) 심한 손상·부식 등이 없는 재료를 사용할 것
  (3) 발판의 간격은 일정하게 할 것
  (4) 발판과 벽과의 사이는 15 [cm] 이상의 간격을 유지할 것
  (5) 폭은 30 [cm] 이상으로 할 것
  (6) 사다리가 넘어지거나 미끄러지는 것을 방지하기 위한 조치를 할 것
  (7) 사다리의 상단은 걸쳐놓은 지점으로부터 60 [cm] 이상 올라가도록 할 것
  (8) 사다리식 통로의 길이가 10 [m] 이상인 경우에는 (5) [m] 이내마다 계단참을 설치할 것
  (9) 사다리식 통로의 기울기는 (75)도 이하로 할 것. 다만 고정식 사다리식 통로의 기울기는 90도 이하로 하고, 그 높이가 7 [m] 이상인 경우에는 바닥으로부터 높이가 (2.5) [m] 되는 경우 다음의 조치에 따를 것

① 등받이울이 있어도 근로자 이동에 지장이 **없는** 경우 : 바닥으로부터 높이가 **2.5 [m] 되는 지점**부터 **등받이울을 설치**할 것
② 등받이울이 있으면 근로자가 이동이 **곤란**한 경우 : 한국산업표준에서 정하는 기준에 적합한 **개인용 추락 방지시스템**을 설치하고 근로자로 하여금 한국산업표준에서 정하는 기준에 적합한 **전신안전대**를 사용하도록 할 것 [법개정]
⑩ 접이식 사다리 기둥은 사용 시 접혀지거나 펼쳐지지 않도록 철물 등을 사용하여 견고하게 조치할 것

[연관규정] 산업안전보건기준에 관한 규칙 제24조(사다리식 통로 등의 구조)

12) 공사용 가설도로를 설치하는 경우 사업주의 준수사항 ★ 3가지
  (1) 도로는 장비와 차량이 안전하게 운행할 수 있도록 견고하게 설치할 것
  (2) 도로와 작업장이 접하여 있을 경우에는 울타리 등을 설치할 것
  (3) 도로는 배수를 위하여 경사지게 설치하거나 배수시설을 설치할 것
  (4) 차량의 속도제한 표지를 부착할 것

[연관규정] 산업안전보건기준에 관한 규칙 제379조(가설도로)

9 흙막이 지보공(흙막이 벽) 작업

1) 보일링 현상(Boiling)
  (1) 보일링이란 굴착 저면과 굴착배면의 수위차로 인해 침투수압이 모래와 같이 솟아오르는 현상
  (2) 투수성이 좋은 사질지반에서 주로 발생하며, 흙막이 벽 하단의 지지력 감소 및 토립자 이동으로 흙막이 붕괴 및 주변지반 파괴의 원인이 됨

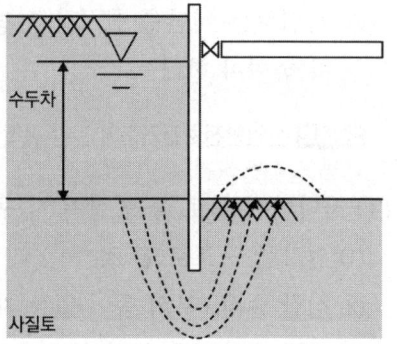

  [방지대책] ★★★★ 3가지
  1. 흙막이벽 근입깊이 증가 = 흙막이벽을 깊게 설치
  2. 흙막이벽 차수성 증대 = 지하수의 흐름을 막기
  3. 흙막이벽 배면(뒷쪽) 지반 그라우팅(grouting) 실시
  4. 흙막이벽 배면(뒷쪽) 지반 (지하) 수위 저하 = (굴착 바닥면 아래까지) 주변 수위 저하

2) 히빙 현상(Heaving)
  (1) 히빙이란 굴착저면이 부풀어 오르는 현상
  (2) 원인은 **연약한 점토지반** ★ 을 굴착할 때 굴착배면의 토사중량이 굴착저면 이하의 지반지지력보다 클 때 발생한다.

① 흙막이 벽체의 근입장 부족(= 흙막이벽 깊이 부족) ★
② 흙막이 내외부 중량차 ★
③ 지표 재하중 ★

[방지대책]
1. 흙막이벽 근입깊이 증가 = 흙막이벽을 깊게 설치
2. 흙막이벽 주변 과재하 금지
3. 굴착저면 지반 개량
4. 아일랜드 컷(Island Cut)공법을 선정하여 굴착저면 하중을 부여

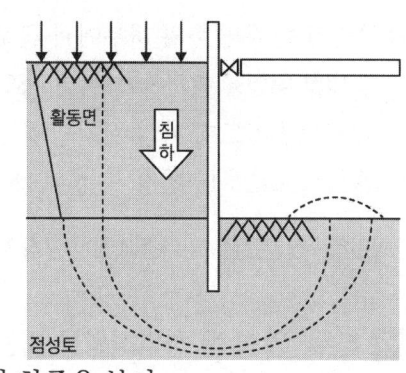

10 터널지보공 작업

1) 강아치 지보공 조립 시 조치사항 ★ 4가지

   (1) 조립간격은 조립도에 따를 것
   (2) 주재가 아치작용을 충분히 할 수 있도록 쐐기를 박는 등 필요한 조치를 할 것
   (3) 연결볼트 및 띠장 등을 사용하여 주재 상호간을 튼튼하게 연결할 것
   (4) 터널 등의 출입구 부분에는 받침대를 설치할 것
   (5) 낙하물이 근로자에게 위험을 미칠 우려가 있는 경우에는 널판 등을 설치할 것

연관규정 산업안전보건기준에 관한 규칙 제364조(조립 또는 변경 시의 조치) 4호

11 잠함 등 작업

1) 잠함, 우물통, 수직갱, 그 밖에 이와 유사한 건설물 또는 설비의 내부에서 굴착작업을 하는 경우에 사업주의 준수사항 ★ 3가지

   (1) 산소 결핍 우려가 있는 경우에는 산소의 농도를 측정하는 사람을 지명하여 측정하도록 할 것
   (2) 근로자가 안전하게 오르내리기 위한 설비를 설치할 것
   (3) 굴착 깊이가 20 [m]를 초과하는 경우에는 해당 작업장소와 외부와의 연락을 위한 통신설비 등을 설치할 것

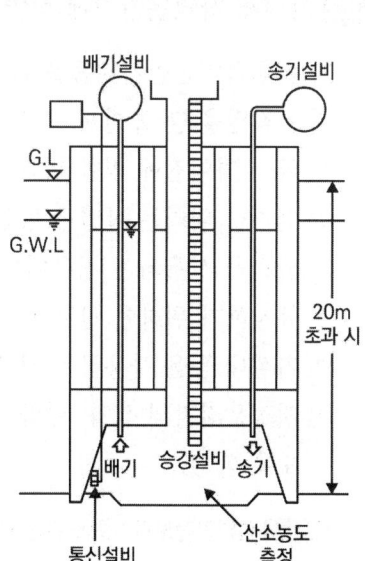

연관규정 산업안전보건기준에 관한 규칙 제377조(잠함 등 내부에서의 작업)

2) 잠함 또는 우물통의 내부에서 근로자가 굴착작업을 하는 경우, 잠함 또는 우물통의 급격한 침하에 의한 위험을 방지하기 위해 사업주가 준수해야 하는 사항 **** 2가지
   (1) 침하관계도에 따라 굴착방법 및 재하량 등을 정할 것
   (2) 바닥으로부터 천장 또는 보까지의 높이는 1.8 [m] 이상으로 할 것

   _{연관규정} 산업안전보건기준에 관한 규칙 제376조(급격한 침하로 인한 위험 방지)

12 부두·안벽 등 하역작업을 하는 장소에서 사업주 조치사항 ** 3가지

1) 작업장 및 통로의 위험한 부분에는 안전하게 작업할 수 있는 조명을 유지할 것 조명
2) 부두 또는 안벽의 선을 따라 통로를 설치하는 경우에는 폭을 90 [cm] 이상* 으로 할 것
3) 육상에서의 통로 및 작업장소로서 다리 또는 선거 갑문을 넘는 보도 등의 위험한 부분에는 안전난간 또는 울타리 등*을 설치할 것

4) 화물을 취급하는 작업 등에 사업주는 바닥으로부터의 높이가 2 [m] 이상 되는 하적단과 인접 하적단 사이의 간격을 하적단의 밑부분을 기준하여 (10 *) [cm] 이상으로 하여야 한다.

   _{연관규정} 산업안전보건기준에 관한 규칙 제390조(하역작업장의 조치기준, 제391조(하적단의 간격))

13 차량계 하역운반기계 작업

1) 차량계 하역운반기계등을 이송하기 위하여 자주 또는 견인에 의하여 화물자동차에 싣거나 내리는 작업을 할 때 발판·성토 등을 사용하는 경우에는 해당 차량계 하역운반기계등의 전도 또는 굴러 떨어짐에 의한 위험을 방지하기 위한 사업주의 준수사항 * 4가지
   (1) 싣거나 내리는 작업은 평탄하고 견고한 장소에서 할 것
   (2) 발판을 사용하는 경우에는 충분한 길이·폭 및 강도를 가진 것을 사용하고 적당한 경사를 유지하기 위하여 견고하게 설치할 것
   (3) 가설대 등을 사용하는 경우에는 충분한 폭 및 강도와 적당한 경사를 확보할 것
   (4) 지정운전자의 성명·연락처 등을 보기 쉬운 곳에 표시하고 지정운전자 외에는 운전하지 않도록 할 것

   _{연관규정} 산업안전보건기준에 관한 규칙 제174조(차량계 하역운반기계등의 이송)

2) 차량계 하역운반기계(지게차 등)의 운전자가 운전위치를 이탈하고자 할 때 운전자가 준수하여야 할 사항 ★ 2가지
   (1) 포크, 버킷, 디퍼 등의 장치를 가장 낮은 위치 또는 지면에 내려 둘 것
   (2) 원동기를 정지시키고 브레이크를 확실히 거는 등 갑작스러운 주행이나 이탈을 방지하기 위한 조치를 할 것
   (3) 운전석을 이탈하는 경우에는 시동키를 운전대에서 분리시킬 것

   연관규정 산업안전보건기준에 관한 규칙 제99조(운전위치 이탈 시의 조치)

14 작업중지 기준

1) 작업중지해제심의위원회의 운영절차 신출
   (1) 사업주가 작업중지명령 해제신청서를 제출하는 경우에는 미리 유해·위험요인 개선내용에 대하여 중대재해가 발생한 해당작업 (근로자)의 의견을 들어야 한다.
   (2) 지방고용노동관서의 장은 작업중지명령 해제를 요청받은 경우에는 (근로감독관)으로 하여금 안전·보건을 위하여 필요한 조치를 확인하도록 하고, 천재지변 등 불가피한 경우를 제외하고는 해제요청일 다음 날부터 (4)일 이내(토요일과 공휴일을 포함하되, 토요일과 공휴일이 연속하는 경우에는 3일까지만 포함)에 (작업중지해제심의위원회)를 개최하여 심의한 후 해당조치가 완료되었다고 판단될 경우에는 즉시 작업중지명령을 해제해야 한다.

2) 철골공사 작업을 중지하여야 하는 기상조건 ★★★
   (1) 풍량 (10) [m/s] 이상인 경우
   (2) 강우량 (1) [mm/h] 이상인 경우
   (3) 강설량 (1) [cm/h] 이상인 경우

   연관규정 산업안전보건기준에 관한 규칙 제383조(작업의 제한)

3) 타워크레인 작업 : 작업 중지조건 ★★

   • 운전작업을 중지하여야 하는 순간풍속 : (15) [m/s] 초과
   • 설치·수리·점검 또는 해체 작업을 중지하여야 하는 순간풍속 : (10) [m/s] 초과

   연관규정 산업안전보건기준에 관한 규칙 제37조(악천후 및 강풍 시 작업 중지)

15 골조(콘크리트 구조물 등)공사 작업

1) 콘크리트 구조물로 옹벽을 축조할 경우, 필요한 안정조건 ★ 3가지
    (1) 전도에 대한 안정
    (2) 활동에 대한 안정
    (3) 지반 지지력에 대한 안정

2) 작업발판 일체형 거푸집 종류 ★★★ 4가지
    (1) 갱 폼(Gang Form)
    (2) 슬립 폼(Slip Form)
    (3) 클라이밍 폼(Climbing Form)
    (4) 터널 라이닝 폼(Tunnel lining Form) 등

짚고가기 작업발판 일체형 거푸집 종류

| 갱폼 | 클라이밍 시스템폼 | 슬립폼 |
| 터널 라이닝폼 | 교각 코핑폼 | 교각 피어폼 |

연관규정 산업안전보건기준에 관한 규칙 제337조(작업발판 일체형 거푸집의 안전조치)

3) 콘크리트 타설작업 시 준수사항 ★★ 3가지
    (1) 당일의 작업을 시작하기 전에 해당 작업에 관한 거푸집 및 동바리의 변형·변위 및 지반의 침하 유무 등을 점검하고 이상이 있으면 보수할 것
    (2) 작업 중에는 감시자를 배치하는 등의 방법으로 거푸집 및 동바리의 변형·변위 및 침하 유무 등을 확인해야 하며, 이상이 있으면 작업을 중지하고 근로자를 대피시킬 것

(3) 콘크리트 타설작업 시 거푸집 붕괴의 위험이 발생할 우려가 있으면 충분한 보강조치를 할 것
(4) 설계도서상의 콘크리트 양생기간을 준수하여 거푸집 및 동바리를 해체할 것
(5) 콘크리트를 타설하는 경우에는 편심이 발생하지 않도록 골고루 분산하여 타설할 것

연관규정 산업안전보건기준에 관한 규칙 제334조(콘크리트의 타설작업)

16 벌목작업 시 위험방지를 위해 사업주가 준수해야 하는 사항 ★ 2가지

(단, 유압식 벌목기를 사용하는 경우는 제외한다)

1) 벌목하려는 경우에는 미리 대피로 및 대피장소를 정해둘 것
2) 벌목하려는 나무의 가슴높이지름이 20 [cm] 이상인 경우에는 수구의 상면·하면의 각도를 30도 이상으로 하며, 수구 깊이는 뿌리부분 지름의 4분의 1 이상 3분의 1 이하로 만들 것
3) 벌목작업 중에는 벌목하려는 나무로부터 해당 나무 높이의 2배에 해당하는 직선거리 안에서 다른 작업을 하지 않을 것
4) 나무가 다른 나무에 걸려있는 경우, 걸려 있는 나무 밑에서 작업을 하지 않을 것
5) 나무가 다른 나무에 걸려있는 경우, 받치고 있는 나무를 벌목하지 않을 것

연관규정 산업안전보건기준에 관한 규칙 제405조(벌목작업 시 등의 위험 방지)

17 사전조사 및 작업계획서 내용

1) 사업주가 근로자의 위험을 방지하기 위해, 타워크레인을 설치·조립·해체하는 작업 시 작성하고 그에 따라 작업을 하도록 하여야 하는 작업계획서의 내용 ★★★ 3가지
   (1) 타워크레인의 종류 및 형식
   (2) 설치·조립 및 해체순서
   (3) 작업도구·장비·가설설비 및 방호설비
   (4) 작업인원의 구성 및 작업근로자의 역할범위
   (5) 지지방법
2) 사업주가 근로자의 위험을 방지하기 위하여, 차량계 하역운반기계 등을 사용하는 작업 시 작성하고 그에 따라 작업을 하도록 하여야 하는 작업계획서의 내용 ★ 2가지
   (1) 해당 작업에 따른 추락·낙하·전도·협착 및 붕괴 등의 위험 예방대책
   (2) 차량계 하역운반기계 등의 운행경로 및 작업방법
3) 굴착면에 높이가 2 [m] 이상이 되는 지반의 굴착방법을 하는 경우 작업장의 지형 지반 및 지층 상태 등에 대한 사전 조사 후 작성하여야 하는 작업계획서에 포함되어야 하는 사항 ★★ 4가지
   (1) 굴착방법 및 순서, 토사반출방법   (2) 필요한 인원 및 장비 사용계획

(3) 매설물 등에 대한 이설·보호대책　　(4) 사업장 내 연락방법 및 신호방법
　　(5) 흙막이 지보공 설치방법 및 계측계획　(6) 작업지휘자의 배치계획
　　(7) 그 밖에 안전·보건에 관련된 사항

4) 건물 등의 해체 작업 시 작성해야 하는 작업계획서에 포함사항 ** 4가지
　　(1) 해체의 방법 및 해체 순서도면
　　(2) 가설설비·방호설비·환기설비 및 살수·방화설비 등의 방법
　　(3) 사업장 내 연락방법
　　(4) 해체물의 처분계획
　　(5) 해체작업용 기계·기구 등의 작업계획서
　　(6) 해체작업용 화약류 등의 사용계획서
　　(7) 기타 안전·보건에 관련된 사항

5) 중량물 취급에 따른 작업계획서 작성 시 포함사항 * 3가지
　　(1) 추락위험을 예방할 수 있는 안전대책
　　(2) 낙하위험을 예방할 수 있는 안전대책
　　(3) 전도위험을 예방할 수 있는 안전대책
　　(4) 협착위험을 예방할 수 있는 안전대책
　　(5) 붕괴위험을 예방할 수 있는 안전대책

> **연관규정** 산업안전보건기준에 관한 규칙 [별표 4] 사전조사 및 작업계획서 내용

18 건설업 산업안전보건관리비 계상기준

[단일 계산] 해당 조건에 따라 계산

[조건 1] 대상액 5억 원 미만 또는 50억 원 이상인 경우
대상액 × 적용비율

[조건 2] 대상액 5억 원 이상 50억 원 미만인 경우
대상액 × 적용비율 + 기초액

[조건 3] 대상액이 명확하지 않은 경우
책정된 총 공사금액의 70 [%]를 해당하는 금액을 대상액으로 결정하고 [조건 1], [조건 2] 기준에 따라 계상

■ 대상액의 정의
대상액 = 직·간접재료비 + 직접노무비
(발주자가 재료를 제공할 경우, 해당 재료비를 포함)

■ 계상기준에 따른 산업안전보건관리비 계상

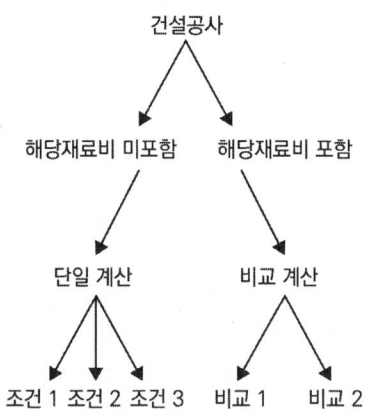

[짚고가기] 설계변경 등으로 대상액 변동 시
지체 없이 조정계상(단, 800억 원 이상 증액 시 재계상)

[기출] 조건에 따른 건설업 산업안전보건관리비 계산

[비교 계산] 발주자가 재료를 제공하거나 일부 물품이 완제품의 형태로 제작·납품(이하, 해당 재료비)되는 경우 비교 계산

[비교 1] **해당 재료비** 제외 계상 금액
대상액(**해당 재료비** 제외)에 따른 [조건 1] 또는 [조건 2] × 1.2

[비교 2] **해당 재료비** 포함 계상 금액
해당 대상액(**해당 재료비** 포함)에 따른 [조건 1] 또는 [조건 2]

[산업안전보건관리비 계상] 최종 금액 선정
[비교 1]과 [비교2]의 금액 비교하여 **작은 값 이상의 금액 선정**

계상기준표

종류\구분	대상액 5억 원 미만 적용비율(%)	대상액 5억 원 이상 50억 원 미만 적용비율(%)	대상액 5억 원 이상 50억 원 미만 기초액(원)	대상액 50억 원 이상 적용비율(%)
건축공사	3.11	2.28	4,325,000	2.37
토목공사	3.15	2.53	3,300,000	2.60
중건설공사	3.64	3.05	2,975,000	3.11
특수건설공사	2.07	1.59	2,450,000	1.64

1) 건설업 산업안전관리비 계상 및 사용기준 계상 및 사용기준 이해 ★

가) 발주자가 재료를 제공하거나 물품이 완제품의 형태로 제작 또는 납품되어 설치되는 경우에 해당 재료비 또는 완제품의 가액을 대상액에 포함시킬 경우의 안전관리비는 해당 재료비 또는 완제품의 가액을 포함시키지 않은 대상액을 기준으로 계상한 안전관리비의 (1.2배)를 초과할 수 없다.

나) 대상액이 구분되어 있지 않은 공사는 도급계약 또는 자체사업계획 상의 총공사금액의 (70 [%])를 대상액으로 하여 안전관리비를 계상하여야 한다.

다) 수급인 또는 자기공사자는 안전관리비 사용내역에 대하여 공사 시작 후 (6개월)마다 1회 이상 발주자 또는 감리원의 확인을 받아야 한다.

• 산업안전관리비로 사용 가능·불가능 항목 ★

[이해] 근로자의 안전사고 예방과 건강장해 예방 차원만 사용 가능

① 면장갑 및 코팅장갑의 구입비 불가능
② 안전보건 교육장 내 냉·난방 설비 설치비 가능
③ 안전보건 관리자용 안전 순찰차량의 유류비 가능
④ 교통통제를 위한 교통정리자의 인건비 불가능
⑤ 외부인 출입금지, 공사장 경계표시를 위한 가설울타리 불가능
⑥ 위생 및 긴급 피난용 시설비 가능
⑦ 안전보건교육장의 대지 구입비 불가능
⑧ 안전 관련 간행물, 잡지 구독비 가능

07 계산문제(2024 ~ 2013)

산업안전기사 | 실기

1 도수율, 강도율, 종합재해지수 계산

Q 강도율을 계산하시오.

- 연평균 300명 근무
- 1일 8시간 근무
- 연간 근무일수 300일
- 요양재해 휴업일 300일
- 사망재해 2명
- 4급 요양재해 1명
- 10급 요양재해 1명

[해설]

$$\frac{(요양재해휴업일 300 \times 휴업일보정 \frac{300}{365} + 7500 \times 2 + 5500 + 600)}{(300 \times 8 \times 300)} = 29.65$$

300/365는 휴업일 보정(300 = 연간 근무일수)

✅ 29.65

[짚고가기] 장해등급에 따른 근로손실일수는 문제에서 일반적으로 제시해줌. 다만 변별력을 판단하는 문제로 출제하는 경우 있음

Q 강도율을 계산하시오.

- 상시근로자 수 100명
- 1일 8시간 근무
- 1년간 300일 근무
- 14급 2명
- 사망 1명
- 휴업일수 37일

[해설]

$$강도율 = \frac{(7500 + 50 \times 2 + (37 \times \frac{300}{365}))}{(100 \times 8 \times 300)} \times 1000 = 31.793379$$

✅ 31.79

[짚고가기] 산업재해통계업무처리규정에 따라 근로손실일수를 확인

1) 사망의 근로손실일수는 7500일
2) 14급은 근로손실일수 50일(가장 경미한 부상)

- 휴업일 중에 원래 휴일(일요일 공휴일)이 포함되어 있으므로 1년 중 실 근무일($\frac{300}{365}$) 보정
- 신체장해등급에 따른 등급별 근로손실일수는 보정을 하지 않음

짚고가기 신체장해등급에 따른 등급별 근로손실일수

구분	신체장해등급											
	사망, 1~3	4	5	6	7	8	9	10	11	12	13	14
근로손실일수 (일)	7500	5500	4000	3000	2200	1500	1000	600	400	200	100	50

※ 부상 및 질병자의 요양근로손실일수는 요양신청서에 기재된 요양일수를 말한다.

Q 근로자 400명이 일하는 사업장에서 연간 재해자수는 20명, 총 근로손실일수가 100일, 일 근무시간 8시간, 연 근무일수 250일일 때, 강도율을 구하시오.

해설

강도율 = $\dfrac{근로손실일수}{연근로시간수} \times 10^3 = \dfrac{100}{(400 \times 8 \times 250)} \times 10^3 = 0.125$

✅ 0.125

짚고가기 연간 재해자수 등을 넣어 제대로 알고 있는지 판단

Q 1440명이 있는 사업장에 연간 주 40시간, 50주의 작업을 한다. 평균 출근 94[%] 지각 및 조퇴 5000시간, 손실일수 1200, 사망 1명, 조기출근과 잔업은 100,000시간이다. 강도율을 계산하시오. ★

해설

강도율 = $\dfrac{근로손실일수}{연근로시간수} \times 10^3 = \dfrac{1200 + 7500}{(1440 \times 40 \times 50) \times 0.94 + 100000 - 5000} \times 1000 = 3.1$

✅ 3.1

Q 재해건수 3건, 근로자 500명, 연간근로시간 3000시간일 때, 도수율을 구하시오.

해설

도수율(빈도율) = $\dfrac{연간재해발생건수}{연근로시간수} \times 10^6 = \dfrac{3}{(500 \times 3000)} \times 1000000 = 2$

✅ 2

짚고가기 빈도(발생가능성)는 건수에 관한 것

Q 다음 내용을 참고해서 ① 도수율 및 ② 강도율을 계산하시오.

- 상시근로자수 300명
- 1일 8시간 근무
- 연간 재해건수 15건
- 1년에 280일 근무
- 휴업일수 288일

해설

① 도수율 계산

$$\text{도수율(빈도율)} = \frac{\text{연간재해발생건수}}{\text{연근로시간수}} \times 10^6 = \frac{15}{(300 \times 8 \times 280)} \times 1000000 = 22.32$$

✅ 22.32

② 강도율 계산

$$\text{강도율} = \frac{\text{근로손실일수}}{\text{연근로시간수}} \times 10^3 = \frac{288 \times \frac{280}{365}}{(300 \times 8 \times 280)} \times 1000 = 0.33$$

✅ 0.33

Q 도수율이 12인 사업장의 연간재해발생건수 12건, 휴업일수 146일이다. 이 사업장의 강도율을 구하라. (단, 1일 10시간, 연간 250일 근무)

해설

$$\text{도수율(빈도율)} = \frac{\text{연간재해발생건수}}{\text{연근로시간수}} \times 10^6 = \frac{12}{(\text{상시근로자수} \times 10\text{시간} \times 250\text{일})} \times 1000000 = 12$$

$$\text{상시근로자수} = \frac{12}{(12 \times 10\text{시간} \times 250\text{일})} \times 1000000 = 400\text{명}$$

$$\text{강도율} = \frac{\text{근로손실일수}}{\text{연근로시간수}} \times 10^3 = \frac{146 \times (\frac{250}{365})}{(400 \times 10 \times 250)} \times 1000 = 0.1$$

✅ 0.1

짚고가기 휴업일 중에 원래 휴일(일요일 공휴일)이 포함되어 있으므로 1년 중 실 근무일($\frac{250}{365}$) 보정

Q 도수율이 18.73인 사업장에서 근로자 1명에게 평생 동안 약 몇 건의 재해가 발생하겠는가? (단, 1일 8시간, 월 25일, 12개월 근무, 평생근로연수는 35년, 연간 잔업시간은 240시간으로 한다)

해설

도수율(빈도율) = $\dfrac{\text{연간재해발생건수}}{\text{연근로시간수}} \times 10^6$

$18.73 = \dfrac{1\text{년재해건수}}{\{y\text{명} \times (8\text{시간} \times 25\text{일} \times 12\text{개월} + \text{잔업}240)\}} \times 10^6$

$= \dfrac{\text{재해건수}\,X}{\{1\text{명} \times (8\text{시간} \times 25\text{일} \times 12\text{개월} + \text{잔업}240) \times 35\text{년}\}} \times 10^6$

재해건수 $X = \dfrac{18.73 \times \{1\text{명} \times (8\text{시간} \times 25\text{일} \times 12\text{개월} + \text{잔업}240) \times 35\text{년}\}}{10^6} = 1.73$건

✓ 1.73건

Q 종합재해지수를 [보기]의 조건에 따라 계산하시오. ★★★

[보기]
- 근로자수 : 400명
- 연간 재해건수 : 80건
- 재해자수 : 100명
- 1일 8시간 280일 근무
- 근로손실일수 : 800일

해설

도수율(빈도율) = $\dfrac{\text{연간재해발생건수}}{\text{연근로시간수}} \times 10^6 = \dfrac{80}{(400 \times 8 \times 280)} \times 1000000 = 89.285$

강도율 = $\dfrac{\text{근로손실일수}}{\text{연근로시간수}} \times 10^3 = \dfrac{800}{(400 \times 8 \times 280)} \times 1000 = 0.8928$

∴ 종합재해지수 = $\sqrt{\text{강도율} \times \text{도수율}} = 8.928$

✓ 8.928

[주의] 재해자수는 사용되지 않음 : 함정용

Q A 사업장의 근무 및 재해발생현황이 다음과 같을 때, 이 사업장의 종합재해지수를 구하시오.

- 평균근로자수 : 300명
- 휴업일수 : 219일
- 월평균 재해건수 : 2건
- 근로시간 : 1일 8시간, 연간 280일 근무

해설

① 도수율 = $\dfrac{재해건수}{연근로시간수} \times 1000000 = \dfrac{월 2건 \times 12개월}{300 \times 8 \times 280} \times 1000000 = 35.714 = 35.71$

② 강도율 = $\dfrac{총근로손실일수}{연근로시간수} \times 1000 = \dfrac{219 \times \dfrac{280}{365}}{300 \times 8 \times 280} \times 1000 = 0.25$

③ 종합재해지수 = $\sqrt{도수율 \times 강도율} = \sqrt{35.71 \times 0.25} = 2.987 = 2.99$

✓ 2.99

Q 어느 사업장의 재해로 인한 신체장해등급 판정자가 [보기]와 같을 때 총 요양근로손실일수를 적으시오.

[보기]
- 사망 2명
- 3급 1명
- 1급 1명
- 9급 1명
- 2급 1명
- 10급 4명

해설

(2 + 1 + 1 + 1) × 7500 + 1000 + 4 × 600 = 40900일

✓ 40900일

짚고가기 신체장해등급에 따른 등급별 근로손실일수

구분	신체장해등급											
	사망, 1~3	4	5	6	7	8	9	10	11	12	13	14
근로손실일수 (일)	7500	5500	4000	3000	2200	1500	1000	600	400	200	100	50

※ 부상 및 질병자의 요양근로손실일수는 요양신청서에 기재된 요양일수를 말한다.

2 사망만인율 계산

Q [보기]의 조건에 따른 사업장에서의 사망만인율을 계산하시오. (단, 근로자수는 「산업재해보상보험법」이 적용되는 근로자 수를 말한다) ★

[보기]
- 연근로시간 2400시간
- 임금근로자수 2000명
- 사망자수 2명
- 재해건수 11건
- 재해자수 10명

해설

계산식 : 사망만인율 = $\dfrac{\text{사망자 수}}{\text{산재보험적용 근로자 수}} \times 10000 = \dfrac{2}{2000} \times 10000 = 10$

✓ 10

연관규정 산업재해통계업무처리규정 제3조(산업재해통계의 산출방법 및 정의)

3 연천인율 계산

Q 다음 조건과 같을 때 연천인율을 계산하시오.

- 연간 재해자 수 8명
- 연간 근로자 수 400명

해설

연천인율 = $\dfrac{\text{연간 재해자수}}{\text{연 평균 근로자수}} \times 1000 = \dfrac{8}{400} \times 1000 = 20$

✓ 20

Q 공장의 연 평균 근로자수는 1500명이며 연간 재해건수가 60건 발생하며 이중 사망이 2건, 근로손실일수가 1200일인 경우의 연천인율을 구하시오. (단, 주어진 연간 재해건수 1건당 최소 재해자수를 1로 하여 계산한다) ★★

해설

연천인율 = $\dfrac{\text{연간 재해자수}}{\text{연 평균 근로자수}} \times 1000 = \dfrac{60}{1500} \times 1000 = 40$

✓ 40

4 인간의 작업대사와 휴식시간 계산

Q 기초대사량이 7,000 [kg/day]이고 작업 시 소비에너지가 20,000 [kg/day], 안정 시 소비에너지가 6,000 [kg/day]일 때 에너지 대사율(RMR)을 구하시오.

해설

에너지 대사율(RMR) = $\dfrac{(작업시소비에너지 - 안정시소비에너지)}{기초대사량}$ = $\dfrac{(20000-6000)}{7000}$ = 2

✅ 2

Q 산소에너지당량은 5 [kcal/L], 작업 시 산소소비량은 1.5 [L/min], 작업 시 평균에너지소비량 상한은 5 [kcal/min], 휴식 시 평균에너지소비량은 1.5 [kcal/min], 작업시간 60분일 때 휴식시간을 구하시오.

해설

$R = \dfrac{60(7.5-5)}{(7.5-1.5)} = 25 \min$

✅ 25분

휴식시간(R) = $\dfrac{T(E-S)}{E-W}$ [분]

① T : 총 작업시간[min]
② E : 작업 중 평균에너지 소비량[kcal/min]
   = 산소에너지당량$[kcal/L]$ × 작업 시 산소소비량 $[L/\min]$
③ S : 권장 평균에너지 소비량[kcal/min]
   = 남성 5 [kcal/min], 여성 4 [kcal/min]
④ W : 휴식 중 에너지 소비량[kcal/min]

짚고가기 1시간 동안 실제 작업시간 : $T = 60 - R$

Q 도끼로 나무를 자르는 데 소요되는 에너지는 분당 8 [kcal], 작업에 대한 평균에너지 5 [kcal/min], 휴식에너지 15 [kcal/min], 작업시간 60분일 때 휴식시간을 구하시오.

해설

$$R = \frac{60(5-8)}{5-15} = 18 \,[분]$$

✓ 18 [분]

5 파과시간 계산

Q 시험가스농도 1.5 [%]에서 표준유효시간이 80분인 정화통을 유해가스농도가 0.8 [%]인 작업장에서 사용할 경우 파과시간을 계산하시오.

해설

계산식 : 파과시간(유효시간) = $\dfrac{표준유효시간 \times 시험가스농도}{사용하는 작업장 공기 중 유해가스농도}$ = $\dfrac{80 \times 1.5}{0.8}$ = 150 [분]

✓ 150 [분]

6 조도 계산 ★★

Q 2 [m] 떨어진 곳에서 조도가 150럭스(lux 또는 lx)일 때 3 [m] 떨어진 곳에서 조도(lux)를 계산하시오.

해설

계산식 : 조도(표면에 도달하는 빛의 밀도) = $\dfrac{광도}{거리^2}$ 이므로

계산법 I) 1) $150 = \dfrac{x}{2^2}$ → $600 = x$ (2 [m]일 때)

2) $y = \dfrac{x}{3^2}$ → $9y = x$ (3 [m]일 때)

1)과 2)에 대한 비율로 계산 : $600 = 9y = 66.67 \,[lux]$

계산법 II) 조도$_2$ = 조도$_1 \times (\dfrac{D_1}{D_2})^2$ → $150 \times (\dfrac{2}{3})^2 = 66.67 \,lx \,[lux]$

Q 4 [m] 거리에서 Landolt ring(란돌트 고리)을 1.2 [mm]까지 구별할 수 있는 사람의 시력을 계산하시오. (단, 시각은 600′ 이하일 때이며, radian 단위를 분으로 환산하기 위한 상수값은 57.3과 60을 모두 적용하여 계산하도록 한다)

해설

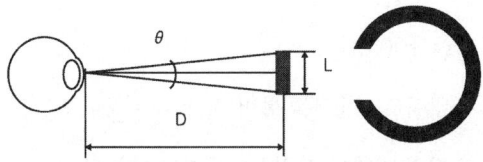

시각$(\theta) = \frac{L}{D}(rad) = \frac{L}{D} \times 57.3 (도) = \frac{L}{D} \times 57.3 \times 60 (분)$

시력$= \frac{1}{시각}$ ※ $1(rad) = 57.3(도), 1도 = 60(분)$

각도(단위 : rad) $= \frac{거리}{크기} = \frac{1.2}{4000}$

단위변환 : 시각$(\theta) = \frac{1.2}{4000} \times \frac{180}{\pi} \times 60 = \frac{1.2}{4000} \times 57.3 \times 60 = 1.031 [분]$

시력$= \frac{1}{시각} = \frac{1}{1.031} = 0.97$

7 음압수준 계산

Q 거리가 20 [m]일 때 음압수준이 100 [dB]이다. 200 [m]일 때 음압수준(dB)을 계산하시오.

해설

$dB_2 = dB_1 - d_1 \times \log\frac{d_2}{d_1}$

[$dB_1 =$ 기준거리(d_1)에서 음압수준, $dB_2 =$ 이동된 거리(d_2)에서 음압수준]

$\therefore 100 - 20 \times \log(\frac{200}{20}) = 80 \text{ [dB]}$

8 소음노출지수와 소음허용기준 판단

Q 실내 작업장에서 8시간 작업 시 소음측정결과 85 [dBA] 2시간, 90 [dBA] 4시간, 95 [dBA] 2시간일 때 소음노출수준(%)을 구하고 소음노출기준 초과 여부를 적으시오.

해설

① 소음노출수준(T) = $\dfrac{4}{8} + \dfrac{2}{4}$ = 1 = 100 [%]

② 노출기준 초과 여부 : 초과하지 않음(100 [%]를 상회 시 초과 판단)

90 [dB]이 8시간 기준 1(5 [dB]씩 변할 때마다 2배씩 높아지고 낮아짐)

[단위 : 소음(dB), 시간(hr)]

소음	90	95	100	105	110
시간	8	4	2	1	0.5

연관개념 인간공학

9 결함수 분석 계산

Q 다음 FT도에서 컷셋(Cut Set)을 모두 구하시오. ★★

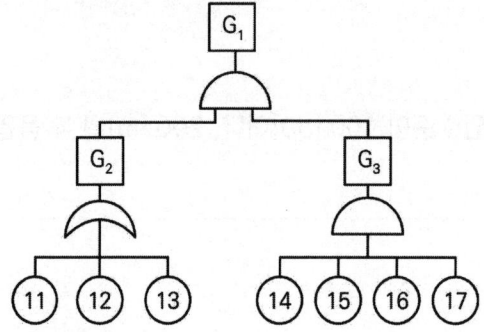

해설

$G_1 = G_2 \times G_3$ = [(11), (12), (13)] × [(14) × (15) × (16) × (17)]

= [(11), (14), (15), (16), (17)], [(12), (14), (15), (16), (17)], [(13), (14), (15), (16), (17)]

Q 미니멀 컷셋(Minimal Cut Set) 계산 ★★

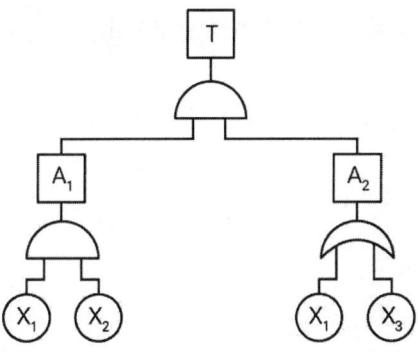

해설

컷셋 $T = A_1 \cdot A_2 = (X_1 \cdot X_2) \cdot (X_1 + X_3) = (X_1 \cdot X_2 \cdot X_1) + (X_1 \cdot X_2 \cdot X_3) = (X_1 \cdot X_2) + (X_1 \cdot X_2 \cdot X_3)$
(, 또는 + 는 OR, 즉 더하기 개념) 이중에 미니멀은 최소한 Minimal이므로 (X_1, X_2)

Q FT도가 다음과 같을 때 최소 패스 셋(Minimal Path Set)을 모두 구하시오. (4점)

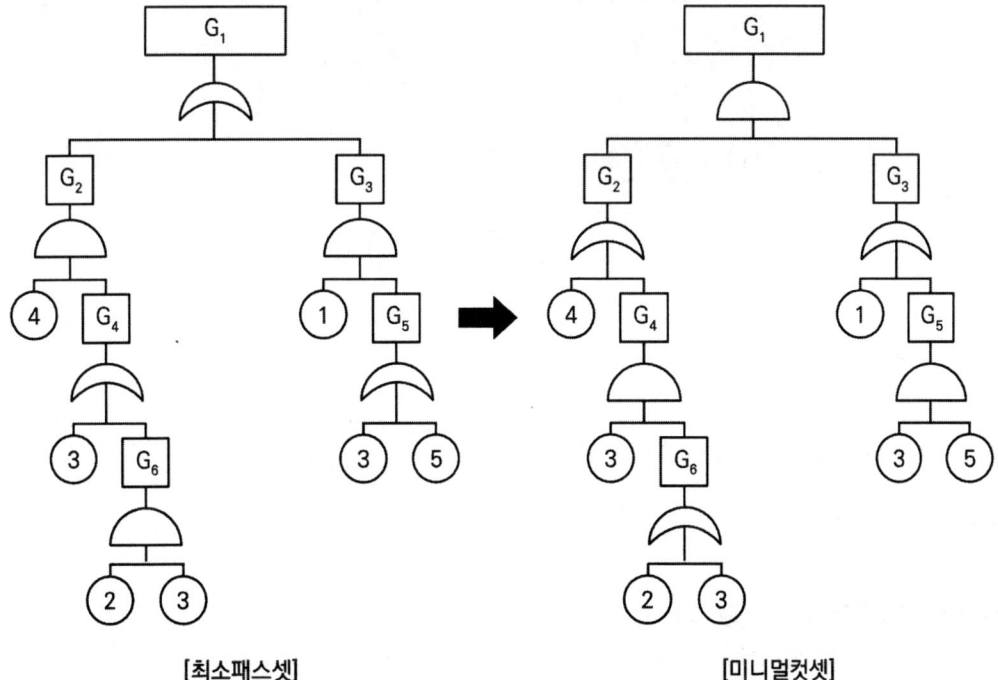

[최소패스셋]   [미니멀컷셋]

> 해설

㉠ 최소패스셋은 FT도를 반대로 변환 후 미니멀 컷셋을 구한다.
㉡ $G_1 = G_2 \times G_3$
㉢ $G_2 = ④ + G_4 = ④ + (③ \times G_6) = ④ + [③ \times (② + ③)] = ④ + (③ \times ②) + (③ \times ③)$ $(A \times A = A) = ④ + (③ \times ②) + ③$
㉢ $G_2 = ④ + [(② + 1) \times ③]$ $(A + 1 = 1) = ④ + ③$
㉣ $G_3 = ① + G_5 = ① + (③ \times ⑤)$
㉤ $G_1 = G_2 \times G_3 = (④ + ③) \times [① + (③ \times ⑤)] = ① \times ④ + ① \times ③ + ④ \times ③ \times ⑤ + ③ \times ③ \times ⑤$ $(A \times A = A)$
㉥ $G_2 = ① \times ④ + ① \times ③ + \underline{④ \times ③ \times ⑤ + ③ \times ⑤}$ (밑줄은 ③ × ⑤로 묶음)
㉥ $G_2 = ① \times ④ + ① \times ③ + [(④ + 1) \times (③ \times ⑤)]$ $(A + 1 = 1) = ① \times ④ + ① \times ③ + ③ \times ⑤$

☑ 미니멀 컷셋 : (①, ④) (①, ③) (③, ⑤)

Q 다음 FT도에서 컷셋(Cut Set)을 모두 구하시오.

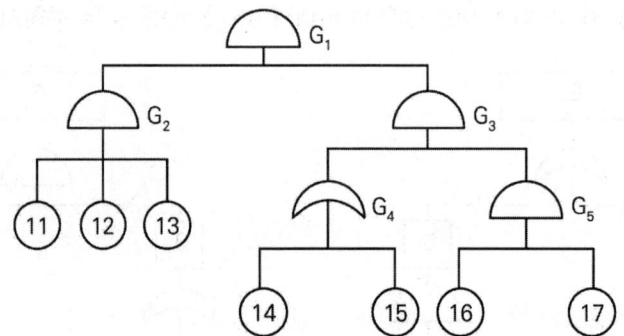

> 해설

$G_1 = G_2 \cdot G_3 = (⑪ \cdot ⑫ \cdot ⑬) \cdot G_5 \cdot G_4 = \begin{matrix}(⑪ \cdot ⑫ \cdot ⑬ \cdot ⑯ \cdot ⑰) \cdot \\ (⑭, ⑮)\end{matrix} =$

Cut Set
⑪, ⑫, ⑬, ⑭, ⑯, ⑰
⑪, ⑫, ⑬, ⑮, ⑯, ⑰

컷셋과 최소컷셋(미니멀컷셋)

① $G_2 = ⑪ \cdot ⑫ \cdot ⑬$
② $G_3 = G_4 \cdot G_5 = (⑭ + ⑮) \cdot (⑯ \cdot ⑰)$
③ $G_1 = G_2 \cdot G_3 = (⑪ \cdot ⑫ \cdot ⑬) \cdot (⑭ + ⑮) \cdot (⑯ \cdot ⑰) = (⑪ \cdot ⑫ \cdot ⑬ \cdot ⑯ \cdot ⑰) \cdot (⑭ + ⑮)$
③ $G_1 = (⑪ \cdot ⑫ \cdot ⑬ \cdot ⑭ \cdot ⑯ \cdot ⑰) + (⑪ \cdot ⑫ \cdot ⑬ \cdot ⑮ \cdot ⑯ \cdot ⑰)$

④ 다음과 같이 컷셋을 나타낼 수 있다.

$G_1 = G_2 \cdot G_3 = (⑪ \cdot ⑫ \cdot ⑬) \cdot G_5 \cdot G_4 = \begin{matrix}(⑪ \cdot ⑫ \cdot ⑬ \cdot ⑯ \cdot ⑰) \cdot \\ (⑭, ⑮)\end{matrix}$

Cut Set
⑪, ⑫, ⑬, ⑭, ⑯, ⑰
⑪, ⑫, ⑬, ⑮, ⑯, ⑰

⑤ Step1 : FT도에 공통이 되는 (⑪·⑫·⑬·⑯·⑰)을 대입하여 G_1이 발생하는지 확인한다.

⑪·⑫·⑬·⑯·⑰ 대입 → G_1 발생하지 않는다.

Step2 : 공통인 (⑪·⑫·⑬·⑯·⑰)이 안 되므로, 컷셋 (⑪, ⑫, ⑬, ⑭, ⑯, ⑰), (⑪, ⑫, ⑬, ⑮, ⑯, ⑰)을 대입하여 G_1이 발생하는지 확인한다.

⑪, ⑫, ⑬, ⑭, ⑯, ⑰ 대입 → G_1 발생

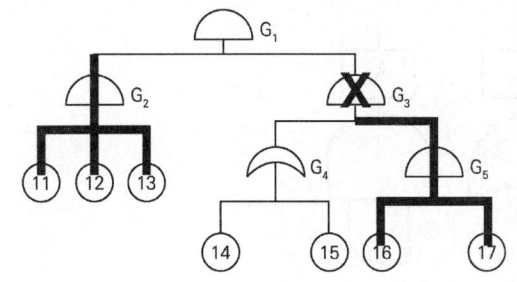

G_1 밑에 게이트는 AND로 G_2, G_3가 모두 입력되어야 발생한다.

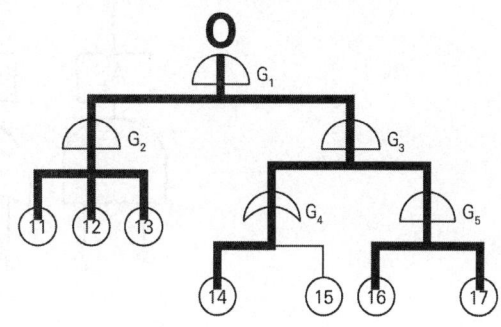

G_2, G_3이 모두 입력되어 G_1이 발생한다.

⑪, ⑫, ⑬, ⑮, ⑯, ⑰ 대입 → G_1 발생

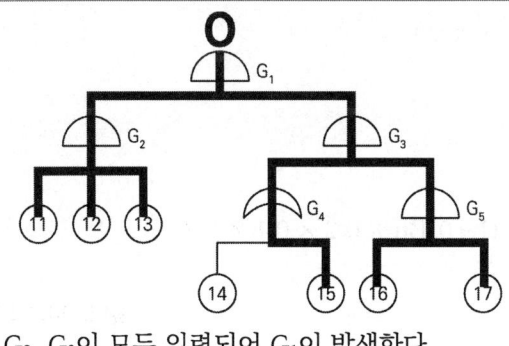

G_2, G_3이 모두 입력되어 G_1이 발생한다.

⑥ 최소컷셋은 G_1이 발생될 최소 조건으로 아래 2가지 중 하나만 대입하여도 발생하므로 답은 하나만 작성
☑ (⑪, ⑫, ⑬, ⑭, ⑯, ⑰) 또는 (⑪, ⑫, ⑬, ⑮, ⑯, ⑰)

Q 다음 FT도의 정상사상 A1의 발생확률(%)을 소수점 다섯 번째 자리까지 계산하시오. (단, 기본사상 ①, ③, ⑤, ⑦은 발생확률의 각각 20 [%]이고, ②, ④, ⑥은 발생확률의 각각 10 [%]로 한다)

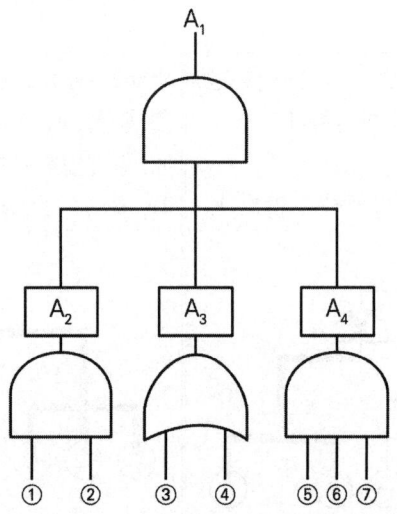

> [해설]

계산식

$A_1 = A_2 \times A_3 \times A_4 =$ (① × ②) × (③ + ④) × (⑤ × ⑥ × ⑦)

$A_2 =$ (① × ②) = 0.2 × 0.1

$A_3 =$ (③ + ④) = 1 - {(1 - 0.2) × (1 - 0.1)}

$A_4 =$ (⑤ × ⑥ × ⑦) = 0.2 × 0.1 × 0.2

$A_1 = A_2 \times A_3 \times A_4 =$ 0.2 × 0.1 × [1 - {(1 - 0.2) × (1 - 0.1)}] × 0.2 × 0.1 × 0.2

　　= 0.0000224 = 0.00224 [%]

✅ 0.00224 [%]

10 ETA(사건나무 분석) 계산

Q 다음과 같은 구조에 시스템이 있다. 부품2(X_2)의 고장을 초기사상으로 하여 사건나무(Event Tree)를 그리고 각 가지마다 시스템의 작동 여부를 "작동" 또는 "고장"으로 표시하시오.

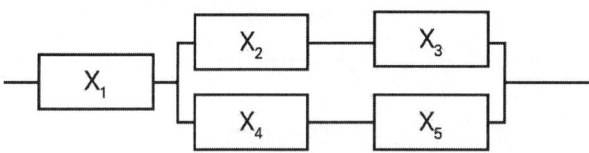

[해설]

X_3는 X_2가 고장이므로 사건나무(Event Tree)에서 제외

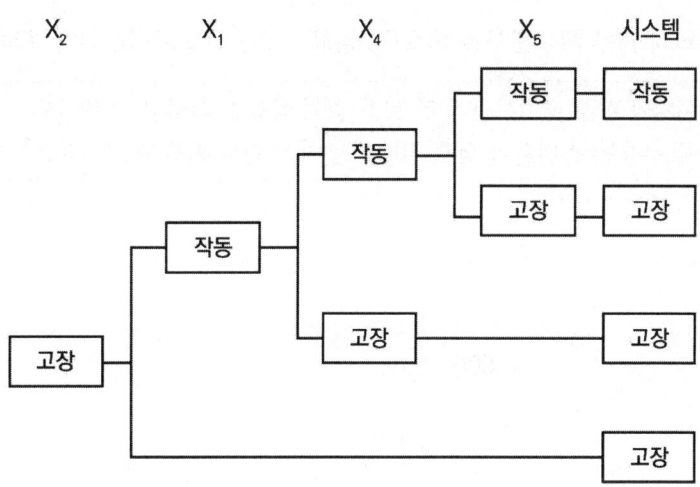

[연관개념] 시스템안전공학

11 신뢰도 계산

Q 그림을 보고 전체의 신뢰도를 0.85로 설계하고자 할 때 부품 R_x의 신뢰도를 구하시오. (단, 소수점 셋째자리에서 반올림하시오)

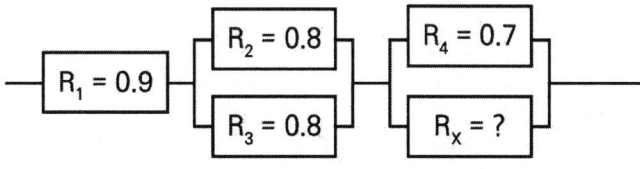

[해설]

계산식 : $0.85 = 0.9 \times [1 - (1 - 0.8)(1 - 0.8)] \times [1 - (1 - 0.7)(1 - R_x)]$ [Solve 계산]

✅ 신뢰도(R_x) = 0.945 ≒ 0.95

12 신뢰성공학 : 고장률 및 신뢰도 계산

Q 고장률이 1시간당 0.01로 일정한 기계가 있다. 이 기계에서 처음 100시간 동안 고장이 발생할 확률을 구하시오. ★★

해설

① 신뢰도 : $R(t) = e^{-\lambda t} = e^{-0.01 \times 100} = 0.367 = 0.37$

② 고장발생확률(불신뢰도) : $F(t) = 1 - R(t) = 1 - 0.37 = 0.63$

Q 에어컨 스위치의 수명은 지수분포를 따르며, 평균 수명은 1000시간이다. 다음을 계산하시오.

① 새로 구입한 스위치가 향후 500시간 동안 고장 없이 작동할 확률을 구하시오.
② 이미 1000시간을 사용한 스위치가 향후 500시간 이상 견딜 확률을 구하시오.

해설

① $R_a = e^{-\lambda t} = e^{-\frac{t}{t_0}} = e^{-\frac{500}{1000}} = 0.606 = 0.61$

② $R_b = e^{-\lambda t} = e^{-\frac{t}{t_0}} = e^{-\frac{500}{1000}} = 0.606 = 0.61$

Q 다음 내용을 참고해서 고장율 및 고장확률을 계산하시오.

| 고장건수 : 10 | 총가동시간 : 10000시간 |

(1) 고장률(λ)은 얼마인가?
(2) 900시간 가동했을 때 고장확률은 얼마인가?

해설

① 고장률 (λ)은 얼마인가?

$$\frac{10}{10000} = 0.001/시간$$

② 900시간 가동했을 때 고장확률은 얼마인가?

신뢰도 $= e^{-\lambda \times t} = e^{-0.001 \times 900} = 0.41$ 이므로 고장확률 = 1 - 신뢰도 = 1 - 0.41 = 0.59

∴ 고장확률 = 1 - 신뢰도 = 1 - 0.41 = 0.59

Q 어떤 기계를 1시간 가동하였을 때, 고장발생확률이 0.004일 경우 아래 물음에 답하시오. ★★

① 평균고장시간간격(Mean Time Between Failure)을 계산하시오.
② 기계가 10시간 가동하였을 때 이 기계의 신뢰도를 계산하시오.

해설

① 평균고장시간간격(MTBF) = $\dfrac{1}{\lambda}$ = $\dfrac{1}{0.004}$ = 250시간 [λ : 고장율(고장발생확률)]

② 신뢰도 $R(t) = e^{-\lambda t} = e^{-0.004 \times 10} ≒ 0.96$ [λ : 고장율(고장발생확률), t : 시간]

Q A회사의 제품은 10,000시간 동안 10개의 제품에 고장이 발생된다고 한다. 이 제품의 수명이 지수분포를 따른다고 할 경우 고장률과 900시간 동안 적어도 1개의 제품이 고장 날 확률을 구하시오.

해설

① 고장률(λ) = $\dfrac{\text{고장건수}(r)}{\text{총가동시간}(t)}$ = $\dfrac{10}{10000}$ = 0.001

② 고장발생확률(불신뢰도) = $F(t) = 1 - R(t) = 1 - e^{-\lambda t} = 1 - e^{-0.001 \times 900}$ = 0.593 = 0.59

13 프레스기의 광전자식 및 양수조작식 방호장치의 방호거리 계산

Q 프레스 급정지 시간이 200 [ms]일 때, 광전자식 방호장치의 방호거리는 최소 몇 [mm] 이상이어야 하는가? ★★★

해설

D = 1.6 × T_m = 1.6 × 200 = 320 [mm]

D : 안전거리(mm)
T_m : 누름버튼을 누른 때부터 사용하는 프레스의 슬라이드가 하사점에 도달할 때까지 소요 최대시간(ms)

Q 클러치 맞물림개수 5개, 200 [SPM] 동력프레스의 양수기동식 안전장치의 안전거리를 계산하시오.

해설

① $T_m = \left(\dfrac{1}{클러치개수} + \dfrac{1}{2}\right) \times \dfrac{60000}{매분행정수} = \left(\dfrac{1}{5} + \dfrac{1}{2}\right) \times \dfrac{60000}{200} = 210\,[ms]$

T_m : 양수기동식 안전장치를 누른 후 슬라이드가 하사점까지 도달한 시간

② $D = 1.6 \times T_m = 1.6 \times 210 = 336\,[mm]$

연관규정 프레스 방호장치의 선정 설치 및 사용 기술지침 KOSHA CODE M – 30 – 2002

14 심실세동전류와 통전시간 계산 ★★★

Q 용접작업을 하는 작업자가 전압이 300 [V]인 충전부분이 물에 젖은 손이 접촉, 감전되어 사망하였다. 이때 인체에 통전된 ① 심실세동전류(mA)와 ② 통전시간(ms)을 계산하시오. (단, 인체의 저항은 1000 [Ω]으로 한다)

해설

① 심실세동 전류(mA) 계산식

$I = \dfrac{V}{R} = \dfrac{300}{1000 \times \dfrac{1}{25}} = 7.5A = 7500\,[mA]$ (조건 : 물에 젖은 손 : 인체의 저항 $\dfrac{1}{25}$ 감소)

✅ 7500 [mA]

② 통전시간(T) 계산식

$I = \dfrac{165}{\sqrt{T}}\,[mA]$ [C. F. Dalziel의 식] $T = \left(\dfrac{165}{I}\right)^2 = \left(\dfrac{165}{7500}\right)^2 = 0.000484\,[s] = 0.48\,[ms]$

✅ 0.48 [ms]

Q 전압이 100 [V]인 충전부분에 물에 젖은 작업자의 손이 접촉되어 감전, 사망하였다. 이때 인체에 흐른 ① 심실세동전류(mA)를 구하고, ② 통전시간(초)을 구하시오. (단, 인체의 저항은 5000 [Ω]으로 하고, 소수 넷째자리에서 반올림하여 소수 셋째자리까지 표기할 것)

해설

① 전류

$I = \dfrac{V}{R}\left(V = 100\,[V],\ R = \dfrac{5000}{25} = 200\,[\Omega]\right)$ (손이 물에 젖으면 $\dfrac{1}{25}$ 감소)

$$I = \frac{V}{R} = \frac{100}{200} = 0.5 \,[A] = 500 \,[mA]$$

② 통전시간　$I = \frac{165}{\sqrt{T}}[mA] \rightarrow T = \frac{165^2}{500^2} = 0.1089 = 0.109 \,[\text{초}]$

15 화학양론식 계산

Q 부탄이 완전연소 시 화학양론식과 산소농도는 얼마인지 적으시오. (단, 부탄의 하한계는 1.6이다)

[해설]

① 화학양론식
　　$2C_4H_{10} + 13O_2 \rightarrow 8CO_2 + 10H_2O$

② 산소농도
　　$1.6 \times \frac{13}{2} = 10.4 \,[vol\%]$

16 위험도 및 폭발하한계 계산

Q 아세틸렌과 클로로벤젠의 폭발하한계와 폭발상한계는 아래와 같다. 다음의 물음에 답하시오.

구분	폭발하한계(vol%)	폭발상한계(vol%)
아세틸렌	2.5	81
클로로벤젠	1.3	7.1

① 아세틸렌의 위험도를 구하시오.

② 아세틸렌이 70 [%], 클로로벤젠이 30 [%]인 혼합 기체의 공기 중 폭발 하한계의 값(vol%)을 계산하시오.

[해설]

① 위험도 $= \frac{U-L}{L} = \frac{81-2.5}{2.5} = 31.4$

② 하한계값 $L = \dfrac{100}{\dfrac{V_1}{L_1} + \dfrac{V_2}{L_2}} = \dfrac{100}{\dfrac{70}{2.5} + \dfrac{30}{1.3}} = 1.957 ≒ 1.96 \,[vol\%]$

[연관개념] 화공안전관리 위험도 및 혼합기체의 폭발상한·하한계 계산(르샤틀리에 혼합법칙)

17 안전계수 응용 ★★

Q 「산업안전보건법령」상 화물의 하중을 직접 지지하는 달기와이어로프의 절단하중 2000 [kg]일 때 최대 안전하중(kg)을 계산하시오.

[해설]

계산식 : 안전계수 $= \dfrac{\text{절단하중}}{\text{최대하중}} \rightarrow 5 = \dfrac{2000}{\text{최대하중}} \rightarrow$ 최대하중 $= \dfrac{2000}{5} = 400\,[kg]$ ✅ 400 [kg]

[연관규정] 산업안전보건기준에 관한 규칙 제163조(와이어로프 등 달기구의 안전계수)
2. 화물의 하중을 직접 지지하는 달기와이어로프 또는 달기체인의 경우 : 5 이상

[짚고가기] 안전계수

안전계수 $= \dfrac{\text{절단하중}}{\text{최대하중}}$: 안전계수는 달기구 절단하중의 값을 그 달기구에 걸리는 하중의 최댓값으로 나눈 값

18 와이어로프의 안전상태 판단

1) 와이어로프에 걸리는 하중(장력) 계산

Q 980 [kg]의 화물을 두줄걸이 로프로 상부 각도 90°의 각으로 들어 올릴 때, 각각의 와이어로프에 걸리는 하중(kg)을 구하시오.

[해설]

$T = \dfrac{(W/2)}{\cos(90/2)} = 692.96\,[kg]$: 크레인 와이어로프 2줄걸이 장력 계산

2) 와이어로프의 적합 여부 판단

Q [그림]의 달기와이어로프의 ① 안전율(안전계수)을 구하고, 와이어로프의 ② 적합 여부를 판단하시오. (단, 와이어로프의 절단 강도는 42.8 [kN]이며, 화물이 하중을 직접 지지하는 용도로 사용한다)

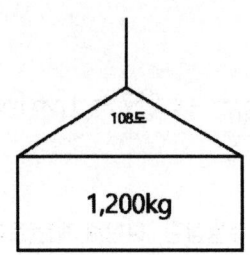

해설

① 와이어로프 한 가닥에 걸리는 하중(장력) 계산

$$T = \frac{\frac{\text{화물무게}[W]}{2}}{\cos\frac{\theta}{2}} = \frac{\frac{1200 \times 9.8}{2}}{\cos\frac{108}{2}} \fallingdotseq 10000[N] = 10[kN] \quad \text{안전율} = \frac{\text{절단하중}}{\text{최대하중}} = \frac{42.8}{10} = 4.28$$

② 와이어로프의 적합 여부 판단 : 와이어로프의 안전율은 4.8이므로 안전율 5 기준에 부적합하다.

> 안전계수
> ㉠ 근로자가 탑승하는 운반구를 지지하는 달기와이어로프 또는 달기체인의 경우 : 10 이상
> ㉡ 화물의 하중을 직접 지지하는 달기와이어로프 또는 달기체인의 경우 : 5 이상

19 건설업 산업안전보건관리비 계상

Q 다음 [보기]의 조건에 맞게 건설업 산업안전보건관리비를 계상하시오.

─[보기]─
① 건설공사
  • 재료비 25억 원
  • 직접노무비 10억 원
  • 건축공사
    - 법적 요율 : 2.28 [%]

② 낙찰률 70 [%]
  • 관급재료비 3억 원
  • 관리비(간접비포함) 10억 원

    - 기초액 : 4,325,000원

해설

계산식
① 산업안전·보건관리비 = {대상액(관급재료비 + 사급재료비 + 직접노무비)} × 요율[%] + 기초액 = (3 + 25 + 10) × 100,000,000 × 0.0228 + 4,325,000 = 90,965,000원
② 산업안전·보건관리비 = {대상액(사급재료비 + 직접노무비)} × 요율[%] × 1.2 = (25 + 10) × 100,000,000 × 0.0228 × 1.2 = 95,760,000원

∴ ①, ② 중 작은 것을 선택하면, ① 90,965,000 [원]

짚고가기 100,000,000 는 1억 원입니다.
(3 + 25 + 10) × 100,000,000는 '3억 + 25억 + 10억'을 의미

연관규정 건설업 산업안전보건관리비 계상 및 사용기준 제2조(정의)

PART 02

필답형 과년도 기출문제 (2024~2013)

2024년 1회

01 ☑☐☐☐☐

손쳐내기식 방호장치를 사용하는 기계·기구의 (1) 명칭 1가지와 (2) 분류 기호를 쓰시오. (4점)

답

(1) 명칭 : 프레스 또는 전단기
(2) 분류 기호 : D

연관규정 방호장치 안전인증 고시
[별표 1] 프레스 또는 전단기 방호장치의 성능기준

02 ☑☐☐☐☐

「산업안전보건법령」상 유해·위험 방지를 위하여 방호조치를 아니하고는 양도, 대여, 설치 진열해서는 안 되는 기계·기구를 3가지 적으시오. (3점)

답

① 예초기   ② 원심기
③ 공기압축기 ④ 금속절단기
⑤ 지게차
⑥ 포장기계(진공포장기, 랩핑기로 한정)

연관규정 산업안전보건법
제80조(유해하거나 위험한 기계·기구에 대한 방호조치)

03 ☑☐☐☐☐

「산업안전보건법령」상 안전보건관리규정에 포함해야 할 사항을 3가지 적으시오. (단, 그 밖에 안전 및 보건에 관한 사항은 제외) (3점)

답

① 안전 및 보건에 관한 관리조직과 그 직무에 관한 사항
② 안전보건교육에 관한 사항
③ 작업장의 안전 및 보건 관리에 관한 사항
④ 사고 조사 및 대책 수립에 관한 사항

연관규정 산업안전보건법
제25조(안전보건관리규정의 작성)

04 ☑☐☐☐☐

「산업안전보건법령」상 [보기]의 ( ) 안에 알맞은 것을 쓰시오. (4점)

— [보기] —

- 고용노동부장관은 사업주가 필요한 안전조치 또는 보건조치를 이행하지 아니하여 중대재해가 발생한 사업장에 안전보건진단을 받아 (①)을/를 수립하여 시행할 것을 명할 수 있다.
- 사업주는 수립·시행 명령을 받은 날부터 (②)일 이내에 관할 지방고용노동관서의 장에게 해당 계획서를 제출해야 한다.

답

① 안전보건개선계획
② 60

연관규정 산업안전보건법
제49조(안전보건개선계획의 수립·시행 명령)
산업안전보건법 시행규칙
제61조(안전보건개선계획의 제출 등)

05 ☑☐☐☐☐

1,440명이 있는 사업장에 연간 주 40시간, 50주의 작업을 한다. 평균 출근 94[%] 지각 및 조퇴 5,000시간, 손실일수 1,200, 사망 1명, 조기출근과 잔업은 100,000시간이다. 강도율을 계산하시오. (4점)

답

강도율 = $\dfrac{\text{근로손실일수}}{\text{연근로시간수}} \times 10^3$

= $\dfrac{1200 + 7500}{(1440 \times 40 \times 50) \times 0.94 + 100000 - 5000} \times 1000$

= 3.1

✓ 3.1

연관규정 산업재해업무통계처리규정

06 ☑☐☐☐☐

클러치 맞물림개수 4개, 300[SPM] 동력프레스의 양수기동식 안전장치의 안전거리를 계산하시오. (4점)

답

① Tm = $\left(\dfrac{1}{\text{클러치개수}} + \dfrac{1}{2}\right) \times \dfrac{60000}{\text{매분행정수}}$

= $\left(\dfrac{1}{4} + \dfrac{1}{2}\right) \times \dfrac{60000}{300} = 150\,[ms]$

Tm : 양수기동식 안전장치를 누른 후 슬라이드가 하사점까지 도달한 시간

② D = 1.6 × Tm = 240 [mm]

연관규정 프레스 방호장치의 선정 설치 및 사용 기술지침 KOSHA CODE M - 30 - 2002

07 ☑☐☐☐☐

[보기]의 숫자에 해당하는 안전밸브 형식표시사항을 적으시오. (단, 마지막에 B는 제외) (4점)

[보기]

SFⅡ1-B

S	F	Ⅱ	1
①	②	③	④

답

① S : 요구성능
② F : 유량제한기구
③ Ⅱ : 호칭지름 구분(호칭입구 크기구분)
④ 1 : 호칭압력 구분

연관규정 방호장치 안전인증 고시
[별표 3] 안전밸브의 성능기준

08 ☑☐☐☐☐

「산업안전보건법령」상 철골공사 작업을 중지하여야 하는 기상조건이다. [보기]의 ( ) 안에 알맞게 기상조건을 적으시오. (3점)

[보기]

• 풍량 (①) [m/s]
• 강우량 (②) [mm/h]
• 강설량 (③) [cm/h]

답

① 10   ② 1   ③ 1

연관규정 산업안전보건기준에 관한 규칙
제383조(작업의 제한)

09

「산업안전보건법령」상 [보기]의 ( ) 안에 알맞은 것을 쓰시오. (4점)

―[보기]―
- 사업주가 작업중지명령 해제신청서를 제출하는 경우에는 미리 유해·위험요인 개선내용에 대하여 중대재해가 발생한 해당작업 (①)의 의견을 들어야 한다.
- 지방고용노동관서의 장은 작업중지명령 해제를 요청받은 경우에는 (②)으로 하여금 안전·보건을 위하여 필요한 조치를 확인하도록 하고, 천재지변 등 불가피한 경우를 제외하고는 해제요청일 다음 날부터 (③)일 이내(토요일과 공휴일을 포함하되, 토요일과 공휴일이 연속하는 경우에는 3일까지만 포함)에 (④)를 개최하여 심의한 후 해당조치가 완료되었다고 판단될 경우에는 즉시 작업중지명령을 해제해야 한다.

답

① 근로자
② 근로감독관
③ 4
④ 작업중지해제심의위원회

연관규정 산업안전보건법 시행규칙
제69조(작업중지의 해제)

10

「산업안전보건법령」상 안전인증 심사 중 형식별 제품심사 기간을 60일로 하는 안전인증대상 보호구를 5가지 쓰시오. (5점)

답

① 추락 및 감전 위험방지용 안전모
② 안전화
③ 안전장갑
④ 방진마스크
⑤ 방독마스크
⑥ 송기(送氣)마스크
⑦ 전동식 호흡보호구
⑧ 보호복

연관규정 산업안전보건법 시행규칙
제110조(안전인증 심사의 종류 및 방법)

짚고가기 형식별 제품심사 : 30일인 경우
① 안전대
② 차광(遮光) 및 비산물(飛散物) 위험방지용 보안경
③ 용접용 보안면
④ 방음용 귀마개 또는 귀덮개

11

안전모의 성능시험항목을 4가지만 적으시오. (4점)

답

① 내관통성 시험
② 충격흡수성 시험
③ 내전압성 시험
④ 내수성 시험
⑤ 난연성 시험
⑥ 턱끈풀림

연관규정 보호구 안전인증 고시 [별표 1]
추락 및 감전 위험방지용 안전모의 성능기준

12 ☑☐☐☐☐

「산업안전보건법령」상 누전차단기를 접속하는 경우에 사업주의 준수사항 관련 [보기]의 ( ) 안에 알맞은 숫자를 적으시오. (4점)

── [보기] ──
- 대지전압이 150 [V] 정격전부하전류가 30 [A]인, 전기기계·기구에 설치되어 있는 누전차단기는 정격감도전류가 (①) [mA] 이하이고 작동시간은 (②)초 이내일 것
- 다만 정격전부하전류가 50 [A] 이상인 전기기계·기구에 접속되는 누전차단기는 오작동을 방지하기 위하여 정격감도전류는 (③) [mA] 이하로, 작동시간은 (④)초 이내로 할 수 있다.

답
① 30
② 0.03
③ 200
④ 0.1

연관규정 산업안전보건기준에 관한 규칙 제304조(누전차단기에 의한 감전방지)

13 ☑☐☐☐☐

'저장탱크설비, 유틸리티설비 및 제조공정 중 고체 건조·분쇄설비 등 간단한 단위공정'에 적용하는 기법을 [보기]에서 2가지 선택하시오. (4점)

── [보기] ──
① 방호계층 분석
② 이상 위험도 분석
③ 작업자실수분석
④ 상대 위험순위결정

답
③, ④ 해당

연관규정 공정안전보고서의 제출·심사·확인 및 이행상태평가 등에 관한 규정 제29조(공정위험성 평가기법)

14 ☑☐☐☐☐

「산업안전보건법령」상 다음 [그림]에 해당하는 안전보건표지의 명칭을 쓰시오. (4점)

답
① 물체이동금지
② 폭발성물질 경고
③ 부식성물질 경고
④ 들것

연관규정 산업안전보건법 시행규칙
[별표 6] 안전보건표지의 종류와 형태

2024년 2회

01 ☑□□□□

「산업안전보건법령」상 산업용 로봇의 작동 범위 내에서 해당 로봇에 대하여 교시(敎示) 등의 작업을 할 경우에는 해당 로봇의 예기치 못한 작동 또는 오조작에 의한 위험을 방지하기 위하여 관련 지침을 정하여 그 지침에 따라 작업을 하도록 하여야 하는데, 이에 관련 지침에 포함되어야 할 사항을 4가지 적으시오. (단, '그 밖에 로봇의 예기치 못한 작동 또는 오동작에 의한 위험 방지를 하기 위하여 필요한 조치' 제외)
(4점)

답

① 로봇의 조작방법 및 순서
② 작업 중의 매니퓰레이터의 속도
③ 2명 이상의 근로자에게 작업을 시킬 경우의 신호방법
④ 이상을 발견한 경우의 조치
⑤ 이상을 발견하여 로봇의 운전을 정지시킨 후 이를 재가동시킬 경우의 조치

연관규정 산업안전보건기준에 관한 규칙 제222조(교시 등)

02 ☑□□□□

「산업안전보건법령」상 사업주가 작업장에서 취급하는 물질안전보건자료의 내용을 근로자에게 교육해야 해야 하는 경우를 2가지만 적으시오. (4점)

답

① 물질안전보건자료대상물질을 제조·사용·운반 또는 저장하는 작업에 근로자를 배치하게 된 경우
② 새로운 물질안전보건자료대상물질이 도입된 경우
③ 유해성·위험성 정보가 변경된 경우

연관규정 산업안전보건법 시행규칙 제169조(물질안전보건자료에 관한 교육의 시기·내용·방법 등)

03 ☑□□□□

「산업안전보건법령」상 ① '중대산업사고' 정의와 ② '중대산업사고' 예방을 위해 작성하고 고용노동부장관에게 제출하여 심사를 받아야 보고서의 명칭을 쓰시오. (4점)

답

① 정의 : 설비로부터의 위험물질 누출, 화재 및 폭발 등으로 인하여 사업장 내의 근로자에게 즉시 피해를 주거나 사업장 인근 지역에 피해를 줄 수 있는 사고
② 보고서 : 공정안전보고서

연관규정 산업안전보건법
제44조(공정안전보고서의 작성·제출)

04 ☑□□□□

「산업안전보건법령」상 안전보건관리규정 관련 사항이다. [보기]의 질문에 답하시오. (5점)

[보기]
(1) 안전보건관리규정 포함사항 3가지
　　(단, 그 밖에 안전 및 보건에 관한 사항 제외)
(2) 안전보건관리규정 작성 대상 자동차제조업의 상시근로자 수

답

⑴ 안전보건관리규정 포함사항
  ① 안전 및 보건에 관한 관리조직과 그 직무
  ② 안전보건교육
  ③ 작업장의 안전 및 보건 관리
  ④ 사고 조사 및 대책 수립
⑵ 안전보건관리규정 작성 대상 자동차제조업의 상시근로자 수 : 100명 이상

연관규정 산업안전보건법
제25조(안전보건관리규정의 작성)
산업안전보건법 시행규칙
[별표 2] 안전보건관리규정을 작성해야 할 사업의 종류 및 상시근로자 수

05 ☑☐☐☐☐

「산업안전보건법령」상 관계자 외 출입금지 표지판 중 '허가대상물질 작업장'표지 하단에 작성해야 하는 내용 2가지만 적으시오. (4점)

답

① 보호구/보호복 착용
② 흡연 및 음식물 섭취금지

연관규정 산업안전보건법 시행규칙
[별표 6] 안전보건표지의 종류와 형태

06 ☑☐☐☐☐

「산업안전보건법령」상 설치·이전하는 경우 안전인증을 받아야 하는 기계를 3가지 적으시오. (3점)

답

① 크레인
② 리프트
③ 곤돌라

연관규정 산업안전보건법 시행규칙
제107조(안전인증대상기계등)

07 ☑☐☐☐☐

「산업안전보건법령」상 건설용 리프트·곤돌라를 이용한 작업에 종사하는 근로자에게 사업주가 실시해야 하는 특별안전보건교육 내용 2가지를 적으시오. (단, 공통으로 받는 교육들은 제외한다) (4점)

답

① 방호장치의 기능 및 사용
② 기계, 기구, 달기체인 및 와이어 등의 점검
③ 화물의 권상, 권하 작업방법 및 안전작업 지도
④ 기계, 기구의 특성 및 동작원리
⑤ 신호방법 및 공동작업

연관규정 산업안전보건법 시행규칙
[별표 5] 교육대상별 교육내용

08 ☑☐☐☐☐

비등액체팽창증기폭발(BLEVE)에 영향을 주는 인자를 3가지 적으시오. (5점)

답

① 저장탱크에 저장된 물질의 종류
② 저장탱크에 저장된 물질의 인화성
③ 저장탱크에 저장된 물질의 물리적 상태
④ 저장탱크의 재질
⑤ 저장탱크 주위의 온도와 압력

09 ☑□□□□

「산업안전보건법령」상 사업주가 화물운반용 또는 고정용으로 사용할 수 없는 섬유로프를 2가지 적으시오. (4점)

답

① 꼬임이 끊어진 것
② 심하게 손상되거나 부식된 것

연관규정 산업안전보건기준에 관한 규칙
제387조(꼬임이 끊어진 섬유로프 등의 사용 금지)

10 ☑□□□□

파단하중이 42.8 [kN]인 와이어로프로 1500 [kg]의 화물을 2줄 걸이로 상부 각도 60°로 들어 올릴 때 상황이다. [보기]의 조건에 따른 질문에 답하시오. (5점)

[보기]
(1) 안전율을 구하시오.
(2) 「산업안전보건법령」상 화물 양중작업에서 안전율의 만족 또는 불만족 여부와 그 이유를 쓰시오.

답

(1) 안전율 계산

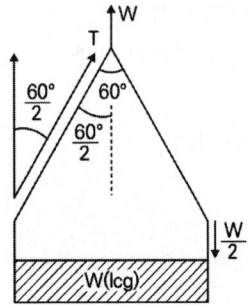

$$\dfrac{\dfrac{W}{2}}{\cos\left(\dfrac{\theta}{2}\right)}$$

[W : 화물 중량[N]
θ : 각 줄의 각도[°]]

$$=\dfrac{\dfrac{1500\times 9.8}{2}}{\cos\left(\dfrac{60}{2}\right)}=8495.71[N]=8.5[kN]$$

안전율(안전계수) = $\dfrac{절단하중(파단하중)}{달기구에 걸리는 하중}$

$$=\dfrac{42.8}{8.5}=5.03$$

(2) 안전율 판정(만족 또는 불만족) : 안전율 5 이상을 만족하기에 사용가능한 와이어로프로 판정

[와이어로프 등 달기구의 안전계수]
• 근로자가 탑승하는 운반구를 지지하는 달기와이어로프 또는 달기체인의 경우 : 10 이상
• <u>화물의 하중을 직접 지지하는 달기와이어로프 또는 달기체인의 경우 : 5 이상</u>
• 훅, 샤클, 클램프, 리프팅 빔의 경우 : 3 이상
• 그 밖의 경우 : 4 이상

연관규정 산업안전보건기준에 관한 규칙
제163조(와이어로프 등 달기구의 안전계수)

11 ☑□□□□

「산업안전보건법령」상 사업주가 제품의 생산공정과 직접적으로 관련된 건설물·기계·기구 및 설비 등 전부를 설치·이전하거나 그 주요 구조부분을 변경하려는 경우, 유해위험방지계획서를 제출할 때 첨부해야 하는 서류를 3가지만 적으시오. (단, 그 밖에 고용노동부장관이 정하는 도면 및 서류는 제외) (3점)

답

① 건축물 각 층의 평면도
② 기계·설비의 개요를 나타내는 서류
③ 기계·설비의 배치도면
④ 원재료 및 제품의 취급, 제조 등의 작업방법의 개요

연관규정 산업안전보건법 시행규칙 제42조(제출서류 등)

12

「산업안전보건법령」상 안전검사대상기 등의 안전검사 주기 관련 [보기]의 ( ) 안에 알맞은 것을 쓰시오. (3점)

─[보기]─
- 산업용 로봇 : 사업장에 설치가 끝난 날부터 (①)년 이내에 최초 안전검사를 실시하되, 그 이후부터 (②)년마다
- 건설현장에서 곤돌라 : 최초로 설치한 날부터 (③)개월마다

답

① 3
② 2
③ 6

연관규정 산업안전보건법 시행규칙
제126조(안전검사의 주기와 합격표시 및 표시방법)

13

「산업안전보건법령」상 산업안전보건위원회의 회의록 작성사항을 3가지 적으시오. (단, 그 밖의 토의사항은 제외한다) (3점)

답

① 개최 일시 및 장소
② 출석위원
③ 심의 내용 및 의결·결정 사항

연관규정 산업안전보건법 시행령 제25조의4(회의 등)

14

「산업안전보건법령」상 [보기]에서 설명하는 설 양중기의 종류를 각각 쓰시오. (3점)

─[보기]─
① 동력을 사용하여 중량물을 매달아 상하 및 좌우(수평 또는 선회)로 운반하는 것을 목적으로 하는 기계 또는 기계장치
② 훅이나 그 밖의 달기구 등을 사용하여 화물을 권상 및 횡행 또는 권상동작만을 하여 양중하는 것

답

① 크레인
② 호이스트

연관규정 산업안전보건기준에 관한 규칙 제132조(양중기)

2024년 3회

01 ☑□□□□

[그림]에 해당하는 (1)「보호구 안전인증 고시」상 명칭과 (2) 해당 기구가 갖추어야 하는 구조조건 2가지를 쓰시오. (4점)

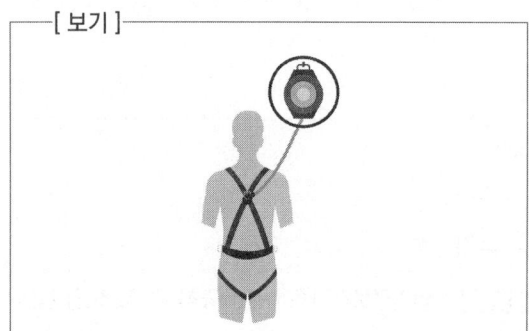

답

(1) 명칭 : 안전블록
(2) 갖추어야 할 구조
   ① 자동잠김장치
   ② 부품의 부식방지처리

연관규정 보호구 안전인증 고시
[별표 9] 안전대의 성능기준(제27조 관련)

02 ☑□□□□

「보호구 안전인증 고시」상 1급 방진마스크 사용 장소를 3곳을 쓰시오. (3점)

답

① 특급마스크 착용장소를 제외한 분진 등 발생장소
② 금속흄 등과 같이 열적으로 생기는 분진 등 발생장소
③ 기계적으로 생기는 분진 등 발생장소

연관규정 보호구 안전인증 고시
[별표 4의2] 방진마스크의 시험방법

03 ☑□□□□

내전압용 절연장갑의 성능기준에 있어 각 등급에 대한 최대사용전압을 적으시오. (4점)

- 교류 × 1.5 = 직류

등급	최대사용전압		색상
	교류(V, 실횻값)	직류(V)	
00	500	①	갈색
0	②	1500	빨간색
1	7500	11250	흰색
2	17000	25500	노란색
3	26500	39750	녹색
4	③	④	등색

답

① 750 ② 1000 ③ 36000 ④ 54000

연관규정 보호구 안전인증 고시
[별표 3] 내전압용 절연장갑의 성능기준

04 ☑□□□□

「산업안전보건법령」상 [보기] 중에서 사업주가 누전에 의한 감전의 위험을 방지하기 위하여 코드와 플러그를 접속하여 접지를 해야하는 전기기계·기구를 2가지 고르시오. (4점)

─[보기]─
① 사용전압이 대지전압 70 [V]를 넘는 전기기계·기구
② 냉장고, 세탁기, 컴퓨터 등 고정형 전기기계·기구
③ 고정식 손전등
④ 물 또는 도전성이 높은 곳에서 사용하는 전기기계·기구, 비접지형 콘센트

─답─
② 냉장고, 세탁기, 컴퓨터 등 고정형 전기기계·기구
④ 물 또는 도전성(導電性)이 높은 곳에서 사용하는 전기기계·기구, 비접지형 콘센트

연관규정 산업안전보건기준에 관한 규칙
제302조(전기 기계·기구의 접지)
① 사용전압이 대지전압 150 [V]를 넘는 전기기계·기구
③ 휴대형 손전등

05 ☑□□□□

「산업안전보건법령」상 근로자가 반복하여 계속적으로 중량물을 취급하는 작업할 때 작업 시작 전 점검사항 2가지를 적으시오. (단, 그 밖의 하역운반기계 등의 적절한 사용방법은 제외한다) (4점)

─답─
① 중량물 취급의 올바른 자세 및 복장
② 위험물이 날아 흩어짐에 따른 보호구의 착용
③ 카바이드·생석회 등과 같이 온도상승이나 습기에 의하여 위험성이 존재하는 중량물의 취급방법

연관규정 산업안전보건기준에 관한 규칙
[별표 3] 작업시작 전 점검사항

06 ☑□□□□

「산업안전보건법령」상 [보기]의 ( ) 안에 알맞은 것을 적으시오. (3점)

─[보기]─
다음 회사는 매년 회사의 안전 및 보건에 관한 계획을 수립하여 이사회에 보고하고 승인을 받아야 한다.
(1) 상시근로자 (①)명 이상을 사용하는 회사
(2) 「건설산업기본법」에 따라 평가하여 공시된 시공능력의 순위 상위 (②)위 이내의 건설회사

─답─
① 500
② 1000

연관규정 산업안전보건법
제14조(이사회 보고 및 승인 등)

07 ☑□□□□

「산업재해통계업무처리규정」에 따라 [보기]의 사업장에 조건에서 사망만인율을 구하시오. (단, 근로자 수는 「산업재해보상보험법」이 적용되는 근로자 수를 말한다) (4점)

─[보기]─
• 임금근로자 수 : 20,500명
• 산재보험적용 근로자 수 : 20,000명
• 사망자 수 : 5명

답

사망만인율

$= \dfrac{\text{사망자 수}}{\text{산재보험적용 근로자 수}} \times 10000$

$= \dfrac{5}{20{,}000} \times 10000 = 2.5$

∴ 2.5

연관규정 산업재해통계업무처리규정 제3조(용어의 정의)

08 ☑□□□□

「산업안전보건법령」상 '인체'에 대전된 정전기에 의한 화재 또는 폭발 등의 위험이 발생할 우려가 있는 경우 정전기의 발생을 억제하거나 제거하기 위하여 필요한 사업주의 조치 3가지를 적으시오. (3점)

답

① 작업장 바닥 등에 도전성을 갖추도록 조치
② 제전복 착용
③ 정전기 제전용구 사용
④ 정전기 대전방지용 안전화 착용 등

연관규정 산업안전보건기준에 관한 규칙
제325조(정전기로 인한 화재 폭발 등 방지)

짚고가기 설비와 인체 정전기 방지대책 비교

설비 정전기 방지	인체 정전기 방지
접지	-
도전성 재료를 사용	작업장 바닥 등에 도전성을 갖추도록 조치
가습	-
점화원이 될 우려가 없는 제전장치를 사용	제전복 착용 정전기 제전용구 사용
대전 방지제 사용	정전기 대전방지용 안전화 착용

09 ☑□□□□

「산업안전보건법령」상 작업발판 일체형 거푸집 종류를 4가지만 적으시오. (4점)

답

① 갱 폼(Gang Form)
② 슬립 폼(Slip Form)
③ 클라이밍 폼(Climbing Form)
④ 터널 라이닝 폼(Tunnel lining Form) 등

연관규정 산업안전보건기준에 관한 규칙
제337조(작업발판 일체형 거푸집의 안전조치)

10 ☑□□□□

연삭숫돌 사용 시, 연삭숫돌 파괴원인을 4가지만 적으시오. (4점)

답

① 숫돌이 외부의 큰 충격을 받을 경우
② 숫돌이 최고 사용회전속도를 초과하여 사용하는 경우
③ 숫돌 자체에 이미 균열이 있을 때
④ 숫돌의 회전중심이 제대로 잡히지 않았을 때
⑤ 플랜지 직경이 숫돌 직경의 1/3 이하일 때
⑥ 측면을 사용하는 것을 목적으로 하지 않는 숫돌의 측면을 사용하는 경우

연관규정 산업안전보건기준에 관한 규칙
122조(연삭숫돌의 덮개 등)
위험기계·기구 자율안전확인 고시 [별표 1]
연삭기 또는 연마기의 제작 및 안전기준(제5조 관련)

11 ☑☐☐☐☐

「산업안전보건법령」상 [보기]의 ( ) 안에 알맞은 것을 적으시오. (5점)

[보기]
- 사업주는 사업장에 대통령령으로 정하는 유해하거나 위험한 설비가 있는 경우 "중대산업사고"를 예방하기 위하여 (①)를 작성하고 고용노동부장관에게 제출하여 심사를 받아야 한다.
- 사업주는 (①)를 작성할 때 (②) 심의를 거쳐야 한다. 다만 (②)가 설치되어 있지 아니한 사업장의 경우에는 근로자대표의 의견을 들어야 한다.

답
① 공정안전보고서
② 산업안전보건위원회

연관규정 산업안전보건법
제44조(공정안전보고서의 작성·제출)

12 ☑☐☐☐☐

재해발생 형태를 적으시오. (4점)

① 폭발과 화재 2가지 현상이 복합적으로 발생한 경우
② 재해 당시 바닥면과 신체가 떨어진 상태로 더 낮은 위치로 떨어진 경우
③ 재해 당시 바닥면과 신체가 접해 있는 상태에서 더 낮은 위치로 떨어진 경우
④ 재해자가 전도로 인하여 기계의 동력전달부위 등에 협착되어 신체부위가 절단된 경우

답
① 폭발 ② 떨어짐 ③ 넘어짐 ④ 끼임

연관규정 산업재해 기록 분류에 관한 지침
(KOSHA GUIDE G-83-2016)

13 ☑☐☐☐☐

「산업안전보건법령」상 다음 분류에 해당하는 위험물질을 [보기] 안에서 1가지씩 고르시오. (3점)

[보기]
마그네슘 분말, 등유, 과염소산, 아세틸렌, 리튬
- 인화성 가스 : ①
- 인화성 액체 : ②
- 산화성 액체 및 산화성 고체 : ③

답
① 아세틸렌
② 등유
③ 과염소산

연관규정 산업안전보건기준에 관한 규칙
[별표 1] 위험물질의 종류

14 ☑☐☐☐☐

「산업안전보건법령」상 양중기 종류 5가지를 적으시오. (5점)

답
① 크레인[호이스트(hoist) 포함]
② 이동식 크레인
③ 곤돌라
④ 승강기
⑤ 리프트(이삿짐운반용 리프트는 적재하중이 0.1[ton] 이상)

연관규정 산업안전보건기준에 관한 규칙
제132조(양중기)

2023년 1회

01 ☑☐☐☐☐

「산업안전보건법령」상 소음에 관한 정의이다. [보기]의 ( ) 안에 알맞은 내용을 적으시오.
(3점)

[보기]
- "소음작업"이란 1일 8시간 작업을 기준으로 (①) 이상의 소음이 발생하는 작업을 말한다.
- "강렬한 소음작업"이란 다음 어느 하나에 해당하는 작업을 말한다.
  가. 90데시벨 이상의 소음이 1일 (②) 이상 발생하는 작업
  나. 95데시벨 이상의 소음이 1일 (③) 이상 발생하는 작업
(중략)

답
① 85데시벨   ② 8시간   ③ 4시간

연관규정 산업안전보건기준에 관한 규칙
제4장 소음 및 진동에 의한 건강장해의 예방 제1절 통칙
제512조(정의)

02 ☑☐☐☐☐

「산업안전보건법령」상 선간전압에 해당하는 충전전로에 대한 접근한계거리를 [보기]의 ( ) 안에 적으시오.
(4점)

[보기]
① 380 [V]   ② 1.5 [kV]
③ 6.6 [kV]   ④ 22.9 [kV]

답
① 30 [cm]
② 45 [cm]
③ 60 [cm]
④ 90 [cm]

연관규정 산업안전보건기준에 관한 규칙
제321조(충전전로에서의 전기작업)

03 ☑☐☐☐☐

「산업안전보건법령」상 유해·위험물질 중 하나 이상의 물질을 규정량 이상 제조·취급·저장하는 설비 등에 대해 공정안전보고서 제출 대상 사업장으로 정하고 있다. 해당 조건에 따른 유해·위험물질의 규정량[kg]을 [보기]의 ( ) 안에 적으시오.
(4점)

[보기]
- 인화성 가스 제조·취급 (①)
- 암모니아 제조·취급·저장 (②)
- 황산(중량 20 [%] 이상) 제조·취급·저장 (③)
- 염산(중량 20 [%] 이상) 제조·취급·저장 (④)

답
① 5000   ② 10000   ③ 20000   ④ 20000

연관규정 산업안전보건법 시행령
제43조(공정안전보고서의 제출 대상)
[별표 13] 유해·위험물질 규정량(제43조 제1항 관련)

04 ☑☐☐☐☐

차광보안경의 사용구분에 따른 종류를 4가지 적으시오. (4점)

답

① 자외선용 ② 적외선용 ③ 복합용 ④ 용접용

연관규정 보호구 안전인증 고시
[별표 10] 차광보안경의 성능기준

05 ☑☐☐☐☐

「산업안전보건법령」상 과압에 따른 폭발을 방지하기 위하여 폭발 방지 성능과 규격을 갖춘 안전밸브 또는 파열판을 설치하여야 한다. 이때 반드시 파열판을 설치해야 경우 3가지를 적으시오. (6점)

답

① 반응 폭주 등 급격한 압력 상승 우려가 있는 경우
② 급성 독성물질의 누출로 인하여 주위의 작업환경을 오염시킬 우려가 있는 경우
③ 운전 중 안전밸브에 이상 물질이 누적되어 안전밸브가 작동되지 아니할 우려가 있는 경우

연관규정 산업안전보건기준에 관한 규칙
제262조(파열판의 설치)

06 ☑☐☐☐☐

「산업안전보건법령」상 사업주는 작업조건에 맞는 보호구를 근로자에게 지급해야 한다. 해당 작업조건에 맞는 보호구의 종류를 [보기]의 ( ) 안에 적으시오. (4점)

---[보기]---
- 물체가 떨어지거나 날아올 위험 또는 근로자가 추락할 위험이 있는 작업 (①)
- 물체가 흩날릴 위험이 있는 작업 (②)
- 높이 또는 깊이 2미터 이상의 추락할 위험이 있는 장소에서 하는 작업 (③)
- 고열에 의한 화상 등의 위험이 있는 작업 (④)

답

① 안전모 ② 보안경 ③ 안전대 ④ 방열복

연관규정 산업안전보건기준에 관한 규칙
제32조(보호구의 지급 등)

07 ☑☐☐☐☐

종합재해지수를 [보기]의 조건에 따라 계산하시오. (4점)

---[보기]---
- 근로자 수 : 400명
- 1일 8시간 연간 280일 근무
- 연간 재해건수 : 80건
- 근로손실일수 : 800일
- 재해자 수 : 100명

답

$$\text{도수율(빈도율)} = \frac{\text{재해건수}}{\text{총근로시간수}} \times 1000000$$
$$= \frac{80}{(400 \times 8 \times 280)} \times 1000000$$
$$= 89.285$$

강도율 = $\dfrac{\text{총근로손실일수}}{\text{연근로시간수}} \times 1000$

= $\dfrac{800}{(400 \times 8 \times 280)} \times 1000 = 0.8928$

∴ 종합재해지수 = $\sqrt{\text{강도율} \times \text{도수율}}$ = 8.928

✔ 8.928

짚고가기 신체장해등급에 따른 등급별 근로손실일수

구분		근로손실일수(일)
신체장해등급	사망, 1~3	7500
	4	5500
	5	4000
	6	3000
	7	2200
	8	1500
	9	1000
	10	600
	11	400
	12	200
	13	100
	14	50

※ 부상 및 질병자의 요양근로손실일수는 요양신청서에 기재된 요양일수를 말한다.

연관규정 산업재해통계업무처리규정

08 ☑☐☐☐☐

「산업안전보건법령」상 비, 눈, 또는 폭풍이나 악천후 발생으로 작업을 중지시킨 후 그 비계에서 작업을 하는 경우 작업을 시작하기 전에 점검하고, 이상을 발견하면 즉시 보수해야 하는 사항을 5가지만 적으시오. (5점)

답

① 발판 재료의 손상 여부 및 부착 또는 걸림 상태
② 해당 비계의 연결부 또는 접속부의 풀림 상태
③ 연결 재료 및 연결 철물의 손상 또는 부식 상태
④ 손잡이의 탈락 여부
⑤ 기둥의 침하, 변형, 변위 또는 흔들림 상태
⑥ 로프의 부착 상태 및 매단 장치의 흔들림 상태

연관규정 산업안전보건기준에 관한 규칙 제58조(비계의 점검 및 보수)

09 ☑☐☐☐☐

「산업안전보건법령」상 가연성물질이 있는 장소에서 화재위험작업을 하는 경우, 사업주가 화재예방을 위해 준수해야 하는 사항을 3가지만 적으시오. (3점)

답

① 작업 준비 및 작업 절차 수립
② 작업장 내 위험물의 사용·보관 현황 파악
③ 화기작업에 따른 인근 가연성물질에 대한 방호조치 및 소화기구 비치
④ 용접불티 비산방지덮개, 용접방화포 등 불꽃, 불티 등 비산방지조치
⑤ 인화성 액체의 증기 및 인화성 가스가 남아 있지 않도록 환기 등의 조치
⑥ 작업근로자에 대한 화재예방 및 피난교육 등 비상조치

연관규정 산업안전보건기준에 관한 규칙 제241조(화재위험작업 시의 준수사항)

10 ☑☐☐☐☐

「산업안전보건법령」상 근로자가 상시 작업하는 장소의 작업면 조도 기준을 적으시오. (단, 갱내 작업장과 감광재료를 취급하는 작업장은 제외한다) (4점)

답

① 초정밀작업 : 750럭스(lux) 이상
② 정밀작업 : 300럭스 이상

③ 보통작업 : 150럭스 이상
④ 그 밖의 작업 : 75럭스 이상

연관규정 산업안전보건기준에 관한 규칙 제8조(조도)

11 ☑☐☐☐☐

「산업안전보건법령」상 가설통로 설치 시 준수사항을 3가지 적으시오. (3점)

답

① 견고한 구조로 할 것
② 경사는 30도 이하로 할 것
③ 경사가 15도를 초과하는 경우에는 미끄러지지 아니하는 구조로 할 것
④ 추락할 위험이 있는 장소에는 안전난간을 설치할 것
⑤ 수직갱에 가설된 통로의 길이가 15 [m] 이상인 경우에는 10 [m] 이내마다 계단참을 설치할 것
⑥ 건설공사에 사용하는 높이 8 [m] 이상인 비계다리에는 7 [m] 이내마다 계단참을 설치할 것

연관규정 산업안전보건기준에 관한규칙
제23조(가설통로의 구조)

12 ☑☐☐☐☐

사업장 위험성 평가 진행과정이다. [보기]에서 알맞게 찾아 순서대로 나열하시오. (4점)

[보기]
① 근로자의 작업과 관계되는 유해·위험요인 파악
② 평가대상의 선정 등 사전준비
③ 추정한 위험성이 허용 가능한 위험성인지 여부 결정
④ 위험성평가 실시 내용 및 결과 기록
⑤ 위험성 감소대책 수립 및 실행

답

② → ① → ③ → ⑤ → ④

연관규정 사업장 위험성평가에 관한 지침
제8조(위험성평가의 절차)

13 ☑☐☐☐☐

「산업안전보건법령」상 유해위험방지계획서 제출 대상에 해당하는 기계·기구 및 설비를 3가지만 적으시오. (3점)

답

① 금속이나 그 밖의 광물의 용해로
② 화학설비
③ 건조설비
④ 가스집합 용접장치
⑤ 근로자의 건강에 상당한 장해를 일으킬 우려가 있는 물질로서 고용노동부령으로 정하는 물질의 밀폐·환기·배기를 위한 설비

연관규정 산업안전보건법 시행령
제42조(유해위험방지계획서 제출 대상) 2호

14 ☑☐☐☐☐

「산업안전보건법령」상 타워크레인 설치·해체 시 근로자 특별안전보건교육 내용을 4가지 적으시오. (그 밖에 안전·보건관리에 필요한 사항은 제외한다) (4점)

답

① 붕괴·추락 및 재해 방지에 관한 사항
② 설치·해체 순서 및 안전작업방법에 관한 사항
③ 부재의 구조·재질 및 특성에 관한 사항
④ 신호방법 및 요령에 관한 사항
⑤ 이상 발생 시 응급조치에 관한 사항

연관규정 산업안전보건법 시행규칙
[별표 5] 안전보건교육 교육대상별 교육내용

2023년 2회

01 ☑☐☐☐☐

「산업안전보건법령」상 잠함 또는 우물통의 내부에서 근로자가 굴착작업을 하는 경우, 잠함 또는 우물통의 급격한 침하에 의한 위험을 방지하기 위해 사업주가 준수해야 하는 사항을 2가지 적으시오. (4점)

답

① 침하관계도에 따라 굴착방법 및 재하량 등을 정할 것
② 바닥으로부터 천장 또는 보까지의 높이는 1.8[m] 이상으로 할 것

연관규정 산업안전보건기준에 관한 규칙
제376조(급격한 침하로 인한 위험 방지)

02 ☑☐☐☐☐

「산업안전보건법령」상 사업주가 화물운반용 또는 고정용으로 사용할 수 없는 섬유로프를 2가지 적으시오. (4점)

답

① 꼬임이 끊어진 것
② 심하게 손상되거나 부식된 것

연관규정 산업안전보건기준에 관한 규칙
제387조(꼬임이 끊어진 섬유로프 등의 사용 금지)

03 ☑☐☐☐☐

「산업안전보건법령」상 건설공사 유해위험방지계획서의 ① 제출기한과 ② 첨부서류 2가지를 적으시오. (5점)

답

① 제출기한 : 해당 공사의 착공 전날까지
② 첨부서류
  1) 공사 개요 및 안전보건관리계획
  2) 작업 공사 종류별 유해위험방지계획

연관규정 산업안전보건법 시행규칙 제42조(제출서류 등)
[별표 10] 유해위험방지계획서 첨부서류

04 ☑☐☐☐☐

「산업안전보건법령」상 해당 장소에 설치해야 하는 경고표지의 종류를 [보기]의 ( ) 안에 적으시오. (4점)

[보기]
- 휘발유 등 화기의 취급을 극히 주의해야 하는 물질이 있는 장소 (①)
- 가열·압축하거나 강산·알칼리 등을 첨가하면 강한 산화성을 띠는 물질이 있는 장소 (②)
- 돌 및 블록 등 떨어질 우려가 있는 물체가 있는 장소 (③)
- 미끄러운 장소 등 넘어지기 쉬운 장소 (④)

답

① 인화성물질 경고
② 산화성물질 경고
③ 낙하물체 경고
④ 몸균형 상실 경고

연관규정 산업안전보건기준에 관한 규칙 [별표 7] 안전보건표지의 종류별 용도, 설치·부착 장소, 형태 및 색채

05 ☑□□□□

「산업안전보건법령」상 강아치 지보공 조립 시 조치사항을 4가지 적으시오. (4점)

답

① 조립간격은 조립도에 따를 것
② 주재가 아치작용을 충분히 할 수 있도록 쐐기를 박는 등 필요한 조치를 할 것
③ 연결볼트 및 띠장 등을 사용하여 주재 상호 간을 튼튼하게 연결할 것
④ 터널 등의 출입구 부분에는 받침대를 설치할 것
⑤ 낙하물이 근로자에게 위험을 미칠 우려가 있는 경우에는 널판 등을 설치할 것

연관규정 산업안전보건기준에 관한 규칙
제364조(조립 또는 변경 시의 조치) 4호

06 ☑□□□□

「산업안전보건법령」상 누전에 의한 감전방지를 위해 사용하는 누전차단기 설치 대상 전기기계·기구를 3가지 적으시오. (3점)

답

① 대지전압이 150 [V]를 초과하는 이동형 또는 휴대형 전기기계·기구
② 물 등 도전성이 높은 액체가 있는 습윤장소에서 사용하는 저압용 전기기계·기구
③ 철판·철골 위 등 도전성이 높은 장소에서 사용하는 이동형 또는 휴대형 전기기계·기구
④ 임시배선의 전로가 설치되는 장소에서 사용하는 이동형 또는 휴대형 전기기계·기구

연관규정 산업안전보건기준에 관한 규칙
제304조(누전차단기에 의한 감전방지)

07 ☑□□□□

「산업안전보건법령」상 안전보건관리규정에 관한 사항이다. [보기]의 (   ) 안에 알맞게 적으시오. (5점)

[보기]
- 안전보건관리규정을 작성해야 하는 소프트웨어 개발 및 공급업 사업장의 상시근로자 수 (①)
- 안전보건관리규정에 포함해야 하는 사항 3가지 (②) (단, 그 밖에 안전 및 보건에 관한 사항은 제외)

답

① 300명 이상
② 안전보건관리규정에 포함해야 하는 사항
- 안전 및 보건에 관한 관리조직과 그 직무에 관한 사항
- 안전보건교육에 관한 사항
- 작업장의 안전 및 보건 관리에 관한 사항
- 사고 조사 및 대책 수립에 관한 사항
- 그 밖에 안전 및 보건에 관한 사항

연관규정 산업안전보건법
제25조(안전보건관리규정의 작성)

08 ☑☐☐☐☐

[그림]의 달기 와이어로프의 ① 안전율(안전계수)을 구하고, 와이어로프의 ② 적합 여부를 판단하시오. (단, 와이어로프의 절단 강도는 42.8 [kN]이며, 화물이 하중을 직접 지지하는 용도로 사용한다) (5점)

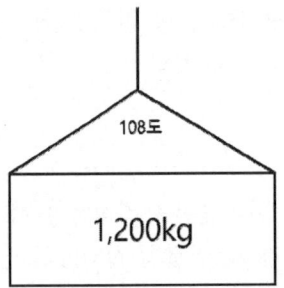

답

① 와이어로프 한 가닥에 걸리는 하중(장력) 계산

$$T = \frac{\frac{화물무게[W]}{2}}{\cos\frac{\theta}{2}} = \frac{\frac{1200 \times 9.8}{2}}{\cos\frac{108}{2}}$$

$$\fallingdotseq 10000[N] = 10[kN]$$

안전율 = $\frac{절단하중}{최대하중} = \frac{42.8}{10} = 4.28$

② 와이어로프의 적합 여부 판단 : 와이어로프의 안전율은 4.8이므로 안전율 5 기준에 부적합하다.

안전계수
㉠ 근로자가 탑승하는 운반구를 지지하는 달기와이어로프 또는 달기체인의 경우 : 10 이상
㉡ 화물의 하중을 직접 지지하는 달기와이어로프 또는 달기체인의 경우 : 5 이상

---

09 ☑☐☐☐☐

목재가공용 둥근톱 설치해야 하는 분할날에 관한 설명이다. [보기]의 ( ) 안에 알맞게 적으시오. (3점)

[보기]
- 분할날의 두께는 둥근톱 두께의 1.1배 이상일 것
- 견고히 고정할 수 있으며 분할날과 톱날 원주면과의 거리는 (①)밀리미터 이내로 조정, 유지할 수 있어야 하고 표준 테이블면 상의 톱 뒷날의 2/3 이상을 덮도록 할 것
- 분할날 조임볼트는 (②)개 이상일 것
- 분할날 조임볼트는 둥근톱 직경에 따라 볼트를 사용하여야 하며 볼트는 (③) 조치가 되어 있을 것

답

① 12 ② 2 ③ 이완방지

연관규정 방호장치 자율안전기준 고시
[별표 5] 목재가공용 덮개 및 분할날 성능기준

10 ☑☐☐☐☐

「산업안전보건법령」상 산업안전보건위원회를 구성할 때 근로자위원의 자격사항 3가지를 적으시오. (3점)

답

① 근로자대표
② 명예산업안전감독관이 위촉되어 있는 사업장의 경우 근로자대표가 지명하는 1명 이상의 명예산업안전감독관
③ 근로자대표가 지명하는 9명 이내의 해당 사업장의 근로자

연관규정 산업안전보건법 시행령 제35조(산업안전보건위원회의 구성)

11

「산업안전보건법령」상 충전전로의 선간전압 범위에 대한 접근한계거리를 [보기]의 ( ) 안에 적으시오. (3점)

[보기]
- 2 [kV] 초과 15 [kV] 이하 (①)
- 37 [kV] 초과 88 [kV] 이하 (②)
- 145 [kV] 초과 169 [kV] 이하 (③)

답

① 60 [cm] ② 110 [cm] ③ 170 [cm]

연관규정 산업안전보건기준에 관한 규칙 제321조(충전전로에서의 전기작업)

충전전로의 선간전압 (단위 : kV)	충전전로에 대한 접근 한계거리(단위 : cm)
0.3 이하	접촉금지
0.3 초과 0.75 이하	30
0.75 초과 2 이하	45
2 초과 15 이하	60
15 초과 37 이하	90
37 초과 88 이하	110
88 초과 121 이하	130
121 초과 145 이하	150
145 초과 169 이하	170
169 초과 242 이하	230
242 초과 362 이하	380
362 초과 550 이하	550
550 초과 800 이하	790

12

「산업안전보건법령」상 유해·위험 방지를 위하여 방호조치를 아니하고는 양도, 대여, 설치, 진열해서는 안 되는 기계·기구를 4가지 적으시오. (4점)

답

① 예초기   ② 원심기
③ 공기압축기   ④ 금속절단기
⑤ 지게차
⑥ 포장기계(진공포장기, 랩핑기로 한정)

연관규정 산업안전보건법 제80조(유해하거나 위험한 기계·기구에 대한 방호조치)

13

「산업안전보건법령」상 로봇작업에 대한 특별안전보건교육을 실시할 때 교육내용을 4가지 적으시오. (4점)

답

① 로봇의 기본원리·구조 및 작업방법에 관한 사항
② 조작방법 및 작업순서에 관한 사항
③ 안전시설 및 안전기준에 관한 사항
④ 이상 발생 시 응급조치에 관한 사항

연관규정 산업안전보건법 시행규칙
[별표 5] 교육대상별 교육내용

14

방폭구조에 대한 표시기호를 [보기]의 ( ) 안에 적으시오. (4점)

[보기]
- 안전증방폭구조 (①)
- 충전방폭구조 (②)
- 유입방폭구조 (③)
- 특수방폭구조 (④)

답

① Ex e   ② Ex q   ③ Ex o   ④ Ex s

2023년 3회

01 ☑□□□□

HAZOP(위험과 운전분석) 기법에 사용되는 가이드 워드(Guide words)에 관한 의미를 [보기]의 ( ) 안에 영문으로 적으시오. (4점)

[보기]
- 설계의도 외에 다른 공정변수가 부가되는 상태 (①)
- 설계의도와 정반대로 나타나는 상태 (②)
- 설계의도에 완전히 반하여 공정변수의 양이 없는 상태 (③)
- 공정변수가 양적으로 증가 (④)

답

① AS WELL AS ② REVERSE
③ NO(NOT) 또는 None ④ MORE

연관규정 연속공정의 위험과 운전분석(HAZOP)기법에 관한 기술지침(KOSHA GUIDE P – 82 – 2012)
회분식 공정의 위험과 운전분석(HAZOP)기법에 관한 기술지침(KOSHA GUIDE P – 86 – 2017)

02 ☑□□□□

「산업안전보건법령」상 양중기의 와이어로프 등 달기구의 안전계수를 [보기]의 ( ) 안에 알맞게 적으시오. (3점)

[보기]
- 훅, 샤클, 클램프, 리프팅 빔의 경우 (①)
- 화물의 하중을 직접 지지하는 달기와이어로프 또는 달기체인의 경우 (②)
- 근로자가 탑승하는 운반구를 지지하는 달기와이어로프 또는 달기체인의 경우 (③)

답

① 3 이상 ② 5 이상 ③ 10 이상

연관규정 산업안전보건기준에 관한 규칙 제163조(와이어로프 등 달기구의 안전계수)

03 ☑□□□□

최소 컷셋, 최소 패스셋의 정의를 적으시오. (4점)

답

- 최소 컷셋(Minimal Cut Set) : 정상사상을 일으키는 최소한의 컷셋
- 최소 패스셋(Minimal Path Set) : 정상사상을 일으키지 않는 최소한의 패스셋

04 ☑□□□□

사망만인율에 대한 [보기]의 물음에 답하시오. (4점)

[보기]
- 사망만인율을 계산하는 공식을 적으시오. (①)
- 사망만인율 계산을 위한 사고사망자 수 산정에서 제외되는 경우를 2가지 적으시오. (②)

답

① 사망만인율 $= \dfrac{\text{사망자 수}}{\text{산재보험적용 근로자 수}} \times 10000$

② 사고사망자 수 산정에서 제외되는 경우
  1) 사업장 밖의 교통사고
  2) 체육행사에 의한 사망
  3) 폭력행위에 의한 사망
  4) 통상의 출퇴근에 의한 사망
  5) 사고발생일로부터 1년을 경과하여 사망한 경우

연관규정 산업재해통계업무처리규정

05 ☑☐☐☐☐

「산업안전보건법령」상 안전관리자를 정수 이상으로 증원·교체하여 임명할 수 있는 사유를 3가지 적으시오. (단, 화학적 인자로 인한 직업성 질병자가 연간 3명 이상 발생한 경우는 제외한다) (3점)

답

① 해당 사업장의 연간재해율이 같은 업종의 평균재해율의 2배 이상인 경우
② 중대재해가 연간 2건 이상 발생한 경우
③ 관리자가 질병이나 그 밖의 사유로 3개월 이상 직무를 수행할 수 없게 된 경우

연관규정 산업안전보건법 시행규칙
제12조(안전관리자 등의 증원·교체임명 명령)

06 ☑☐☐☐☐

「산업안전보건법령」상 건설업 기초안전보건교육의 교육내용을 2가지 적으시오. (4점)

답

① 건설공사의 종류(건축·토목 등) 및 시공 절차
② 산업재해 유형별 위험요인 및 안전보건조치
③ 안전보건관리체제 현황 및 산업안전보건 관련 근로자 권리·의무

연관규정 산업안전보건법 시행규칙
[별표 5] 안전보건교육 교육대상별 교육내용

07 ☑☐☐☐☐

「산업안전보건법령」상 사업장의 안전 및 보건에 관한 중요한 사항을 심의·의결하기 위해 구성·운영해야 할 기구에 대해 [보기]의 물음에 답하시오. (4점)

[보기]
• 해당 기구의 명칭을 적으시오. (①)
• 기구의 구성은 근로자위원과 사용자위원의 같은 수로 구성되어야 하는데 각 위원의 기준을 각각 1가지씩 적으시오. (②)
• 해당 기구의 정기회의 개최 주기를 적으시오. (③)

답

① 기구 명칭 : 산업안전보건위원회
② 구성위원

근로자위원
1. 근로자대표
2. 명예산업안전감독관이 위촉되어 있는 사업장의 경우 근로자대표가 지명하는 1명 이상의 명예산업안전감독관
3. 근로자대표가 지명하는 9명 이내의 해당 사업장의 근로자

사용자위원
1. 해당 사업의 대표자
2. 안전관리자 1명
3. 보건관리자 1명
4. 산업보건의(해당 사업장에 선임되어 있는 경우로 한정)
5. 해당 사업의 대표자가 지명하는 9명 이내의 해당 사업장 부서의 장

③ 개최 주기 : 분기마다

연관규정 산업안전보건법 제24조(산업안전보건위원회)
산업안전보건법 시행령
제35조(산업안전보건위원회의 구성)
제37조(산업안전보건위원회의 회의 등)

08

「산업안전보건법령」상 기계·기구에 해당하는 방호장치를 [보기]의 ( ) 안에 알맞게 적으시오. (3점)

─[보기]─
- 원심기 (①)
- 공기압축기 (②)
- 금속절단기 (③)

답
① 회전체 접촉 예방장치
② 압력방출장치
③ 날접촉 예방장치

연관규정 산업안전보건법 시행규칙 제98조(방호조치)

09

「산업안전보건법령」상 업종별 안전관리자를 선임해야 하는 최소 인원을 적으시오. (4점)

─[보기]─
① 식료품 제조업 : 상시근로자 수 600명
② 1차 금속제조업 : 상시근로자 수 200명
③ 플라스틱 제조업 : 상시근로자 수 300명
④ 건설업 : 공사금액 1,000억 원(전체 공사기간을 100으로 할 때 15에서 85에 해당하는 기간)

답
① 2명 ② 1명 ③ 1명 ④ 2명

연관규정 산업안전보건법 시행령 [별표 3]
안전관리자를 두어야 하는 사업의 종류, 사업장의 상시근로자 수, 안전관리자의 수 및 선임방법

10

인체계측자료를 장비나 설비 등 설계에 응용할 때 활용되는 3원칙을 적으시오. (3점)

답
① 극단치(최소치와 최대치) 설계원칙
② 조절식 설계원칙
③ 평균치 설계원칙

연관규정 근골격계질환 예방을 위한 작업환경개선 지침 (KOSHA GUIDE H-66-2012)

11

「산업안전보건법령」상 화학설비 및 부속설비의 안전기준을 [보기]의 ( ) 안에 알맞게 적으시오. (4점)

─[보기]─
- 사업주는 급성 독성물질이 지속적으로 외부에 유출될 수 있는 화학설비 및 그 부속설비에 파열판과 안전밸브를 (①)로 설치하고 그 사이에는 압력지시계 또는 (②)를 설치하여야 한다.
- 사업주는 설치한 안전밸브 등이 안전밸브 등을 통하여 보호하려는 설비의 최고사용압력 이하에서 작동되도록 하여야 한다. 단, 안전밸브 등이 2개 이상 설치된 경우에 1개는 최고사용압력의 (③)배(외부화재를 대비한 경우에는 (④)배) 이하에서 작동되도록 설치할 수 있다.

답
① 직렬 ② 자동경보장치 ③ 1.05 ④ 1.1

연관규정 산업안전보건기준에 관한 규칙
제263조(파열판 및 안전밸브의 직렬설치)
제264조(안전밸브등의 작동요건)

12

연삭숫돌 사용 시, 연삭숫돌 파괴원인을 4가지만 적으시오. (4점)

답

① 숫돌이 외부의 큰 충격을 받을 경우
② 숫돌이 최고 사용회전속도를 초과하여 사용하는 경우
③ 숫돌 자체에 이미 균열이 있을 때
④ 숫돌의 회전중심이 제대로 잡히지 않았을 때
⑤ 플랜지 직경이 숫돌 직경의 1/3 이하일 때
⑥ 측면을 사용하는 것을 목적으로 하지 않는 숫돌의 측면을 사용하는 경우

연관규정 산업안전보건기준에 관한 규칙
122조(연삭숫돌의 덮개 등)
위험기계·기구 자율안전확인 고시 [별표 1]
연삭기 또는 연마기의 제작 및 안전기준(제5조 관련)

13

용접작업을 하는 작업자가 전압이 300 [V]인 충전부분이 물에 젖은 손이 접촉, 감전되어 사망하였다. 이때 인체에 통전된 ① 심실세동전류(mA)와 ② 통전시간(ms)을 계산하시오. (단, 인체의 저항은 1000 [Ω]으로 한다) (4점)

답

① 심실세동 전류(mA) 계산식

$$I = \frac{V}{R} = \frac{300}{1000 \times \frac{1}{25}} = 7.5A = 7500\,[mA]$$

(조건 : 물에 젖은 손 = 인체의 저항 $\frac{1}{25}$ 감소)

✅ 7500 [mA]

② 통전시간(T) 계산식

$$I = \frac{165}{\sqrt{T}}\,[mA]\;[\text{C. F. Dalziel의 식}]$$

$$T = (\frac{165}{I})^2 = (\frac{165}{7500})^2 = 0.000484\,[s]$$
$$= 0.48\,[ms]$$

✅ 0.48 [ms]

14

방진마스크 중 특급 방진마스크를 사용해야 하는 장소 2곳을 적으시오. (4점)

답

① 베릴륨 등과 같이 독성이 강한 물질을 함유한 분진 등 발생장소
② 석면 취급장소

연관규정 보호구 안전인증 고시
[별표 4의2] 방진마스크의 시험방법

2022년 1회

01 ☑□□□□

「산업안전보건법령」상 건설공사 단계별 건설공사발주자의 조치사항에 관한 내용이다. [보기]의 ( ) 안에 알맞게 적으시오. (4점)

── [보기] ──
- 총 공사금액 (①) 이상 건설공사의 건설공사발주자는 산업재해 예방을 위하여 건설공사의 계획, 설계 및 시공 단계에서 다음 구분에 따른 조치를 하여야 한다.
- 건설공사 계획단계 : 해당 건설공사에서 중점적으로 관리하여야 할 유해·위험요인과 이의 감소방안을 포함한 기본안전보건대장을 작성할 것
- 건설공사 설계단계 : 건설공사 계획단계에 따른 (②)을 설계자에게 제공하고, 설계자로 하여금 유해·위험요인의 감소방안을 포함한 (③)을 작성하게 하고 이를 확인할 것
- 건설공사 시공단계 : 건설공사발주자로부터 건설공사를 최초로 도급받은 수급인에게 건설공사 설계단계에 따른 설계안전보건대장을 제공하고, 그 수급인에게 이를 반영하여 안전한 작업을 위한 (④)을 작성하게 하고 그 이행 여부를 확인할 것

답
① 50억 원
② 기본안전보건대장
③ 설계안전보건대장
④ 공사안전보건대장

연관규정 산업안전보건법
제67조(건설공사발주자의 산업재해 예방 조치)

02 ☑□□□□

「산업안전보건법령」상 아세틸렌 용접장치 검사 시 안전기의 설치 위치를 확인하려고 한다. 안전기의 설치 위치 관련해서 다음 [보기]의 ( ) 안에 알맞은 내용을 적으시오. (3점)

── [보기] ──
- 사업주는 아세틸렌 용접장치의 (①)마다 안전기를 설치하여야 한다. 다만 주관 및 취관에 가장 가까운 (②)마다 안전기를 부착한 경우에는 그러하지 아니하다.
- 사업주는 가스용기가 발생기와 분리되어 있는 아세틸렌 용접장치에 대하여 (③)와 가스용기 사이에 안전기를 설치하여야 한다.

답
① 취관
② 분기관
③ 발생기

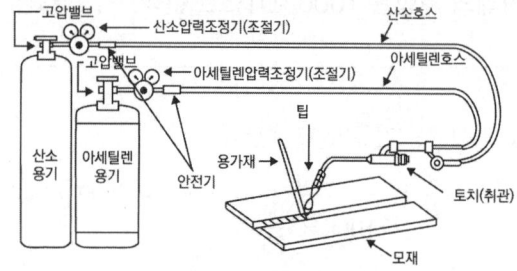

[산소-아세틸렌 가스용접 장치의 구성]

연관규정 산업안전보건기준에 관한 규칙
제289조(안전기의 설치)

03 ☑☐☐☐☐

「산업안전보건법령」상 화물의 하중을 직접 지지하는 달기와이어로프의 절단하중 2000 [kg]일 때 최대 안전하중(kg)을 계산하시오. (3점)

답

계산식 : 안전계수
$= \frac{절단하중}{최대하중} \rightarrow 최대하중 = \frac{절단하중}{안전계수}$
$= \frac{2000}{5} = 400 [kg]$

✅ 400 [kg]

[연관규정] 산업안전보건기준에 관한 규칙 제163조(와이어로프 등 달기구의 안전계수)

04 ☑☐☐☐☐

「산업안전보건법령」상 안전인증 대상 보호구를 3가지만 적으시오. (3점)

답

① 추락 및 감전 위험방지용 안전모
② 안전화
③ 안전장갑
④ 방진마스크
⑤ 방독마스크
⑥ 송기마스크
⑦ 전동식 호흡보호구
⑧ 보호복
⑨ 안전대
⑩ 차광 및 비산물 위험방지용 보안경
⑪ 용접용 보안면
⑫ 방음용 귀마개 또는 귀덮개

[연관규정] 산업안전보건법 시행령 제74조(안전인증대상기계등)

05 ☑☐☐☐☐

2 [m] 떨어진 곳에서 조도가 150럭스(lux 또는 lx)일 때 3 [m] 떨어진 곳에서 조도(lux)를 계산하시오. (4점)

답

[계산식]
조도(표면에 도달하는 빛의 밀도)
$= \frac{광도}{거리^2}$ 이므로

계산법 Ⅰ)
1) $150 = \frac{x}{2^2} \rightarrow 600 = x$ (2 [m]일 때)

2) $y = \frac{x}{3^2} \rightarrow 9y = x$ (3 [m]일 때)

1)과 2)에 대한 비율로 계산
   $600 = 9y = 66.67 [lux]$

계산법 Ⅱ)
조도 2 = 조도1 × $(\frac{D_1}{D_2})^2 \rightarrow 150 \times (\frac{2}{3})^2$
       $= 66.67 lx [lux]$

✅ 66.67 [lux]

06 ☑☐☐☐☐

「산업안전보건법령」상 유해·위험 방지를 위하여 방호조치를 아니하고는 양도, 대여, 설치 진열해서는 안 되는 기계·기구를 5가지 적으시오. (5점)

답

① 예초기   ② 원심기
③ 공기압축기   ④ 금속절단기
⑤ 지게차
⑥ 포장기계(진공포장기, 랩핑기로 한정)

[연관규정] 산업안전보건법 제80조(유해하거나 위험한 기계·기구에 대한 방호조치)

07

「산업안전보건법령」상 사업주가 근로자의 위험을 방지하기 위해, 타워크레인을 설치·조립·해체하는 작업 시 작성하고 그에 따라 작업을 하도록 하여야 하는 작업계획서의 내용을 3가지만 적으시오. (3점)

답

① 타워크레인의 종류 및 형식
② 설치·조립 및 해체순서
③ 작업도구·장비·가설설비 및 방호설비
④ 작업인원의 구성 및 작업근로자의 역할범위
⑤ 지지방법

연관규정 산업안전보건기준에 관한 규칙
[별표 4] 사전조사 및 작업계획서 내용

08

[보기]의 조건에 따른 사업장에서의 사망만인율을 계산하시오. (단, 근로자 수는 「산업재해보상보험법」이 적용되는 근로자 수를 말한다) (5점)

[보기]
- 연 근로시간 2400시간
- 임금 근로자 수 2000명
- 사망자수 2명
- 재해건수 11건
- 재해자 수 10명

답

계산식 : 사망만인율

$$= \frac{\text{사망자 수}}{\text{산재보험적용 근로자 수}} \times 10000$$

$$= \frac{2}{2000} \times 10000 = 10$$

✓ 10

연관규정 산업재해통계업무처리규정
제3조(산업재해통계의 산출방법 및 정의)

09

「산업안전보건법령」상 사다리식 통로 등을 설치하는 경우 사업주의 준수사항을 5가지만 적으시오. (5점)

답

① 견고한 구조로 할 것
② 심한 손상·부식 등이 없는 재료를 사용할 것
③ 발판의 간격은 일정하게 할 것
④ 발판과 벽과의 사이는 15 [cm] 이상의 간격을 유지할 것
⑤ 폭은 30 [cm] 이상으로 할 것
⑥ 사다리가 넘어지거나 미끄러지는 것을 방지하기 위한 조치를 할 것
⑦ 사다리의 상단은 걸쳐놓은 지점으로부터 60 [cm] 이상 올라가도록 할 것
⑧ 사다리식 통로의 길이가 10 [m] 이상인 경우에는 5 [m] 이내마다 계단참을 설치할 것
⑨ 사다리식 통로의 기울기는 75도 이하로 할 것. 다만 고정식 사다리식 통로의 기울기는 90도 이하로 하고, 그 높이가 7 [m] 이상인 경우에는 다음의 조치를 할 것
 (1) 등받이울이 있어도 근로자 이동에 지장이 없는 경우 : 바닥으로부터 높이가 2.5 [m] 되는 지점부터 등받이울을 설치할 것
 (2) 등받이울이 있으면 근로자가 이동이 곤란한 경우 : 한국산업표준에서 정하는 기준에 적합한 개인용 추락 방지시스템을 설치하고 근로자로 하여금 한국산업표준에서 정하는 기준에 적합한 전신안전대를 사용하도록 할 것
⑩ 접이식 사다리 기둥은 사용 시 접혀지거나 펼쳐지지 않도록 철물 등을 사용하여 견고하게 조치할 것

연관규정 산업안전보건기준에 관한 규칙
제24조(사다리식 통로 등의 구조)

10

「산업안전보건법령」상 근로자가 작업이나 통행 등으로 인하여 전기기계, 기구 또는 전로 등의 충전 부분에 접촉하거나 접근함으로써 감전 위험이 있는 충전 부분에 대하여 감전을 방지하기 위하여, 사업주가 해야 하는 방호 조치를 5가지 적으시오. (5점)

답

① 충전부가 노출되지 않도록 폐쇄형 외함이 있는 구조로 할 것
② 충전부에 충분한 절연효과가 있는 방호망이나 절연덮개를 설치할 것
③ 충전부는 내구성이 있는 절연물로 완전히 덮어 감쌀 것
④ 발전소·변전소 및 개폐소 등 구획되어 있는 장소로서 관계 근로자가 아닌 사람의 출입이 금지되는 장소에 충전부를 설치하고, 위험표시 등의 방법으로 방호를 강화할 것
⑤ 전주 위 및 철탑 위 등 격리되어 있는 장소로서 관계 근로자가 아닌 사람이 접근할 우려가 없는 장소에 충전부를 설치할 것

연관규정 산업안전보건기준에 관한 규칙
제301조(전기 기계·기구 등의 충전부 방호)

11

「산업안전보건법령」상 차량계 하역운반기계등을 이송하기 위하여 자주 또는 견인에 의하여 화물자동차에 싣거나 내리는 작업을 할 때 발판·성토 등을 사용하는 경우에는 해당 차량계 하역운반기계등의 전도 또는 굴러 떨어짐에 의한 위험을 방지하기 위한 사업주의 준수사항을 4가지 적으시오. (4점)

답

① 싣거나 내리는 작업은 평탄하고 견고한 장소에서 할 것
② 발판을 사용하는 경우에는 충분한 길이·폭 및 강도를 가진 것을 사용하고 적당한 경사를 유지하기 위하여 견고하게 설치할 것
③ 가설대 등을 사용하는 경우에는 충분한 폭 및 강도와 적당한 경사를 확보할 것
④ 지정운전자의 성명·연락처 등을 보기 쉬운 곳에 표시하고 지정운전자 외에는 운전하지 않도록 할 것

연관규정 산업안전보건기준에 관한 규칙
제174조(차량계 하역운반기계등의 이송)

12

Swain은 인간의 오류(Human Error)를 작위적 오류(Commission Error)와 부작위적 오류(Omission Error)로 구분한다. 작위적 오류와 부작위적 오류에 대해 설명하시오. (4점)

답

① 작위적 오류(Commission Error) : 필요한 직무 또는 절차의 불확실한 수행
② 부작위적 오류(Omission Error) : 필요한 직무 또는 절차를 수행하지 않음

13 ☑□□□□

인간관계의 메커니즘 관련하여 [보기]의 ( ) 안에 알맞은 것을 적으시오. (3점)

[보기]
- (①) : 자기 속의 억압된 것을 다른 사람의 것으로 생각하는 것
- (②) : 다른 사람의 행동 양식이나 태도를 투입시키거나 다른 사람 가운데서 자기와 비슷한 점을 발견하는 것
- (③) : 남의 행동이나 판단을 표본으로 하여 그것과 같거나 또는 그것에 가까운 행동 또는 판단을 취하는 것

답
① 투사 ② 동일화 ③ 모방

14 ☑□□□□

「산업안전보건법령」상 위험물을 저장·취급하는 화학설비 및 그 부속설비를 설치하는 경우에는 폭발이나 화재에 따른 피해를 줄일 수 있도록 설비 및 시설 간에 충분한 안전거리 관련하여 ( ) 안에 알맞게 해당하는 내용을 적으시오. (4점)

구분	안전거리
단위공정시설 및 설비로부터 다른 단위공정시설 및 설비의 사이	설비의 바깥 면으로부터 (①) [m] 이상
플레어 스택으로부터 단위공정시설 및 설비, 위험물 저장탱크 또는 위험물 하역 설비의 사이	플레어 스택으로부터 반경 (②) [m] 이상 단, 단위공정시설 등이 불연재로 시공된 지붕 아래에 설치된 경우에는 적용하지 않음
위험물 저장탱크로부터 단위공정시설 및 설비, 보일러 또는 가열로의 사이	저장탱크의 바깥 면으로부터 (③) [m] 이상. 단, 저장탱크의 방호벽, 원격조종화설비 또는 살수설비를 설치한 경우에는 적용하지 않음
사무실, 연구실, 실험실, 정비실 또는 식당으로부터 단위공정시설 및 설비, 위험물 저장탱크, 위험물 하역 설비, 보일러 또는 가열로의 사이	사무실 등의 바깥 면으로부터 (④) [m] 이상. 단, 난방용 보일러인 경우 또는 사무실 등의 벽을 방호구조로 설치한 경우에는 적용하지 않음

답
① 10 ② 20 ③ 20 ④ 20

연관규정 산업안전보건기준에 관한 규칙 제271조(안전거리) [별표 8] 안전거리

2022년 2회

01 ☑☐☐☐☐
「산업안전보건법령」상 공정안전보고서에 포함되어야 하는 사항을 4가지 적으시오. (4점)

답

① 공정안전자료
② 공정위험성 평가서
③ 안전운전계획
④ 비상조치계획

연관규정 산업안전보건법 시행령
제44조(공정안전보고서의 내용)

02 ☑☐☐☐☐
「산업안전보건법령」상 사업주가 전기기계·기구를 설치하려는 경우 고려사항을 3가지 적으시오. (6점)

답

① 전기기계·기구의 충분한 전기적 용량 및 기계적 강도
② 습기·분진 등 사용장소의 주위 환경
③ 전기적·기계적 방호수단의 적정성

연관규정 산업안전보건기준에 관한 규칙
제303조(전기기계·기구의 적정설치 등)

03 ☑☐☐☐☐
「산업안전보건법령」상 사다리식 통로 등을 설치하는 경우, 사업주의 준수사항 관련하여 [보기]의 ( ) 안에 알맞은 내용을 적으시오. (3점)

─[보기]─
(1) 사다리식 통로의 길이가 10미터 이상인 경우에는 (①)미터 이내마다 계단참을 설치할 것
(2) 사다리식 통로의 기울기는 (②)도 이하로 할 것. 다만 고정식 사다리식 통로의 기울기는 90도 이하로 하고, 그 높이가 7미터 이상인 경우에는 바닥으로부터 높이가 (③)미터 되는 지점부터 등받이울을 설치할 것

답

① 5
② 75
③ 2.5

연관규정 산업안전보건기준에 관한 규칙 제24조(사다리식 통로 등의 구조)

04 ☑☐☐☐☐

「산업안전보건법령」상 사업장의 안전 및 보건을 유지하기 위해, 안전보건관리규정에 포함해야 할 사항을 4가지 적으시오. (단, 그 밖에 안전 및 보건에 관한 사항은 제외한다) (4점)

답

① 안전 및 보건에 관한 관리조직과 그 직무에 관한 사항
② 안전보건교육에 관한 사항
③ 작업장의 안전 및 보건 관리에 관한 사항
④ 사고 조사 및 대책 수립에 관한 사항

연관규정 산업안전보건법
제25조(안전보건관리규정의 작성)

05 ☑☐☐☐☐

사상의 안전도를 사용하여 시스템의 안전도를 나타내는 시스템 모델 중 하나로 귀납적, 정량적인 분석기법의 명칭을 적으시오. (3점)

답

사건수 분석(ETA : Event Tree Analysis)

06 ☑☐☐☐☐

화재의 종류를 구분하여 적고, 그에 따른 표시색을 적으시오. (4점)

유형	화재의 분류	색상
A	일반화재	③
B	유류화재	④
C	①	청색
D	②	무색

답

① 전기화재 ② 금속화재 ③ 백색 ④ 황색

07 ☑☐☐☐☐

다음 용어를 정의하시오. (4점)

① Fail Safe
② Fool Proof

답

① 인간 또는 기계에 과오나 동작상의 실수가 있어도 사고를 발생시키지 않도록 2중, 3중으로 통제를 가하는 것을 말한다.
② 인간의 착오 미스 등 이른바 휴먼에러가 발생하더라도 기계설비나 그 부품은 안전 쪽으로 작동하게 설계하는 안전 설계의 기법 중 하나이다.

08 ☑☐☐☐☐

「산업안전보건법령」상 비, 눈, 그 밖의 기상상태의 악화로 작업을 중지시킨 후 또는 비계를 조립·해체하거나 변경한 후 그 비계에서 작업을 하는 경우 해당 작업시작 전 점검사항을 4가지만 적으시오. (4점)

답

① 발판 재료의 손상 여부 및 부착 또는 걸림 상태
② 해당 비계의 연결부 또는 접속부의 풀림 상태
③ 연결 재료 및 연결 철물의 손상 또는 부식 상태
④ 손잡이의 탈락 여부
⑤ 기둥의 침하, 변형, 변위 또는 흔들림 상태
⑥ 로프의 부착 상태 및 매단 장치의 흔들림 상태

연관규정 산업안전보건기준에 관한 규칙
제58조(비계의 점검 및 보수)

09

「산업안전보건법령」상 특수형태근로종사자가 최초 노무제공 시 사업주가 실시해야 하는 안전보건교육 내용을 5가지만 적으시오. (5점)

답

① 산업안전 및 사고 예방에 관한 사항
② 산업보건 및 직업병 예방에 관한 사항
③ 건강증진 및 질병 예방에 관한 사항
④ 유해·위험 작업환경 관리에 관한 사항
⑤ 산업안전보건법령 및 산업재해보상보험 제도에 관한 사항
⑥ 직무스트레스 예방 및 관리에 관한 사항
⑦ 직장 내 괴롭힘, 고객의 폭언 등으로 인한 건강장해 예방 및 관리에 관한 사항
⑧ 기계·기구의 위험성과 작업의 순서 및 동선에 관한 사항
⑨ 작업 개시 전 점검에 관한 사항
⑩ 정리정돈 및 청소에 관한 사항
⑪ 사고 발생 시 긴급조치에 관한 사항
⑫ 물질안전보건자료에 관한 사항
⑬ 교통안전 및 운전안전에 관한 사항
⑭ 보호구 착용에 관한 사항

연관규정 산업안전보건법 시행규칙
[별표 5] 안전보건교육 교육대상별 교육내용

10

「산업안전보건법령」상 용접·용단 작업 시 사업주가 화재감시자를 지정하여 배치해야 하는 장소 기준을 3가지 적으시오. (3점)

답

① 작업반경 11 [m] 이내에 건물구조 자체나 내부에 가연성물질이 있는 장소
② 작업반경 11 [m] 이내의 바닥 하부에 가연성물질이 11 [m] 이상 떨어져 있지만 불꽃에 의해 쉽게 발화될 우려가 있는 장소
③ 가연성물질이 금속으로 된 칸막이·벽·천장 또는 지붕의 반대쪽 면에 인접해 있어 열전도나 열복사에 의해 발화될 우려가 있는 장소

연관규정 산업안전보건기준에 관한 규칙
제241조의2(화재감시자)

11

「산업안전보건법령」상 부두·안벽 등 하역작업을 하는 장소에서 사업주 조치사항을 3가지 적으시오. (3점)

답

① 작업장 및 통로의 위험한 부분에는 안전하게 작업할 수 있는 조명을 유지할 것
② 부두 또는 안벽의 선을 따라 통로를 설치하는 경우에는 폭을 90 [cm] 이상으로 할 것
③ 육상에서의 통로 및 작업장소로서 다리 또는 선거 갑문을 넘는 보도 등의 위험한 부분에는 안전난간 또는 울타리 등을 설치할 것

연관규정 산업안전보건기준에 관한 규칙
제390조(하역작업장의 조치기준)

12 ☑□□□□

어떤 기계를 1시간 가동하였을 때, 고장발생확률이 0.004일 경우 아래 물음에 답하시오.

(5점)

① 평균고장시간간격(Mean Time Between Failure)을 계산하시오.
② 기계가 10시간 가동하였을 때 이 기계의 신뢰도를 계산하시오.

답

① 평균고장시간간격(MTBF)
= $\frac{1}{\lambda} = \frac{1}{0.004}$ = 250시간
[λ : 고장율(고장발생확률)]

② 신뢰도 R(t) = $e^{-\lambda t}$ = $e^{-0.004 \times 10}$ ≒ 0.96
[λ : 고장율(고장발생확률), t : 시간]

13 ☑□□□□

「산업안전보건법령」상 다음 [보기]의 그림에 해당하는 안전보건표지의 명칭을 적으시오. (4점)

답

① 화기금지
② 폭발성물질경고
③ 부식성물질경고
④ 고압전기경고

연관규정 산업안전보건법 시행규칙
[별표 6] 안전보건표지의 종류와 형태

14 ☑□□□□

「산업안전보건법령」상 안전인증대상 기계 또는 설비에 해당하는 것을 [보기]에서 3가지 고르시오. (3점)

[보기]
① 프레스   ② 크레인
③ 컨베이어 ④ 압력용기
⑤ 파쇄기   ⑥ 산업용 로봇

답

① 프레스 ② 크레인 ③ 압력용기

연관규정 산업안전보건법 시행령
제74조(안전인증대상기계등)
제77조(자율안전확인대상기계등)

2022년 3회

01 ☑☐☐☐☐
「산업안전보건법령」상 로봇의 작동범위 내에서 그 로봇에 관하여 교시 등의 작업을 하는 때 작업시작 전 점검사항을 3가지 적으시오. (3점)

답
① 외부 전선의 피복 또는 외장의 손상 유무
② 매니퓰레이터(Manipulator) 작동의 이상 유무
③ 제동장치 및 비상정지장치의 기능

연관규정 산업안전보건기준에 관한 규칙
[별표 3] 작업시작 전 점검사항

02 ☑☐☐☐☐
「산업안전보건법령」상 교류아크용접기에 자동전격방지기를 설치해야 하는 장소를 2가지 적으시오. (4점)

답
① 선박의 이중 선체 내부, 밸러스트 탱크(Ballast Tank, 평형수 탱크), 보일러 내부 등 도전체에 둘러싸인 장소
② 추락할 위험이 있는 높이 2[m] 이상의 장소로 철골 등 도전성이 높은 물체에 근로자가 접촉할 우려가 있는 장소
③ 근로자가 물·땀 등으로 인하여 도전성이 높은 습윤 상태에서 작업하는 장소

연관규정 산업안전보건기준에 관한 규칙
제306조(교류아크용접기 등)

03 ☑☐☐☐☐
「산업안전보건법령」상 안전인증 대상 보호구를 8가지만 적으시오. (4점)

답
① 추락 및 감전 위험방지용 안전모
② 안전화
③ 안전장갑
④ 방진마스크
⑤ 방독마스크
⑥ 송기마스크
⑦ 전동식 호흡보호구
⑧ 보호복
⑨ 안전대
⑩ 차광 및 비산물 위험방지용 보안경
⑪ 용접용 보안면
⑫ 방음용 귀마개 또는 귀덮개

연관규정 산업안전보건법 시행령
제74조(안전인증대상기계 등)

04 ☑☐☐☐☐
인간-기계 통합시스템에서 시스템(System)이 갖는 기본 기능 4가지만 적으시오. (5점)

답
① 입력
② 감지
③ 정보 처리 및 의사 결정
④ 행동(작동)
⑤ 출력
⑥ 정보 보관(정보 저장)

05

다음 FT도의 정상사상 A_1의 발생확률(%)을 소수점 다섯 번째 자리까지 계산하시오. (단, 기본사상 ①, ③, ⑤, ⑦은 발생확률의 각각 20 [%]이고, ②, ④, ⑥은 발생확률의 각각 10 [%]로 한다) (4점)

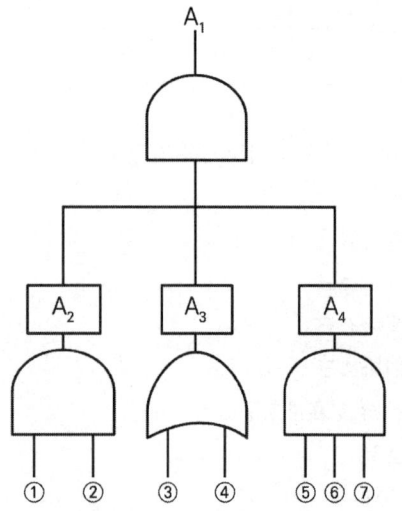

답

[계산식]

$A_1 = A_2 \times A_3 \times A_4$
  = (① × ②) × (③ + ④) × (⑤ × ⑥ × ⑦)

A_2 = (① × ②) = 0.2 × 0.1

A_3 = (③ + ④) = 1 - {(1 - 0.2) × (1 - 0.1)}

A_4 = (⑤ × ⑥ × ⑦) = 0.2 × 0.1 × 0.2

$A1 = A2 \times A3 \times A4$ = 0.2 × 0.1 × [1 - {(1 - 0.2) × (1 - 0.1)}] × 0.2 × 0.1 × 0.2
  = 0.0000224 = 0.00224 [%]

✓ 0.00224 [%]

06

「산업안전보건법령」상 말비계 조립 시 사업주 준수사항을 [보기]의 ( ) 안에 알맞게 적으시오. (4점)

[보기]
- 지주부재의 하단에는 (①) 장치를 하고, 근로자가 양측 끝부분에 서서 작업하지 않도록 할 것
- 지주부재와 수평면의 기울기를 (②)도 이하로 하고, 지주부재와 지주부재 사이를 고정시키는 보조부재를 설치할 것
- 말비계의 높이가 (③)미터를 초과하는 경우에는 작업발판의 폭을 (④)센티미터 이상으로 할 것

답

① 미끄럼 방지
② 75
③ 2
④ 40

연관규정 산업안전보건기준에 관한 규칙 제67조(말비계)

07

기계설비 방호 기본원리를 3가지만 적으시오. (3점)

답

① 위험 제거
② 덮어씌움
③ 차단
④ 위험에 적응

08 ☑☐☐☐☐

「산업안전보건법령」상 화학설비 및 부속설비의 안전기준을 [보기]의 ( ) 안에 알맞게 적으시오. (3점)

[보기]
사업주는 급성 독성물질이 지속적으로 외부에 유출될 수 있는 화학설비 및 그 부속설비에 파열판과 안전밸브를 (①)로 설치하고 그 사이에는 (②) 또는 (③)를 설치하여야 한다.

답
① 직렬   ② 압력지시계   ③ 자동경보장치

연관규정 산업안전보건기준에 관한 규칙
제263조(파열판 및 안전밸브의 직렬설치)

09 ☑☐☐☐☐

어느 사업장의 재해로 인한 신체장해등급 판정자가 [보기]와 같을 때 총 요양근로손실일수를 적으시오. (5점)

[보기]
- 사망 2명
- 1급 1명
- 2급 1명
- 3급 1명
- 9급 1명
- 10급 4명

답
(2 + 1 + 1 + 1) × 7500 + 1000 + 4 × 600
= 40900일

짚고가기 신체장해등급에 따른 등급별 근로손실일수

구분		근로손실일수(일)
신체장해등급	사망, 1~3	7500
	4	5500
	5	4000
	6	3000
	7	2200
	8	1500
	9	1000
	10	600
	11	400
	12	200
	13	100
	14	50

※ 부상 및 질병자의 요양근로손실일수는 요양신청서에 기재된 요양일수를 말한다.

연관규정 산업재해통계업무처리규정

10 ☑☐☐☐☐

「산업안전보건법령」상 사업주가 설치해야 하는 추락방호망 설치기준이다. [보기]의 ( ) 안에 알맞은 내용을 적으시오. (4점)

[보기]
- 추락방호망의 설치위치는 가능하면 작업면으로부터 가까운 지점에 설치하여야 하며, 작업면으로부터 망의 설치지점까지의 수직거리는 (①)미터를 초과하지 아니할 것
- 추락방호망은 수평으로 설치하고, 망의 처짐은 짧은 변 길이의 12퍼센트 이상이 되도록 할 것
- 건축물 등의 바깥쪽으로 설치하는 경우 추락방호망의 내민 길이는 벽면으로부터 (②) 미터 이상 되도록 할 것. 다만 그물코가 20밀리미터 이하인 추락방호망을 사용한 경우에는 낙하물 방지망을 설치한 것으로 본다.

답
① 10   ② 3

연관규정 산업안전보건기준에 관한 규칙
제42조(추락의 방지)

11

「산업안전보건법령」상 사업장의 안전 및 보건을 유지하기 위해, 안전보건관리규정에 포함해야 할 사항을 4가지 적으시오. (단, 그 밖에 안전 및 보건에 관한 사항은 제외한다) (4점)

답

① 안전 및 보건에 관한 관리조직과 그 직무에 관한 사항
② 안전보건교육에 관한사항
③ 작업장의 안전 및 보건 관리에 관한 사항
④ 사고 조사 및 대책 수립에 관한 사항

연관규정 산업안전보건법
제25조(안전보건관리규정의 작성)

12

「산업안전보건법령」상 정전기에 의한 화재 또는 폭발 등의 위험이 발생할 우려가 있는 경우 사업주의 준수사항이다. [보기]의 (　) 안에 알맞은 내용을 적으시오. (3점)

[보기]
사업주는 정전기에 의한 화재 또는 폭발 등의 위험이 발생할 우려가 있는 경우에는 해당 설비에 대하여 확실한 방법으로 (①)를 하거나, (②) 재료를 사용하거나 가습 및 점화원이 될 우려가 없는 (③)를 사용하는 등 정전기의 발생을 억제하거나 제거하기 위하여 필요한 조치를 하여야 한다.

답

① 접지　② 도전성　③ 제전장치

연관규정 산업안전보건기준에 관한 규칙
제325조(정전기로 인한 화재 폭발 등 방지)

13

「산업안전보건법령」상 사업주는 근로자에게 안전보건교육을 실시해야 한다. 근로자 안전보건교육 중 정기교육을 3가지만 적으시오. (단, 산업보건 및 직업병 예방에 관한 사항은 제외한다) (6점)

답

① 산업안전 및 사고 예방에 관한 사항
② 위험성평가에 관한 사항
③ 건강증진 및 질병 예방에 관한 사항
④ 유해·위험 작업환경 관리에 관한 사항
⑤ 산업안전보건법령 및 산업재해보상보험 제도에 관한 사항
⑥ 직무스트레스 예방 및 관리에 관한 사항
⑦ 직장 내 괴롭힘, 고객의 폭언 등으로 인한 건강장해 예방 및 관리에 관한 사항

연관규정 산업안전보건법 시행규칙
[별표 5] 안전보건교육 교육대상별 교육내용

14

「산업안전보건법령」상 안전보건관리담당자의 업무를 4가지만 적으시오. (4점)

답

① 안전보건교육 실시에 관한 보좌 및 지도·조언
② 위험성평가에 관한 보좌 및 지도·조언
③ 작업환경측정 및 개선에 관한 보좌 및 지도·조언
④ 건강진단에 관한 보좌 및 지도·조언
⑤ 산업재해 발생의 원인 조사, 산업재해 통계의 기록 및 유지를 위한 보좌 및 지도·조언
⑥ 산업안전·보건과 관련된 안전장치 및 보호구 구입 시 적격품 선정에 관한 보좌 및 지도·조언

연관규정 산업안전보건법 시행령
제25조(안전보건관리담당자의 업무)

2021년 1회

01 ☑☐☐☐☐

용접작업을 하는 작업자가 전압이 300 [V]인 충전부분이 물에 젖은 손이 접촉, 감전되어 사망하였다. 이때 인체에 통전된 ① 심실세동전류(mA)와 ② 통전시간(ms)을 계산하시오. (단, 인체의 저항은 1000 [Ω]으로 한다) (4점)

답

① 심실세동 전류(mA) 계산식

$$I = \frac{V}{R} = \frac{300}{1000 \times \frac{1}{25}} = 7.5A = 7500[mA]$$

(조건 : 물에 젖은 손 : 인체의 저항 $\frac{1}{25}$ 감소)

☑ 7500 [mA]

② 통전시간(T) 계산식

$$I = \frac{165}{\sqrt{T}}[mA] \text{ [C. F. Dalziel의 식]}$$

$$T = (\frac{165}{I})^2 = (\frac{165}{7500})^2$$

$$= 0.000484s = 0.48[ms]$$

☑ 0.48 [ms]

02 ☑☐☐☐☐

「산업안전보건법령」상 사업주는 근로자에게 안전보건교육을 실시해야 한다. 근로자 안전보건교육 중 채용 시 교육 및 작업내용 변경 시 교육을 4가지만 적으시오. (단, 산업안전보건법령 및 산업재해보상보험 제도에 관한 사항은 제외한다) (4점)

답

① 산업안전 및 사고 예방에 관한 사항

② 산업보건 및 직업병 예방에 관한 사항
③ 위험성평가에 관한 사항
④ 직무스트레스 예방 및 관리에 관한 사항
⑤ 직장 내 괴롭힘, 고객의 폭언 등으로 인한 건강장해 예방 및 관리에 관한 사항
⑥ 기계·기구의 위험성과 작업의 순서 및 동선에 관한 사항
⑦ 작업 개시 전 점검에 관한 사항
⑧ 정리정돈 및 청소에 관한 사항
⑨ 사고 발생 시 긴급조치에 관한 사항
⑩ 물질안전보건자료에 관한 사항

연관규정 산업안전보건법 시행규칙
[별표 5] 안전보건교육 교육대상별 교육내용

03 ☑☐☐☐☐

롤러기 방호장치인 급정지장치 조작부 설치위치 종류 구분이다. [보기]의 ( ) 안에 알맞게 내용을 적으시오. (4점)

[보기]
- 손조작식 : 밑면에서 ①
- 복부조작식 : 밑면에서 ②
- 무릎조작식 : 밑면에서 ③
  (위치는 급정지장치의 조작부의 중심점 기준)

답

① 1.8 [m] 이내
② 0.8 [m] 이상 1.1 [m] 이내
③ 0.6 [m] 이내

연관규정 방호장치 자율안전기준 고시
[별표 3] 롤러기 급정지장치의 성능기준

04 ☑□□□□

강도율을 계산하시오. (5점)

- 연 평균근로자 300명 근무
- 1일 8시간 근무
- 연간 근무일수 300일
- 요양재해 휴업일 300일
- 사망재해 2명
- 4급 요양재해 1명
- 10급 요양재해 1명

답

(요양재해휴업일 300 × 휴업일 보정 $\frac{300}{365}$ + 7500 × 2 + 5500 + 600) / (300 × 8 × 300)
= 29.65

☑ 29.65

짚고가기 신체장해등급에 따른 등급별 근로손실일수

구분		근로손실일수(일)
신체 장해 등급	사망, 1~3	7500
	4	5500
	5	4000
	6	3000
	7	2200
	8	1500
	9	1000
	10	600
	11	400
	12	200
	13	100
	14	50

※ 부상 및 질병자의 요양근로손실일수는 요양신청서에 기재된 요양일수를 말한다.

연관규정 산업재해통계업무처리규정

05 ☑□□□□

「산업안전보건법령」상 가설통로 설치 시 준수사항이다. [보기]의 ( ) 안에 알맞게 내용을 적으시오. (3점)

[보기]
- 경사가 (①) 도를 초과하는 경우에는 미끄러지지 않는 구조로 할 것
- 수직갱에 가설된 통로의 길이가 15미터 이상인 경우에는 (②)미터 이내마다 계단참 설치할 것
- 건설공사에 사용하는 높이 8미터 이상인 비계다리는 (③)미터 이내마다 계단참 설치할 것

답

① 15 ② 10 ③ 7

연관규정 산업안전보건기준에 관한 규칙
제23조(가설통로의 구조)

06 ☑□□□□

방진마스크의 시험성능기준 4가지만 적으시오. (5점)

답

① 안면부 흡기저항
② 여과재 분진 등 포집효율
③ 안면부 배기저항
④ 안면부 누설율
⑤ 배기밸브 작동
⑥ 시야
⑦ 강도, 신장율 및 영구변형율
⑧ 불연성
⑨ 음성전달판
⑩ 투시부의 내충격성
⑪ 여과재 질량

⑫ 여과재 호흡저항
⑬ 안면부 내부의 이산화탄소 농도

연관규정 보호구 안전인증 고시
[별표 4] 방진마스크의 성능기준

07 ☑☐☐☐☐

「산업안전보건법령」상 인체에 해로운 분진, 흄(Fume), 미스트(Mist), 증기 또는 가스 상태의 물질을 배출하기 위하여 설치하는 국소배기장치의 후드 설치 시 준수사항 3가지만 적으시오. (3점)

답

① 유해물질이 발생하는 곳마다 설치할 것
② (유해인자의 발생형태와 비중, 작업방법 등을 고려하여) 해당 분진 등의 발산원을 제어할 수 있는 구조로 설치할 것
③ 후드 형식은 가능하면 포위식 또는 부스식 후드를 설치할 것
④ 외부식 또는 리시버식 후드는 해당 분진 등의 발산원에 가장 가까운 위치에 설치할 것

연관규정 산업안전보건기준에 관한 규칙 제72조(후드)

08 ☑☐☐☐☐

「산업안전보건법령」상 공정안전보고서에 포함되어야 하는 사항을 4가지 적으시오. (4점)

답

① 공정안전자료 ② 공정위험성 평가서
③ 안전운전계획 ④ 비상조치계획

연관규정 산업안전보건법 시행령
제44조(공정안전보고서의 내용)

09 ☑☐☐☐☐

FTA에 의한 재해사례 연구순서 4단계이다. 알맞게 순서대로 번호를 나열하시오. (4점)

[보기]
① FT도 작성
② 사상마다 재해원인 규명
③ TOP 사상의 선정
④ 개선계획 작성

답

③ → ② → ① → ④

10 ☑☐☐☐☐

조명은 근로자들이 작업환경의 측면에서 중요한 안전요소이다. 「산업안전보건법령」상 사업주가 [보기]의 근로자가 상시 작업하는 장소의 작업면 조도기준을 ( ) 안에 적으시오. (단, 갱내 작업장과 감광재료를 취급하는 작업장은 제외한다) (4점)

[보기]
• 초정밀작업 (①) [Lux] 이상
• 정밀작업 (②) [Lux] 이상
• 보통작업 (③) [Lux] 이상
• 그 밖의 작업 (④) [Lux] 이상

답

① 750 ② 300 ③ 150 ④ 75

연관규정 산업안전보건기준에 관한 규칙 제8조(조도)

11 ☑□□□□

「산업안전보건법령」상 노사협의체 ① 설치대상 건설공사 조건과 노사협의체 운영 시 ② 정기회의 개최주기를 적으시오. (4점)

답

① 설치대상 : 공사금액이 120억 원(토목공사업은 150억 원) 이상 건설공사
② 정기회의 개최주기 : 2개월마다

연관규정 산업안전보건법 시행령
제63조(노사협의체의 설치 대상)
제64조(노사협의체의 구성)
제65조(노사협의체의 운영 등)

12 ☑□□□□

연삭숫돌 사용 시, 연삭숫돌 파괴원인을 4가지만 적으시오. (4점)

답

① 숫돌이 외부의 큰 충격을 받을 경우
② 숫돌이 최고 사용회전속도를 초과하여 사용하는 경우
③ 숫돌 자체에 이미 균열이 있을 때
④ 숫돌의 회전중심이 제대로 잡히지 않았을 때
⑤ 플랜지 직경이 숫돌 직경의 1/3 이하일 때
⑥ 측면을 사용하는 것을 목적으로 하지 않는 숫돌의 측면을 사용하는 경우

연관규정 산업안전보건기준에 관한 규칙
122조(연삭숫돌의 덮개 등)
위험기계·기구 자율안전확인 고시 [별표 1]
연삭기 또는 연마기의 제작 및 안전기준(제5조 관련)

13 ☑□□□□

「산업안전보건법령」상 공사용 가설도로를 설치하는 경우 사업주의 준수사항을 3가지만 적으시오. (3점)

답

① 도로는 장비와 차량이 안전하게 운행할 수 있도록 견고하게 설치할 것
② 도로와 작업장이 접하여 있을 경우에는 울타리 등을 설치할 것
③ 도로는 배수를 위하여 경사지게 설치하거나 배수시설을 설치할 것
④ 차량의 속도제한 표지를 부착할 것

연관규정 산업안전보건기준에 관한 규칙
제379조(가설도로)

14 ☑□□□□

하인리히와 아담스의 사고발생 이론을 순서대로 적으시오. (4점)

답

[하인리히 사고발생이론]
① 제1단계 : 사회적 환경과 유전적인 요소
② 제2단계 : 개인적 결함
③ 제3단계 : 불안전한 행동 및 불안전한 상태
④ 제4단계 : 사고
⑤ 제5단계 : 상해(재해)

[아담스 사고발생이론]
① 제1단계 : 관리구조
② 제2단계 : 작전적 에러
③ 제3단계 : 전술적 에러
④ 제4단계 : 사고
⑤ 제5단계 : 상해(재해)

2021년 2회

01 ☑☐☐☐☐

「산업안전보건법령」상 연삭기 덮개의 시험방법 중 연삭기 작동시험 확인 사항으로 다음 ( ) 안에 알맞은 내용을 적으시오. (3점)

─[보기]─
1) 연삭 (①)과 덮개의 접촉 여부
2) 탁상용 연삭기는 덮개, (②) 및 (③) 부착상태의 적합성 여부

답
① 숫돌
② 워크레스트
③ 조정편

연관규정 방호장치 자율안전기준 고시
[별표 4의2] 연삭기 덮개의 시험방법

02 ☑☐☐☐☐

그림을 보고 전체의 신뢰도를 0.85로 설계하고자 할 때 부품 Rx의 신뢰도를 구하시오. (단, 소수점 셋째자리에서 반올림하시오) (5점)

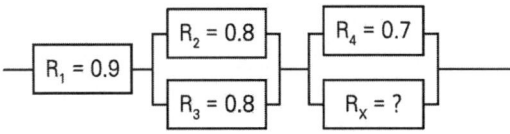

답
[계산식]
$0.85 = 0.9 \times [1 - (1 - 0.8)(1 - 0.8)] \times [1 - (1 - 0.7)(1 - R_x)]$ [공학용 계산기 Solve 계산]

✔ 신뢰도(R_x) = 0.945 ≒ 0.95

03 ☑☐☐☐☐

다음 [보기]의 조건에 맞게 건설업 산업안전보건관리비를 계상하시오. (5점)

─[보기]─
① 건설공사
② 낙찰률 70 [%]
 • 재료비 25억 원
 • 관급재료비 3억 원
 • 직접노무비 10억 원
 • 관리비(간접비포함) 10억 원
 • 건축공사
  - 법적 요율 : 2.28 [%]
  - 기초액 : 4,325,000원

답
[계산식]
① 산업안전보건관리비
 = {대상액(관급재료비 + 사급재료비 + 직접노무비)} × 요율[%] + 기초액
 = (3 + 25 + 10) × 100,000,000 × 0.0228 + 4,325,000 = 90,965,000원
② 산업안전·보건관리비
 = {대상액(사급재료비 + 직접노무비)} × 요율[%] × 1.2
 = (25 + 10) × 100,000,000 × 0.0228 × 1.2 = 95,760,000원
∴ ①, ② 중 작은 것을 선택하면, ① 90,965,000원

참고하기 100,000,000 = 1억 원
(3 + 25 + 10) × 100,000,000는 '3억 + 25억 + 10억'을 의미

연관규정 건설업 산업안전보건관리비 계상 및 사용기준
제2조(정의)

04 ☑☐☐☐☐

「산업안전보건법령」상 관리감독자 안전보건교육 중 정기교육을 5가지만 적으시오. (단, 산업보건 및 직업병 예방에 관한 사항과 그 밖의 관리감독자의 직무에 관한 사항은 제외한다) (5점)

답

① 산업안전 및 사고 예방에 관한 사항
② 위험성평가에 관한 사항
③ 유해·위험 작업환경 관리에 관한 사항
④ 산업안전보건법령 및 산업재해보상보험 제도에 관한 사항
⑤ 직무스트레스 예방 및 관리에 관한 사항
⑥ 직장 내 괴롭힘, 고객의 폭언 등으로 인한 건강장해 예방 및 관리에 관한 사항
⑦ 작업공정의 유해·위험과 재해 예방대책에 관한 사항
⑧ 사업장 내 안전보건관리체제 및 안전·보건조치 현황에 관한 사항
⑨ 표준안전 작업방법 결정 및 지도·감독 요령에 관한 사항
⑩ 현장근로자와의 의사소통능력 및 강의능력 등 안전보건교육 능력 배양에 관한 사항
⑪ 비상시 또는 재해 발생 시 긴급조치에 관한 사항

연관규정 산업안전보건법 시행규칙
[별표 5] 안전보건교육 교육대상별 교육내용

05 ☑☐☐☐☐

하인리히 재해 구성 비율 1 : 29 : 300의 법칙의 의미를 설명하시오. (3점)

답

① 중상 또는 사망(= 중대사고) 1회
② 경상 29회
③ 무상해 사고(= 아차사고) 300회

06 ☑☐☐☐☐

「산업안전보건법령」상 사업주가 근로자의 위험을 방지하기 위하여, 차량계 하역운반기계 등을 사용하는 작업 시 작성하고 그에 따라 작업을 하도록 하여야 하는 작업계획서의 내용 2가지를 적으시오. (4점)

답

① 해당 작업에 따른 추락·낙하·전도·협착 및 붕괴 등의 위험 예방대책
② 차량계 하역운반기계 등의 운행경로 및 작업방법

연관규정 산업안전보건기준에 관한 규칙
[별표 4] 사전조사 및 작업계획서 내용

07 ☑☐☐☐☐

다음 조건과 같을 때 연천인율을 계산하시오. (3점)

- 연간 재해자 수 8명
- 연간 근로자 수 400명

답

연천인율 : $\dfrac{8}{400} \times 1000 = 20$

08

아세틸렌과 클로로벤젠의 폭발하한계와 폭발상한계는 아래와 같다. 다음의 물음에 답하시오.
(4점)

구분	폭발하한계 (vol%)	폭발상한계 (vol%)
아세틸렌	2.5	81
클로로벤젠	1.3	7.1

① 아세틸렌의 위험도를 구하시오.
② 아세틸렌이 70 [%], 클로로벤젠이 30 [%]인 혼합기체의 공기 중 폭발 하한계의 값[vol%]을 계산하시오.

답

① 위험도 = $\dfrac{U-L}{L} = \dfrac{81-2.5}{2.5} = 31.4$

② 하한계값 $L = \dfrac{100}{\dfrac{V_1}{L_1}+\dfrac{V_2}{L_2}} = \dfrac{100}{\dfrac{70}{2.5}+\dfrac{30}{1.3}}$

$= 1.957 ≒ 1.96\ [vol\%]$

09

위험장소 경고표지를 그리고 색을 표현하시오. (5점)

답

- 바탕 : 노란색
- 도형 및 테두리 : 검정색

연관규정 산업안전보건법 시행규칙
[별표 6] 안전보건표지의 종류와 형태

10

「산업안전보건법령」상 비계(달비계, 달대비계 및 말비계는 제외)의 높이가 2 [m] 이상인 작업장소에 설치해야 하는 작업발판에 대한 설치기준이다. [보기]의 ( ) 안의 내용을 알맞게 적으시오.
(3점)

---[보기]---
- 발판재료는 작업할 때의 하중을 견딜 수 있도록 견고한 것으로 할 것
- 작업발판의 폭은 (①)센티미터 이상으로 하고, 발판재료 간의 틈은 (②)센티미터 이하로 할 것. 다만 외줄비계의 경우에는 고용노동부장관이 별도로 정하는 기준에 따른다.
- 추락의 위험이 있는 장소에는 (③)을 설치할 것

답

① 40 ② 3 ③ 안전난간

연관규정 산업안전보건기준에 관한 규칙
제56조(작업발판의 구조)

11

「산업안전보건법령」상 크레인을 사용하여 작업을 하는 때, 시작 전 점검사항 3가지를 적으시오.
(4점)

답

① 권과방지장치·브레이크·클러치 및 운전장치의 기능
② 주행로의 상측 및 트롤리가 횡행하는 레일의 상태
③ 와이어로프가 통하고 있는 곳의 상태

연관규정 산업안전보건기준에 관한 규칙
[별표 3] 작업시작 전 점검사항

12

양립성을 3가지만 적고 각각 예시를 적으시오. (3점)

답

① 공간 양립성(Spatial Compatibility) : 오른쪽 버튼을 누르면, 오른쪽 기계가 작동
② 운동 양립성(Movement Compatibility) : 조종장치를 오른쪽으로 움직이면, 기계나 표시장치도 오른쪽으로 움직이는 것, 자동차 핸들 조작 방향으로 바퀴가 회전
③ 개념적 양립성(Conceptual Compatibility) : 온수는 빨간색, 냉수는 파란색, 보행자 신호등의 사람이 걷는 그림
④ 양식 양립성(Modality Compatibility) : 문화적 관습에 관한 양립성으로 온수 왼쪽, 냉수 오른쪽, 스위치를 켤 때 위로 올리면 켜지고 아래로 내리면 꺼지지만, 반대인 나라도 있음

13

「산업안전보건법령」상 화물의 낙하에 의하여 지게차의 운전자에 위험을 미칠 우려가 있는 작업장에서 사용된 지게차의 헤드가드가 갖추어야 하는 사항과 관련하여 [보기]의 ( ) 안에 내용을 적으시오. (4점)

[보기]
- 강도는 지게차의 최대하중의 (①)배 값(4톤을 넘는 값에 대해서는 4톤으로 한다)의 등분포정하중에 견딜 수 있을 것
- 상부틀의 각 개구의 폭 또는 길이가 (②)센티미터 미만일 것

답

① 2 ② 16

연관규정 산업안전보건기준에 관한 규칙
제180조(헤드가드)

14

「산업안전보건법령」상 선간전압에 해당하는 충전전로에 대한 접근한계거리를 [보기]의 ( ) 안에 적으시오. (4점)

[보기]
① 380 [V]
② 1.5 [kV]
③ 6.6 [kV]
④ 22.9 [kV]

답

① 30 [cm] ② 45 [cm] ③ 60 [cm]
④ 90 [cm]

연관규정 산업안전보건기준에 관한 규칙
제321조(충전전로에서의 전기작업)

충전전로의 선간전압 (단위 : kV)	충전전로에 대한 접근 한계거리(단위 : cm)
0.3 이하	접촉금지
0.3 초과 0.75 이하	30
0.75 초과 2 이하	45
2 초과 15 이하	60
15 초과 37 이하	90
37 초과 88 이하	110
88 초과 121 이하	130
121 초과 145 이하	150
145 초과 169 이하	170
169 초과 242 이하	230
242 초과 362 이하	380
362 초과 550 이하	550
550 초과 800 이하	790

2021년 3회

01 ☑☐☐☐☐

「산업안전보건법령」상 대통령령으로 정하는 크기, 높이 등에 해당하는 건설공사를 착공하려는 경우, 사업주는 유해위험방지계획서를 작성할 때 건설안전 분야의 자격 등 고용노동부령으로 정하는 자격을 갖춘 자의 의견을 들어야 한다. 이러한 대통령령으로 정하는 크기 높이 등에 해당하는 건설공사에 해당하는 것을 4가지만 적으시오. (4점)

답

1. 다음 각 목의 어느 하나에 해당하는 건축물 또는 시설 등의 건설·개조 또는 해체 공사
   가. 지상높이가 31 [m] 이상인 건축물 또는 인공구조물
   나. 연면적 30,000 [m²] 이상인 건축물
   다. 연면적 5,000 [m²] 이상인 시설로서 다음의 어느 하나에 해당하는 시설
      1) 문화 및 집회시설(전시장 및 동물원·식물원은 제외)
      2) 판매시설, 운수시설(고속철도의 역사 및 집배송시설은 제외)
      3) 종교시설
      4) 의료시설 중 종합병원
      5) 숙박시설 중 관광숙박시설
      6) 지하도상가
      7) 냉동·냉장 창고시설
2. 연면적 5,000 [m²] 이상인 냉동·냉장 창고시설의 설비공사 및 단열공사
3. 최대 지간길이가 50 [m] 이상인 다리의 건설등 공사
4. 터널의 건설등 공사
5. 다목적댐, 발전용댐, 저수용량 20,000,000 [ton] 이상의 용수 전용 댐 및 지방상수도 전용 댐의 건설등 공사
6. 깊이 10 [m] 이상인 굴착공사

연관규정 산업안전보건법 시행령 제42조(유해위험방지계획서 제출 대상)

02 ☑☐☐☐☐

「산업안전보건법령」상 산업용 로봇의 작동 범위 내에서 해당 로봇에 대하여 교시(教示) 등의 작업을 할 경우에는 해당 로봇의 예기치 못한 작동 또는 오조작에 의한 위험을 방지하기 위하여 관련 지침을 정하여 그 지침에 따라 작업을 하도록 하여야 하는데, 이에 관련 지침에 포함되어야 할 사항을 5가지 적으시오. (단, '그 밖에 로봇의 예기치 못한 작동 또는 오동작에 의한 위험 방지를 하기 위하여 필요한 조치' 제외한다) (5점)

답

① 로봇의 조작방법 및 순서
② 작업 중의 매니퓰레이터의 속도
③ 2명 이상의 근로자에게 작업을 시킬 경우의 신호방법
④ 이상을 발견한 경우의 조치
⑤ 이상을 발견하여 로봇의 운전을 정지시킨 후 이를 재가동시킬 경우의 조치

연관규정 산업안전보건기준에 관한 규칙 제222조(교시 등)

03 ☑□□□□

「산업안전보건법령」상 안전난간대 구조에 대한 설명이다. [보기]의 ( ) 안에 내용을 알맞게 적으시오. (3점)

[보기]
- 상부난간대 : 바닥면·발판 또는 경사로의 표면으로부터 (①)센티미터 이상
- 난간대 : 지름 (②)센티미터 이상 금속제 파이프나 그 이상의 강도가 있는 재료
- 하중 : 구조적으로 가장 취약한 지점에서 가장 취약한 방향으로 작용하는 (③)킬로그램 이상의 하중에 견딜 수 있는 튼튼한 구조일 것

답

① 90 ② 2.7 ③ 100

연관규정 산업안전보건기준에 관한 규칙
제13조(안전난간의 구조 및 설치요건)

04 ☑□□□□

「산업안전보건법령」상 용융고열물을 취급하는 설비를 내부에 설치한 건축물에 대하여 수증기 폭발을 방지하기 위하여 사업주가 해야 하는 조치 2가지를 적으시오. (4점)

답

① 바닥은 물이 고이지 아니하는 구조로 할 것
② 지붕·벽·창 등은 빗물이 새어들지 아니하는 구조로 할 것

연관규정 산업안전보건기준에 관한 규칙
제249조(건축물의 구조)

05 ☑□□□□

「산업안전보건법령」상 화물의 낙하에 의하여 지게차의 운전자에 위험을 미칠 우려가 있는 작업장에서 사용된 지게차의 헤드가드가 갖추어야 하는 사항 관련하여 [보기]의 ( ) 안에 내용을 적으시오. (4점)

[보기]
- 강도는 지게차의 최대하중의 (①)배 값(4톤을 넘는 값에 대해서는 4톤으로 한다)의 등분포정하중에 견딜 수 있을 것
- 상부틀의 각 개구의 폭 또는 길이가 (②)센티미터 미만일 것

답

① 2 ② 16

연관규정 산업안전보건기준에 관한 규칙
제180조(헤드가드)

06 ☑□□□□

「산업안전보건법령」상 누전에 의한 감전의 위험을 방지하기 위해 접지를 실시하는 코드와 플러그를 접속하여 사용하는 전기기계·기구를 5가지만 적으시오. (5점)

답

① 사용전압이 대지전압 150 [V]를 넘는 것
② 냉장고·세탁기·컴퓨터 및 주변기기 등과 같은 고정형 전기기계·기구
③ 고정형·이동형 또는 휴대형 전동기계·기구
④ 물 또는 도전성(導電性)이 높은 곳에서 사용하는 전기기계·기구, 비접지형 콘센트
⑤ 휴대형 손전등

연관규정 산업안전보건기준에 관한 규칙
제302조(전기기계·기구의 접지)

07

시스템 위험성 평가(MIL-STD-882B)의 위험 강도 분류 4가지를 적으시오. (4점)

답

① 파국적(Catastrophic)
② 중대적 또는 위기적(Critical)
③ 한계적(Marginal)
④ 무시가능(Negligible)

08

조명은 근로자들이 작업환경의 측면에서 중요한 안전요소이다. 선반 작업 중의 현재 조도는 120럭스(Lux)이다. 그러나 선반 작업은 정밀작업 기준으로 조명을 설치해야 한다. 「산업안전보건법령」상 기준에 맞는 선반 작업의 조도기준을 적으시오. (3점)

답

300 [Lux] 이상

연관규정 산업안전보건기준에 관한 규칙 제8조(조도)

09

종합재해지수를 구하시오. (단, 소수 넷째자리에서 반올림해서 소수 셋째자리까지 적으시오) (5점)

- 작업자수 : 500명
- 연 근무시간 : 2400시간
- 연간 재해발생건수 : 210건
- 근로손실일수 : 900일

답

도수율(빈도율) 계산

$$= \frac{\text{연간재해발생건수}}{\text{연근로시간수}} \times 1000000$$

$$= \frac{210}{(2400 \times 500)} \times 1000000 = 175$$

강도율 $= \frac{\text{근로손실일수}}{\text{연근로시간수}} \times 1000$

$$= \frac{900}{(2400 \times 500)} \times 1000 = 0.75$$

∴ 종합재해지수 $= \sqrt{\text{강도율} \times \text{도수율}} = 11.456$

✓ 11.456

10

[보기]의 조건에 해당하는 분리식 방진마스크의 포집효율을 ( ) 안에 알맞게 적으시오. (3점)

[보기]
형태 및 등급/염화나트륨(NaCl) 및 파라핀 오일(Paraffin Oil) 시험(%)
① 특급 : (①) 이상
② 1급 : (②) 이상
③ 2급 : (③) 이상

답

① 99.95 [%]   ② 94 [%]   ③ 80 [%]

연관규정 보호구 안전인증 고시
[별표 4] 방진마스크의 성능기준

11

「산업안전보건법령」상 산업안전보건위원회의 회의록 작성사항을 3가지 적으시오. (단, 그 밖의 토의사항은 제외한다) (3점)

답

① 개최 일시 및 장소
② 출석위원
③ 심의 내용 및 의결·결정 사항

연관규정 산업안전보건법 시행령 제25조의4(회의 등)

12 ☑☐☐☐☐

「산업안전보건법령」상 사업주는 가스장치실을 설치해야 하는데 설치기준 3가지를 적으시오.
(6점)

답

① 가스가 누출된 경우에는 그 가스가 정체되지 않도록 할 것
② 지붕과 천장에는 가벼운 불연성 재료를 사용할 것
③ 벽에는 불연성 재료를 사용할 것

연관규정 산업안전보건기준에 관한 규칙
제292조(가스장치실의 구조 등)

13 ☑☐☐☐☐

「산업안전보건법령」상 달비계에 사용할 수 없는 달기체인의 기준 3가지를 적으시오. (3점)

답

① 링의 단면지름의 감소가 그 달기체인이 제조된 때의 당해 링의 지름의 10 [%]를 초과한 것
② 달기체인의 길이의 증가가 그 달기체인이 제조된 때의 길이의 5 [%]를 초과한 것
③ 균열이 있거나 심하게 변형된 것

연관규정 산업안전보건기준에 관한 규칙
제63조(달비계의 구조)

14 ☑☐☐☐☐

인간의 주의 특성을 3가지만 적으시오. (3점)

답

① 선택성
② 방향성
③ 변동성

2020년 1회

01 ☑☐☐☐☐

「산업안전보건법령」상 비, 눈, 그 밖의 기상상태의 악화로 작업을 중지시킨 후 또는 비계를 조립·해체하거나 변경한 후 그 비계에서 작업을 하는 경우 해당 작업시작 전 점검사항을 4가지만 적으시오. (4점)

답

① 발판 재료의 손상 여부 및 부착 또는 걸림 상태
② 해당 비계의 연결부 또는 접속부의 풀림 상태
③ 연결 재료 및 연결 철물의 손상 또는 부식 상태
④ 손잡이의 탈락 여부
⑤ 기둥의 침하, 변형, 변위 또는 흔들림 상태
⑥ 로프의 부착 상태 및 매단 장치의 흔들림 상태

연관규정 산업안전보건기준에 관한 규칙
제58조(비계의 점검 및 보수)

02 ☑☐☐☐☐

「산업안전보건법령」상 유해위험방지계획서 제출 대상 사업의 종류를 3가지만 적으시오. (단, 전기 계약용량이 300킬로와트 이상인 경우에 한한다) (3점)

답

① 금속가공제품 제조업 : 기계 및 가구 제외
② 비금속 광물제품 제조업
③ 기타 기계 및 장비 제조업
④ 자동차 및 트레일러 제조업
⑤ 식료품 제조업
⑥ 고무제품 및 플라스틱제품 제조업
⑦ 목재 및 나무제품 제조업
⑧ 기타 제품 제조업
⑨ 1차 금속 제조업
⑩ 가구 제조업
⑪ 화학물질 및 화학제품 제조업
⑫ 반도체 제조업
⑬ 전자부품 제조업

연관규정 산업안전보건법 시행령
제42조(유해위험방지계획서 제출 대상)

03 ☑☐☐☐☐

「산업안전보건법령」상 롤러기 급정지장치의 앞면 롤러 표면속도(원주속도)에 따른 안전거리를 [보기]의 ( ) 안에 적으시오. (4점)

―[보기]―
• 30 [m/min] 미만 - 앞면 롤러 원주의 (①)
• 30 [m/min] 이상 - 앞면 롤러 원주의 (②)

답

① $\frac{1}{3}$ 이내   ② $\frac{1}{2.5}$ 이내

연관규정 방호장치 자율안전기준 고시
[별표 3] 롤러기 급정지장치의 성능기준

04 ☑☐☐☐☐

「산업안전보건법령」상 과압에 따른 폭발을 방지하기 위하여 폭발 방지 성능과 규격을 갖춘 안전밸브 또는 파열판을 설치하여야 하는 경우 3가지를 적으시오. (6점)

답

① 압력용기(안지름이 150 [mm] 이하인 압력용기는 제외하며, 압력 용기 중 관형 열교환기의 경우에는 관의 파열로 인하여 상승한 압력이 압력용기의 최고사용압력을 초과할 우려가 있는 경우만 해당)
② 정변위 압축기
③ 정변위 펌프(토출 측에 차단밸브가 설치된 것만 해당)
④ 배관(2개 이상의 밸브에 의하여 차단되어 대기온도에서 액체의 열팽창에 의하여 파열될 우려가 있는 것으로 한정)
⑤ 그 밖의 화학설비 및 그 부속설비로서 해당 설비의 최고사용압력을 초과할 우려가 있는 것

연관규정 산업안전보건기준에 관한 규칙
제261조(안전밸브 등의 설치)

05 ☑□□□□

「산업안전보건법령」상 사업장의 안전 및 보건을 유지하기 위해, 안전보건관리규정에 포함해야 할 사항을 4가지 적으시오. (단, 그 밖에 안전 및 보건에 관한 사항은 제외한다) (4점)

답

① 안전 및 보건에 관한 관리조직과 그 직무에 관한 사항
② 안전보건교육에 관한 사항
③ 작업장의 안전 및 보건 관리에 관한 사항
④ 사고 조사 및 대책 수립에 관한 사항

연관규정 산업안전보건법
제25조(안전보건관리규정의 작성)

06 ☑□□□□

「산업안전보건법령」상 "출입금지표지"를 그리고, 표지판의 색과 문자의 색을 적으시오. (3점)

답

- 바탕 : 흰색
- 테두리 : 빨간색
- 도형 : 검정색

연관규정 산업안전보건법 시행규칙
[별표 6] 안전보건표지의 종류와 형태

07 ☑□□□□

「산업안전보건법령」상 중량물 취급에 따른 작업계획서 작성 시 포함사항을 3가지만 적으시오. (3점)

답

① 추락위험을 예방할 수 있는 안전대책
② 낙하위험을 예방할 수 있는 안전대책
③ 전도위험을 예방할 수 있는 안전대책
④ 협착위험을 예방할 수 있는 안전대책
⑤ 붕괴위험을 예방할 수 있는 안전대책

연관규정 산업안전보건기준에 관한 규칙
[별표 4] 사전조사 및 작업계획서 내용

08

「산업안전보건법령」상 누전에 의한 감전의 위험을 방지하기 위해 접지를 실시하는 코드와 플러그를 접속하여 사용하는 전기 기계·기구를 3가지만 적으시오. (5점)

답

① 사용전압이 대지전압 150 [V]를 넘는 것
② 냉장고·세탁기·컴퓨터 및 주변기기 등과 같은 고정형 전기기계·기구
③ 고정형·이동형 또는 휴대형 전동기계·기구
④ 물 또는 도전성이 높은 곳에서 사용하는 전기기계·기구, 비접지형 콘센트
⑤ 휴대형 손전등

연관규정 산업안전보건기준에 관한 규칙
제302조(전기 기계·기구의 접지)

09

「산업안전보건법령」상 로봇작업에 대한 특별안전보건교육을 실시할 때 교육내용을 4가지 적으시오. (4점)

답

① 로봇의 기본원리·구조 및 작업방법에 관한 사항
② 조작방법 및 작업순서에 관한 사항
③ 안전시설 및 안전기준에 관한 사항
④ 이상 발생 시 응급조치에 관한 사항

연관규정 산업안전보건법 시행규칙
[별표 5] 교육대상별 교육내용

10

「산업안전보건법령」상 아세틸렌 용접장치의 발생기실 설치장소 기준이다. [보기]의 ( ) 안에 알맞게 내용을 적으시오. (3점)

─[보기]─
사업주는 아세틸렌 용접장치의 아세틸렌 발생기(이하 "발생기"라 한다)를 설치하는 경우에는 전용의 발생기실에 설치하여야 한다.
• 발생기실은 건물의 (①)에 위치하여야 하며, 화기를 사용하는 설비로부터 (②)미터를 초과하는 장소에 설치하여야 한다.
• 발생기실을 옥외에 설치한 경우에는 그 개구부를 다른 건축물로부터 (③)미터 이상 떨어지도록 하여야 한다.

답

① 최상층   ② 3   ③ 1.5

연관규정 산업안전보건기준에 관한 규칙
제286조(발생기실의 설치장소 등)

11

'강도율'에 대한 용어 정의이다. [보기]의 ( ) 안에 알맞게 내용을 적으시오. (4점)

─[보기]─
'강도율'은 연 근로시간 (①)시간당 요양재해로 인해 발생하는 (②)를 말한다.

답

① 1000   ② 근로손실일수

연관규정 산업재해통계업무처리규정 제4조(용어의 정의)

12

다음 내용을 참고해서 고장율 및 고장확률을 계산하시오. (4점)

- 고장건수 : 10
- 총가동시간 : 10000시간

① 고장률(λ)은 얼마인가?
② 900시간 가동했을 때 고장확률은 얼마인가?

답

① 고장률 (λ)은 얼마인가?

$$\frac{10}{10000} = 0.001/시간$$

② 900시간 가동했을 때 고장확률은 얼마인가?

신뢰도 = $e^{-\lambda \times t} = e^{-0.001 \times 900} = 0.41$ 이므로

∴ 고장확률 = 1 - 신뢰도 = 1 - 0.41 = 0.59

13

「산업안전보건법령」상 달비계에 사용할 수 없는 달기체인의 기준 3가지를 적으시오. (3점)

답

① 링의 단면지름의 감소가 그 달기체인이 제조된 때의 당해 링의 지름의 10 [%]를 초과한 것
② 달기체인의 길이의 증가가 그 달기체인이 제조된 때의 길이의 5 [%]를 초과한 것
③ 균열이 있거나 심하게 변형된 것

연관규정 산업안전보건기준에 관한 규칙
제63조(달비계의 구조)

14

[보기]를 보고 안전성평가 진행순서를 알맞은 순서대로 번호를 나열하시오. (4점)

[보기]
① 정성적 평가   ② 재평가
③ FTA 재평가   ④ 대책검토
⑤ 자료정비   ⑥ 정량적 평가

답

⑤ → ① → ⑥ → ④ → ② → ③

2020년 2회

01 ☑☐☐☐☐

프레스 급정지 시간이 200 [ms]일 때, 광전자식 방호장치의 방호거리는 최소 몇 [mm] 이상이어야 하는가? (4점)

답

D = 1.6 × Tm = 1.6 × 200 = 320 [mm]

연관규정 프레스 방호장치의 선정 설치 및 사용 기술지침 (KOSHA CODE M – 30 – 2002)

02 ☑☐☐☐☐

공장의 연 평균 근로자 수는 1500명이며 연간 재해건수가 60건 발생하며 이중 사망이 2건, 근로손실일수가 1200일인 경우의 연천인율을 구하시오. (단, 주어진 연간 재해건수 1건당 최소 재해자 수를 1로 하여 계산한다) (3점)

답

$$\text{연천인율} = \frac{\text{연간 재해자수}}{\text{연 평균 근로자수}} \times 1000 = \frac{60}{1500} \times 1000 = 40$$

03 ☑☐☐☐☐

「산업안전보건법령」상 [보기]의 ( ) 안에 알맞게 내용을 적으시오. (4점)

―[보기]―
사업주는 연삭숫돌을 사용하는 작업의 경우 작업을 시작하기 전에는 (①) 이상, 연삭숫돌을 교체한 후에는 (②) 이상 시험운전을 하고 해당 기계에 이상이 있는지를 확인하여야 한다.

답

① 1분 ② 3분

연관규정 산업안전보건기준에 관한 규칙
제122조(연삭숫돌의 덮개 등)

04 ☑☐☐☐☐

양립성을 2가지만 적고 각각 예시를 적으시오. (4점)

답

① 공간 양립성(Spatial Compatibility)
   오른쪽 버튼을 누르면, 오른쪽 기계가 작동
② 운동 양립성(Movement Compatibility)
   조종장치를 오른쪽으로 움직이면, 기계나 표시장치도 오른쪽으로 움직이는 것, 자동차 핸들 조작 방향으로 바퀴가 회전
③ 개념적 양립성(Conceptual Compatibility)
   온수는 빨간색, 냉수는 파란색, 보행자 신호등의 사람이 걷는 그림
④ 양식 양립성(Modality Compatibility)
   문화적 관습에 관한 양립성으로 온수 왼쪽, 냉수 오른쪽, 스위치를 켤 때 위로 올리면 켜지고 아래로 내리면 꺼지지만, 반대인 나라도 있음

05

「산업안전보건법령」상 자율검사프로그램의 인정을 취소하거나, 인정받은 자율검사프로그램의 내용에 따라 검사를 하도록 개선을 명할 수 있는 경우를 2가지만 적으시오. (단, 거짓이나 그 밖의 부정한 방법으로 자율검사프로그램을 인정받는 경우는 제외한다) (4점)

답

① 자율검사프로그램을 인정받고도 검사를 하지 아니한 경우
② 인정받은 자율검사프로그램의 내용에 따라 검사를 하지 아니한 경우
③ 자격을 가진 사람 또는 자율안전검사기관이 검사를 하지 아니한 경우

연관규정 산업안전보건법
제99조(자율검사프로그램 인정의 취소 등)

06

다음과 같은 내용으로 재해를 분석하시오. (3점)

> 근로자가 작업장 통로를 걷다가 바닥의 기름에 미끄러져 넘어져서, 선반에 머리를 부딪쳐 부상을 당한다.

답

① 재해 유형 : 넘어짐
② 가해물 : 선반
③ 기인물 : (작업장 통로) (바닥의) 기름

연관규정 산업재해 기록·분류에 관한 지침
(KOSHA GUIDE G - 83 - 2016)
복합적 현상에 의한 발생형태 분류기준 : 1차 원인에 의한 현상이 상해 결과를 유발하기에 적합한 경우에는 1차 원인의 현상을 발생형태로 분류

07 [법 개정 문제 변경]

다음 교육 시간을 적으시오. (4점)

> ① 안전보건관리책임자 신규교육 : (㉠)
> ② 안전보건관리책임자 보수교육 : (㉡)
> ③ 안전관리자 신규교육 : (㉢)
> ④ 건설재해예방전문지도기관의 종사자 보수교육 : (㉣)

답

㉠ 6시간 이상
㉡ 6시간 이상
㉢ 34시간 이상
㉣ 24시간 이상

연관규정 산업안전보건법 시행규칙 [별표 4] 안전보건교육 교육과정별 교육시간

08

「산업안전보건법령」상 안전관리자를 정수 이상으로 증원·교체 임명할 수 있는 사유를 3가지만 적으시오. (3점)

답

① 해당 사업장의 연간재해율이 같은 업종의 평균재해율의 2배 이상인 경우
② 중대재해가 연간 2건 이상 발생한 경우
③ 관리자가 질병이나 그 밖의 사유로 3개월 이상 직무를 수행할 수 없게 된 경우
④ 화학적 인자로 인한 직업성 질병자가 연간 3명 이상 발생한 경우

연관규정 산업안전보건법 시행규칙
제12조(안전관리자 등의 증원·교체임명 명령)

09 ☑□□□□ [전기설비기술기준 개정, 문제참고]

접지공사 종류에서 접지저항값 및 접지선의 굵기에 관한 내용이다. 빈칸을 채우시오. (5점)

종별 접지저항 및 접지선의 종류 접지선의 단면적
제1종 (①) [Ω] 이하 공칭단면적 (④) [mm²] 이상의 연동선
제3종 (②) [Ω] 이하 공칭단면적 2.5 [mm²] 이상의 연동선
특별 제3종 (③) [Ω] 이하 공칭단면적 (⑤) [mm²] 이상의 연동선

답

① 10 ② 100 ③ 10 ④ 6 ⑤ 2.5

[구] 전기설비기술기준

접지공사의 종류	접지저항 값
제1종	10 [Ω]
제2종	변압기의 고압 측 또는 특고압 측의 전로의 1선 지락전류의 암페어 수로 150(변압기의 고압 측 전로 또는 사용전압이 35 [kV] 이하의 특고압 측 전로가 저압 측 전로와 혼촉하여 저압 측 전로의 대지전압이 150 [V]를 초과하는 경우에, 1초를 초과하고 2초 이내에 자동적으로 고압전로 또는 사용전압이 35 [kV] 이하의 특고압 전로를 차단하는 장치를 설치할 때는 300, 1초 이내에 자동적으로 고압전로 또는 사용전압 35 [kV] 이하의 특고압전로를 차단하는 장치를 설치할 때는 600)을 나눈 값과 같은 Ω수
제3종 접지공사	100 [Ω]
특별	10 [Ω]

[신] 전기설비기술기준

접지공사의 종류	접지선의 굵기
제1종	공칭단면적 6 [mm²] 이상의 연동선
제2종	공칭단면적 16 [mm²] 이상의 연동선 (고압전로 또는 제135조 제1항 및 제4항에 규정하는 특고압 가공전선로의 전로와 저압 전로를 변압기에 의하여 결합하는 경우에는 공칭단면적 6 [mm²] 이상의 연동선)
제3종 및 특별 제3종	공칭단면적 2.5 [mm²] 이상의 연동선

연관규정 전기설비기술기준의 판단기준 제19조(접지공사의 종류), 제20조(각종 접지공사의 세목)

10 ☑□□□□

차광보안경의 주목적을 3가지 적으시오. (3점)

답

① 자외선으로부터 눈을 보호
② 적외선으로부터 눈을 보호
③ 가시광선으로부터 눈을 보호

연관규정 보호구 안전인증 고시
[별표 10] 차광보안경의 성능기준

11

「산업안전보건법령」상 타워크레인의 작업 중지 조건이다. [보기]의 ( ) 안의 내용을 알맞게 적으시오. (4점)

[보기]
- 운전작업을 중지하여야 하는 순간풍속 : (①)[m/s] 초과
- 설치·수리·점검 또는 해체 작업을 중지하여야 하는 순간풍속 : (②)[m/s] 초과

답

① 15
② 10

연관규정 산업안전보건기준에 관한 규칙 제37조(악천후 및 강풍 시 작업 중지)

12

다음 FT도에서 컷셋(Cut Set)을 모두 구하시오. (3점)

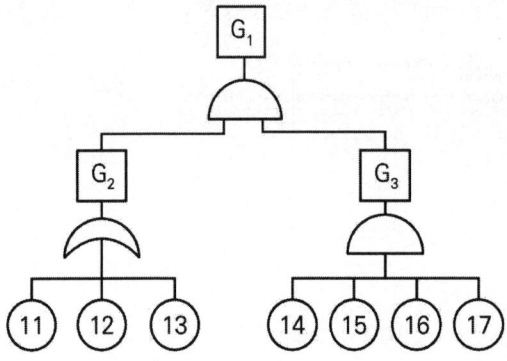

답

$G_1 = G_2 \times G_3 = [(11), (12), (13)] \times [(14) \times (15) \times (16) \times (17)] = $ [(11), (14), (15), (16), (17)], [(12), (14), (15), (16), (17)], [(13), (14), (15), (16), (17)]

13

「산업안전보건법령」상 낙하물방지망 또는 방호선반 설치기준이다. [보기]의 ( ) 안에 알맞게 내용을 적으시오. (4점)

[보기]
- 높이 (①)미터 이내마다 설치하고, 내민 길이는 벽면으로부터 (②)미터 이상으로 할 것
- 수평면과의 각도는 (③)도 이상 (④)도 이하를 유지할 것

답

① 10 ② 2 ③ 20 ④ 30

연관규정 산업안전보건기준에 관한 규칙 제14조(낙하물에 의한 위험의 방지)

14

「산업안전보건법령」상 가스폭발 위험장소 또는 분진폭발 위험장소에 설치되는 건축물 등에 대해서 해당하는 부분을 내화구조로 하여야 하며, 그 성능이 항상 유지될 수 있도록 점검·보수 등 적절한 조치를 하여야 한다. 해당하는 부분을 2가지만 적으시오. (6점)

답

① 건축물의 기둥 및 보 : 지상 1층(지상 1층의 높이가 6 [m]를 초과하는 경우에는 6 [m])까지
② 위험물 저장·취급용기의 지지대(높이가 30 [cm] 이하인 것은 제외한다) : 지상으로부터 지지대의 끝부분까지
③ 배관·전선관 등의 지지대 : 지상으로부터 1단(1단의 높이가 6 [m]를 초과하는 경우에는 6 [m])까지

연관규정 산업안전보건기준에 관한 규칙 제270조(내화기준)

2020년 3회

01 ☑☐☐☐☐
「산업안전보건법령」상 관리감독자 안전보건교육 중 정기교육을 4가지만 적으시오. (4점)

답

① 산업안전 및 사고 예방에 관한 사항
② 산업보건 및 직업병 예방에 관한 사항
③ 위험성평가에 관한 사항
④ 유해·위험 작업환경 관리에 관한 사항
⑤ 산업안전보건법령 및 산업재해보상보험 제도에 관한 사항
⑥ 직무스트레스 예방 및 관리에 관한 사항
⑦ 직장 내 괴롭힘, 고객의 폭언 등으로 인한 건강장해 예방 및 관리에 관한 사항
⑧ 작업공정의 유해·위험과 재해 예방대책에 관한 사항
⑨ 사업장 내 안전보건관리체제 및 안전·보건조치 현황에 관한 사항
⑩ 표준안전 작업방법 결정 및 지도·감독 요령에 관한 사항
⑪ 현장근로자와의 의사소통능력 및 강의능력 등 안전보건교육 능력 배양에 관한 사항
⑫ 비상시 또는 재해 발생 시 긴급조치에 관한 사항
⑬ 그 밖의 관리감독자의 직무에 관한 사항

연관규정 산업안전보건법 시행규칙
[별표 5] 안전보건교육 교육대상별 교육내용

02 ☑☐☐☐☐
「산업안전보건법령」상 사업주가 화학설비 또는 그 부속설비의 용도를 변경하는 경우(사용하는 원재료의 종류를 변경하는 경우를 포함), 해당 설비의 점검 사항을 3가지 적으시오. (6점)

답

① 그 설비 내부에 폭발이나 화재의 우려가 있는 물질이 있는지 여부
② 안전밸브·긴급차단장치 및 그 밖의 방호장치 기능의 이상 유무
③ 냉각장치·가열장치·교반장치·압축장치·계측장치 및 제어장치 기능의 이상 유무

연관규정 산업안전보건기준에 관한 규칙
제277조(사용 전의 점검 등)

03 ☑☐☐☐☐
「산업안전보건법령」상 [보기]의 ( ) 안에 알맞게 내용을 적으시오. (4점)

[보기]
사업주는 연삭숫돌을 사용하는 작업의 경우 작업을 시작하기 전에는 (①) 이상, 연삭숫돌을 교체한 후에는 (②) 이상 시험운전을 하고 해당 기계에 이상이 있는지를 확인하여야 한다.

답

① 1분 ② 3분

연관규정 산업안전보건기준에 관한 규칙
제122조(연삭숫돌의 덮개 등)

04

미니멀 컷셋(Minimal Cut Set)을 구하시오. (4점)

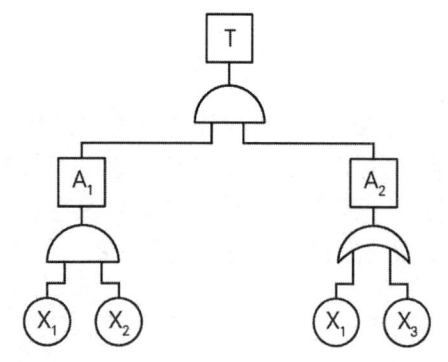

답

컷셋 T = $A_1 \cdot A_2$ = $(X_1 \cdot X_2) \cdot (X_1 + X_3)$
= $(X_1 \cdot X_2 \cdot X_1) + (X_1 \cdot X_2 \cdot X_3)$
= $(X_1 \cdot X_2) + (X_1 \cdot X_2 \cdot X_3)$

(, 또는 +는 OR, 즉 더하기 개념) 이중에 미니멀은 최소한 Minimal이므로 (X_1, X_2)

05

종합재해지수를 구하시오. (4점)

- 근로자 수 : 400명
- 1일 8시간 연간 280일
- 연간 재해발생건수 : 80건
- 근로손실일수 : 800일
- 재해자 수 : 100명

답

도수율(빈도율)

$$= \frac{연간재해발생건수}{연근로시간수} \times 1000000$$

$$= \frac{80}{(400 \times 8 \times 280)} \times 1000000 = 89.285$$

강도율 = $\frac{근로손실일수}{연근로시간수} \times 1000$

$$= \frac{800}{(400 \times 8 \times 280)} \times 1000 = 0.8928$$

∴ 종합재해지수 = $\sqrt{강도율 \times 도수율}$ = 8.928

✔ 8.928

[주의] 재해자 수는 사용되지 않음 : 함정용

[짚고가기] 신체장해등급에 따른 등급별 근로손실일수

구분		근로손실일수(일)
	사망, 1~3	7500
	4	5500
	5	4000
	6	3000
신체 장해 등급	7	2200
	8	1500
	9	1000
	10	600
	11	400
	12	200
	13	100
	14	50

※ 부상 및 질병자의 요양근로손실일수는 요양신청서에 기재된 요양일수를 말한다.

[연관규정] 산업재해통계업무처리규정

06

「산업안전보건법령」상 건물 등의 해체 작업 시 작성해야 하는 작업계획서에 포함사항을 4가지만 적으시오. (4점)

답

① 해체의 방법 및 해체 순서도면
② 가설설비·방호설비·환기설비 및 살수·방화설비 등의 방법
③ 사업장 내 연락방법
④ 해체물의 처분계획

⑤ 해체작업용 기계·기구 등의 작업계획서
⑥ 해체작업용 화약류 등의 사용계획서
⑦ 기타 안전·보건에 관련된 사항

연관규정 산업안전보건기준에 관한 규칙
[별표 4] 사전조사 및 작업계획서 내용

07 ☑☐☐☐☐

「산업안전보건법령」상 프레스 등을 사용하여 작업을 하는 때 작업시작 전 작업자가 점검해야 할 점검사항을 2가지만 적으시오. (4점)

답

① 클러치 및 브레이크의 기능
② 크랭크축·플라이휠·슬라이드·연결봉 및 연결나사의 풀림 여부
③ 1행정 1정지기구·급정지장치 및 비상정지장치의 기능
④ 슬라이드 또는 칼날에 의한 위험방지 기구의 기능
⑤ 프레스의 금형 및 고정볼트 상태
⑥ 방호장치의 기능
⑦ 전단기의 칼날 및 테이블의 상태

연관규정 산업안전보건기준에 관한 규칙
[별표 3] 작업시작 전 점검사항

08 ☑☐☐☐☐

보일링 현상 방지대책을 3가지만 적으시오. (3점)

답

① 흙막이벽 근입깊이 증가 = 흙막이벽을 깊게 설치
② 흙막이벽 차수성 증대 = 지하수의 흐름을 막기
③ 흙막이벽 배면(뒷쪽) 지반 그라우팅(Grouting) 실시
④ 흙막이벽 배면(뒷쪽) 지반(지하) 수위 저하

09 ☑☐☐☐☐

「산업안전보건법령」상 누전에 의한 감전방지를 위해 사용하는 누전차단기 설치 대상 전기기계·기구를 3가지 적으시오. (3점)

답

① 대지전압이 150 [V]를 초과하는 이동형 또는 휴대형 전기기계·기구
② 물 등 도전성이 높은 액체가 있는 습윤장소에서 사용하는 저압용 전기기계·기구
③ 철판·철골 위 등 도전성이 높은 장소에서 사용하는 이동형 또는 휴대형 전기기계·기구
④ 임시배선의 전로가 설치되는 장소에서 사용하는 이동형 또는 휴대형 전기기계·기구

연관규정 산업안전보건기준에 관한 규칙 제304조(누전차단기에 의한 감전방지)

10 ☑☐☐☐☐

거리가 20 [m]일 때 음압수준이 100 [dB]이다. 200 [m]일 때 음압수준(dB)을 계산하시오. (4점)

답

$$dB_2 = dB_1 - d_1 \times \log\frac{d_2}{d_1}$$

[dB_1 = 기준거리(d_1)에서 음압수준,
dB_2 = 이동된 거리(d_2)에서 음압수준]

$$\therefore 100 - 20 \times \log(\frac{200}{20}) = 80 \text{ [dB]}$$

11 ☑☐☐☐☐

「산업안전보건법령」상 유해·위험 방지를 위하여 방호조치를 아니하고는 양도, 대여, 설치 진열해서는 안 되는 기계·기구를 5가지 적으시오. (5점)

답

① 예초기 ② 원심기
③ 공기압축기 ④ 금속절단기
⑤ 지게차
⑥ 포장기계(진공포장기, 랩핑기로 한정)

연관규정 산업안전보건법
제80조(유해하거나 위험한 기계·기구에 대한 방호조치)

12 ☑☐☐☐☐

「산업안전보건법령」상 아세틸렌 용접장치 검사 시 안전기의 설치 위치를 확인하려고 한다. 안전기의 설치 위치 관련 [보기]의 ( ) 안에 알맞게 적으시오. (3점)

[보기]
- 사업주는 아세틸렌 용접장치의 (①)마다 안전기를 설치하여야 한다. 다만 주관 및 취관에 가장 가까운 (②)마다 안전기를 부착한 경우에는 그러하지 아니하다.
- 사업주는 가스용기가 발생기와 분리되어 있는 아세틸렌 용접장치에 대하여 (③)와 가스용기 사이에 안전기를 설치하여야 한다.

답

① 취관 ② 분기관 ③ 발생기

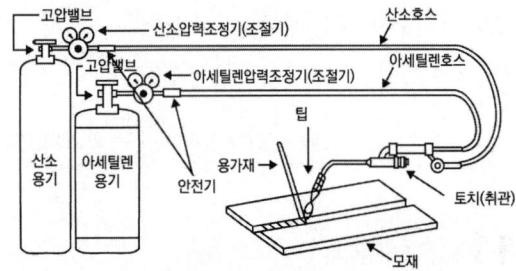

[산소 – 아세틸렌 가스용접장치의 구성]

연관규정 산업안전보건기준에 관한 규칙
제289조(안전기의 설치)

13 ☑☐☐☐☐

Fool Proof 기계·기구를 3가지 적으시오. (3점)

답

① 가드(Guard)
② 록(Lock) 혹은 인터록(Interlock)
③ 트립(Trip)
④ 밀어내기(Push Pull)
⑤ 오버런(Over run)
⑥ 기동방지 등

14 ☑☐☐☐☐

내전압용 절연장갑의 성능기준에 있어 각 등급에 대한 최대사용전압을 적으시오. (4점)

- 교류 X 1.5 = 직류

등급	최대사용전압		색상
	교류(V, 실횻값)	직류(V)	
00	500	①	갈색
0	②	1500	빨간색
1	7500	11250	흰색
2	17000	25500	노란색
3	26500	39750	녹색
4	③	④	등색

답

① 750   ② 1000
③ 36000 ④ 54000

연관규정 보호구 안전인증 고시
[별표 3] 내전압용 절연장갑의 성능기준

2020년 4회

01 ☑□□□□

「산업안전보건법령」상 안전보건표지 중 "응급구호표지"를 그리시오. (단, 색상표시는 글자로 나타내도록 하고, 크기에 대한 기준은 표시하지 않아도 된다) (3점)

답

- 바탕 : 녹색
- 모형 및 관련 부호 : 흰색

(혹은 반대도 가능)

연관규정 산업안전보건법 시행규칙
[별표 6] 안전보건표지의 종류 및 형태

02 ☑□□□□

[보기] 중에서 인간과오 불안전 분석가능 도구를 4가지 적으시오. (3점)

[보기]
① FTA ② ETA
③ HAZOP ④ THERP
⑤ CA ⑥ FMEA
⑦ PHA ⑧ MORT

답
① 결함 수 분석(FTA : Fault Tree Analysis)
② 사건 수 분석(ETA : Event Tree Analysis)
③ THERP(Technique for Human Error Rate Prediction)
④ MORT(Management Oversight Risk Tree)

03 ☑□□□□

다음에 해당하는 방폭구조의 기호를 적으시오. (2점)

- 내압방폭구조 : ①
- 충전방폭구조 : ②

답
① 내압방폭구조 : Ex d
② 충전방폭구조 : Ex q

연관규정 위험기계·기구방호장치성능 검정규정
제52조(용어의 정의)
방호장치 안전인증 고시
제7장 방폭구조 전기기계·기구 및 부품

04 ☑□□□□

「산업안전보건법령」상 사업주가 관리대상 유해물질을 취급하는 작업장의 보기 쉬운 장소에 항상 고시하거나 부착해야 할 사항을 5가지 적으시오. (5점)

답
① 관리대상 유해물질의 명칭
② 인체에 미치는 영향
③ 취급상 주의사항
④ 착용하여야 할 보호구
⑤ 응급조치와 긴급 방재 요령

연관규정 산업안전보건기준에 관한 규칙
제442조(명칭 등의 게시)

05

재해건수 3건, 근로자 500명, 연간근로시간 3000시간일 때, 도수율을 구하시오. (3점)

답

① 도수율(빈도율) 계산

도수율 = $\dfrac{\text{연간재해발생건수}}{\text{연근로시간수}} \times 1000000$

= $\dfrac{3}{(500 \times 3000)} \times 1000000 = 2$

✓ 2

연관규정 산업재해통계업무처리규정

06

「산업안전보건법령」상 [보기]의 기계·기구에 설치하여야 할 방호장치를 ( ) 안에 알맞게 적으시오. (6점)

[보기]
- 원심기 : (①)
- 공기압축기 : (②)
- 금속절단기 : (③)

답

① 회전체 접촉 예방장치
② 압력방출장치
③ 날접촉 예방장치

연관규정 산업안전보건법
제80조(유해하거나 위험한 기계·기구에 대한 방호조치)

07

「산업안전보건법령」상 사업주가 근로자의 위험을 방지하기 위해, 타워크레인을 설치·조립·해체하는 작업 시 작성하고 그에 따라 작업을 하도록 하여야 하는 작업계획서의 내용을 3가지만 적으시오. (3점)

답

① 타워크레인의 종류 및 형식
② 설치·조립 및 해체순서
③ 작업도구·장비·가설설비 및 방호설비
④ 작업인원의 구성 및 작업근로자의 역할범위
⑤ 지지방법

연관규정 산업안전보건기준에 관한 규칙
[별표 4] 사전조사 및 작업계획서 내용

08

「산업안전보건법령」상 사업주는 근로자에게 안전보건교육을 실시해야 한다. 근로자 안전보건교육 중 채용 시 교육 및 작업내용 변경 시 교육을 3가지만 적으시오. (6점)

답

① 산업안전 및 사고 예방에 관한 사항
② 산업보건 및 직업병 예방에 관한 사항
③ 위험성평가에 관한 사항
④ 산업안전보건법령 및 산업재해보상보험 제도에 관한 사항
⑤ 직무스트레스 예방 및 관리에 관한 사항
⑥ 직장 내 괴롭힘, 고객의 폭언 등으로 인한 건강장해 예방 및 관리에 관한 사항
⑦ 기계·기구의 위험성과 작업의 순서 및 동선에 관한 사항
⑧ 작업 개시 전 점검에 관한 사항
⑨ 정리정돈 및 청소에 관한 사항
⑩ 사고 발생 시 긴급조치에 관한 사항

⑪ 물질안전보건자료에 관한 사항

[연관규정] 산업안전보건법 시행규칙
[별표 5] 안전보건교육 교육대상별 교육내용

09 ☑☐☐☐☐

「산업안전보건법령」상 정전기에 의한 화재 또는 폭발 등의 위험이 발생할 우려가 있는 '설비'를 사용할 경우 정전기의 발생을 억제하거나 제거하기 위하여 필요한 사업주의 조치 3가지를 적으시오. (3점)

[답]

① 접지
② 도전성 재료를 사용
③ 가습
④ 제전장치 사용
⑤ 대전 방지제 사용

[연관규정] 산업안전보건기준에 관한 규칙 제325조(정전기로 인한 화재 폭발 등 방지)

[짚고가기] 설비와 인체 정전기 방지대책 비교

설비 정전기 방지	인체 정전기 방지
접지	
도전성 재료를 사용	작업장 바닥 등에 도전성을 갖추도록 조치
가습	
점화원이 될 우려가 없는 제전장치를 사용	제전복 착용 정전기 제전용구 사용
대전 방지제 사용	정전기 대전방지용 안전화 착용

10 ☑☐☐☐☐

근로자 400명이 일하는 사업장에서 연간 재해자 수는 20명, 총 근로손실일수가 100일, 일 근무시간 8시간, 연 근무일수 250일일 때, 강도율을 구하시오. (4점)

[답]

$$강도율 = \frac{근로손실일수}{연근로시간수} \times 1000$$
$$= \frac{100}{(400 \times 8 \times 250)} \times 1000 = 0.125$$

[연관규정] 산업재해통계업무처리규정

11 ☑☐☐☐☐

「산업안전보건법령」상 작업발판 일체형 거푸집 종류를 4가지만 적으시오. (4점)

[답]

① 갱 폼(Gang Form)
② 슬립 폼(Slip Form)
③ 클라이밍 폼(Climbing Form)
④ 터널 라이닝 폼(Tunnel lining Form) 등

[연관규정] 산업안전보건기준에 관한 규칙
제337조(작업발판 일체형 거푸집의 안전조치)

12

「산업안전보건법령」상 과압에 따른 폭발을 방지하기 위하여 폭발 방지 성능과 규격을 갖춘 안전밸브 또는 파열판을 설치하여야 한다. 이때 반드시 파열판을 설치해야 경우 3가지를 적으시오. (6점)

답

① 반응 폭주 등 급격한 압력 상승 우려가 있는 경우
② 급성 독성물질의 누출로 인하여 주위의 작업환경을 오염시킬 우려가 있는 경우
③ 운전 중 안전밸브에 이상 물질이 누적되어 안전밸브가 작동되지 아니할 우려가 있는 경우

연관규정 산업안전보건기준에 관한 규칙
제262조(파열판의 설치)

13

다음 FT도에서 컷셋(Cut Set)을 모두 구하시오. (3점)

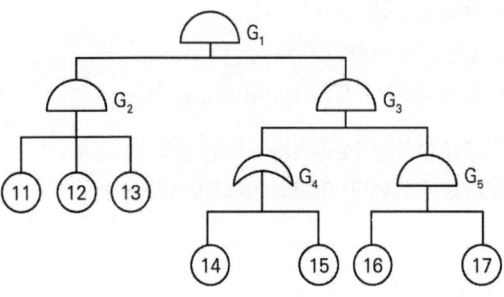

답

$G_1 = G_2 \cdot G_3 = (⑪ \cdot ⑫ \cdot ⑬) \cdot G_5 \cdot G_4$
$= (⑪ \cdot ⑫ \cdot ⑬ \cdot ⑯ \cdot ⑰) \cdot (⑭, ⑮)$

Cut Set
(⑪, ⑫, ⑬, ⑭, ⑯, ⑰)
(⑪, ⑫, ⑬, ⑮, ⑯, ⑰)

14

「산업안전보건법령」상 [보기]의 ( ) 안에 알맞게 내용을 적으시오. (5점)

[보기]

사업주는 아세틸렌 용접장치를 사용하여 금속의 용접·용단 또는 가열작업을 하는 경우에 다음 각 호의 사항을 준수하여야 한다.
1. 발생기(이동식 아세틸렌 용접장치의 발생기는 제외한다)의 (①), (②), (③), 매시 평균 가스발생량 및 1회 카바이드 공급량을 발생기실 내의 보기 쉬운 장소에 게시할 것
2. 발생기실에는 관계 근로자가 아닌 사람이 출입하는 것을 금지할 것
3. 발생기에서 (④) 이내 또는 발생기실에서 (⑤) 이내의 장소에서는 흡연, 화기의 사용 또는 불꽃이 발생할 위험한 행위를 금지시킬 것

답

① 종류
② 형식
③ 제작업체명
④ 5 [m]
⑤ 3 [m]

연관규정 산업안전보건기준에 관한 규칙
제290조(아세틸렌 용접장치의 관리 등)

2019년 1회

01 ☑☐☐☐☐

「산업안전보건법령」상 안전보건총괄책임자의 직무를 4가지 적으시오. (4점)

답

① 위험성평가의 실시에 관한 사항
② 작업의 중지
③ 도급 시 산업재해 예방조치
④ 산업안전보건관리비의 관계수급인 간의 사용에 관한 협의·조정 및 그 집행의 감독
⑤ 안전인증대상기계등과 자율안전확인대상기계등의 사용 여부 확인

연관규정 산업안전보건법 시행령
제53조(안전보건총괄책임자의 직무 등)

02 ☑☐☐☐☐

「산업안전보건법령」상 화물의 하중을 직접 지지하는 달기와이어로프의 절단하중 2000 [kg]일 때 허용하중은 얼마인가? (4점)

답

안전계수 = $\dfrac{\text{절단하중}}{\text{최대하중}}$ → 최대하중 = $\dfrac{\text{절단하중}}{\text{안전계수}}$

= $\dfrac{2000\,[kg]}{5}$ × 줄 = 400 [kg] × 1줄

= 400 [kg]

$T = \dfrac{\left(\dfrac{W}{2}\right)}{\cos\left(\dfrac{\theta}{2}\right)}$

[와이어로프에 걸리는 하중 T, W : 인양화물 무게
θ : 상부 각도]

연관규정 산업안전보건기준에 관한 규칙
제163조(와이어로프 등 달기구의 안전계수)

03 ☑☐☐☐☐

「산업안전보건법령」상 정전기에 의한 화재 또는 폭발 등의 위험이 발생할 우려가 있는 '설비'를 사용할 경우 정전기의 발생을 억제하거나 제거하기 위하여 필요한 사업주의 조치 3가지를 적으시오. (3점)

답

① 접지
② 도전성 재료를 사용
③ 가습
④ 제전장치 사용
⑤ 대전 방지제 사용

연관규정 산업안전보건기준에 관한 규칙
제325조(정전기로 인한 화재 폭발 등 방지)

짚고가기 설비와 인체 정전기 방지대책 비교

설비 정전기 방지	인체 정전기 방지
접지	-
도전성 재료를 사용	작업장 바닥 등에 도전성을 갖추도록 조치
가습	-
점화원이 될 우려가 없는 제전장치를 사용	제전복 착용 정전기 제전용구 사용
대전 방지제 사용	정전기 대전방지용 안전화 착용

04 ☑□□□□

양립성을 3가지 적으시오. (3점)

답

① 공간 양립성(Spatial Compatibility)
② 운동 양립성(Movement Compatibility)
③ 개념적 양립성(Conceptual Compatibility)
④ 양식 양립성(Modality Compatibility)

05 ☑□□□□

「산업안전보건법령」상 산업용 로봇의 작동 범위 내에서 해당 로봇에 대하여 교시(敎示) 등의 작업을 할 경우에는 해당 로봇의 예기치 못한 작동 또는 오조작에 의한 위험을 방지하기 위하여 관련 지침을 정하여 그 지침에 따라 작업을 하도록 하여야 하는데, 이에 관련 지침에 포함되어야 할 사항을 4가지 적으시오. (단, '그 밖에 로봇의 예기치 못한 작동 또는 오동작에 의한 위험 방지를 하기 위하여 필요한 조치'를 제외한다) (4점)

답

① 로봇의 조작방법 및 순서
② 작업 중의 매니퓰레이터의 속도
③ 2명 이상의 근로자에게 작업을 시킬 경우의 신호 방법
④ 이상을 발견한 경우의 조치
⑤ 이상을 발견하여 로봇의 운전을 정지시킨 후 이를 재가동시킬 경우의 조치

연관규정 산업안전보건기준에 관한 규칙 제222조(교시 등)

06 ☑□□□□

「산업안전보건법령」상 사업주는 보일러의 폭발 사고를 예방하기 위하여 기능이 정상적으로 작동될 수 있도록 유지 관리하여야 한다. 유지 관리하여야 하는 부속을 3가지만 적으시오. (3점)

답

① 압력방출장치　　② 압력제한스위치
③ 고저수위 조절장치　④ 화염 검출기

연관규정 산업안전보건기준에 관한 규칙
제119조(폭발위험의 방지)

07 ☑□□□□

방진마스크 중 특급 방진마스크를 사용해야 하는 장소 2곳을 적으시오. (4점)

답

① 베릴륨 등과 같이 독성이 강한 물질을 함유한 분진 등 발생장소
② 석면 취급장소

연관규정 보호구 안전인증 고시
[별표 4의2] 방진마스크의 시험방법

08 ☑□□□□

도수율이 12인 사업장의 연간재해발생건수 12건, 휴업일수 146일이다. 이 사업장의 강도율을 구하라. (단, 1일 10시간, 연간 250일 근무) (4점)

답

도수율(빈도율) = $\dfrac{재해건수}{총근로시간수} \times 10^6$

= $\dfrac{12}{(상시근로자수 \times 10시간 \times 250일)} \times 1000000$

= 12

상시근로자 수

$= \dfrac{12}{(12 \times 10\text{시간} \times 250\text{일})} \times 1000000$

= 400명

강도율 $= \dfrac{\text{총 근로손실일수}}{\text{연근로시간수}} \times 10^3$

$= \dfrac{146 \times (\frac{250}{365})}{(400 \times 10 \times 250)} \times 1000$

= 0.1

✅ 0.1

연관규정 산업재해업무통계처리규정

짚고가기 휴업일 중에 원래 휴일(일요일 공휴일)이 포함되어 있으므로 1년 중 실 근무일($\frac{250}{365}$) 보정

09 ☑☐☐☐☐

「산업안전보건법령」상 굴착면에 높이가 2[m] 이상이 되는 지반의 굴착방법을 하는 경우 작업장의 지형 지반 및 지층 상태 등에 대한 사전 조사 후 작성하여야 하는 작업계획서에 포함되어야 하는 사항을 4가지만 적으시오. (단, 그 밖에 안전·보건에 관련된 사항은 제외한다) (4점)

답

① 굴착방법 및 순서, 토사반출방법
② 필요한 인원 및 장비 사용계획
③ 매설물 등에 대한 이설·보호대책
④ 사업장 내 연락방법 및 신호방법
⑤ 흙막이 지보공 설치방법 및 계측계획
⑥ 작업지휘자의 배치계획

연관규정 산업안전보건기준에 관한 규칙
[별표 4] 사전조사 및 작업계획서 내용

10 ☑☐☐☐☐

보일링 현상 방지대책을 3가지만 적으시오.
(3점)

답

① 흙막이벽 근입깊이 증가 = 흙막이벽을 깊게 설치
② 흙막이벽 차수성 증대 = 지하수의 흐름을 막기
③ 흙막이벽 배면(뒷쪽) 지반 그라우팅(grouting) 실시
④ 흙막이벽 배면(뒷쪽) 지반 (지하) 수위 저하

11 ☑☐☐☐☐

「산업안전보건법령」상 잠함 또는 우물통의 내부에서 근로자가 굴착작업을 하는 경우, 잠함 또는 우물통의 급격한 침하에 의한 위험을 방지하기 위해 사업주가 준수해야 하는 사항을 2가지 적으시오. (4점)

답

① 침하관계도에 따라 굴착방법 및 재하량 등을 정할 것
② 바닥으로부터 천장 또는 보까지의 높이는 1.8[m] 이상으로 할 것

연관규정 산업안전보건기준에 관한 규칙
제376조(급격한 침하로 인한 위험 방지)

12 ☑□□□□

기초대사량이 7,000 [kcal/day]이고 작업 시 소비에너지가 20,000 [kcal/day], 안정 시 소비에너지가 6,000 [kcal/day]일 때 에너지 대사율(RMR)을 구하시오. (5점)

> 답

에너지 대사율(RMR)

$= \dfrac{(\text{작업 시 소비에너지} - \text{안정 시 소비에너지})}{\text{기초대사량}}$

$= \dfrac{(20000 - 6000)}{7000} = 2$

13 ☑□□□□

2 [m] 떨어진 곳에서 조도가 150럭스(lux 또는 lx)일 때 3 [m] 떨어진 곳에서의 조도(lux)를 계산하시오. (4점)

> 답

[계산식]

조도(표면에 도달하는 빛의 밀도)

$= \dfrac{\text{광도}}{\text{거리}^2}$ 이므로

계산법 Ⅰ)

1) $150 = \dfrac{x}{2^2} \rightarrow 600 = x$ (2 [m]일 때)

2) $y = \dfrac{x}{3^2} \rightarrow 9y = x$ (3 [m]일 때)

1)과 2)에 대한 비율로 계산

: $600 = 9y = 66.67 [lux]$

계산법 Ⅱ)

조도2 = 조도1 × $(\dfrac{D_1}{D_2})^2 \rightarrow 150 \times (\dfrac{2}{3})^2$

$= 66.67 lx [lux]$

✅ 66.67 [lux]

14 ☑□□□□

「산업안전보건법령」상 위험물질 종류 5가지를 적으시오. (5점)

> 답

① 폭발성 물질 및 유기과산화물
② 물반응성 물질 및 인화성고체
③ 산화성액체 및 산화성고체
④ 인화성액체
⑤ 인화성가스
⑥ 부식성물질
⑦ 급성 독성물질

연관규정 산업안전보건기준에 관한 규칙
[별표 1] 위험물질의 종류

2019년 2회

01 ☑☐☐☐☐
「산업안전보건법령」상 중대재해 정의 3가지를 적으시오. (3점)

답

① 사망자가 1명 이상 발생한 재해
② 3개월 이상의 요양이 필요한 부상자가 동시에 2명 이상 발생한 재해
③ 부상자 또는 직업성질병자가 동시에 10명 이상 발생한 재해

연관규정 산업안전보건법 시행규칙 제2조(정의)

02 ☑☐☐☐☐
「산업안전보건법령」상 이동식 크레인에 설치할 방호장치의 종류를 3가지만 적으시오. (5점)

답

① 과부하 방지장치   ② 권과 방지장치
③ 비상 정지장치   ④ 제동장치
⑤ 훅 해지장치

연관규정 산업안전보건기준에 관한 규칙
제134조(방호장치의 조정), 제137조(해지장치의 사용)

03 ☑☐☐☐☐
다음 내용을 참고해서 ① 도수율 및 ② 강도율을 계산하시오. (4점)

- 상시근로자 수 300명
- 연간 재해건수 15건
- 휴업일수 288일
- 1일 8시간 근무
- 1년에 280일 근무

답

① 도수율 계산

$$도수율 = \frac{재해건수}{연근로시간수} \times 1000000$$

$$= \frac{15}{(300 \times 8 \times 280)} \times 1000000$$

$$= 22.32$$

✅ 22.32

② 강도율 계산

$$강도율 = \frac{근로손실일수}{연근로시간수} \times 1000$$

$$= \frac{288 \times \frac{280}{365}}{(300 \times 8 \times 280)} \times 1000 = 0.33$$

✅ 0.33

연관규정 산업재해업무처리통계규정

04

「산업안전보건법령」상 다음 [보기]에 안전관리자의 최소 인원을 적으시오. (4점)

[보기]
① 펄프 제조업 - 상시근로자 600명
② 고무제품 제조업 - 상시근로자 300명
③ 우편 및 통신업 - 상시근로자 500명
④ 건설업 - 공사금액 1000억 원

답
① 2명(500명 이상 : 2명)
② 1명(상시근로자 50명 이상 500명 미만)
③ 1명(50명 이상 1000명 미만)
④ 2명(공사금액 800억 원 ~ 1500억 원)

연관규정 산업안전보건법 시행령 [별표 3]

05

위험예지 훈련 4라운드의 진행방식을 적으시오. (5점)

답
① 제1단계 : 현상파악 ② 제2단계 : 본질추구
③ 제3단계 : 대책수립 ④ 제4단계 : 목표설정

06

인체계측자료를 장비나 설비 등 설계에 응용할 때 활용되는 3원칙을 적으시오. (3점)

답
① 극단치(최소치와 최대치) 설계원칙
② 조절식 설계원칙
③ 평균치 설계원칙

연관규정 근골격계질환 예방을 위한 작업환경개선 지침 (KOSHA GUIDE H - 66 - 2012)

07

「산업안전보건법령」상 공기압축기를 가동할 때 작업시작 전 점검 사항을 4가지만 적으시오. (4점)

답
① 공기저장 압력용기의 외관 상태
② 드레인밸브의 조작 및 배수
③ 압력방출장치의 기능
④ 언로드밸브의 기능
⑤ 윤활유의 상태
⑥ 회전부의 덮개 또는 울

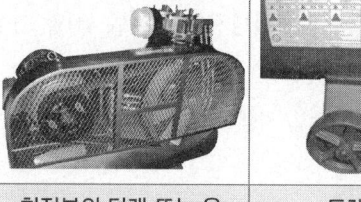 

| 회전부의 덮개 또는 울 | 드레인밸브 |

연관규정 산업안전보건기준에 관한 규칙
[별표 3] 작업시작 전 점검사항

08

사업주는 보일러의 폭발 사고를 예방하기 위하여 기능이 정상적으로 작동될 수 있도록 유지 관리하여야 한다. 「산업안전보건법령」상 보일러를 유지 관리하기 위하여 설치하여야 하는 장치를 3가지만 적으시오. (3점)

답
① 압력방출장치
② 압력제한스위치
③ 고저수위 조절장치
④ 화염 검출기

연관규정 산업안전보건기준에 관한 규칙
제116조(압력방출장치), 제117조(압력제한스위치), 제118조(고저수위 조절장치), 제119조(폭발위험의 방지)

09

「산업안전보건법령」상 사업주가 전기기계·기구를 설치하려는 경우 고려사항을 3가지 적으시오. (6점)

답

① 전기기계·기구의 충분한 전기적 용량 및 기계적 강도
② 습기·분진 등 사용장소의 주위 환경
③ 전기적·기계적 방호수단의 적정성

연관규정 산업안전보건기준에 관한 규칙
제303조(전기기계·기구의 적정설치 등)

10

안전모의 성능시험항목을 5가지만 적으시오. (5점)

답

① 내관통성 시험
② 충격흡수성 시험
③ 내전압성 시험
④ 내수성 시험
⑤ 난연성 시험
⑥ 턱끈풀림

연관규정 보호구 안전인증 고시
[별표 1] 추락 및 감전 위험방지용 안전모의 성능기준

11

HAZOP(위험과 운전분석)기법에 사용되는 가이드 워드(Guide words)에 관한 의미를 [보기]의 ( ) 안에 영문으로 적으시오. (4점)

[보기]
- 설계의도 외에 다른 공정변수가 부가되는 상태 (①)
- 설계의도와 정반대로 나타나는 상태 (②)
- 설계의도에 완전히 반하여 공정변수의 양이 없는 상태 (③)
- 공정변수가 양적으로 증가 (④)

답

① AS WELL AS
② REVERSE
③ NO(NOT) 또는 None
④ MORE

연관규정 연속공정의 위험과 운전분석(HAZOP)기법에 관한 기술지침(KOSHA GUIDE P-82-2012)
회분식 공정의 위험과 운전분석(HAZOP)기법에 관한 기술지침(KOSHA GUIDE P-86-2017)

12

「산업안전보건법령」상 [보기]에 해당하는 양중기의 와이어로프(또는 달기체인)의 안전계수를 ( ) 안에 알맞게 적으시오. (2점)

[보기]
화물의 하중을 직접 지지하는 달기와이어로프 또는 달기체인의 경우 : ( ) 이상

답

5

연관규정 산업안전보건기준에 관한 규칙
제163조(와이어로프 등 달기구의 안전계수)

13 ☑☐☐☐☐

LD_{50}을 설명하시오. (3점)

답

피실험동물의 절반이 죽게 되는 양(Lethal Dose 50 [%])

14 ☑☐☐☐☐

「산업안전보건법령」상 안전인증대상 기계·기구 등이 안전기준에 적합한지를 확인하기 위하여 안전인증기관이 심사하는 심사의 종류 4가지를 적으시오. (4점)

답

① 예비심사
② 서면심사
③ 기술능력 및 생산체계심사
④ 제품심사

연관규정 산업안전보건법 시행규칙
제110조(안전인증 심사의 종류 및 방법)

2019년 3회

01 ☑☐☐☐☐

강도율을 계산하시오. (5점)

- 상시근로자 수 100명
- 1일 8시간 근무
- 1년간 300일 근무
- 14급 2명
- 사망 1명
- 휴업일수 37일

답

강도율

$$= \frac{(7500 + 50 \times 2 + (37 \times \frac{300}{365}))}{(100 \times 8 \times 300)} \times 1000$$

$$= 31.793379$$

짚고가기 신체장해등급에 따른 등급별 근로손실일수

구분		근로손실일수(일)
신체 장해 등급	사망, 1~3	7500
	4	5500
	5	4000
	6	3000
	7	2200
	8	1500
	9	1000
	10	600
	11	400
	12	200
	13	100
	14	50

※ 부상 및 질병자의 요양근로손실일수는 요양신청서에 기재된 요양일수를 말한다.

연관규정 산업재해통계업무처리규정

02 ☑☐☐☐☐

TLV-TWA의 정의를 적으시오. (5점)

답

1일 8시간 작업 동안에 폭로된 유해물질의 시간 가중 평균농도 상한치

연관규정 화학물질 및 물리적 인자의 노출기준 제2조(정의)

03 ☑☐☐☐☐

「산업안전보건법령」상 안전보건표지의 종류 중, 관계자 외 출입금지표지 종류 3가지를 적으시오. (6점)

답

① 허가대상물질 작업장
② 석면취급 해체 작업장
③ 금지대상물질의 취급실험실 등

짚고가기 관계자 외 출입금지표지 종류와 내용

5. 관계자 외 출입금지	501 허가대상물질 작업장	502 석면 취급/해체 작업장	503 금지대상물질의 취급실험실 등

연관규정 산업안전보건법 시행규칙
[별표 6] 안전보건표지의 종류와 형태

04 ☑☐☐☐☐

공정안전보고서의 제출·심사·확인 및 이행상태평가 등에 관한 규정상 공정흐름도에 표시되어야 할 사항 3가지를 적으시오. (6점)

답

① 주요 동력기계, 장치 및 설비의 표시 및 명칭
② 주요 계장설비 및 제어설비
③ 물질 및 열 수지
④ 운전온도 및 운전압력

연관규정 공정안전보고서의 제출·심사·확인 및 이행상태평가 등에 관한 규정 제22조(공정도면)

05 ☑☐☐☐☐

다음은 비계의 구비요건이다. ( )을 알맞게 적으시오. (3점)

- 안정성 : (①)
- 작업성 : (②)
- 경제성 : (③)

답

① 충분한 강도 ② 작업 용이 ③ 저렴

06 ☑☐☐☐☐

가스 및 증기 방폭구조의 종류 5가지를 적으시오. (5점)

답

① 내압방폭구조(Ex d) 요렇게 표현
② 압력방폭구조 Ex p
③ 충전방폭구조 Ex q
④ 안전증방폭구조 Ex e
⑤ 유입방폭구조 Ex o
⑥ 본질방폭구조 Ex ia 혹은 Ex ib
⑦ 비점화방폭구조 Ex n
⑧ 몰드방폭구조 Ex m
⑨ 특수방폭구조 Ex s

연관규정 위험기계·기구방호장치 성능검정규정 제52조(용어의 정의)

07 ☑☐☐☐☐

히빙이 일어나기 쉬운 지반과 발생원인 2가지를 적으시오. (4점)

답

① 지반 조건 : 연약성 점토지반
② 발생원인
- 흙막이 벽체의 근입장 부족(= 흙막이벽 깊이 부족)
- 흙막이 내외부 중량차
- 지표 재하중

08 ☑☐☐☐☐

「산업안전보건법령」상 로봇의 작동범위 내에서 그 로봇에 관하여 교시 등의 작업을 하는 때 작업시작 전 점검사항을 3가지 적으시오. (3점)

답

① 외부 전선의 피복 또는 외장의 손상 유무
② 매니퓰레이터(Manipulator) 작동의 이상 유무
③ 제동장치 및 비상정지장치의 기능

연관규정 산업안전보건기준에 관한 규칙
[별표 3] 작업시작 전 점검사항

09

부주의 현상 중 다른 곳에 주의를 돌리는 것은? (4점)

답
의식의 우회

10

기계 및 재료에 대한 검사 중 비파괴 검사법이 있다. 비파괴 검사방법을 4가지만 적으시오. (4점)

답
① 자분탐상시험(MT) ② 침투탐상시험(PT)
③ 방사선투과시험(RT) ④ 초음파탐상시험(UT)

연관개념 기계안전관리

11

시각적 표시장치 중 정량적 표시장치의 지침 설계 요령에 대해서 4가지만 적으시오. (4점)

답
① (선각이 약 20도 되는) 뾰족한 지침 사용
② 지침의 끝은 작은 눈금과 맞닿되 겹치지 않게
③ (원형 눈금의 경우) 지침의 색은 선단에서 눈금의 중심까지 칠함
④ (시차를 없애기 위해) 지침은 눈금면과 밀착

12

THERP이 무엇인지 적으시오. (4점)

답
인간의 실수의 확률을 "정량적"으로 평가하기 위한 기법으로서, 분석하고자 하는 작업을 기본행위로 하여 각 행위의 성공과 실패 확률을 계산하는 방법

13

사업장에서 발생하는 산업재해의 재해조사 목적을 적으시오. (2점)

답
① 재해의 발생원인과 결함을 규명
② 예방 자료를 수집
③ 동종 재해 및 유사 재해의 재발 방지대책을 강구

14

「산업안전보건법령」상 가스폭발 위험장소 또는 분진폭발 위험장소에 설치되는 건축물 등에 대해서 해당하는 부분을 내화구조로 하여야 하며, 그 성능이 항상 유지될 수 있도록 점검·보수 등 적절한 조치를 하여야 한다. 해당하는 부분을 2가지만 적으시오. (6점)

답
① 건축물의 기둥 및 보 : 지상 1층(지상 1층의 높이가 6 [m]를 초과하는 경우에는 6 [m])까지
② 위험물 저장·취급용기의 지지대(높이가 30 [cm] 이하인 것은 제외한다) : 지상으로부터 지지대의 끝부분까지
③ 배관·전선관 등의 지지대 : 지상으로부터 1단(1단의 높이가 6 [m]를 초과하는 경우에는 6 [m])까지

연관규정 산업안전보건기준에 관한 규칙
제270조(내화기준)

2018년 1회

01 ☑□□□□
「산업안전보건법령」상 근로자가 작업이나 통행 등으로 인하여 전기기계, 기구 또는 전로 등의 충전 부분에 접촉하거나 접근함으로써 감전 위험이 있는 충전 부분에 대하여 감전을 방지하기 위하여, 사업주가 해야 하는 방호 조치를 3가지만 적으시오. (3점)

답
① 충전부가 노출되지 않도록 폐쇄형 외함이 있는 구조로 할 것
② 충전부에 충분한 절연효과가 있는 방호망이나 절연덮개를 설치할 것
③ 충전부는 내구성이 있는 절연물로 완전히 덮어 감쌀 것
④ 발전소·변전소 및 개폐소 등 구획되어 있는 장소로서 관계 근로자가 아닌 사람의 출입이 금지되는 장소에 충전부를 설치하고, 위험표시 등의 방법으로 방호를 강화할 것
⑤ 전주 위 및 철탑 위 등 격리되어 있는 장소로서 관계 근로자가 아닌 사람이 접근할 우려가 없는 장소에 충전부를 설치할 것

연관규정 산업안전보건기준에 관한 규칙
제301조(전기 기계·기구 등의 충전부 방호)

02 ☑□□□□
「산업안전보건법령」상 기계의 원동기·회전축·기어·풀리·플라이휠·벨트 및 체인 등 근로자가 위험에 처할 우려가 있는 부위에 사업주가 설치해야 하는 위험 방지 조치를 3가지만 적으시오. (5점)

답
① 덮개 ② 울 ③ 슬리브 ④ 건널다리

연관규정 산업안전보건기준에 관한 규칙
제87조(원동기·회전축 등의 위험 방지)

03 ☑□□□□
공장의 설비 배치 3단계를 [보기]를 보고 알맞게 순서대로 나열하시오. (3점)

[보기]
① 건물배치 ② 기계배치 ③ 지역배치

답
③ 지역배치 → ① 건물배치 → ② 기계배치

04 ☑□□□□
「산업안전보건법령」상 철골공사 작업을 중지하여야 하는 기상조건이다. [보기]의 ( ) 안에 알맞게 기상조건을 적으시오. (3점)

[보기]
• 풍량 (①) [m/s]
• 강우량 (②) [mm/h]
• 강설량 (③) [cm/h]

답
① 10 ② 1 ③ 1

연관규정 산업안전보건기준에 관한 규칙
제383조(작업의 제한)

05 ☑☐☐☐☐

공장의 연 평균 근로자 수는 1500명이며 연간 재해건수가 60건 발생하며 이중 사망이 2건, 근로손실일수가 1200일인 경우의 연천인율을 구하시오. (단, 주어진 연간 재해건수 1건당 최소 재해자 수를 1로 하여 계산한다) (3점)

답

연천인율 = $\dfrac{\text{연간 재해자수}}{\text{연 평균 근로자수}} \times 1000$
= $\dfrac{60}{1500} \times 1000 = 40$

06 ☑☐☐☐☐

휴먼에러 분류 중 ① 독립행동에 관한 분류의 종류와 ② 원인에 관한 분류를 각각 2가지씩 적으시오. (4점)

답

① 독립 행동에 관한 분류(심리적 분류)
  1. 생략 에러(Omission Error)
  2. 실행 에러(Commission Error)
  3. 순서 에러(Sequential Error)
  4. 시간 에러(Time Error)
  5. 과잉행동 에러(Extraneous Error)
② 원인에 관한 분류
  1. 1차 에러(Primary Error)
  2. 2차 에러(Secondary Error)
  3. 지시 에러(Command Error)

07 ☑☐☐☐☐

「산업안전보건법령」상 유해·위험 방지를 위하여 방호조치를 아니하고는 양도, 대여, 설치 진열해서는 안 되는 기계·기구를 4가지 적으시오. (4점)

답

① 예초기
② 원심기
③ 공기압축기
④ 금속절단기
⑤ 지게차
⑥ 포장기계(진공포장기, 랩핑기로 한정)

연관규정 산업안전보건법
제80조(유해하거나 위험한 기계·기구에 대한 방호조치)

08 ☑☐☐☐☐

「산업안전보건법령」상 연삭기 덮개의 시험방법 중 연삭기 작동시험 확인 사항으로 다음 ( ) 안에 알맞은 내용을 적으시오. (3점)

[보기]
1) 연삭 (①) 과 덮개의 접촉 여부
2) 탁상용 연삭기는 덮개, (②) 및 (③) 부착상태의 적합성 여부

답

① 숫돌
② 워크레스트
③ 조정편

연관규정 방호장치 자율안전기준 고시
[별표 4의2] 연삭기 덮개의 시험방법

09

「산업안전보건법령」상 가설통로 설치 시 준수사항이다. [보기]의 ( ) 안에 알맞게 내용을 적으시오. (3점)

[보기]
- 경사가 (①)도를 초과하는 경우에는 미끄러지지 않는 구조로 할 것
- 수직갱에 가설된 통로의 길이가 15미터 이상인 경우에는 (②)미터 이내마다 계단참 설치할 것
- 건설공사에 사용하는 높이 8미터 이상인 비계다리는 (③)미터 이내마다 계단참 설치할 것

답

① 15 ② 10 ③ 7

연관규정 산업안전보건기준에 관한 규칙
제23조(가설통로의 구조)

10

「산업안전보건법령」상 공정안전보고서의 제출 대상이 되는 유해·위험설비로 보지 않는 시설이나 설비의 종류를 2가지만 적으시오. (4점)

답

① 원자력 설비
② 군사시설
③ 사업주가 해당 사업장 내에서 직접 사용하기 위한 난방용 연료의 저장설비 및 사용설비
④ 도매·소매시설
⑤ 차량 등의 운송설비
⑥ 「액화석유가스의 안전관리 및 사업법」에 따른 액화석유가스의 충전·저장시설
⑦ 「도시가스사업법」에 따른 가스공급시설
⑧ 그 밖에 고용노동부장관이 누출·화재·폭발 등으로 인한 피해의 정도가 크지 않다고 인정하여 고시하는 설비

연관규정 산업안전보건법 시행령
제33조의6(공정안전보고서의 제출 대상) 제2항

11

사용 장소에 따른 방독마스크의 송급 기준이다. 다음 ( ) 안에 알맞게 내용을 적으시오. (5점)

등급	사용장소
고농도	가스 또는 증기의 농도가 100분의 (①) 이하의 대기 중에서 사용하는 것
중농도	가스 또는 증기의 농도가 100분의 (②) 이하의 대기 중에서 사용하는 것
저/최저	가스 또는 증기의 농도가 100분의 0.1 이하의 대기 중에서 사용하는 것
비고	방독마스크는 산소농도가 (③) [%] 이상인 장소에서 사용하여야 한다.

답

① 2 ② 1 ③ 18

연관규정 보호구 안전인증 고시 [별표 5] 방독마스크의 성능기준(제14조 관련)

12

비등액체팽창증기폭발(BLEVE)에 영향을 주는 인자를 3가지만 적으시오. (5점)

답

① 저장된 물질의 종류와 형태
② 저장용기의 재질
③ 내용물의 물리적 역학상태
④ 주위온도와 압력상태
⑤ 내용물의 인화성 및 독성상태

13 ☑□□□□

「산업안전보건법령」상 고속회전체에 대한 비파괴검사의 실시기준이다. [보기]의 ( ) 안에 고속회전체 조건을 알맞게 적으시오. (4점)

―[보기]―
사업주는 고속 회전체(회전축의 중량이 (①) 톤을 초과하고 원주 속도가 초당 (②) [m] 이상인 것으로 한정한다)의 회전시험을 하는 경우 미리 회전축의 재질 및 형상 등에 상응하는 종류의 비파괴검사를 해서 결함 여부를 확인하여야 한다.

답

① 1 ② 120

연관규정 산업안전보건기준에 관한 규칙
제115조(비파괴검사의 실시)

14 ☑□□□□

「산업안전보건법령」상 관리감독자 안전보건교육 중 정기교육을 4가지만 적으시오. (4점)

답

① 산업안전 및 사고 예방에 관한 사항
② 산업보건 및 직업병 예방에 관한 사항
③ 위험성평가에 관한 사항(개정 2023.9.27. 추가)
④ 유해·위험 작업환경 관리에 관한 사항
⑤ 산업안전보건법령 및 산업재해보상보험 제도에 관한 사항
⑥ 직무스트레스 예방 및 관리에 관한 사항
⑦ 직장 내 괴롭힘, 고객의 폭언 등으로 인한 건강장해 예방 및 관리에 관한 사항
⑧ 작업공정의 유해·위험과 재해 예방대책에 관한 사항
⑨ 사업장 내 안전보건관리체제 및 안전·보건조치 현황에 관한 사항
⑩ 표준안전 작업방법 결정 및 지도·감독 요령에 관한 사항
⑪ 현장근로자와의 의사소통능력 및 강의능력 등 안전보건교육 능력 배양에 관한 사항
⑫ 비상시 또는 재해 발생 시 긴급조치에 관한 사항
⑬ 그 밖의 관리감독자의 직무에 관한 사항

연관규정 산업안전보건법 시행규칙
[별표 5] 안전보건교육 교육대상별 교육내용

2018년 2회

01 ☑☐☐☐☐

「산업안전보건법령」상 위험물질을 제조 취급하는 작업장과 그 작업장이 있는 건축물에 출입구 외에 안전한 장소로 대피할 수 있는 비상구 1개 이상을 설치해야 한다. [보기]의 ( ) 안에 알맞게 내용을 적으시오. (4점)

[보기]
- 출입구와 같은 방향에 있지 아니하고, 출입구로 부터 (①) 이상 떨어져 있을 것
- 작업장의 각 부분으로부터 하나의 비상구 또는 출입구까지의 수평거리가 (②) 이하가 되도록 할 것
- 비상구의 너비는 (③) 이상으로 하고, 높이는 (④) 이상으로 할 것

답
① 3 [m] ② 50 [m] ③ 0.75 [m] ④ 1.5 [m]

연관규정 산업안전보건기준에 관한 규칙
제17조(비상구의 설치)

02 ☑☐☐☐☐

「산업안전보건법령」상 화물의 낙하에 의하여 지게차의 운전자에 위험을 미칠 우려가 있는 작업장에서 사용된 지게차의 헤드가드가 갖추어야 하는 사항 2가지만 적으시오. (4점)

답
① 강도는 지게차의 최대하중의 2배 값(4 [ton]을 넘는 값에 대해서는 4 [ton]으로 한다)의 등분포정하중(等分布靜荷重)에 견딜 수 있을 것
② 상부틀의 각 개구의 폭 또는 길이가 16 [cm] 미만일 것
③ 운전자가 앉아서 조작하거나 서서 조작하는 지게차의 헤드가드는 「산업표준화법」에 따른 한국산업표준에서 정하는 높이 기준 이상일 것
- 좌승식 기준 : 운전자가 앉아서 조작하는 방식의 지게차에 있어서는 운전자의 좌석의 상면에서 헤드가드의 상부틀의 하면까지의 높이가 903 [mm](0.903 [m]) 이상일 것
- 입승식 기준 : 운전자가 서서 조작하는 방식의 지게차에 있어서는 운전석의 바닥면에서 헤드가드의 상부틀의 하면까지의 높이가 1880 [mm](1.88 [m]) 이상일 것

연관규정 산업안전보건기준에 관한 규칙
제180조(헤드가드)

03 ☑☐☐☐☐

「산업안전보건법령」상 아세틸렌 용접장치 검사 시 안전기의 설치 위치를 확인하려고 한다. 안전기의 설치 위치 관련 [보기]의 ( ) 안에 알맞게 적으시오. (3점)

[보기]
- 사업주는 아세틸렌 용접장치의 (①)마다 안전기를 설치하여야 한다. 다만 주관 및 취관에 가장 가까운 (②)마다 안전기를 부착한 경우에는 그러하지 아니하다.
- 사업주는 가스용기가 발생기와 분리되어 있는 아세틸렌 용접장치에 대하여 (③)에 안전기를 설치하여야 한다.

답

① 취관 ② 분기관 ③ 발생기와 가스용기 사이

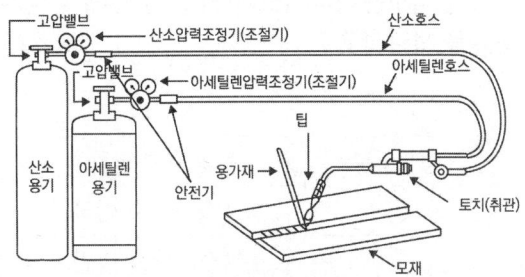

[산소 – 아세틸렌 가스용접장치의 구성]

연관규정 산업안전보건기준에 관한 규칙
제289조(안전기의 설치)

04 ☑☐☐☐☐

「산업안전보건법령」상 사업주는 가스장치실을 설치해야 한다. 가스장치실 설치기준을 3가지 적으시오. (6점)

답

① 가스가 누출된 경우에는 그 가스가 정체되지 않도록 할 것
② 지붕과 천장에는 가벼운 불연성 재료를 사용할 것
③ 벽에는 불연성 재료를 사용할 것

연관규정 산업안전보건기준에 관한 규칙
제292조(가스장치실의 구조 등)

05 ☑☐☐☐☐

「산업안전보건법령」상 콘크리트 타설작업 시 준수사항 3가지를 적으시오. (3점)

답

① 당일의 작업을 시작하기 전에 해당 작업에 관한 거푸집 및 동바리의 변형·변위 및 지반의 침하 유무 등을 점검하고 이상이 있으면 보수할 것
② 작업 중에는 감시자를 배치하는 등의 방법으로 거푸집 및 동바리의 변형·변위 및 침하 유무 등을 확인해야 하며, 이상이 있으면 작업을 중지하고 근로자를 대피시킬 것
③ 콘크리트 타설작업 시 거푸집 붕괴의 위험이 발생할 우려가 있으면 충분한 보강조치를 할 것
④ 설계도서상의 콘크리트 양생기간을 준수하여 거푸집 및 동바리를 해체할 것
⑤ 콘크리트를 타설하는 경우에는 편심이 발생하지 않도록 골고루 분산하여 타설할 것

연관규정 산업안전보건기준에 관한 규칙
제334조(콘크리트의 타설작업)

06 ☑☐☐☐☐

「산업안전보건법령」상 이동식 크레인을 사용하여 작업을 하는 때, 시작 전 점검사항 2가지만 적으시오. (4점)

답

① 권과방지장치나 그 밖의 경보장치의 기능
② 브레이크·클러치 및 조정장치의 기능
③ 와이어로프가 통하고 있는 곳
④ 작업장소의 지반상태

연관규정 산업안전보건기준에 관한 규칙
[별표 3] 작업시작 전 점검사항(제35조 제2항 관련)

07 ☑☐☐☐☐

「산업안전보건법령」상 사업주가 근로자에게 시행해야 하는 안전보건교육의 종류를 4가지만 적으시오. (4점)

답

① 정기교육   ② 채용 시 교육
③ 작업내용 변경 시 교육   ④ 특별교육

연관규정 안전보건교육규정 제2조(정의)

08

「산업안전보건법령」상 중대재해에 대한 기준이다. [보기]의 ( ) 안을 알맞게 적으시오. (4점)

[보기]
- 사망자가 (①) 이상 발생한 재해
- 3개월 이상의 요양이 필요한 부상자가 동시에 (②) 이상 발생한 재해
- 부상자 또는 직업성 질병자가 동시에 (③) 이상 발생한 재해

답

① 1명 ② 2명 ③ 10명

연관규정 산업안전보건법 시행규칙 제2조(정의)

09

「산업안전보건법령」상 [보기]의 그림에 해당하는 안전보건표지의 명칭을 적으시오. (4점)

[보기]

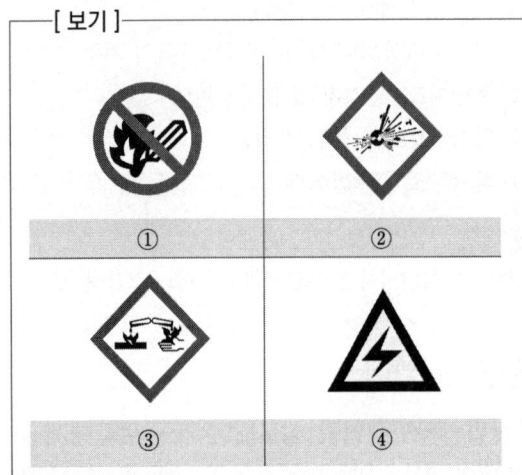

답

① 화기금지   ② 폭발성물질경고
③ 부식성물질경고   ④ 고압전기경고

연관규정 산업안전보건법 시행규칙
[별표 6] 안전보건표지의 종류와 형태

10

프레스의 방호장치 중 하나인, 광전자식 방호장치의 형식구분이다. [보기]의 ( ) 안에 알맞게 내용을 적으시오. (5점)

[보기]

형식구분	광축의 범위
ⓐ	(①)광축 이하
ⓑ	(②)광축 미만
ⓒ	(③)광축 이상

답

① 12
② 13 이상 56
③ 56

연관규정 방호장치 안전인증 고시
[별표 1] 프레스 또는 전단기 방호장치의 성능기준

11

인체계측자료를 장비나 설비 등 설계에 응용할 때 활용되는 3원칙을 적으시오. (3점)

답

① 극단치(최소치와 최대치) 설계원칙
② 조절식 설계원칙
③ 평균치 설계원칙

연관규정 근골격계질환 예방을 위한 작업환경개선 지침
KOSHA GUIDE H - 66 - 2012

12

[보기]의 위험점 정의에 알맞게 위험점 명칭을 ( ) 안에 적으시오. (4점)

[보기]
- 왕복운동을 하는 동작부분과 움직임이 없는 고정부분 사이에 형성되는 위험점 (①)
- 고정부분과 회전하는 동작 부분이 함께 만드는 위험점 (②)
- 회전하는 부분의 접선방향으로 물려 들어갈 위험이 존재하는 위험점 (③)

답
① 협착점
② 끼임점
③ 접선물림점

13 [전기설비기술기준 개정, 문제참고]

전로의 전압에 따른 절연저항치 중 빈칸에 알맞은 내용을 적으시오. (4점)

대지전압 절연저항치
대지전압 150 [V] 이하 (①) [MΩ] 이상
대지전압 150 [V] 초과 300 [V] 이하 (②) [MΩ] 이상
대지전압 300 [V] 초과 400 [V] 이하 (③) [MΩ] 이상
대지전압 400 [V] 초과 (④) [MΩ] 이상

답
① 0.1 ② 0.2 ③ 0.3 ④ 0.4

연관규정 전기설비기술기준 제52조 : 개정

전로의 사용전압 [V]	DC시험전압 [V]	전열저항 [MΩ]
SELV 및 PELV	250	0.5
FELV, 500 [V] 이하	500	1.0
500 [V] 초과	1000	1.0

[주] 특별저압(Extra Low Voltage : 2차 전압이 AC 50 [V], DC 120 [V] 이하)으로 SELV(비접지회로 구성) 및 PELV(접지회로 구성)은 1차와 2차가 전기적으로 절연된 회로, FELV는 1차와 2차가 전기적으로 절연되지 않은 회로

- ELV : Extra Low Voltage 특별 저압
- SELV : Safety Extra Low Voltage
- PELV : Protected Extra Low Voltage
- FELV : Functional Extra Low Voltage

14

거리가 20 [m]일 때 음압수준이 100 [dB]이다. 200 [m]일 때 음압수준(dB)을 계산하시오. (4점)

답

$$dB_2 = dB_1 - d_1 \times \log\frac{d_2}{d_1}$$

[dB_1 = 기준거리(d_1)에서 음압수준,
dB_2 = 이동된 거리(d_2)에서 음압수준]

$$\therefore 100 - 20 \times \log(\frac{200}{20}) = 80 \text{ [dB]}$$

2018년 3회

01 ☑☐☐☐☐

「산업안전보건법령」상 벌목작업 시 위험방지를 위해 사업주가 준수해야하는 사항 2가지를 적으시오. (단, 유압식 벌목기를 사용하는 경우는 제외한다) (4점)

답

① 벌목하려는 경우에는 미리 대피로 및 대피장소를 정해둘 것
② 벌목하려는 나무의 가슴높이지름이 20 [cm] 이상인 경우에는 수구의 상면·하면의 각도를 30도 이상으로 하며, 수구 깊이는 뿌리부분 지름의 4분의 1 이상 3분의 1 이하로 만들 것
③ 벌목작업 중에는 벌목하려는 나무로부터 해당 나무 높이의 2배에 해당하는 직선거리 안에서 다른 작업을 하지 않을 것
④ 나무가 다른 나무에 걸려 있는 경우, 걸려 있는 나무 밑에서 작업을 하지 않을 것
⑤ 나무가 다른 나무에 걸려 있는 경우, 받치고 있는 나무를 벌목하지 않을 것

연관규정 산업안전보건기준에 관한 규칙
제405조(벌목작업 시 등의 위험 방지)

02 ☑☐☐☐☐

부탄이 완전연소 시 화학양론식과 산소농도는 얼마인지 적으시오. (단, 부탄 하한계 1.6이다) (5점)

답

$2C_4H_{10} + 13O_2 \rightarrow 8CO_2 + 10H_2O$

$1.6 \times \dfrac{13}{2} = 10.4$ [vol%]

03 ☑☐☐☐☐

「산업안전보건법령」상 부두·안벽 등 하역작업을 하는 장소에서 사업주 조치사항을 3가지 적으시오. (3점)

답

① 작업장 및 통로의 위험한 부분에는 안전하게 작업할 수 있는 조명을 유지할 것
② 부두 또는 안벽의 선을 따라 통로를 설치하는 경우에는 폭을 90 [cm] 이상으로 할 것
③ 육상에서의 통로 및 작업장소로서 다리 또는 선거 갑문을 넘는 보도 등의 위험한 부분에는 안전난간 또는 울타리 등을 설치할 것

연관규정 산업안전보건기준에 관한 규칙
제390조(하역작업장의 조치기준)

04 ☑☐☐☐☐

「산업안전보건법령」상 자율안전확인대상 기계 또는 설비를 4가지만 적으시오. (4점)

답

① 연삭기 또는 연마기(휴대형은 제외)
② 산업용 로봇
③ 혼합기
④ 파쇄기 또는 분쇄기
⑤ 식품가공용기계(파쇄·절단·혼합·제면기만 해당)
⑥ 컨베이어
⑦ 자동차정비용 리프트
⑧ 공작기계(선반, 드릴기, 평삭·형삭기, 밀링만 해당)
⑨ 고정형 목재가공용기계(둥근톱, 대패, 루타기, 띠톱, 모떼기 기계만 해당)

⑩ 인쇄기

연관규정 산업안전보건법 시행령
제74조(안전인증대상기계등)
제77조(자율안전확인대상기계등)

05 ☑☐☐☐☐

「산업안전보건법령」상 안전인증 대상 보호구를 3가지만 적으시오. (3점)

답

① 추락 및 감전 위험방지용 안전모
② 안전화
③ 안전장갑
④ 방진마스크
⑤ 방독마스크
⑥ 송기마스크
⑦ 전동식 호흡보호구
⑧ 보호복
⑨ 안전대
⑩ 차광 및 비산물 위험방지용 보안경
⑪ 용접용 보안면
⑫ 방음용 귀마개 또는 귀덮개

연관규정 산업안전보건법 시행령
제74조(안전인증대상기계등)

06 ☑☐☐☐☐

「산업안전보건법령」상 철골공사 작업을 중지하여야 하는 기상조건이다. [보기]의 (   ) 안에 알맞게 기상조건을 적으시오. (3점)

[보기]
- 풍량 (①) [m/s]
- 강우량 (②) [mm/h]
- 강설량 (③) [cm/h]

답

① 10 ② 1 ③ 1

연관규정 산업안전보건기준에 관한 규칙
제383조(작업의 제한)

07 ☑☐☐☐☐

「산업안전보건법령」상 달비계 와이어로프의 사용금지 조건을 4가지만 적으시오. (단, 부식된 것은 제외한다) (4점)

답

① 이음매가 있는 것
② 와이어로프의 한 꼬임(스트랜드)에서 끊어진 소선의 수가 10 [%] 이상인 것
③ 지름의 감소가 공칭지름의 7 [%]를 초과하는 것
④ 꼬인 것
⑤ 열과 전기충격에 의한 손상된 것

연관규정 산업안전보건기준에 관한 규칙
제63조(달비계의 구조)

08 ☑☐☐☐☐

인간-기계 통합시스템에서 시스템(System)이 갖는 기본 기능 4가지만 적으시오. (5점)

답

① 입력
② 감지
③ 정보 처리 및 의사 결정
④ 행동(작동)
⑤ 출력
⑥ 정보 보관(정보 저장)

09

「산업안전보건법령」상 사업주가 분진 등을 배출하기 위하여 설치하는 국소배기장치(이동식은 제외)의 덕트(Duct)를 설치할 때 준수사항 3가지를 적으시오. (3점)

답

① 가능하면 길이는 짧게 하고 굴곡부의 수는 적게 할 것
② 접속부의 안쪽은 돌출된 부분이 없도록 할 것
③ 청소구를 설치하는 등 청소하기 쉬운 구조로 할 것
④ 덕트 내부에 오염물질이 쌓이지 않도록 이송속도를 유지할 것
⑤ 연결 부위 등은 외부 공기가 들어오지 않도록 할 것

연관규정 산업안전보건기준에 관한 규칙 제73조(덕트)

10

인간관계의 메커니즘 관련하여 [보기]의 ( ) 안에 알맞은 것을 적으시오. (3점)

[보기]
- (①) : 자기 속의 억압된 것을 다른 사람의 것으로 생각하는 것
- (②) : 다른 사람의 행동 양식이나 태도를 투입시키거나 다른 사람 가운데서 자기와 비슷한 점을 발견하는 것
- (③) : 남의 행동이나 판단을 표본으로 하여 그것과 같거나 또는 그것에 가까운 행동 또는 판단을 취하는 것

답

① 투사 ② 동일화 ③ 모방

11

「산업안전보건법령」상 이동식 비계 조립 시 준수사항 4가지를 적으시오. (4점)

답

① 이동식비계의 바퀴에는 뜻밖의 갑작스러운 이동 또는 전도를 방지하기 위하여 브레이크·쐐기 등으로 바퀴를 고정시킨 다음 비계의 일부를 견고한 시설물에 고정하거나 아웃트리거(Outrigger, 전도방지용 지지대)를 설치하는 등 필요한 조치를 할 것
② 승강용사다리는 견고하게 설치할 것
③ 비계의 최상부에서 작업을 하는 경우에는 안전난간을 설치할 것
④ 작업발판은 항상 수평을 유지하고 작업발판 위에서 안전난간을 딛고 작업을 하거나 받침대 또는 사다리를 사용하여 작업하지 않도록 할 것
⑤ 작업발판의 최대적재하중은 250 [kg]을 초과하지 않도록 할 것

연관규정 산업안전보건기준에 관한 규칙 제68조(이동식비계)

12

「산업안전보건법령」상 정전기에 의한 화재 또는 폭발 등의 위험이 발생할 우려가 있는 '설비'를 사용할 경우 정전기의 발생을 억제하거나 제거하기 위하여 필요한 사업주의 조치 3가지를 적으시오. (3점)

답

① 접지 ② 도전성 재료를 사용
③ 가습 ④ 제전장치 사용
⑤ 대전 방지제 사용

연관규정 산업안전보건기준에 관한 규칙 제325조(정전기로 인한 화재 폭발 등 방지)

13 ☑□□□□

재해예방대책 4원칙을 쓰고 설명하시오. (4점)

답

① 예방가능의 원칙 : 천재지변을 제외한 모든 인재는 예방이 가능
② 손실우연의 원칙 : 사고의 결과 손실의 유무 또는 대소는 사고 당시의 조건에 따라 우연적으로 발생
③ 원인연계(원인계기)의 원칙 : 사고에는 반드시 원인이 있고 원인은 대부분 복합적 연계 원인
④ 대책선정의 원칙 : 사고의 원인이나 불안전 요소가 발견되면 반드시 대책은 선정

14 ☑□□□□

시스템 위험성 평가(MIL-STD-882B)의 위험 강도 분류 4가지를 적으시오. (4점)

답

① 파국적(Catastrophic)
② 중대적 또는 위기적(Critical)
③ 한계적(Marginal)
④ 무시가능(Negligible)

2017년 1회

01 ☑☐☐☐☐
미니멀 컷셋(Minimal Cut Set)을 구하시오. (5점)

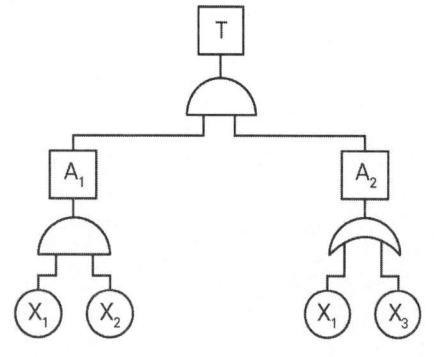

답

컷셋 T = A₁ · A₂
= (X₁ · X₂) · (X₁ + X₃)
= (X₁ · X₂ · X₁) + (X₁ · X₂ · X₃)
= (X₁ · X₂) + (X₁ · X₂ · X₃)

(, 또는 +는 OR, 즉 더하기 개념) 이 중에 미니멀은 최소한 Minimal이므로 (X₁, X₂)

02 ☑☐☐☐☐
종합재해지수를 구하시오. (4점)

- 근로자 수 : 400명
- 1일 8시간 연간 280일
- 연간 재해발생건수 : 80건
- 근로손실일수 : 800일
- 재해자 수 : 100명

답

도수율(빈도율)
= 연간재해발생건수 / 연근로시간수 × 1000000
= 80 / (400 × 8 × 280) × 1000000 = 89.285

강도율 = 근로손실일수 / 연근로시간수 × 1000
= 800 / (400 × 8 × 280) × 1000
= 0.8928

∴ 종합재해지수 = √(강도율 × 도수율) = 8.928

✓ 8.928

짚고가기 신체장해등급에 따른 등급별 근로손실일수

구분		근로손실일수(일)
신체장해등급	사망, 1~3	7500
	4	5500
	5	4000
	6	3000
	7	2200
	8	1500
	9	1000
	10	600
	11	400
	12	200
	13	100
	14	50

※ 부상 및 질병자의 요양근로손실일수는 요양신청서에 기재된 요양일수를 말한다.

연관규정 산업재해통계업무처리규정

03 ☑□□□□

「산업안전보건법령」상 대통령령으로 정하는 크기, 높이 등에 해당하는 건설공사를 착공하려는 경우, 사업주는 유해위험방지계획서를 작성할 때 건설안전 분야의 자격 등 고용노동부령으로 정하는 자격을 갖춘 자의 의견을 들어야 한다. 이러한 대통령령으로 정하는 크기 높이 등에 해당하는 건설공사에 해당하는 것을 4가지만 적으시오. (4점)

답

1. 다음 각 목의 어느 하나에 해당하는 건축물 또는 시설 등의 건설·개조 또는 해체공사
   가. 지상높이가 31 [m] 이상인 건축물 또는 인공구조물
   나. 연면적 30,000 [m²] 이상인 건축물
   다. 연면적 5,000 [m²] 이상인 시설로서 다음의 어느 하나에 해당하는 시설
      1) 문화 및 집회시설(전시장 및 동물원·식물원은 제외)
      2) 판매시설, 운수시설(고속철도의 역사 및 집배송시설은 제외)
      3) 종교시설
      4) 의료시설 중 종합병원
      5) 숙박시설 중 관광숙박시설
      6) 지하도상가
      7) 냉동·냉장 창고시설
2. 연면적 5,000 [m²] 이상인 냉동·냉장 창고시설의 설비공사 및 단열공사
3. 최대 지간길이가 50 [m] 이상인 다리의 건설등 공사
4. 터널의 건설등 공사
5. 다목적댐, 발전용댐, 저수용량 20,000,000 [ton] 이상의 용수 전용 댐 및 지방상수도 전용 댐의 건설 등 공사
6. 깊이 10 [m] 이상인 굴착공사

연관규정 산업안전보건법 시행령
제42조(유해위험방지계획서 제출 대상)

04 ☑□□□□

「산업안전보건법령」상 건물 등의 해체 작업 시 작성해야 하는 작업계획서에 포함사항을 4가지만 적으시오. (4점)

답

① 해체의 방법 및 해체 순서도면
② 가설설비·방호설비·환기설비 및 살수·방화설비 등의 방법
③ 사업장 내 연락방법
④ 해체물의 처분계획
⑤ 해체작업용 기계·기구 등의 작업계획서
⑥ 해체작업용 화약류 등의 사용계획서
⑦ 기타 안전·보건에 관련된 사항

연관규정 산업안전보건기준에 관한 규칙
[별표 4] 사전조사 및 작업계획서 내용

05 ☑□□□□

클러치 맞물림개수 5개, 200[SPM] 동력프레스의 양수기동식 안전장치의 안전거리를 계산하시오. (4점)

답

① $T_m = \left(\dfrac{1}{\text{클러치개수}} + \dfrac{1}{2}\right) \times \dfrac{60000}{\text{매분행정수}}$
$= \left(\dfrac{1}{5} + \dfrac{1}{2}\right) \times \dfrac{60000}{200} = 210\,[ms]$

T_m : 양수기동식 안전장치를 누른 후 슬라이드가 하사점까지 도달한 시간

② $D = 1.6 \times T_m = 336\,[mm]$

연관규정 프레스 방호장치의 선정 설치 및 사용 기술지침
KOSHA CODE M-30-2002

06 ☑☐☐☐☐

사업주는 누전에 의한 감전의 위험을 방지하기 위해 접지를 하여야 한다. 「산업안전보건법령」상 전기를 사용하지 아니하는 설비 중 접지를 해야 하는 금속체 부분 3가지를 적으시오. (4점)

답

① 전동식 양중기의 프레임과 궤도
② 전선이 붙어있는 비전동식 양중기의 프레임
③ 고압 이상의 전기를 사용하는 전기기계·기구 주변의 금속체 칸막이·망 및 이와 유사한 장치

연관규정 산업안전보건기준에 관한 규칙
제302조(전기 기계·기구의 접지) 중 3항

07 ☑☐☐☐☐

「산업안전보건법령」상 안전인증대상기계등에 안전인증을 전부 또는 일부를 면제할 수 있는 경우 3가지를 적으시오. (3점)

답

① 연구·개발을 목적으로 제조·수입하거나 수출을 목적으로 제조하는 경우
② 고용노동부장관이 정하여 고시하는 외국의 안전 인증기관에서 인증을 받은 경우
③ 다른 법령에서 안전성에 관한 검사나 인증을 받은 경우

연관규정 산업안전보건법 제84조(안전인증)

08 ☑☐☐☐☐

다음은 안전모의 내관통성 시험 성능기준에 관한 내용이다. ( )에 알맞은 내용을 적으시오. (4점)

[보기]
- AE형 및 ABE형의 관통거리 (①) [mm] 이하
- AB형의 관통거리 (②) [mm] 이하

답

① 9.5   ② 11.1

연관규정 보호구 안전인증 고시
[별표 1] 추락 및 감전 위험방지용 안전모의 성능기준

09 ☑☐☐☐☐

「산업안전보건법령」상 달비계에 사용할 수 없는 달기체인의 기준 2가지를 적으시오. (단, 균열이 있거나 심하게 변형된 것은 제외한다) (4점)

[보기]
- 링의 단면지름의 감소가 그 달기체인이 제조된 때의 당해 링의 지름의 (①) [%]를 초과한 것
- 달기체인의 길이의 증가가 그 달기체인이 제조된 때의 길이의 (②) [%]를 초과한 것

답

① 10   ② 5

연관규정 산업안전보건기준에 관한 규칙
제63조(달비계의 구조)

10

「산업안전보건법령」상 말비계 조립 시 사업주 준수사항을 적으시오. (4점)

답

① 지주부재의 하단에는 미끄럼 방지장치를 하고, 근로자가 양측 끝부분에 서서 작업하지 않도록 할 것
② 지주부재와 수평면의 기울기를 75도 이하로 하고, 지주부재와 지주부재 사이를 고정시키는 보조부재를 설치할 것
③ 말비계의 높이가 2 [m]를 초과하는 경우에는 작업발판의 폭을 40 [cm] 이상으로 할 것

[연관규정] 산업안전보건기준에 관한 규칙 제67조(말비계)

11

다음은 급성 독성 물질에 관한 기준이다. ( )안을 알맞게 적으시오. (4점)

- LD_{50}은 (①) [mg/kg]을 쥐에 대한 경구투입실험에 의하여 실험동물의 50 [%]를 사망케 한다.
- LD_{50}은 (②) [mg/kg]을 쥐 또는 토끼에 대한 경피흡수실험에서 의하여 실험동물의 50 [%]를 사망케 한다.
- LC_{50}은 가스로 (③) [ppm]을 쥐에 대한 4시간 동안 흡입실험에 의하여 실험동물의 50 [%]를 사망케 한다.
- LC_{50}은 증기로 (④) [mg/ℓ]을 쥐에 대한 4시간 동안 흡입실험에 의하여 실험동물의 50 [%]를 사망케 한다.

답

① 300 ② 1000 ③ 2500 ④ 10

+ LC_{50}은 분진 또는 미스트로 (1) [mg/ℓ]을 쥐에 대한 4시간 동안 흡입 실험에 의하여 실험동물의 50 [%]를 사망케 한다.

12

「산업안전보건법령」상 잠함, 우물통, 수직갱, 그 밖에 이와 유사한 건설물 또는 설비의 내부에서 굴착작업을 하는 경우에 사업주의 준수사항 3가지를 적으시오. (3점)

답

① 산소 결핍 우려가 있는 경우에는 산소의 농도를 측정하는 사람을 지명하여 측정하도록 할 것
② 근로자가 안전하게 오르내리기 위한 설비를 설치할 것

③ 굴착 깊이가 20 [m]를 초과하는 경우에는 해당 작업장소와 외부와의 연락을 위한 통신설비 등을 설치할 것

연관규정 산업안전보건기준에 관한 규칙
제377조(잠함 등 내부에서의 작업)

13 ☑□□□□

U자걸이를 사용할 수 있는 안전대의 구조 관련 기준을 3가지만 적으시오. (4점)

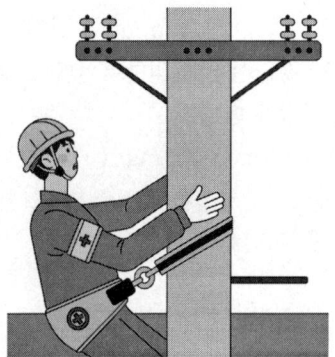

답

① 지탱벨트, 각링, 신축조절기가 있을 것
② D링, 각링은 착용자의 몸통 양 측면에 고정(되도록 지탱벨트 또는 안전그네에 부착할 것)
③ 신축 조절기는 쥠줄로부터 이탈하지 않도록
④ (신체의 추락을 방지하기 위하여) 보조쥠줄을 사용 등

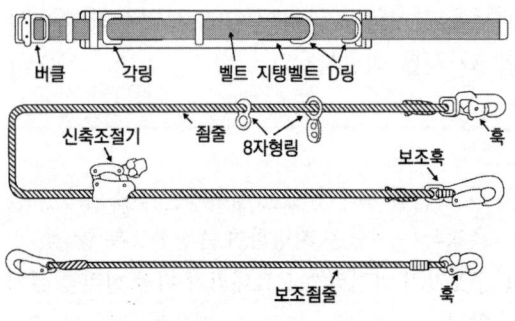

[U자걸이 사용 안전대]

연관규정 보호구 안전인증 고시
[별표 9] 안전대의 성능기준

14 ☑□□□□

「산업안전보건법령」상 타워크레인 설치·해체 시 근로자 특별안전보건교육 내용을 4가지 적으시오. (그 밖에 안전·보건관리에 필요한 사항은 제외한다) (4점)

답

① 붕괴·추락 및 재해 방지에 관한 사항
② 설치·해체 순서 및 안전작업방법에 관한 사항
③ 부재의 구조·재질 및 특성에 관한 사항
④ 신호방법 및 요령에 관한 사항
⑤ 이상 발생 시 응급조치에 관한 사항

연관규정 산업안전보건법 시행규칙
[별표 5] 안전보건교육 교육대상별 교육내용

2017년 2회

01 ☑☐☐☐☐

「산업안전보건법령」상 아세틸렌 용접장치 검사 시 안전기의 설치 위치를 확인하려고 한다. 안전기의 설치 위치 관련 [보기]의 ( ) 안에 알맞게 적으시오. (3점)

─[보기]─
- 사업주는 아세틸렌 용접장치의 (①)마다 안전기를 설치하여야 한다. 다만 주관 및 취관에 가장 가까운 (②)마다 안전기를 부착한 경우에는 그러하지 아니하다.
- 사업주는 가스용기가 발생기와 분리되어 있는 아세틸렌 용접장치에 대하여 (③)와 가스용기 사이에 안전기를 설치하여야 한다.

답
① 취관 ② 분기관 ③ 발생기

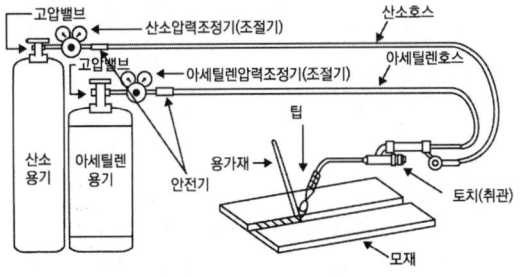

[산소 – 아세틸렌 가스용접 장치의 구성]

연관규정 산업안전보건기준에 관한 규칙
제289조(안전기의 설치)

02 ☑☐☐☐☐

1440명이 있는 사업장에 연간 주 40시간, 50주의 작업을 한다. 평균 출근 94 [%] 지각 및 조퇴 5000시간, 손실일수 1200, 사망 1명, 조기출근과 잔업은 100,000시간이다. 강도율을 계산하시오. (4점)

답

$$강도율 = \frac{근로손실일수}{연근로시간수} \times 1000$$

$$= \frac{1200 + 7500}{(1440 \times 40 \times 50) \times 0.94 + 100000 - 5000} \times 1000$$

$$= 3.1$$

✅ 3.1

연관규정 산업재해업무통계처리규정

03 ☑☐☐☐☐

「산업안전보건법령」상 지상 높이가 31[m] 이상 되는 건축물을 건설하는 공사현장에서 건설공사 유해위험방지계획서를 작성하여 제출하고자 할 때 첨부하여야 하는 작업공종을 4가지 적으시오. (4점)

답
① 가설공사 ② 구조물공사
③ 마감공사 ④ 기계 설비공사
⑤ 해체공사

연관규정 산업안전보건법 시행규칙
[별표 10] 유해위험방지계획서 첨부서류(제42조 제3항 관련)

04

「산업안전보건법령」상 지게차를 사용하여 작업을 하는 때 작업 시작 전 관리감독자가 수행해야 하는 점검사항을 4가지 적으시오. (4점)

답
① 제동장치 및 조종장치 기능의 이상 유무
② 하역장치 및 유압장치 기능의 이상 유무
③ 바퀴의 이상 유무
④ 전조등·후미등·방향지시기 및 경보장치 기능의 이상 유무

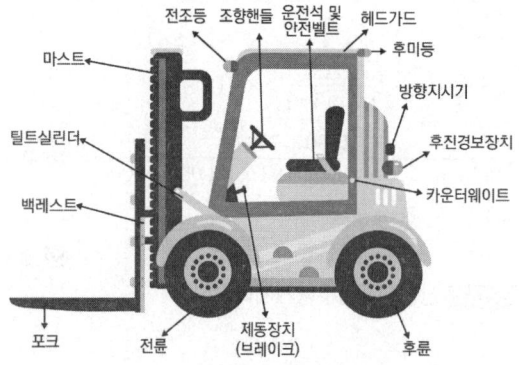

연관규정 산업안전보건기준에 관한 규칙
[별표 3] 작업시작 전 점검사항

05

「산업안전보건법령」상 가연성물질이 있는 장소에서 화재위험작업을 하는 경우, 사업주가 화재예방을 위해 준수해야 하는 사항을 3가지만 적으시오. (단, 작업 준비 및 작업 절차 수립은 제외한다) (3점)

답
① 작업장 내 위험물의 사용·보관 현황 파악
② 화기작업에 따른 인근 가연성물질에 대한 방호조치 및 소화기구 비치
③ 용접불티 비산방지덮개, 용접방화포 등 불꽃, 불티 등 비산방지조치
④ 인화성 액체의 증기 및 인화성 가스가 남아 있지 않도록 환기 등의 조치
⑤ 작업근로자에 대한 화재예방 및 피난교육 등 비상조치

연관규정 산업안전보건기준에 관한 규칙
제241조(화재위험작업 시의 준수사항)

06

「산업안전보건법령」상 해당 장소에 설치해야 하는 경고표지의 종류를 [보기]의 ( ) 안에 적으시오. (4점)

[보기]
- 폭발성 물질이 있는 장소 (①)
- 가열·압축하거나 강산·알칼리 등을 첨가하면 강한 산화성을 띠는 물질이 있는 장소 (②)
- 돌 및 블록 등 떨어질 우려가 있는 물체가 있는 장소 (③)
- 미끄러운 장소 등 넘어지기 쉬운 장소 (④)

답
① 폭발성물질 경고
② 산화성물질 경고
③ 낙하물체 경고
④ 몸균형 상실 경고

연관규정 산업안전보건기준에 관한 규칙 [별표 7] 안전보건표지의 종류별 용도, 설치·부착 장소, 형태 및 색채

07

「산업안전보건법령」상 사업주가 화학설비 또는 그 부속설비의 용도를 변경하는 경우(사용하는 원재료의 종류를 변경하는 경우를 포함), 해당 설비의 점검 사항을 3가지 적으시오. (6점)

답

① 그 설비 내부에 폭발이나 화재의 우려가 있는 물질이 있는지 여부
② 안전밸브·긴급차단장치 및 그 밖의 방호장치 기능의 이상 유무
③ 냉각장치·가열장치·교반장치·압축장치·계측장치 및 제어장치 기능의 이상 유무

연관규정 산업안전보건기준에 관한 규칙
제277조(사용 전의 점검 등)

08 ☑☐☐☐☐

[보기]의 부작위 오류(Omission Error)와 작위 오류(Commission Error)를 각각 분류하시오. (4점)

[보기]
① 납 접합을 빠뜨렸다.
② 전선의 연결이 바뀌었다.
③ 부품을 빠뜨렸다.
④ 부품이 거꾸로 배열되었다.
⑤ 다른 부품을 사용하였다.

답

- 부작위 오류(Omission Error) : ①, ③
- 작위 오류(Commission Error) : ②, ④, ⑤

09 ☑☐☐☐☐

「산업안전보건법령」상 물질안전보건자료의 작성 및 제출에서 제외하는 대상 화학물질 4가지를 적으시오. (단, 화학물질 또는 혼합물로서 일반소비자의 생활용으로 제공되는 것과 그 밖에 고용노동부장관이 독성 폭발성 등으로 인한 위해의 정도가 적다고 인정하여 고시하는 화학물질은 제외한다) (4점)

답

① 건강기능식품
② 농약
③ 마약 및 향정신성의약품
④ 비료
⑤ 사료
⑥ 「생활주변방사선 안전관리법」에 따른 원료물질
⑦ 안전확인대상생활화학제품 및 살생물제품 중 일반소비자의 생활용으로 제공되는 제품
⑧ 식품 및 식품첨가물
⑨ 의약품 및 의약외품
⑩ 방사성물질
⑪ 위생용품
⑫ 의료기기
⑬ 첨단바이오의약품
⑭ 화약류
⑮ 폐기물
⑯ 화장품

연관규정 산업안전보건법 시행령
제86조(물질안전보건자료의 작성·제출 제외 대상 화학물질 등)

10 ☑☐☐☐☐

「산업안전보건법령」상 정전기에 의한 화재 또는 폭발 등의 위험이 발생할 우려가 있는 경우 사업주의 준수사항이다. [보기]의 ( ) 안에 알맞은 내용을 적으시오. (3점)

[보기]
사업주는 정전기에 의한 화재 또는 폭발 등의 위험이 발생할 우려가 있는 경우에는 해당 설비에 대하여 확실한 방법으로 (①)를 하거나, (②) 재료를 사용하거나 가습 및 점화원이 될 우려가 없는 (③)를 사용하는 등 정전기의 발생을 억제하거나 제거하기 위하여 필요한 조치를 하여야 한다.

답

① 접지 ② 도전성 ③ 제전장치

연관규정 산업안전보건기준에 관한 규칙
제325조(정전기로 인한 화재 폭발 등 방지)

11 ☑□□□□

「산업안전보건법령」상 타워크레인의 작업 중지 조건이다. [보기]의 ( ) 안의 내용을 알맞게 적으시오. (4점)

[보기]
- 운전작업을 중지하여야 하는 순간풍속 : (①)[m/s] 초과
- 설치·수리·점검 또는 해체 작업을 중지하여야 하는 순간풍속 : (②)[m/s] 초과

답

① 15 ② 10

연관규정 산업안전보건기준에 관한 규칙
제37조(악천후 및 강풍 시 작업 중지)

12 ☑□□□□

「산업안전보건법령」상 낙하물방지망 또는 방호선반 설치기준이다. [보기]의 ( ) 안에 알맞게 내용을 적으시오. (4점)

[보기]
- 높이 (①)미터 이내마다 설치하고, 내민 길이는 벽면으로부터 (②)미터 이상으로 할 것
- 수평면과의 각도는 (③)도 이상 (④)도 이하를 유지할 것

답

① 10 ② 2 ③ 20 ④ 30

연관규정 산업안전보건기준에 관한 규칙
제14조(낙하물에 의한 위험의 방지)

13 ☑□□□□

「산업안전보건법령」상 건설용 리프트·곤돌라를 이용한 작업 시 근로자에게 실시하는 특별안전보건교육을 4가지만 적으시오. (4점)

답

① 방호장치의 기능 및 사용에 관한 사항
② 기계, 기구, 달기체인 및 와이어 등의 점검에 관한 사항
③ 화물의 권상·권하 작업방법 및 안전작업 지도에 관한 사항
④ 기계·기구에 특성 및 동작원리에 관한 사항
⑤ 신호방법 및 공동작업에 관한 사항
⑥ 그 밖에 안전·보건관리에 필요한 사항

연관규정 산업안전보건법 시행규칙
[별표 5] 안전보건교육 교육대상별 교육내용

14 ☑□□□□

「산업안전보건법령」상 사업장의 안전 및 보건을 유지하기 위해, 안전보건관리규정에 포함해야 할 사항을 4가지 적으시오. (단, 그 밖에 안전 및 보건에 관한 사항은 제외한다) (4점)

답

① 안전 및 보건에 관한 관리조직과 그 직무에 관한 사항
② 안전보건교육에 관한 사항
③ 작업장의 안전 및 보건 관리에 관한 사항
④ 사고 조사 및 대책 수립에 관한 사항

연관규정 산업안전보건법
제25조(안전보건관리규정의 작성)

2017년 3회

01 ☑☐☐☐☐
재해발생 형태를 적으시오. (4점)

① 폭발과 화재 2가지 현상이 복합적으로 발생한 경우
② 재해 당시 바닥면과 신체가 떨어진 상태로 더 낮은 위치로 떨어진 경우
③ 재해 당시 바닥면과 신체가 접해 있는 상태에서 더 낮은 위치로 떨어진 경우
④ 재해자가 전도로 인하여 기계의 동력전달부위 등에 협착되어 신체부위가 절단된 경우

답

① 폭발 ② 떨어짐 ③ 넘어짐 ④ 끼임

연관규정 산업재해 기록 분류에 관한 지침
KOSHA GUIDE G - 83 - 2016

02 ☑☐☐☐☐

산소에너지당량은 5 [kcal/L], 작업 시 산소소비량은 1.5 [L/min], 작업 시 평균에너지소비량상한은 5 [kcal/min], 휴식 시 평균에너지소비량은 1.5 [kcal/min], 작업시간 60분일 때 휴식시간을 구하시오. (5점)

답

$$R = \frac{T(E-S)}{(E-W)} = \frac{60(7.5-5)}{(7.5-1.5)} = 25\min$$

✅ 25분

[공식]
① T : 총 작업시간[min], R : 총 휴식시간[min]
② E : 작업 중 평균에너지 소비량[kcal/min]
  = 산소에너지당량$[kcal/L]$ × 작업 시 산소소비량 $[L/min]$
③ S : 권장 평균에너지 소비량[kcal/min]
  = 남성 5 [kcal/min], 여성 4 [kcal/min]
④ W : 휴식 중 에너지 소비량[kcal/min]

참고하기 1시간 동안 실제 작업시간 : $T = 60 - R$

03 ☑☐☐☐☐

안전성 평가 진행순서를 [보기]를 보고 알맞은 순서대로 번호를 나열하시오. (4점)

[보기]
① 정성적 평가   ② 재평가
③ FTA 재평가   ④ 대책검토
⑤ 자료정비   ⑥ 정량적 평가

답

⑤ 자료정비 → ① 정성적 평가 → ⑥ 정량적 평가
→ ④ 대책검토 → ② 재평가 → ③ FTA 재평가

04 ☑☐☐☐☐

천정크레인 안전검사 주기이다. 「산업안전보건법령」상 [보기]의 ( ) 안에 알맞게 내용을 적으시오. (3점)

[보기]
사업장에 설치가 끝난 날부터 몇 (①)년 이내에 최초 안전검사를 실시하되, 그 이후부터 매 몇 (②)년(건설현장에서 사용하는 것은 최초로 설치한 날로부터 (③)개월마다 안전검사를 실시한다.

답

① 3 ② 2 ③ 6

연관규정 산업안전보건법 시행규칙
제126조(안전검사의 주기와 합격표시 및 표시방법)

05 ☑☐☐☐☐

「산업안전보건법령」상 지게차를 사용하여 작업을 하는 때 작업 시작 전 관리감독자가 수행해야 하는 점검사항을 4가지 적으시오. (4점)

답

① 제동장치 및 조종장치 기능의 이상 유무
② 하역장치 및 유압장치 기능의 이상 유무
③ 바퀴의 이상 유무
④ 전조등·후미등·방향지시기 및 경보장치 기능의 이상 유무

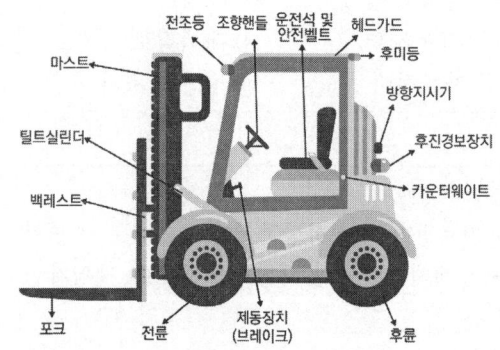

연관규정 산업안전보건기준에 관한 규칙
[별표 3] 작업시작 전 점검사항

06 ☑☐☐☐☐

「산업안전보건법령」상 안전난간대 구조에 대한 설명이다. [보기]의 ( ) 안에 내용을 알맞게 적으시오. (3점)

[보기]
- 상부난간대 : 바닥면·발판 또는 경사로의 표면으로부터 (①)센티미터 이상
- 난간대 : 지름 (②)센티미터 이상 금속제 파이프나 그 이상의 강도가 있는 재료
- 하중 : 구조적으로 가장 취약한 지점에서 가장 취약한 방향으로 작용하는 (③)킬로그램 이상의 하중에 견딜 수 있는 튼튼한 구조일 것

답

① 90 ② 2.7 ③ 100

연관규정 산업안전보건기준에 관한 규칙
제13조(안전난간의 구조 및 설치요건)

07 ☑☐☐☐☐

「산업안전보건법령」상 안전관리자를 정수 이상으로 증원·교체 임명할 수 있는 사유를 3가지만 적으시오. (3점)

답

① 해당 사업장의 연간재해율이 같은 업종의 평균재해율의 2배 이상인 경우
② 중대재해가 연간 2건 이상 발생한 경우
③ 관리자가 질병이나 그 밖의 사유로 3개월 이상 직무를 수행할 수 없게 된 경우
④ 화학적 인자로 인한 직업성 질병자가 연간 3명 이상 발생한 경우

연관규정 산업안전보건법 시행규칙
제12조(안전관리자 등의 증원·교체임명 명령)

08

「산업안전보건법령」상 과압에 따른 폭발을 방지하기 위하여 폭발 방지 성능과 규격을 갖춘 안전밸브 또는 파열판을 설치하여야 한다. 이때 반드시 파열판을 설치해야 경우 3가지를 적으시오. (6점)

답

① 반응 폭주 등 급격한 압력 상승 우려가 있는 경우
② 급성 독성물질의 누출로 인하여 주위의 작업환경을 오염시킬 우려가 있는 경우
③ 운전 중 안전밸브에 이상 물질이 누적되어 안전밸브가 작동되지 아니할 우려가 있는 경우

연관규정 산업안전보건기준에 관한 규칙
제262조(파열판의 설치)

09

방독마스크의 종류에 따른 시험가스와 색상을 구분하여 ( ) 안에 알맞게 적으시오. (5점)

종류	시험가스	색
유기 화합물용	시클로헥산(C_6H_{12}) 디메틸에테르(CH_3OCH_3) 이소부탄(C_4H_{10})	①
할로겐용	②	③
황화수소용	황화수소가스(H_2S)	③
시안화 수소용	시안화수소가스(HCN)	③
아황산용	아황산가스(SO_2)	④
암모니아용	암모니아가스(NH_3)	⑤

답

① 갈색
② 염소가스 또는 증기(Cl_2)
③ 회색
④ 노랑색
⑤ 녹색

연관규정 보호구 안전인증 고시
[별표 5] 방독마스크의 성능기준(제14조 관련)

10

「산업안전보건법령」상 공정안전보고서에 포함되어야 하는 사항을 4가지 적으시오. (4점)

답

① 공정안전자료 ② 공정위험성 평가서
③ 안전운전계획 ④ 비상조치계획

연관규정 산업안전보건법 시행령
제44조(공정안전보고서의 내용)

11

「산업안전보건법령」상 롤러기 급정지장치의 앞면 롤러 표면속도(원주속도)에 따른 안전거리를 [보기]의 ( ) 안에 적으시오. (4점)

[보기]
- 30 [m/min] 미만 - 앞면 롤러 원주의 (①)
- 30 [m/min] 이상 - 앞면 롤러 원주의 (②)

답

① $\dfrac{1}{3}$ 이내 ② $\dfrac{1}{2.5}$ 이내

연관규정 방호장치 자율안전기준 고시
[별표 3] 롤러기 급정지장치의 성능기준

12

「산업안전보건법령」상 가설통로 설치 시 사업주의 준수사항을 3가지만 적으시오. (3점)

답

① 견고한 구조로 할 것
② 경사는 30도 이하로 할 것(단, 계단을 설치하거나 높이 2 [m] 미만의 가설통로로서 튼튼한 손잡이를 설치한 경우는 제외)
③ 경사가 15도를 초과하는 경우에는 미끄러지지 아니하는 구조로 할 것
④ 추락할 위험이 있는 장소에는 안전난간을 설치할 것(단, 작업상 부득이한 경우에는 필요한 부분만 임시 해체 가능)
⑤ 수직갱에 가설된 통로의 길이가 15 [m] 이상인 경우에는 10 [m] 이내마다 계단참을 설치할 것
⑥ 건설공사에 사용하는 높이 8 [m] 이상인 비계다리에는 7 [m] 이내마다 계단참을 설치할 것

연관규정 산업안전보건기준에 관한 규칙 제23조(가설통로의 구조)

13

「산업안전보건법령」상 선간전압에 해당하는 충전전로에 대한 접근한계거리를 [보기]의 ( ) 안에 적으시오. (4점)

[보기]
① 380 [V]   ② 1.5 [kV]
③ 6.6 [kV]   ④ 22.9 [kV]

답

① 30 [cm]   ② 45 [cm]
③ 60 [cm]   ④ 90 [cm]

연관규정 산업안전보건기준에 관한 규칙 제321조(충전전로에서의 전기작업)

14

「산업안전보건법령」상 가스폭발 위험장소 또는 분진폭발 위험장소에 설치되는 건축물 등에 대해서 해당하는 부분을 내화구조로 하여야 하며, 그 성능이 항상 유지될 수 있도록 점검·보수 등 적절한 조치를 하여야 한다. 해당하는 부분을 2가지만 적으시오. (6점)

답

① 건축물의 기둥 및 보 : 지상 1층(지상 1층의 높이가 6 [m]를 초과하는 경우에는 6 [m])까지
② 위험물 저장·취급용기의 지지대(높이가 30 [cm] 이하인 것은 제외한다) : 지상으로부터 지지대의 끝부분까지
③ 배관·전선관 등의 지지대 : 지상으로부터 1단(1단의 높이가 6 [m]를 초과하는 경우에는 6 [m])까지

연관규정 산업안전보건기준에 관한 규칙 제270조(내화기준)

2016년 1회

01 ☑☐☐☐☐

「산업안전보건법령」상 화물의 낙하에 의하여 지게차의 운전자에 위험을 미칠 우려가 있는 작업장에서 사용된 지게차의 헤드가드가 갖추어야 하는 사항 2가지만 적으시오. (4점)

답

① 강도는 지게차의 최대하중의 2배 값(4 [ton]을 넘는 값에 대해서는 4 [ton]으로 한다)의 등분포 정하중(等分布靜荷重)에 견딜 수 있을 것
② 상부틀의 각 개구의 폭 또는 길이가 16 [cm] 미만일 것
③ 운전자가 앉아서 조작하거나 서서 조작하는 지게차의 헤드가드는 「산업표준화법」에 따른 한국산업표준에서 정하는 높이 기준 이상일 것
  • 좌승식 기준 : 운전자가 앉아서 조작하는 방식의 지게차에 있어서는 운전자의 좌석의 상면에서 헤드가드의 상부틀의 하면까지의 높이가 903 [mm](0.903 [m]) 이상일 것
  • 입승식 기준 : 운전자가 서서 조작하는 방식의 지게차에 있어서는 운전석의 바닥면에서 헤드가드의 상부틀의 하면까지의 높이가 1880 [mm](1.88 [m]) 이상일 것

연관규정 산업안전보건기준에 관한 규칙 제180조(헤드가드)

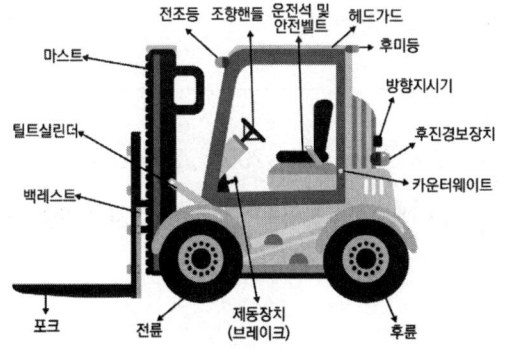

02 ☑☐☐☐☐

방폭등급에 따른 안전간격과 가스명을 적으시오. (5점)

분류	ⅡA	ⅡB	ⅡC
최대안전틈새	①	0.5 [mm] 초과 0.9 [mm] 미만	0.5 [mm] 이하
가스명	프로판	②	③

답

① 0.9 [mm] 이상
② 에틸렌
③ 수소, 아세틸렌

연관규정 방호장치 안전인증 고시 [별표 6]
가스·증기방폭구조인 전기기기의 일반성능기준

분류	ⅡA	ⅡB	ⅡC
최대 안전틈새	0.9 [mm] 이상	0.5 [mm] 초과 0.9 [mm] 미만	0.5 [mm] 이하
가스명	프로판	에틸렌	수소, 아세틸렌

가스시설 전기방폭기준 KGS GC201(2018)

03

다음 FT도에서 컷셋(Cut Set)을 모두 구하시오. (3점)

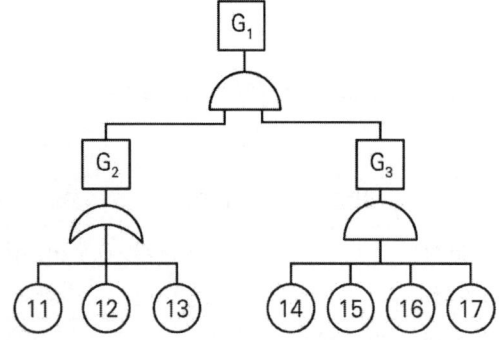

답

$G_1 = G_2 \times G_3$
 = [(11), (12), (13)] × [(14) × (15) × (16) × (17)]
 = [(11), (14), (15), (16), (17)],
  [(12), (14), (15), (16), (17)],
  [(13), (14), (15), (16), (17)]

04

「산업안전보건법령」상 근로자가 반복하여 계속적으로 중량물을 취급하는 작업할 때 작업 시작 전 점검사항 2가지를 적으시오. (단, 그 밖의 하역운반기계 등의 적절한 사용방법은 제외한다) (4점)

답

① 중량물 취급의 올바른 자세 및 복장
② 위험물이 날아 흩어짐에 따른 보호구의 착용
③ 카바이드·생석회 등과 같이 온도상승이나 습기에 의하여 위험성이 존재하는 중량물의 취급방법

연관규정 산업안전보건기준에 관한 규칙
[별표 3] 작업시작 전 점검사항

05

화재의 종류를 구분하여 적고, 그에 따른 표시색을 적으시오. (4점)

유형	화재의 분류	색상
A	일반화재	③
B	유류화재	④
C	①	청색
D	②	무색

답

① 전기화재 ② 금속화재 ③ 백색 ④ 황색

06

아세틸렌 용접기 도관의 점검항목 3가지를 적으시오. (3점)

답

① 밸브의 작동상태
② 누출의 유무
③ 역화방지기 접속부 및 밸브코크의 작동상태의 이상 유무

07

감응식 방호장치를 설치한 프레스에서 광선을 차단한 후 200 [ms] 후에 슬라이드가 정지하였다. 이때 방호장치의 안전거리는 최소 몇 [mm] 이상이어야 하는가? (3점)

답

D = 1.6 × Tm = 1.6 × 200 = 320 [mm]

연관규정 프레스 방호장치의 선정 설치 및 사용 기술지침
KOSHA CODE M – 30 – 2002

08

도수율이 18.73인 사업장에서 근로자 1명에게 평생 동안 약 몇 건의 재해가 발생하겠는가? (단, 1일 8시간, 월 25일, 12개월 근무, 평생근로연수는 35년, 연간 잔업시간은 240시간으로 한다) (3점)

답

도수율(빈도율) = $\dfrac{\text{연간재해발생건수}}{\text{연근로시간수}} \times 10^6$

18.73
$= \dfrac{1\text{년재해건수}}{\{y\text{명} \times (8\text{시간} \times 25\text{일} \times 12\text{개월} + \text{잔업}240)\}} \times 10^6$
$= \dfrac{\text{재해건수}X}{\{1\text{명} \times (8\text{시간} \times 25\text{일} \times 12\text{개월} + \text{잔업}240) \times 35\text{년}\}} \times 10^6$

재해건수 X
$= \dfrac{18.73 \times \{1\text{명} \times (8\text{시간} \times 25\text{일} \times 12\text{개월} + \text{잔업}240) \times 35\text{년}\}}{10^6}$
$= 1.73$건

✓ 1.73건

연관규정 산업재해통계업무처리규정

09

보안경을 크게 두 가지로 구분하고 선택 시 유의사항을 적으시오. (4점)

답

① 차광보안경(안전인증) : 적외선, 자외선, 가시광선으로부터 눈을 보호
② 일반보안경(자율안전확인대상) : 미분, 칩, 기타 비산물로부터 눈을 보호

연관규정 보호구 안전인증 고시, 보호구 자율안전확인 고시

10

「산업안전보건법령」상 사업주가 근로자에게 시행해야 하는 안전보건교육의 종류를 4가지만 적으시오. (4점)

답

① 정기교육
② 채용 시 교육
③ 작업내용 변경 시 교육
④ 특별교육

연관규정 안전보건교육규정 제2조(정의)

11

「산업안전보건법령」상 양중기 종류 5가지를 적으시오. (5점)

답

① 크레인[호이스트(hoist) 포함]
② 이동식 크레인
③ 곤돌라
④ 승강기
⑤ 리프트(이삿짐운반용 리프트는 적재하중이 0.1[ton] 이상)

연관규정 산업안전보건기준에 관한 규칙
제132조(양중기)

12 ☑☐☐☐☐

「산업안전보건법령」상 타워크레인에 사용하는 와이어로프의 사용금지 기준을 4가지 적으시오. (단, 부식된 것, 손상된 것 제외한다) (4점)

답

① 이음매가 있는 것

② 와이어로프의 한 꼬임에서 끊어진 소선의 수가 10 [%] 이상인 것

③ 지름의 감소가 공칭지름의 7 [%]를 초과하는 것

④ 꼬인 것

연관규정 산업안전보건기준에 관한 규칙 제63조(달비계의 구조)

13 ☑☐☐☐☐

중대사고 발생 시 노동부에 구두나 유선으로 보고해야 하는 사항 4가지를 적으시오. (단, 그 밖의 중요한 사항은 제외한다) (4점)

답

① 발생 개요

② 피해 상황

③ 조치

④ 전망

연관규정 산업안전보건법 시행규칙 제67조(중대재해 발생 시 보고)

14 ☑☐☐☐☐

Swain은 인간의 오류(Human Error)를 작위적 오류(Commission Error)와 부작위적 오류(Omission Error)로 구분한다. 작위적 오류와 부작위적 오류에 대해 설명하시오. (4점)

답

① 작위적 오류(Commission Error) : 필요한 직무 또는 절차의 불확실한 수행

② 부작위적 오류(Omission Error) : 필요한 직무 또는 절차를 수행하지 않음

01 ☑☐☐☐☐

화학물질의 분류·표시 및 물질안전보건자료에 관한 기준상 물질안전보건자료(MSDS) 작성 시 포함사항 16가지 중 [보기]의 포함사항을 제외하고 4가지만 적으시오. (4점)

[보기]
① 화학제품과 회사에 관한 정보
② 구성성분의 명칭 및 함유량
③ 취급 및 저장방법
④ 물리화학적 특성
⑤ 폐기 시 주의사항
⑥ 그 밖의 참고사항

답

① 유해, 위험성
② 응급조치 요령
③ 폭발, 화재 시 대처방법
④ 누출사고 시 대처방법
⑤ 노출방지 및 개인보호구

연관규정 화학물질의 분류·표시 및 물질안전보건자료에 관한 기준 제10조(작성항목)

02 ☑☐☐☐☐

「산업안전보건법령」상 공정안전보고서에 포함되어야 하는 사항을 4가지 적으시오. (4점)

답

① 공정안전자료
② 공정위험성 평가서
③ 안전운전계획
④ 비상조치계획

연관규정 산업안전보건법 시행령 제44조(공정안전보고서의 내용)

03 ☑☐☐☐☐

「산업안전보건법령」상 비, 눈, 그 밖의 기상상태의 악화로 작업을 중지시킨 후 또는 비계를 조립·해체하거나 변경한 후 그 비계에서 작업을 하는 경우 해당 작업시작 전 점검사항을 4가지만 적으시오. (4점)

답

① 발판 재료의 손상 여부 및 부착 또는 걸림 상태
② 해당 비계의 연결부 또는 접속부의 풀림 상태
③ 연결 재료 및 연결 철물의 손상 또는 부식 상태
④ 손잡이의 탈락 여부
⑤ 기둥의 침하, 변형, 변위 또는 흔들림 상태
⑥ 로프의 부착 상태 및 매단 장치의 흔들림 상태

연관규정 산업안전보건기준에 관한 규칙 제58조(비계의 점검 및 보수)

04 ☑☐☐☐☐

실내 작업장에서 8시간 작업 시 소음측정결과 85 dB[A] 2시간, 90 dB[A] 4시간, 95 dB[A] 2시간일 때 소음노출수준(%)을 구하고 소음노출기준 초과 여부를 적으시오. (4점)

답

① 소음노출수준(T) = $\dfrac{4}{8} + \dfrac{2}{4} = 1 = 100$ [%]

② 노출기준 초과 여부 : 초과하지 않음(100 [%]를 상회 시 초과판단)

90 [dB]이 8시간 기준 1(5 [dB]씩 변할 때마다 2배씩 높아지고 낮아짐)

소음	90	95	100	105	110
시간	8	4	2	1	0.5

단위 : 소음(dB), 시간(hr)

05 ☑☐☐☐☐

「산업안전보건법령」상 공기압축기를 가동할 때 작업시작 전 점검 사항을 4가지만 적으시오.

(4점)

답

① 공기저장 압력용기의 외관 상태
② 드레인밸브의 조작 및 배수
③ 압력방출장치의 기능
④ 언로드밸브의 기능
⑤ 윤활유의 상태
⑥ 회전부의 덮개 또는 울

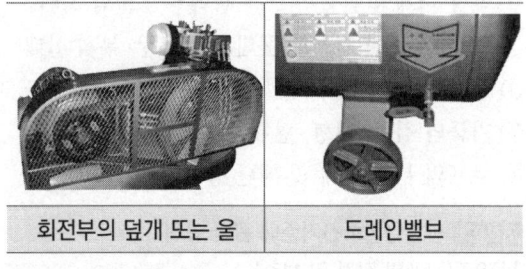

| 회전부의 덮개 또는 울 | 드레인밸브 |

연관규정 산업안전보건기준에 관한 규칙
[별표 3] 작업시작 전 점검사항

06 ☑☐☐☐☐

다음은 동기부여의 이론 중 매슬로우의 욕구단계론, 알더퍼의 ERG이론을 비교한 것이다. 다음 ① ~ ④의 빈칸에 들어갈 내용을 적으시오.

(4점)

단계구분	욕구단계론	ERG이론
제1단계	생리적 욕구	생존욕구
제2단계	(①)	(③)
제3단계	(②)	
제4단계	인정받으려는 욕구	(④)
제5단계	자아실현의 욕구	

답

① 안전 욕구
② 사회적 욕구
③ 관계욕구
④ 성장욕구

07 ☑☐☐☐☐

「산업안전보건법령」상 유해·위험 방지를 위하여 방호조치를 아니하고는 양도, 대여, 설치 진열해서는 안 되는 기계·기구를 5가지 적으시오.

(5점)

답

① 예초기
② 원심기
③ 공기압축기
④ 금속절단기
⑤ 지게차
⑥ 포장기계(진공포장기, 랩핑기로 한정)

연관규정 산업안전보건법
제80조(유해하거나 위험한 기계·기구에 대한 방호조치)
산업안전보건법 시행규칙 제98조(방호조치)

08

ILO(International Labor Organization, 국제노동기구)가 정한 근로 불능 상해의 종류를 [보기]의 보고 설명하시오. (3점)

[보기]
- 영구 전노동불능 상해 (①)
- 영구 일부 노동 불능 상해 (②)
- 일시 전노동 불능 상해 (③)

답

① 부상 결과로 노동기능을 완전히 잃게 되는 부상(신체장해등급 제1~3급)
② 부상 결과로 신체 부분의 일부가 노동 기능을 상실한 부상(신체장해등급 4~14급)
③ 의사의 진단에 따라 일정기간 정규노동에 종사할 수 없는 상해 정도(신체장해가 남지 않는 일반적인 휴업재해)

연관규정 산업재해업무처리통계규정, ILO

09

FT도의 각 단계별 내용이 [보기]와 같을 때 올바른 순서대로 번호를 나열하시오. (4점)

[보기]
① 정상사상의 원인이 되는 기초사상을 분석한다.
② 정상사상과의 관계는 논리게이트를 이용하여 도해한다.
③ 분석현상이 된 시스템을 정의한다.
④ 이전단계에서 결정된 사상이 조금 더 전개가 가능한지 검사한다.
⑤ 정성 정량적으로 해석 평가한다.
⑥ FT를 간소화한다.

답

③ → ① → ② → ④ → ⑥ → ⑤

10

색도기준 빈칸을 넣으시오. (4점)

색채	색도기준	용도	사용례
①	7.5R 4/14	금지	정지신호, 소화설비 및 그 장소, 유해행위의 금지
		②	화학물질 취급 장소에서의 유해, 위험경고
파란색	2.5PB 4/10	지시	특정행위의 지시 및 사실의 고지
흰색	N9.5		③
검정색	④		문자 및 빨간색 또는 노란색에 대한 보조색

답

① 빨간색 ② 경고
③ 파란색 또는 녹색에 대한 보조색 ④ N0.5

연관규정 산업안전보건법 시행규칙
[별표 8] 안전보건표지의 색도기준 및 용도

11

폭발의 정의에서 UVCE와 BLEVE를 설명하시오. (4점)

답

① UVCE(개방계 증기운폭발, Unconfined Vapour Cloud Explosion) : 대기 중에 구름형태로 모여 바람·대류 등의 영향으로 움직이다가 점화원에 의하여 순간적으로 폭발하는 현상
② BLEVE(비등액체 증기폭발, Boiling Liquid Expanding Vapour Explosion) : 비점(끓는점) 이상의 온도에서 액체 상태로 들어 있는 용기 파열 시 발생

12 ☑☐☐☐☐

다음은 산업재해 발생 시의 조치내용을 순서대로 표시하였다. 아래의 빈칸에 알맞은 내용을 적으시오. (4점)

산업재해발생 → ① → ② → 원인강구 → ③ → 대책실시계획 → 실시 → ④

> 답

① 긴급처리 ② 재해조사
③ 대책수립 ④ 평가

13 ☑☐☐☐☐

「산업안전보건법령」상 차량계 하역운반기계(지게차 등)의 운전자가 운전위치를 이탈하고자 할 때 운전자가 준수하여야 할 사항을 2가지만 적으시오. (4점)

> 답

① 포크, 버킷, 디퍼 등의 장치를 가장 낮은 위치 또는 지면에 내려 둘 것
② 원동기를 정지시키고 브레이크를 확실히 거는 등 갑작스런 주행이나 이탈을 방지하기 위한 조치를 할 것
③ 운전석을 이탈하는 경우에는 시동키를 운전대에서 분리시킬 것

연관규정 산업안전보건기준에 관한 규칙
제99조(운전위치 이탈 시의 조치)

14 ☑☐☐☐☐

다음 방폭구조의 표시를 적으시오. (5점)

- 방폭구조 : 외부의 가스가 용기 내로 침입하여 폭발하더라도 용기는 그 압력에 견디고 외부의 폭발성가스에 착화될 우려가 없도록 만들어진 구조
- 그룹 : 잠재적 폭발성 위험분위기에서 사용되는 전기기기(폭발성 메탄가스 위험분위기에서 사용되는 광산용 전기기기 제외)
- 최대안전틈새 : 0.8 [mm]
- 최고표면온도 : 90°

> 답

Ex d IIB T5

그룹 Ⅰ : 폭발성 메탄가스 위험분위기에서 사용되는 광산용 전기기기
그룹 Ⅱ : 잠재적 폭발성 위험분위기에서 사용되는 전기기기

최대 안전틈새

분류	ⅡA	ⅡB	ⅡC
최대 안전 틈새	0.9 [mm] 이상	0.5 [mm] 초과 0.9 [mm] 미만	0.5 [mm] 이하

최고표면온도

최고표면온도의 범위(°C)	온도 등급	최고표면온도의 범위(°C)	온도 등급
300 초과 450 이하	T1	100 초과 135 이하	T4
200 초과 300 이하	T2	85 초과 100 이하	T5
135 초과 200 이하	T3	85 이하	T6

연관규정 방호장치 안전인증 고시
[별표 6] 가스·증기방폭구조인 전기기기의 일반성능기준
가스시설 전기방폭 기준 KGS GC201(2018)

01

조명은 근로자들이 작업환경의 측면에서 중요한 안전요소이다. 「산업안전보건법령」상 사업주가 [보기]의 근로자가 상시 작업하는 장소의 작업면 조도기준을 ( ) 안에 적으시오. (단, 갱내 작업장과 감광재료를 취급하는 작업장은 제외한다) (4점)

[보기]
- 초정밀작업 (①) [Lux] 이상
- 정밀작업 (②) [Lux] 이상
- 보통작업 (③) [Lux] 이상
- 그 밖의 작업 (④) [Lux] 이상

답

① 750 ② 300 ③ 150 ④ 75

연관규정 산업안전보건기준에 관한 규칙 제8조(조도)

02

「산업안전보건법령」상 사업주가 관리대상 유해물질을 취급하는 작업장의 보기 쉬운 장소에 항상 고시하거나 부착해야 할 사항을 5가지 적으시오. (5점)

답

① 관리대상 유해물질의 명칭
② 인체에 미치는 영향
③ 취급상 주의사항
④ 착용하여야 할 보호구
⑤ 응급조치와 긴급 방재 요령

연관규정 산업안전보건기준에 관한 규칙
제442조(명칭 등의 게시)

03

「산업안전보건법령」상 관리감독자 안전보건교육 중 정기교육을 4가지만 적으시오. (4점)

답

① 산업안전 및 사고 예방에 관한 사항
② 산업보건 및 직업병 예방에 관한 사항
③ 위험성평가에 관한 사항
④ 유해·위험 작업환경 관리에 관한 사항
⑤ 산업안전보건법령 및 산업재해보상보험 제도에 관한 사항
⑥ 직무스트레스 예방 및 관리에 관한 사항
⑦ 직장 내 괴롭힘, 고객의 폭언 등으로 인한 건강장해 예방 및 관리에 관한 사항
⑧ 작업공정의 유해·위험과 재해 예방대책에 관한 사항
⑨ 사업장 내 안전보건관리체제 및 안전·보건조치 현황에 관한 사항
⑩ 표준안전 작업방법 결정 및 지도·감독 요령에 관한 사항
⑪ 현장근로자와의 의사소통능력 및 강의능력 등 안전보건교육 능력 배양에 관한 사항
⑫ 비상시 또는 재해 발생 시 긴급조치에 관한 사항
⑬ 그 밖의 관리감독자의 직무에 관한 사항

연관규정 산업안전보건법 시행규칙
[별표 5] 안전보건교육 교육대상별 교육내용

04

「산업안전보건법령」상 이동식 크레인을 사용하여 작업을 할 때 작업시작 전 점검사항을 4가지 적으시오. (4점)

답

① 권과방지장치나 그 밖의 경보장치의 기능
② 브레이크·클러치 및 조정장치의 기능
③ 와이어로프가 통하고 있는 곳
④ 작업장소의 지반상태

연관규정 산업안전보건기준에 관한 규칙
[별표 3] 작업시작 전 점검사항

05

「산업안전보건법령」상 안전인증대상 기계 또는 설비를 3가지만 적으시오. (3점)

답

① 프레스 ② 전단기 및 절곡기
③ 크레인 ④ 리프트
⑤ 압력용기 ⑥ 롤러기
⑦ 사출성형기 ⑧ 고소작업대
⑨ 곤돌라

연관규정 산업안전보건법 시행령
제74조(안전인증대상기계등),
제77조(자율안전확인대상기계등)

06

아세틸렌과 클로로벤젠의 폭발하한계와 폭발상한계는 아래와 같다. 다음의 물음에 답하시오. (4점)

구분	폭발하한계 (vol%)	폭발상한계 (vol%)
아세틸렌	2.5	81
클로로벤젠	1.3	7.1

① 아세틸렌의 위험도를 구하시오.
② 아세틸렌이 70 [%], 클로로벤젠이 30 [%]인 혼합 기체의 공기 중 폭발 하한계의 값[vol%]을 계산하시오.

답

① 위험도 $= \dfrac{U-L}{L} = \dfrac{81-2.5}{2.5} = 31.4$

② 하한계값 $L = \dfrac{100}{\dfrac{V_1}{L_1} + \dfrac{V_2}{L_2}} = \dfrac{100}{\dfrac{70}{2.5} + \dfrac{30}{1.3}}$

$= 1.957 ≒ 1.96 \text{ [vol\%]}$

07

다음은 「산업안전보건법령」상 계단 및 계단참의 설치기준이다. [보기]의 ( ) 안에 알맞게 내용을 적으시오. (5점)

[보기]

- 사업주는 계단 및 계단참을 설치하는 경우 매제곱미터당 (①) [kg] 이상의 하중에 견딜 수 있는 강도를 가진 구조로 설치하여야 하며, 안전율은 (②) 이상으로 하여야 한다.
- 계단을 설치하는 경우 그 폭을 (③) [m] 이상으로 하여야 한다.
- 높이가 (④) [m]를 초과하는 계단에는 높이 3 [m] 이내마다 너비 1.2 [m] 이상의 계단참을 설치하여야 한다.
- 높이 (⑤) [m] 이상인 계단의 개방된 측면에 안전난간을 설치하여야 한다.

답

① 500 ② 4 ③ 1 ④ 3 ⑤ 1

연관규정 산업안전보건기준에 관한 규칙
제26조, 제27조, 제28조, 제30조

08

「산업안전보건법령」상 산업재해조사표에 작성해야 할 상해의 종류를 4가지만 적으시오. (4점)

답

① 골절　② 절단　③ 타박상
④ 찰과상　⑤ 중독·질식　⑥ 화상
⑧ 감전　⑨ 뇌진탕　⑩ 고혈압
⑪ 뇌졸중　⑫ 피부염　⑬ 진폐
⑭ 수근관증후군

연관규정 산업안전보건법 시행규칙
[별지 제30호 서식] 산업재해조사표

09

「산업안전보건법령」상 누전에 의한 감전의 위험을 방지하기 위해 접지를 실시하는 코드와 플러그를 접속하여 사용하는 전기 기계·기구를 3가지만 적으시오. (5점)

답

① 사용전압이 대지전압 150 [V]를 넘는 것
② 냉장고·세탁기·컴퓨터 및 주변기기 등과 같은 고정형 전기기계·기구
③ 고정형·이동형 또는 휴대형 전동기계·기구
④ 물 또는 도전성이 높은 곳에서 사용하는 전기기계·기구, 비접지형 콘센트
⑤ 휴대형 손전등

연관규정 산업안전보건기준에 관한 규칙
제302조(전기 기계·기구의 접지)

10

1급 방진마스크 사용 장소를 3곳을 적으시오. (3점)

답

① 특급마스크 착용장소를 제외한 분진 등 발생장소
② 금속흄 등과 같이 열적으로 생기는 분진 등 발생장소
③ 기계적으로 생기는 분진 등 발생장소

연관규정 보호구 안전인증 고시
[별표 4의2] 방진마스크의 시험방법

11

광전자식 방호장치 프레스에 관한 설명이다. [보기]의 ( ) 안에 알맞게 내용을 적으시오. (3점)

[보기]

- 프레스 또는 전단기에서 일반적으로 많이 활용하고 있는 형태로서 투광부, 수광부, 컨트롤 부분으로 구성된 것으로서 신체의 일부가 광선을 차단하면 기계를 급정지시키는 방호장치로 (①)분류에 해당한다.
- 정상동작표시램프는 (②)색, 위험표시램프는 (③)색으로 하며, 쉽게 근로자가 볼 수 있는 곳에 설치해야 한다.
- 방호장치는 릴레이, 리미트 스위치 등의 전기부품의 고장, 전원전압의 변동 및 정전에 의해 슬라이드가 불시에 동작하지 않아야 하며, 사용전원전압의 ±(④) [%]의 변동에 대하여 정상으로 작동되어야 한다.

답

① A-1　② 녹　③ 붉은　④ 20

연관규정 방호장치 안전인증 고시
[별표 1] 프레스 또는 전단기 방호장치의 성능기준

12

「산업안전보건법령」상 가설통로 설치기준이다. [보기]의 ( ) 안에 알맞게 내용을 적으시오. (5점)

[보기]
- 경사는 (①)도 이하일 것
- 경사가 (②)도를 초과하는 경우에는 미끄러지지 아니하는 구조로 할 것
- 추락할 위험이 있는 장소에는 (③)을 설치할 것 - 수직갱에 가설된 통로의 길이가 15미터 이상인 경우에는 (④)미터 이내마다 계단참을 설치
- 건설공사에 사용하는 높이 8미터 이상인 비계다리에는 (⑤)미터 이내마다 계단참을 설치

답

① 30 ② 15 ③ 안전난간 ④ 10 ⑤ 7

연관규정 산업안전보건기준에 관한 규칙
제23조(가설통로의 구조)

13

980 [kg]의 화물을 두줄걸이 로프로 상부 각도 90°의 각으로 들어 올릴 때, 각각의 와이어로프에 걸리는 하중[kg]을 구하시오. (4점)

답

$$T = \frac{(980/2)}{\cos(90/2)} = 692.96 \, [kg]$$

크레인 와이어로프 2줄걸이 장력 계산

연관개념 건설안전관리

14

「산업안전보건법령」상 안전보건표지의 종류 중, 관계자 외 출입금지표지 종류 3가지를 적으시오. (6점)

답

① 허가대상물질 작업장
② 석면취급 해체 작업장
③ 금지대상물질의 취급실험실 등

짚고가기 관계자 외 출입금지표지 종류와 내용

5. 관계자 외 출입금지	501 허가 대상물질 작업장	502 석면 취급/해체 작업장	503 금지 대상물질의 취급 실험실 등

연관규정 산업안전보건법 시행규칙
[별표 6] 안전보건표지의 종류와 형태

2015년 1회

01 ☑☐☐☐☐

다음 방폭구조의 표시를 적으시오. (5점)

- 방폭구조 : 외부의 가스가 용기 내로 침입하여 폭발하더라도 용기는 그 압력에 견디고 외부의 폭발성가스에 착화될 우려가 없도록 만들어진 구조
- 그룹 : 잠재적 폭발성 위험분위기에서 사용되는 전기기기(폭발성 메탄가스 위험분위기에서 사용되는 광산용 전기기기 제외)
- 최대안전틈새 : 0.8 [mm]
- 최고표면온도 : 180°

【답】

Ex d IIB T3

그룹 Ⅰ : 폭발성 메탄가스 위험분위기에서 사용되는 광산용 전기기기
그룹 Ⅱ : 잠재적 폭발성 위험분위기에서 사용되는 전기기기

최대 안전틈새

분류	ⅡA	ⅡB	ⅡC
최대 안전 틈새	0.9 [mm] 이상	0.5 [mm] 초과 0.9 [mm] 미만	0.5 [mm] 이하

최고표면온도

최고표면온도의 범위(°C)	온도 등급	최고표면온도의 범위(°C)	온도 등급
300 초과 450 이하	T1	100 초과 135 이하	T4
200 초과 300 이하	T2	85 초과 100 이하	T5
135 초과 200 이하	T3	85 이하	T6

【연관규정】 방호장치 안전인증 고시
[별표 6] 가스 · 증기방폭구조인 전기기기의 일반성능기준
가스시설 전기방폭 기준 KGS GC201(2018)

02 ☑☐☐☐☐

유해물질의 취급 등으로 근로자에게 유해한 작업에 있어서 그 원인을 제거하기 위하여 조치해야 할 사항을 3가지 적으시오. (3점)

【답】

① 위험한 작업의 폐지 · 변경
② 변경, 유해 · 위험물질 대체 등의 조치 또는 설계
③ 계획 단계에서 위험성을 제거 또는 저감

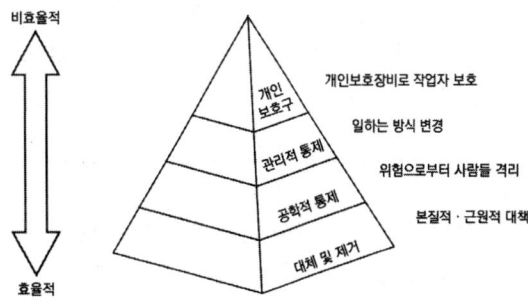

연관규정 사업장 위험성평가에 관한 지침
제5조의2(위험성평가의 대상),
제12조(위험성 감소대책 수립 및 실행)

03 ☑□□□□

보일러에서 발생하는 캐리오버 현상 원인 4가지를 적으시오. (4점)

답

① 보일러수가 과잉 농축되었을 때
② 열부하가 급격하게 변동해 증감될 때
③ 운전 중 수위 조절이 원활하게 이뤄지지 못한 경우
④ 보일러의 운전 압력을 너무 낮게 설정해 놓았을 때
⑤ 기수분리기의 불량 등 기계적 고장

04 ☑□□□□

하인리히의 재해예방 대책 5단계를 순서대로 적으시오. (4점)

답

① 제1단계 : 안전관리조직
② 제2단계 : 사실의 발견
③ 제3단계 : 분석평가
④ 제4단계 : 시정책 선정
⑤ 제5단계 : 시정책 적용

05 ☑□□□□

「산업안전보건법령」상 로봇작업에 대한 특별안전보건교육을 실시할 때 교육내용을 4가지 적으시오. (4점)

답

① 로봇의 기본원리·구조 및 작업방법에 관한 사항
② 조작방법 및 작업순서에 관한 사항
③ 안전시설 및 안전기준에 관한 사항
④ 이상 발생 시 응급조치에 관한 사항

연관규정 산업안전보건법 시행규칙
[별표 5] 교육대상별 교육내용

06 ☑□□□□

「산업안전보건법령」상 물질안전보건자료의 작성 및 제출에서 제외하는 대상 화학물질 4가지를 적으시오. (단, 화학물질 또는 혼합물로서 일반소비자의 생활용으로 제공되는 것과 그 밖에 고용노동부장관이 독성 폭발성 등으로 인한 위해의 정도가 적다고 인정하여 고시하는 화학물질은 제외한다) (4점)

답

① 건강기능식품
② 농약
③ 마약 및 향정신성의약품
④ 비료
⑤ 사료
⑥ 「생활주변방사선 안전관리법」에 따른 원료물질
⑦ 안전확인대상생활화학제품 및 살생물제품 중 일반소비자의 생활용으로 제공되는 제품
⑧ 식품 및 식품첨가물
⑨ 의약품 및 의약외품
⑩ 방사성물질
⑪ 위생용품
⑫ 의료기기
⑬ 첨단바이오의약품
⑭ 화약류
⑮ 폐기물
⑯ 화장품

연관규정 산업안전보건법 시행령
제86조(물질안전보건자료의 작성·제출 제외 대상 화학물질 등)

07

다음 ( )을 알맞게 적으시오. (3점)

- 화물을 취급하는 작업 등에 사업주는 바닥으로부터의 높이가 2 [m] 이상 되는 하적단과 인접 하적단 사이의 간격을 하적단의 밑부분을 기준하여 (①) [cm] 이상으로 하여야 한다.
- 부두 또는 안벽의 선을 따라 통로를 설치하는 경우에는 폭을 (②) [cm] 이상으로 할 것
- 육상에서의 통로 및 작업장소로서 다리 또는 선거 갑문을 넘는 보도 등의 위험한 부분에는 (③) 또는 울타리 등을 설치할 것

답

① 10
② 90
③ 안전난간

연관규정 산업안전보건기준에 관한 규칙
제391조(하적단의 간격)
제390조(하역작업장의 조치기준)

08

「산업안전보건법령」상 산업재해조사표의 주요 항목에 해당하지 않는 것 4가지를 [보기]에서 고르시오. (4점)

[보기]
① 재해자의 국적   ② 보호자의 성명
③ 재해발생 일시   ④ 고용형태
⑤ 휴업예상일수   ⑥ 급여수준
⑦ 응급조치 내역   ⑧ 재해자의 직업
⑨ 재해자 복귀일시

답

② 보호자의 성명
⑥ 급여수준
⑦ 응급조치 내역
⑨ 재해자 복귀일시

연관규정 산업안전보건법 시행규칙
[별지 제30호 서식] 산업재해조사표

09

어떤 기계를 1시간 가동하였을 때, 고장발생확률이 0.004일 경우 아래 물음에 답하시오. (5점)

① 평균고장시간간격(Mean Time Between Failure)을 계산하시오.
② 기계가 10시간 가동하였을 때 이 기계의 신뢰도를 계산하시오.

답

① 평균고장시간간격(MTBF)
$= \dfrac{1}{\lambda} = \dfrac{1}{0.004} = 250$시간
[λ : 고장율(고장발생확률)]

② 신뢰도 $R(t) = e^{-\lambda t} = e^{-0.004 \times 10} = 0.96$
[λ : 고장율(고장발생확률), t : 시간]

10 ☑□□□□

「산업안전보건법령」상 안전보건표지 중 "응급구호표지"를 그리시오. (단, 색상표시는 글자로 나타내도록 하고, 크기에 대한 기준은 표시하지 않아도 된다) (3점)

답

- 바탕 : 녹색
- 모형 및 관련 부호 : 흰색

(혹은 반대도 가능)

연관규정 산업안전보건법 시행규칙
[별표 6] 안전보건표지의 종류 및 형태

11 ☑□□□□

「산업안전보건법령」상 크레인을 사용하여 작업을 할 때 작업시작 전 점검사항을 2가지 적으시오. (4점)

답

① 권과방지장치·브레이크·클러치 및 운전장치의 기능
② 와이어로프가 통하고 있는 곳의 상태
③ 주행로의 상측 및 트롤리가 횡행하는 레일의 상태

연관규정 산업안전보건기준에 관한 규칙
[별표 3] 작업시작 전 점검사항

12 ☑□□□□

「산업안전보건법령」상 사업주가 화물운반용 또는 고정용으로 사용할 수 없는 섬유로프를 2가지 적으시오. (4점)

답

① 꼬임이 끊어진 것
② 심하게 손상되거나 부식된 것

연관규정 산업안전보건기준에 관한 규칙
제387조(꼬임이 끊어진 섬유로프 등의 사용 금지)

13 ☑□□□□

「산업안전보건법령」상 목재가공용 둥근톱에 대한 방호장치 중 분할날이 갖추어야 할 사항이다. 다음 빈칸을 채우시오. (3점)

[보기]
가) 분할날의 두께는 둥근톱 두께의 (①)배 이상으로 한다.
나) 견고히 고정할 수 있으며 분할날과 톱날 원주면과의 거리는 (②) [mm] 이내로 조정, 유지할 수 있어야 한다.
다) 표준 테이블면 상의 톱 뒷날의 (③) 이상을 덮도록 한다.

답

① 1.1 ② 12 ③ $\dfrac{2}{3}$

연관규정 방호장치 자율안전기준 고시 [별표 5] 목재가공용 덮개 및 분할날 성능기준

14 ☑□□□□

시스템 안전을 실행하기 위한 시스템 안전프로그램 계획(SSPP) 포함사항 4가지를 적으시오. (4점)

답

① 계획의 개요   ② 안전조직
③ 계약조건   ④ 관련 부문과의 조정
⑤ 안전기준   ⑥ 안전해석
⑦ 안전성평가

2015년 2회

01 ☑☐☐☐☐

「산업안전보건법령」상 산업재해 발생 시 산업재해조사표를 작성해야 한다. [재해발생 개요]를 작성하시오. (4점)

사출성형부 플라스틱 용기 생산 1팀 사출공정에서 재해자 A와 동료작업자 1명이 같이 작업 중이었으며 재해자 A가 사출성형기 2호기에서 플라스틱 용기를 꺼낸 후 금형을 점검하던 중 재해자가 점검중임을 모르던 동료근로자 B가 사출성형기 조작스위치를 가동하여 금형사이에 재해자가 끼어 사망하였다.
재해당시 사출성형기 도어인터록 장치는 설치가 되어있었으나 고장중이어서 기능을 상실한 상태였고, 점검과 관련하여 "수리중·조작금지"의 안전 표지판이나, 전원스위치 작동금지용 잠금장치는 설치하지 않은 상태에서 동료근로자가 조작스위치를 잘못 조작하여 재해가 발생하였다.

[재해발생개요]
① 어디서 :   ② 누가 :
③ 무엇을 :   ④ 어떻게 :

답

① 어디서 : 사출성형부 플라스틱 용기 생산 1팀 사출공정에서
② 누가 : 재해자 A와 동료작업자 1명이
③ 무엇을 : 사출성형기 2호기에서 플라스틱 용기를 꺼낸 후 금형을 점검하던 중
④ 어떻게 : 재해자가 점검중임을 모르던 동료근로자 B가 사출성형기 조작스위치를 가동하여 금형 사이에 재해자가 끼어 사망하였음

연관규정 산업안전보건법 시행규칙
[별지 제30호 서식] 산업재해조사표

02 ☑☐☐☐☐

「산업안전보건법령」상 ① 사업주의 의무와 ② 근로자의 의무를 각각 2가지씩 적으시오. (4점)

답

[사업주의 의무]
㉠ 이 법과 이 법에 따른 명령으로 정하는 산업재해 예방을 위한 기준을 지킬 것
㉡ 근로자의 신체적 피로와 정신적 스트레스 등을 줄일 수 있는 쾌적한 작업환경을 조성하고 근로조건을 개선할 것
㉢ 해당 사업장의 안전 보건에 관한 정보를 근로자에게 제공할 것

[근로자의 의무]
㉠ 근로자는 이 법과 이 법에 따른 명령으로 정하는 기준 등 산업재해 예방에 필요한 사항을 지켜야 한다.
㉡ 사업주 또는 근로감독관, 공단 등 관계자가 실시하는 산업재해 방지에 관한 조치에 따라야 한다.

연관규정 산업안전보건법
제5조(사업주 등의 의무), 제6조(근로자의 의무)

03

「산업안전보건법령」상 사업주는 근로자에게 안전보건교육을 실시해야 한다. 근로자 안전보건교육 중 채용 시 교육 및 작업내용 변경 시 교육을 3가지만 적으시오. (6점)

답

① 산업안전 및 사고 예방에 관한 사항
② 산업보건 및 직업병 예방에 관한 사항
③ 위험성평가에 관한 사항
④ 산업안전보건법령 및 산업재해보상보험 제도에 관한 사항
⑤ 직무스트레스 예방 및 관리에 관한 사항
⑥ 직장 내 괴롭힘, 고객의 폭언 등으로 인한 건강장해 예방 및 관리에 관한 사항
⑦ 기계·기구의 위험성과 작업의 순서 및 동선에 관한 사항
⑧ 작업 개시 전 점검에 관한 사항
⑨ 정리정돈 및 청소에 관한 사항
⑩ 사고 발생 시 긴급조치에 관한 사항
⑪ 물질안전보건자료에 관한 사항

연관규정 산업안전보건법 시행규칙 [별표 5] 안전보건교육 교육대상별 교육내용

04

Fail Safe 기능면 3가지를 적으시오. (3점)

답

① Fail Passive ② Fail Active
③ Fail Operational

05

「산업안전보건법령」상 산업안전보건위원회의 회의록 작성사항을 3가지 적으시오. (단, 그 밖의 토의사항은 제외한다) (3점)

답

① 개최 일시 및 장소 ② 출석위원
③ 심의 내용 및 의결·결정 사항

연관규정 산업안전보건법 시행령 제25조의4(회의 등)

06

와이어로프 꼬임형식을 적으시오. (4점)

답

① 랭꼬임 ② 보통꼬임

07

연소의 3요소와 요소별 소화방법을 각각 적으시오. (6점)

답

① 가연성 물질 : 제거소화
② 산소 공급원 : 질식소화(산소를 15 [%] 이하)
③ 점화원 : 냉각소화

08

다음 설명은 「산업안전보건법령」상 신규화학물질의 제조 및 수입 등에 관한 설명이다. ( ) 안에 해당하는 내용을 넣으시오. (4점)

> 신규화학물질을 제조하거나 수입하려는 자는 제조하거나 수입하려는 날 (①)일 전까지 신규화학물질 유해성·위험성 조사보고서에 따른 서류를 첨부하여 (②)에게 제출하여야 한다.

답

① 30일 ② 고용노동부장관

연관규정 산업안전보건법 시행규칙
제86조(유해성·위험성 조사보고서의 제출)

09

인간-기계 통합시스템에서 시스템(System)이 갖는 기본 기능 5가지만 적으시오. (5점)

답

① 입력 ② 감지
③ 정보 처리 및 의사 결정 ④ 행동(작동)
⑤ 출력 ⑥ 정보 보관(정보 저장)

10

「산업안전보건법령」상 콘크리트 타설작업 시 준수사항 3가지를 적으시오. (3점)

답

① 당일의 작업을 시작하기 전에 해당 작업에 관한 거푸집 및 동바리의 변형·변위 및 지반의 침하 유무 등을 점검하고 이상이 있으면 보수할 것
② 작업 중에는 감시자를 배치하는 등의 방법으로 거푸집 및 동바리의 변형·변위 및 침하 유무 등을 확인해야 하며, 이상이 있으면 작업을 중지하고 근로자를 대피시킬 것
③ 콘크리트 타설작업 시 거푸집 붕괴의 위험이 발생할 우려가 있으면 충분한 보강조치를 할 것
④ 설계도서상의 콘크리트 양생기간을 준수하여 거푸집 및 동바리를 해체할 것
⑤ 콘크리트를 타설하는 경우에는 편심이 발생하지 않도록 골고루 분산하여 타설할 것

연관규정 산업안전보건기준에 관한 규칙
제334조(콘크리트의 타설작업)

11

고장률이 1시간당 0.01로 일정한 기계가 있다. 이 기계에서 처음 100시간 동안 고장이 발생할 확률을 구하시오. (4점)

답

① 신뢰도
$R(t) = e^{-\lambda t} = e^{-0.01 \times 100} = 0.367 = 0.37$
② 고장발생확률(불신뢰도)
$F(t) = 1 - R(t) = 1 - 0.37 = 0.63$

12

누전차단기의 ① 정격 감도전류 ② 동작시간을 적으시오. (3점)

답

① 정격 감도전류 : 30 [mA] 이하
② 동작시간 : 0.03초 이내(30 [ms])

연관규정 산업안전보건기준에 관한 규칙
제304조(누전차단기에 의한 감전방지)

13

「산업안전보건법령」상 도급사업의 합동 안전·보건점검을 할 때 점검반으로 구성하여야 하는 사람 3가지 종류를 적으시오. (3점)

답

① 도급인(같은 사업 내에 지역을 달리하는 사업장이 있는 경우에는 그 사업장의 안전보건관리책임자)
② 관계수급인(같은 사업 내에 지역을 달리하는 사업장이 있는 경우에는 그 사업장의 안전보건관리책임자)
③ 도급인의 근로자 각 1명
④ 관계수급인의 근로자 각 1명(해당 공정만 해당)

연관규정 산업안전보건법 시행규칙
제82조(도급사업의 합동 안전·보건점검)

14 ☑☐☐☐☐

「산업안전보건법령」상 안전보건표지의 종류 중 지시표지를 모두 고르시오. (4점)

┌ 답 ┐

②, ④, ⑦, ⑧

연관규정 산업안전보건법 시행규칙
[별표 6] 안전보건표지의 종류 및 형태

2015년 3회

01
연삭기의 덮개 각도를 적으시오. (단, 이상, 이하, 이내를 정확히 구분해서 적으시오) (3점)

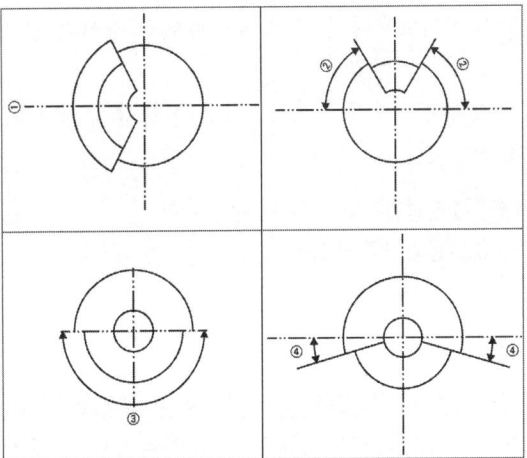

답

① 125° 이내   ② 60° 이상
③ 180° 이내   ④ 15° 이상

짚고가기

① 일반연삭작업 등에 사용하는 것을 목적으로 하는 탁상용 연삭기의 덮개 각도
② 연삭숫돌의 상부를 사용하는 것을 목적으로 하는 탁상용 연삭기의 덮개 각도
③ 휴대용 연삭기, 스윙연삭기, 스라브연삭기, 기타 이와 비슷한 연삭기의 덮개 각도
④ 평면연삭기, 절단연삭기, 기타 이와 비슷한 연삭기의 덮개 각도

연관규정 방호장치 자율안전기준 고시 [별표 4] 연삭기 덮개의 성능기준

02
[보기]의 가스 용기의 색채를 적으시오. (4점)

[보기]
① 산소   ② 아세틸렌
③ 암모니아   ④ 질소

답

① 녹색
② 노란색(황색)
③ 백색
④ 회색

연관규정 고압가스 안전관리법

03
위험예지 훈련 4라운드의 진행방식을 적으시오. (5점)

답

① 제1단계 : 현상파악
② 제2단계 : 본질추구
③ 제3단계 : 대책수립
④ 제4단계 : 목표설정

04

내전압용 절연장갑의 성능기준에 있어 각 등급에 대한 최대사용전압을 적으시오. (4점)

• 교류 × 1.5 = 직류

등급	최대사용전압		색상
	교류(V, 실횻값)	직류(V)	
00	500	①	갈색
0	②	1500	빨간색
1	7500	11250	흰색
2	17000	25500	노란색
3	26500	39750	녹색
4	③	④	등색

답

① 750 ② 1000 ③ 36000 ④ 54000

연관규정 보호구 안전인증 고시
[별표 3] 내전압용 절연장갑의 성능기준

05

고장률이 1시간당 0.01로 일정한 기계가 있다. 이 기계에서 처음 100시간 동안 고장이 발생할 확률을 구하시오. (4점)

답

① 신뢰도
$$R(t) = e^{-\lambda t} = e^{-0.01 \times 100} = 0.367 = 0.37$$
② 고장발생확률(불신뢰도)
$$F(t) = 1 - R(t) = 1 - 0.37 = 0.63$$

06

「산업안전보건법령」상 타워크레인에 사용하는 와이어로프의 사용금지 기준을 4가지 적으시오. (단, 부식된 것과 손상된 것은 제외한다) (4점)

답

① 이음매가 있는 것
② 와이어로프의 한 꼬임에서 끊어진 소선의 수가 10 [%] 이상인 것
③ 지름의 감소가 공칭지름의 7 [%]를 초과하는 것
④ 꼬인 것

연관규정 산업안전보건기준에 관한 규칙
제63조(달비계의 구조)

07

「산업안전보건법령」상 잠함 또는 우물통의 내부에서 근로자가 굴착작업을 하는 경우, 잠함 또는 우물통의 급격한 침하에 의한 위험을 방지하기 위해 사업주가 준수해야 하는 사항을 2가지 적으시오. (4점)

답

① 침하관계도에 따라 굴착방법 및 재하량 등을 정할 것
② 바닥으로부터 천장 또는 보까지의 높이는 1.8 [m] 이상으로 할 것

연관규정 산업안전보건기준에 관한 규칙
제376조(급격한 침하로 인한 위험 방지)

08

PHA(예비위험분석)의 목표를 달성하기 위한 4가지 특징을 적으시오. (4점)

답

① 시스템의 모든 주요 사고를 식별하고 사고를 대략적으로 표현
② 사고요인 식별
③ 사고를 가정한 후 시스템에 생기는 결과를 식별하고 평가
④ 식별된 사고를 파국적, 위기적, 한계적, 무시가능의 4가지 카테고리로 분리

09

[보기]의 위험점에 대한 정의를 적으시오. (4점)

[보기]
① 협착점 ② 끼임점
③ 물림점 ④ 회전말림점

답

① 협착점 : 왕복운동을 하는 동작 부분과 움직임이 없는 고정부분 사이에 형성되는 위험점
② 끼임점 : 고정 부분과 회전하는 동작 부분이 함께 만드는 위험점
③ 물림점 : 회전하는 두 개의 회전체에 물려 들어갈 위험성이 형성되는 것
④ 회전말림점 : 회전하는 물체에 작업복 등이 말려 드는 위험이 존재하는 위험점

10

「산업안전보건법령」상 산업재해조사표를 작성하고자 할 때, 다음 [보기]에서 산업재해조사표의 주요 작성항목이 아닌 것 4가지를 번호로 적으시오. (4점)

[보기]
① 발생일시
② 목격자 인적사항
③ 휴업예상일수
④ 상해종류
⑤ 고용형태
⑥ 재해자직업
⑦ 가해물
⑧ 치료·요양기관
⑨ 재해발생 후 첫 출근일자

답

② 목격자 인적사항
⑦ 가해물
⑧ 치료·요양기관
⑨ 재해발생 후 첫 출근일자

연관규정 산업안전보건법 시행규칙
[별지 제30호 서식] 산업재해조사표

11

「산업안전보건법령」상 관리감독자의 업무를 4가지만 적으시오. (4점)

답

① 기계·기구 또는 설비의 안전·보건 점검 및 이상 유무의 확인
② 근로자의 작업복·보호구 및 방호장치의 점검과 그 착용·사용에 관한 교육·지도
③ 해당작업에서 발생한 산업재해에 관한 보고 및 이에 대한 응급조치

④ 해당작업의 작업장 정리·정돈 및 통로 확보에 대한 확인·감독
⑤ 사업장의 안전관리자, 보건관리자, 안전보건관리담당자, 산업보건의의 지도·조언에 대한 협조
⑥ 위험성평가에 관한 유해·위험요인의 파악에 대한 참여
⑦ 위험성평가에 관한 유해·개선조치의 시행에 대한 참여
⑧ 그 밖에 해당작업의 안전 및 보건에 관한 사항으로서 고용노동부령으로 정하는 사항

연관규정 산업안전보건법 시행령
제15조(관리감독자의 업무 등)

12 ☑□□□□

사업장 위험성 평가 진행과정이다. [보기]에서 알맞게 찾아 순서대로 나열하시오. (4점)

─[보기]─
① 근로자의 작업과 관계되는 유해·위험요인 파악
② 평가대상의 선정 등 사전준비
③ 추정한 위험성이 허용 가능한 위험성인지 여부 결정
④ 위험성평가 실시 내용 및 결과 기록
⑤ 위험성 감소대책 수립 및 실행

답
② → ① → ③ → ⑤ → ④

연관규정 사업장 위험성평가에 관한 지침
제8조(위험성평가의 절차)

13 ☑□□□□

「산업안전보건법령」상 자율검사프로그램의 인정을 취소하거나, 인정받은 자율검사프로그램의 내용에 따라 검사를 하도록 개선을 명할 수 있는 경우를 2가지만 적으시오. (4점)

답
① 거짓이나 그 밖의 부정한 방법으로 자율검사프로그램을 인정받는 경우
② 자율검사프로그램을 인정받고도 검사를 하지 아니한 경우
③ 인정받은 자율검사프로그램의 내용에 따라 검사를 하지 아니한 경우
④ 자격을 가진 사람 또는 자율안전검사기관이 검사를 하지 아니한 경우

연관규정 산업안전보건법
제99조(자율검사프로그램 인정의 취소 등)

14 ☑□□□□

접지공사 종류에 따른 접지선의 단면적만 적으시오. (단, 접지선의 굵기는 연동선의 직경을 기준으로 한다) (4점)

종별	접지저항 및 접지선의 종류	접지선의 단면적
제1종	10 [Ω] 이하	(①)
제2종	150/1선 지락전류 Ω 이하	(②)
제3종	다심 코드 또는 캡타이어케이블의 일심	(③)
특별 제3종	다심 코드 및 다심 캡타이어케이블의 일심 이외의 가요성이 있는 연동연선	(④)

답
① 6 [mm²] ② 16 [mm²]
③ 0.75 [mm²] ④ 1.5 [mm²]

[구] 전기설비기술기준

접지공사의 종류	접지저항 값
제1종	10 [Ω]
제2종	변압기의 고압 측 또는 특고압 측의 전로의 1선 지락전류의 암페어 수로 150(변압기의 고압 측 전로 또는 사용전압이 35 [kV] 이하의 특고압 측 전로가 저압 측 전로와 혼촉하여 저압 측 전로의 대지전압이 150 [V]를 초과하는 경우에, 1초를 초과하고 2초 이내에 자동적으로 고압전로 또는 사용전압이 35 [kV] 이하의 특고압 전로를 차단하는 장치를 설치할 때는 300, 1초 이내에 자동적으로 고압전로 또는 사용전압 35 [kV] 이하의 특고압전로를 차단하는 장치를 설치할 때는 600)을 나눈 값과 같은 Ω수
제3종 접지공사	100 [Ω]
특별	10 [Ω]

[신] 전기설비기술기준

접지공사의 종류	접지선의 굵기
제1종	공칭단면적 6 [mm^2] 이상의 연동선
제2종	공칭단면적 16 [mm^2] 이상의 연동선 (고압전로 또는 제135조 제1항 및 제4항에 규정하는 특고압 가공전선로의 전로와 저압 전로를 변압기에 의하여 결합하는 경우에는 공칭단면적 6 [mm^2] 이상의 연동선)
제3종 및 특별 제3종	공칭단면적 2.5 [mm^2] 이상의 연동선

연관규정 전기설비기술기준의 판단기준 제19조(접지공사의 종류), 제20조(각종 접지공사의 세목)

2014년 1회

01
「산업안전보건법령」상 안전보건표지 중 "응급구호표지"를 그리시오. (단, 색상표시는 글자로 나타내도록 하고, 크기에 대한 기준은 표시하지 않아도 된다) (3점)

답

- 바탕 : 녹색
- 모형 및 관련 부호 : 흰색

(혹은 반대도 가능)

연관규정 산업안전보건법 시행규칙 [별표 6] 안전보건표지의 종류 및 형태

02
「산업안전보건법령」상 도급인은 관계수급인 근로자가 도급인의 사업장에서 작업을 하는 경우 위생시설 등을 설치하는 데 협조해야 한다. 위생시설 등의 종류를 4가지만 적으시오. (4점)

답

① 휴게시설   ② 세면·목욕시설
③ 세탁시설   ④ 탈의시설
⑤ 수면시설

연관규정 산업안전보건법 시행규칙
제64조(도급에 따른 산업재해 예방조치), 제81조(위생시설의 설치 등 협조)
산업안전보건기준에 관한 규칙
제79조의2(세척시설 등)

03
파브로브 조건반사설 학습의 원리를 적으시오. (4점)

답

① 일관성의 원리
② 계속성의 원리
③ 강도의 원리
④ 시간의 원리

04
무재해운동 추진 중 사고나 재해가 발생하여도 무재해로 인정되는 경우 4가지만 적으시오. (4점)

답

① 출·퇴근 도중에 발생한 재해
② 운동경기 등 각종 행사 중 발생한 재해
③ 업무시간외에 발생한 재해
④ 업무수행 중에 사고 중 천재지변으로 발생한 사고

05
「산업안전보건법령」상 안전인증대상 기계·기구 등이 안전기준에 적합한지를 확인하기 위하여 안전인증기관이 심사하는 심사의 종류 4가지를 적으시오. (4점)

답

① 예비심사
② 서면심사

③ 기술능력 및 생산체계 심사
④ 제품심사

연관규정 산업안전보건법 시행규칙 제110조(안전인증 심사의 종류 및 방법)

짚고가기 심사기간
① 예비심사 : 7일
② 서면심사 : 15일
③ 기술능력 및 생산체계 심사 : 30일
④ 제품심사
  ㉠ 개별 제품심사 : 15일
  ㉡ 형식별 제품심사 : 30일

06 ☑□□□□

보일링 현상 방지대책을 3가지만 적으시오. (3점)

답

① 흙막이벽 근입깊이 증가 = 흙막이벽을 깊게 설치
② 흙막이벽 차수성 증대 = 지하수의 흐름을 막기
③ 흙막이벽 배면(뒷쪽) 지반 그라우팅(grouting) 실시
④ 흙막이벽 배면((뒷쪽) 지반 (지하) 수위 저하

07 ☑□□□□

다음 용어를 정의하시오. (4점)

① Fail Safe
② Fool Proof

답

① 인간 또는 기계에 과오나 동작상의 실수가 있어도 사고를 발생시키지 않도록 2중, 3중으로 통제를 가하는 것을 말한다.
② 인간의 착오 미스 등 이른바 휴먼에러가 발생하더라도 기계설비나 그 부품은 안전 쪽으로 작동하게 설계하는 안전 설계의 기법 중 하나이다.

08 ☑□□□□

「산업안전보건법령」상 사업주가 근로자의 위험을 방지하기 위해, 타워크레인을 설치·조립·해체하는 작업 시 작성하고 그에 따라 작업을 하도록 하여야 하는 작업계획서의 내용을 3가지만 적으시오. (3점)

답

① 타워크레인의 종류 및 형식
② 설치·조립 및 해체순서
③ 작업도구·장비·가설설비 및 방호설비
④ 작업인원의 구성 및 작업근로자의 역할범위
⑤ 지지방법

연관규정 산업안전보건기준에 관한 규칙
[별표 4] 사전조사 및 작업계획서 내용

09 ☑□□□□

「산업안전보건법령」상 ① 사업주의 의무와 ② 근로자의 의무를 각각 2가지씩 적으시오. (4점)

답

① 사업주의 의무
  ㉠ 이 법과 이 법에 따른 명령으로 정하는 산업재해 예방을 위한 기준을 지킬 것
  ㉡ 근로자의 신체적 피로와 정신적 스트레스 등을 줄일 수 있는 쾌적한 작업환경을 조성하고 근로조건을 개선할 것
  ㉢ 해당 사업장의 안전 보건에 관한 정보를 근로자에게 제공할 것
② 근로자의 의무
  ㉠ 근로자는 이 법과 이 법에 따른 명령으로 정하는 기준 등 산업재해 예방에 필요한 사항을 지켜야 한다.
  ㉡ 사업주 또는 근로감독관, 공단 등 관계자가 실시하는 산업재해 방지에 관한 조치에 따라야 한다.

연관규정 산업안전보건법
제5조(사업주 등의 의무), 제6조(근로자의 의무)

10

전압이 100 [V]인 충전부분에 물에 젖은 작업자의 손이 접촉되어 감전, 사망하였다. 이때 인체에 흐른 ① 심실 세동 전류[mA]를 구하고, ② 통전시간[초]을 구하시오. (단, 인체의 저항은 5000 [Ω]으로 하고, 소수 넷째자리에서 반올림하여 소수 셋째자리까지 표기할 것) (6점)

답

① 전류

$$I = \frac{V}{R} \left(V = 100[V], R = \frac{5000}{25} = 200[\Omega] \right)$$

(손이 물에 젖으면 $\frac{1}{25}$ 감소)

$$I = \frac{V}{R} = \frac{100}{200} = 0.5 [A] = 500 [mA]$$

② 통전시간

$$I = \frac{165}{\sqrt{T}} [mA]$$

$$\rightarrow T = \frac{165^2}{500^2} = 0.1089 ≒ 0.109 [초]$$

11

「산업안전보건법령」상 공정안전보고서 이행 상태의 평가에 관한 내용이다. 다음 빈칸을 채우시오. (4점)

가) 고용노동부장관은 공정안전보고서의 확인 후 1년이 경과한 날부터 (①)년 이내에 공정안전보고서 이행 상태의 평가를 하여야 한다.
나) 사업주가 이행평가에 대한 추가요청을 하면 (②)기간 내에 이행평가를 할 수 있다.

답

① 2년 ② 1년 또는 2년

연관규정 산업안전보건법 시행규칙
제54조(공정안전보고서 이행 상태의 평가)

12

휴먼에러에서 독립행동에 관한 분류와 원인에 의한 분류를 2가지씩 적으시오. (4점)

답

① 독립행동에 관한 분류
　㉠ 생략적 에러(Omission Error)
　㉡ 수행적 에러(Commission Error)
　㉢ 순서적 에러(Sequential Error)
　㉣ 시간적 에러(Time Error)
　㉤ 불필요한 에러(Extraneous Error)
② 원인에 의한 분류
　㉠ 1차 에러(Primary Error)
　㉡ 2차 에러(Secondary Error)
　㉢ 지시 에러(Command Error)

13

직렬이나 병렬구조로 단순화 될 수 없는 복잡한 시스템의 신뢰도나 고장확률을 평가하는 기법 3가지를 적으시오. (3점)

답

① 사상 공간법
② 경로 추적법
③ 분해법

① 사상 공간법(Event Space Method) : 시스템의 구성요소들에 대해 모든 가능한 경우들을 나열하여 시스템의 신뢰도나 불신뢰도를 구하는 방법
② 경로 추적법(Path Tracing Method) : 시스템이 작동하는 경로를 찾아 그 합집합의 확률로서 신뢰도를 구하는 방법
③ 분해법(Pivotal Decomposition Method) : 복잡한 시스템의 신뢰도 구조를 좀 더 간단한 구조로 분해하여 조건부 확률을 사용해서 시스템의 신뢰도를 구하는 방법

14 ☑□□□□

광전자식 방호장치 프레스에 관한 설명 중 ( ) 안에 알맞은 내용이나 수치를 써 넣으시오.

(3점)

가) 프레스 또는 전단기에서 일반적으로 많이 활용하고 있는 형태로서 투광부, 수광부, 컨트롤 부분으로 구성된 것으로서 신체의 일부가 광선을 차단하면 기계를 급정지시키는 방호장치로 (①)분류에 해당한다.

나) 정상동작표시램프는 (②)색, 위험표시램프는 (③)색으로 하며, 쉽게 근로자가 볼 수 있는 곳에 설치해야 한다.

다) 방호장치는 릴레이, 리미트 스위치 등의 전기부품의 고장, 전원전압의 변동 및 정전에 의해 슬라이드가 불시에 동작하지 않아야 하며, 사용전원전압의 ±(④)[%]의 변동에 대하여 정상으로 작동되어야 한다.

답

① A-1 ② 녹 ③ 붉은 ④ 20

연관규정 방호장치 안전인증 고시

2014년 2회

01
재해예방대책 4원칙을 쓰고 설명하시오. (4점)

답
① 예방가능의 원칙 : 천재지변을 제외한 모든 인재는 예방이 가능
② 손실우연의 원칙 : 사고의 결과 손실의 유무 또는 대소는 사고 당시의 조건에 따라 우연적으로 발생
③ 원인연계(원인계기)의 원칙 : 사고에는 반드시 원인이 있고 원인은 대부분 복합적 연계 원인
④ 대책선정의 원칙 : 사고의 원인이나 불안전 요소가 발견되면 반드시 대책은 선정 실시

02
「산업안전보건법령」상 안전보건총괄책임자 지정대상 사업을 3가지 적으시오. (3점)

답
① 관계수급인에게 고용된 근로자를 포함한 상시근로자가 100명 이상인 사업
② 관계수급인에게 고용된 근로자를 포함한 상시근로자 50명 이상인 선박 및 보트 건조업, 1차 금속 제조업 및 토사석 광업
③ 관계수급인의 공사금액을 포함한 해당 공사의 총 공사금액 20억 원 이상인 건설업

연관규정 산업안전보건법 시행령
제52조(안전보건총괄책임자 지정 대상사업)

03
다음 각 물음에 적응성이 있는 소화기를 보기에서 골라 2가지씩 적으시오. (6점)

[보기]
① CO_2소화기   ② 건조사
③ 봉상수소화기   ④ 물통 또는 수조
⑤ 포소화기   ⑥ 할로겐화합물소화기

답
1) 전기설비 : ①, ⑥
2) 인화성 액체 : ②, ⑤
3) 자기반응성 물질 : ③, ④

연관규정 위험물안전관리법 시행규칙
[별표 17] 소화설비, 경보설비 및 피난설비의 기준

04

도끼로 나무를 자르는 데 소요되는 에너지는 분당 8 [kcal], 작업에 대한 평균에너지 5 [kcal/min], 휴식에너지 15 [kcal/min], 작업시간 60분일 때 휴식시간을 구하시오. (4점)

답

$R = \dfrac{60(5-8)}{5-15} = 18$ [분]

$$\text{휴식시간}(R) = \dfrac{T(E-S)}{E-W} \text{ [분]}$$

① T : 총 작업시간[min]
② E : 작업 중 평균에너지 소비량[kcal/min]
   = 산소에너지당량[$kcal/L$] × 작업 시 산소소비량 [L/min]
③ S : 권장 평균에너지 소비량[kcal/min]
   = 남성 5 [kcal/min], 여성 4 [kcal/min]
④ W : 휴식 중 에너지 소비량[kcal/min]

05

「산업안전보건법령」상 위험물질을 제조·취급하는 작업장과 그 작업장이 있는 건축물에 출입구 외에 안전한 장소로 대피할 수 있는 비상구 1개 이상을 설치해야 하는 구조 조건을 2가지만 적으시오. (4점)

답

① 출입구와 같은 방향에 있지 아니하고, 출입구로부터 3 [m] 이상 떨어져 있을 것
② 작업장의 각 부분으로부터 하나의 비상구 또는 출입구까지의 수평거리가 50 [m] 이하가 되도록 할 것
③ 비상구의 너비는 0.75 [m] 이상으로 하고, 높이는 1.5 [m] 이상으로 할 것
④ 비상구의 문은 피난 방향으로 열리도록 하고, 실내에서 항상 열 수 있는 구조로 할 것

연관규정 산업안전보건기준에 관한 규칙
제17조(비상구의 설치)

06

사업주는 보일러의 폭발 사고를 예방하기 위하여 기능이 정상적으로 작동될 수 있도록 유지관리하여야 한다. 「산업안전보건법령」상 보일러를 유지 관리하기 위하여 설치하여야 하는 장치를 3가지만 적으시오. (3점)

답

① 압력방출장치
② 압력제한스위치
③ 고저수위 조절장치
④ 화염 검출기

연관규정 산업안전보건기준에 관한 규칙 제116조(압력방출장치), 제117조(압력제한스위치), 제118조(고저수위조절장치), 제119조(폭발위험의 방지)

07

누전차단기에 관한 내용이다. [보기]의 ( ) 안에 알맞은 내용을 적으시오. (3점)

가) 누전차단기는 지락검출장치, (①), 개폐기구 등으로 구성
나) 중감도형 누전차단기는 정격감도전류가 (②) ~ 1000 [mA] 이하
다) 시연형 누전차단기는 동작시간이 0.1초 초과 (③) 이내

답

① 트립장치   ② 50 [mA]   ③ 2초

08 ☑☐☐☐☐

건설업 산업안전관리비 계상 및 사용기준에 관한 내용이다. 다음 각 물음에 답을 적으시오. (6점)

> 가) 발주자가 재료를 제공하거나 물품이 완제품의 형태로 제작 또는 납품되어 설치되는 경우에 해당 재료비 또는 완제품의 가액을 대상액에 포함시킬 경우의 안전관리비는 해당 재료비 또는 완제품의 가액을 포함시키지 않은 대상액을 기준으로 계상한 안전관리비의 (①)를 초과할 수 없다.
> 나) 대상액이 구분되어 있지 않은 공사는 도급계약 또는 자체사업계획 상의 총공사금액의 (②)를 대상액으로 하여 안전관리비를 계상하여야 한다.
> 다) 수급인 또는 자기공사자는 안전관리비 사용내역에 대하여 공사 시작 후 (③)마다 1회 이상 발주자 또는 감리원의 확인을 받아야 한다.

답

① 1.2배 ② 70 [%] ③ 6개월

연관규정 건설업 산업안전보건관리비 계상 및 사용기준

09 ☑☐☐☐☐

에어컨 스위치의 수명은 지수분포를 따르며, 평균 수명은 1000시간이다. 다음을 계산하시오. (4점)

> ① 새로 구입한 스위치가 향후 500시간 동안 고장 없이 작동할 확률을 구하시오.
> ② 이미 1000시간을 사용한 스위치가 향후 500시간 이상 견딜 확률을 구하시오.

답

$$R = e^{-\lambda t} = e^{-\frac{t}{t_0}}$$

[R : 신뢰도, λ : 평균고장률, t : 가동시간, t_0 : 평균수명]

① 구입한 스위치가 향후 500시간 동안 고장 없이 작동할 확률

$R_a = e^{-\lambda t} = e^{-\frac{t}{t_0}} = e^{-\frac{500}{1000}} = 0.606$
　　= 0.61

② 이미 1000시간을 사용한 스위치가 향후 500시간 이상 견딜 확률

$R_b = e^{-\lambda t} = e^{-\frac{t}{t_0}} = e^{-\frac{500}{1000}} = 0.606$
　　= 0.61

10 ☑☐☐☐☐

「산업안전보건법령」상 사업주가 화물운반용 또는 고정용으로 사용할 수 없는 섬유로프를 2가지 적으시오. (4점)

답

① 꼬임이 끊어진 것
② 심하게 손상되거나 부식된 것

연관규정 산업안전보건기준에 관한 규칙
제387조(꼬임이 끊어진 섬유로프 등의 사용 금지)

11 ☑☐☐☐☐

양립성을 2가지만 적고 각각 예시를 적으시오. (4점)

답

① 공간 양립성(Spatial Compatibility)
　 오른쪽 버튼을 누르면, 오른쪽 기계가 작동

② 운동 양립성(Movement Compatibility)
조종장치를 오른쪽으로 움직이면, 기계나 표시장치도 오른쪽으로 움직이는 것, 자동차 핸들 조작 방향으로 바퀴가 회전
③ 개념적 양립성(Conceptual Compatibility)
온수는 빨간색, 냉수는 파란색, 보행자 신호등의 사람이 걷는 그림
④ 양식 양립성(Modality Compatibility)
문화적 관습에 관한 양립성으로 온수 왼쪽, 냉수 오른쪽, 스위치를 켤 때 위로 올리면 켜지고 아래로 내리면 꺼지지만, 반대인 나라도 있음

12 ☑□□□□

「산업안전보건법령」상 "출입금지표지"를 그리고, 표지판의 색과 문자의 색을 적으시오. (3점)

답

- 바탕 : 흰색
- 테두리 : 빨간색
- 도형 : 검정색

연관규정 산업안전보건법 시행규칙
[별표 6] 안전보건표지의 종류와 형태

13 ☑□□□□

「산업안전보건법령」상 컨베이어 작업 시작 전에 점검해야 할 사항 3가지를 적으시오. (3점)

답

① 원동기 및 풀리 기능의 이상 유무
② 이탈 등의 방지장치 기능의 이상 유무
③ 비상정지장치 기능의 이상 유무
④ 원동기·회전축·기어 및 풀리 등의 덮개 또는 울 등의 이상 유무

연관규정 산업안전보건기준에 관한 규칙
[별표 3] 작업시작 전 점검사항

14 ☑□□□□

「산업안전보건법령」상 대상화학물질을 양도하거나 제공하는 자는 물질안전보건자료의 기재내용을 변경할 필요가 생긴 때에는 물질안전보건자료대상물질을 제조하거나 수입한 자는 정하는 사항이 변경된 경우 그 변경 사항을 반영한 물질안전보건자료를 고용노동부장관에게 제출하여야 한다. 이때 변경사항 3가지를 적으시오. (3점)

답

① 제품명(구성성분의 명칭 및 함유량의 변경이 없는 경우로 한정)
② 화학물질의 명칭 및 함유량(제품명의 변경 없이 구성성분의 명칭 및 함유량만 변경된 경우로 한정)
③ 건강 및 환경에 대한 유해성, 물리적 위험성

연관규정 산업안전보건법
제110조(물질안전보건자료의 작성 및 제출)
산업안전보건법 시행규칙
제159조(변경이 필요한 물질안전보건자료의 항목 및 제출시기)

2014년 3회

01 ☑□□□□

「산업안전보건법령」상 위험물질의 종류에 있어 다음 각 물질에 해당하는 것을 [보기]에서 2가지씩 골라 번호를 적으시오. (4점)

[보기]
① 황   ② 염소산
③ 하이드라진 유도체   ④ 아세톤
⑤ 과망간산   ⑥ 니트로소화합물
⑦ 수소   ⑧ 리튬

답

(1) 폭발성 물질 및 유기과산화물 : ③, ⑥
(2) 물반응성 물질 및 인화성 고체 : ①, ⑧

연관규정 산업안전보건기준에 관한 규칙
[별표 1] 위험물질의 종류

02 ☑□□□□

용접작업을 하는 작업자가 전압이 300 [V]인 충전부분이 물에 젖은 손이 접촉, 감전되어 사망하였다. 이때 인체에 통전된 ① 심실세동전류(mA)와 ② 통전시간(ms)을 계산하시오. (단, 인체의 저항은 1000Ω으로 한다) (4점)

답

① 심실세동 전류(mA) 계산식

$$I = \frac{V}{R} = \frac{300}{1000 \times \frac{1}{25}} = 7.5A = 7500[mA]$$

(조건 : 물에 젖은 손 : 인체의 저항 $\frac{1}{25}$ 감소)

✅ 7500 [mA]

② 통전시간(T) 계산식

$$I = \frac{165}{\sqrt{T}}[mA] \text{ [C. F. Dalziel의 식]}$$

$$T = (\frac{165}{I})^2 = (\frac{165}{7500})^2$$

$$= 0.000484[s] = 0.48[ms]$$

✅ 0.48 [ms]

03 ☑□□□□

콘크리트 구조물로 옹벽을 축조할 경우, 필요한 안정조건을 3가지 적으시오. (3점)

답

① 전도에 대한 안정
② 활동에 대한 안정
③ 지반 지지력에 대한 안정

04 ☑□□□□

무재해운동 추진 중 사고나 재해가 발생하여도 무재해로 인정되는 경우 4가지만 적으시오. (4점)

답

① 출·퇴근 도중에 발생한 재해
② 운동경기 등 각종 행사 중 발생한 재해
③ 업무시간 외에 발생한 재해
④ 업무수행 중에 사고 중 천재지변으로 발생한 사고

05 ☑☐☐☐☐

기계설비의 근원적 안전을 확보하기 위한 안전화 방법을 4가지만 적으시오. (4점)

답

① 외형의 안전화 ② 기능의 안전화
③ 보전작업의 안전화 ④ 구조의 안전화

06 ☑☐☐☐☐

아세틸렌 또는 가스집합 용접장치에 설치하는 역화방지기 성능시험 종류를 4가지만 적으시오. (4점)

답

① 내압시험 ② 기밀시험
③ 역류방지시험 ④ 역화방지시험
⑤ 가스압력손실시험

연관규정 방호장치 자율안전확인 고시

07 ☑☐☐☐☐

「산업안전보건법령」상 안전보건표지의 종류에 있어 안내표지에 해당하는 것을 4가지만 적으시오. (4점)

답

① 녹십자표지
② 응급구호표지
③ 들 것
④ 세안장치

연관규정 산업안전보건법 시행규칙
[별표 6] 안전보건표지의 종류 및 형태

08 ☑☐☐☐☐

「산업안전보건법령」상 공정안전보고서에 포함되어야 하는 사항을 4가지 적으시오. (4점)

답

① 공정안전자료
② 공정위험성 평가서
③ 안전운전계획
④ 비상조치계획

연관규정 산업안전보건법 시행령
제44조(공정안전보고서의 내용)

09 ☑☐☐☐☐

다음과 같은 구조에 시스템이 있다. 부품2(X_2)의 고장을 초기사상으로 하여 사건나무(Event Tree)를 그리고 각 가지마다 시스템의 작동 여부를 "작동" 또는 "고장"으로 표시하시오. (4점)

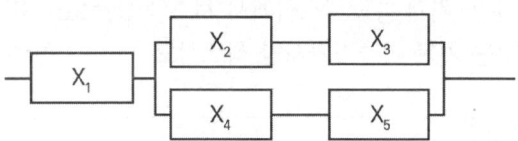

답

X_3는 X_2가 고장이므로 사상나무(Event Tree)에서 제외

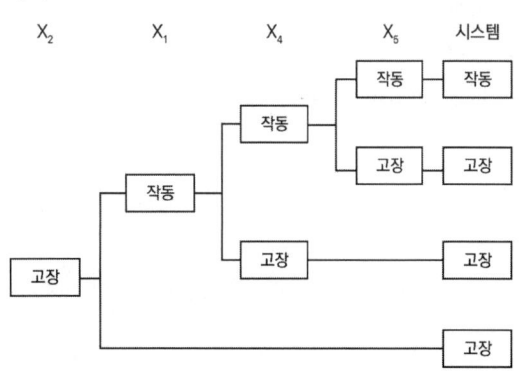

10

다음의 재해 통계지수에 관하여 설명하시오. (4점)

연천인율 : ①
강도율 : ②

답

① 연천인율 = $\dfrac{\text{연간재해자수}}{\text{연평균근로자수}} \times 1,000$

근로자 1000명당 1년간에 발생하는 재해발생자 수의 비율

② 강도율 = $\dfrac{\text{총근로손실일수}}{\text{연근로시간수}} \times 1,000$

연간 총 근로시간 1000시간당 재해발생으로 인한 근로손실일수

11

인간-기계 통합시스템에서 시스템(System)이 갖는 기본 기능 5가지만 적으시오. (5점)

답

① 입력
② 감지
③ 정보 처리 및 의사 결정
④ 행동(작동)
⑤ 출력
⑥ 정보 보관(정보 저장)

12

「산업안전보건법령」상 굴착면에 높이가 2 [m] 이상이 되는 지반의 굴착방법을 하는 경우 작업장의 지형 지반 및 지층 상태 등에 대한 사전 조사 후 작성하여야 하는 작업계획서에 포함되어야 하는 사항을 4가지만 적으시오. (단, 기타 안전보건에 관련된 사항은 제외한다) (4점)

답

① 굴착방법 및 순서, 토사반출방법
② 필요한 인원 및 장비 사용계획
③ 매설물 등에 대한 이설·보호대책
④ 사업장 내 연락방법 및 신호방법
⑤ 흙막이 지보공 설치방법 및 계측계획
⑥ 작업지휘자의 배치계획

연관규정 산업안전보건기준에 관한 규칙
[별표 4] 사전조사 및 작업계획서 내용

13

「산업안전보건법령」상 다음 [보기]에서 안전인증 대상 기계·기구 및 설비, 방호장치 또는 보호구에 해당하는 것을 4가지만 골라 번호를 적으시오. (4점)

[보기]
① 안전대
② 연삭기 덮개
③ 파쇄기
④ 산업용 로봇 안전매트
⑤ 압력용기
⑥ 양중기용 과부하방지장치
⑦ 교류아크용접기용 자동전격방지기
⑧ 이동식 사다리
⑨ 동력식 수동대패용 칼날 접촉방지장치
⑩ 용접용 보안면

답

①, ⑤, ⑥, ⑩

연관규정 산업안전보건법 시행령 제74조(안전인증대상기계등), 제77조(자율안전확인대상기계등)

14 ☑□□□□

다음은 안전관리의 주요 대상인 4M과 안전 대책인 3E와의 관계도를 나타낸 것이다. 그림의 빈칸에 알맞은 내용을 써 넣으시오. (4점)

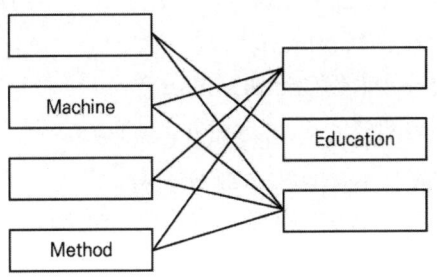

답

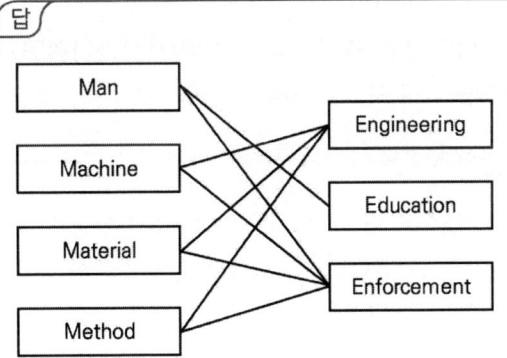

2013년 1회

01 ☑☐☐☐☐

「산업안전보건법령」상 선간전압에 해당하는 충전전로에 대한 접근한계거리를 [보기]의 ( ) 안에 적으시오. (4점)

[보기]
① 380 [V]   ② 1.5 [kV]
③ 6.6 [kV] ④ 22.9 [kV]

답

① 30 [cm] ② 45 [cm] ③ 60 [cm] ④ 90 [cm]

연관규정 산업안전보건기준에 관한 규칙
제321조(충전전로에서의 전기작업)

02 ☑☐☐☐☐

시몬즈 방식에 보험코스트와 비보험코스트 중 비보험코스트 항목(종류) 4가지를 적으시오. (4점)

답

① 휴업상해   ② 통원상해   ③ 구급 조치
④ 무상해 사고

시몬즈(R. H. Simonds)방식

- 총 재해 코스트 = 보험 코스트 + 비보험 코스트
- 비보험 코스트 = (A × 휴업상해건수) + (B × 통원상해건수) + (C × 응급조치건수) + (D × 무상해사고건수)

03 ☑☐☐☐☐

「산업안전보건법령」상 작업발판 일체형 거푸집 종류를 4가지만 적으시오. (4점)

답

① 갱 폼(Gang Form)
② 슬립 폼(Slip Form)
③ 클라이밍 폼(Climbing Form)
④ 터널 라이닝 폼(Tunnel lining Form) 등

연관규정 산업안전보건기준에 관한 규칙
제337조(작업발판 일체형 거푸집의 안전조치)

04 ☑☐☐☐☐

「산업안전보건법령」상 산업안전보건위원회의 심의·의결 사항을 4가지 적으시오. (4점)

답

① 사업장의 산업재해 예방계획의 수립에 관한 사항
② 안전보건관리규정의 작성 및 변경에 관한 사항
③ 근로자의 안전보건교육에 관한 사항
④ 작업환경 측정 등 작업환경의 점검 및 개선에 관한 사항
⑤ 근로자의 건강진단 등 건강관리에 관한 사항
⑥ 산업재해(중대재해)의 원인조사 및 재발 방지대책 수립에 관한 사항
⑦ 산업재해에 관한 통계의 기록 및 유지에 관한 사항
⑧ 유해하거나 위험한 기계·기구·설비를 도입한 경우 안전 및 보건조치에 관한 사항
⑨ 그 밖에 해당 사업장 근로자의 안전 및 보건을 유지·증진시키기 위하여 필요한 사항

연관규정 산업안전보건법 제15조(안전보건관리책임자), 제24조(산업안전보건위원회)

05

시험가스농도 1.5 [%]에서 표준유효시간이 80분인 정화통을 유해가스농도가 0.8 [%]인 작업장에서 사용할 경우 파과시간을 계산하시오. (4점)

답

계산식 : 유효시간

파과시간(유효시간)

$$= \frac{표준유효시간 \times 시험가스농도}{사용하는 작업장 공기 중 유해가스농도}$$

$$= \frac{80 \times 1.5}{0.8} = 150 [분]$$

✓ 150 [분]

06

[보기]에 맞는 프레스 및 전단기의 방호장치를 각각 적으시오. (4점)

[보기]
① 슬라이드 하강 중 정전 또는 방호장치의 이상 시에 정지할 수 있는 구조이어야 한다.
② 슬라이드 하강 중 정전 또는 방호장치의 이상 시에 정지하고, 1행정1정지 기구에 사용할 수 있어야 한다.
③ 슬라이드 하행정거리의 3/4 위치에서 손을 완전히 밀어내어야 한다.
④ 손목밴드는 착용감이 좋으며 쉽게 착용할 수 있는 구조이고, 수인끈은 작업자와 작업공정에 따라 그 길이를 조정할 수 있어야 한다.

답

① 광전자식(감응식) 방호장치
② 양수조작식 방호장치
③ 손쳐내기식 방호장치
④ 수인식 방호장치

연관규정 방호장치 안전인증 고시 [별표 1]
프레스 또는 전단기 방호장치의 성능기준(제4조 관련)

07

「산업안전보건법령」상 사업주가 근로자에게 실시해야 하는 안전보건교육 중, 근로자의 안전보건 교육시간 관련 [보기]의 ( ) 안에 알맞게 숫자를 적으시오. (5점)

[보기]
가) 안전관리자 신규교육 시간 : (①) 시간 이상
나) 안전보건관리책임자 보수교육 시간 : (②) 시간 이상
다) 사무직 종사 근로자의 정기교육시간 : 매 반기 (③) 시간 이상

[채용 시 교육]
가) 일용근로자 및 근로계약기간이 1주일 이하인 기간제근로자 : 1 시간 이상
나) 근로계약기간이 1주일 초과 1개월 이하인 기간제근로자 : 4시간 이상
다) 그 밖의 근로자 : (④) 시간 이상

[작업내용 변경 시 교육]
가) 일용근로자 및 근로계약기간이 1주일 이하인 기간제근로자 : 1 시간 이상
나) 그 밖의 근로자 : (⑤) 시간 이상

답

① 34 ② 6 ③ 6 ④ 8 ⑤ 2

연관규정 산업안전보건법 시행규칙 [별표 4] 안전보건교육 교육과정별 교육시간

08

HAZOP(위험과 운전분석)기법에 사용되는 가이드 워드(Guide words)에 관한 의미를 [보기]의 ( ) 안에 영문으로 적으시오. (4점)

[보기]
- 설계의도 외에 다른 공정변수가 부가되는 상태 (①)
- 설계의도와 정반대로 나타나는 상태 (②)
- 설계의도에 완전히 반하여 공정변수의 양이 없는 상태 (③)
- 공정변수가 양적으로 증가 (④)

답

① AS WELL AS ② REVERSE
③ NO(NOT) 또는 None ④ MORE

연관규정 연속공정의 위험과 운전분석(HAZOP)기법에 관한 기술지침(KOSHA GUIDE P - 82 - 2012)
회분식 공정의 위험과 운전분석(HAZOP)기법에 관한 기술지침(KOSHA GUIDE P - 86 - 2017)

09

연삭기의 덮개 각도를 적으시오. (단, 이상, 이하, 이내를 정확히 구분해서 적으시오) (3점)

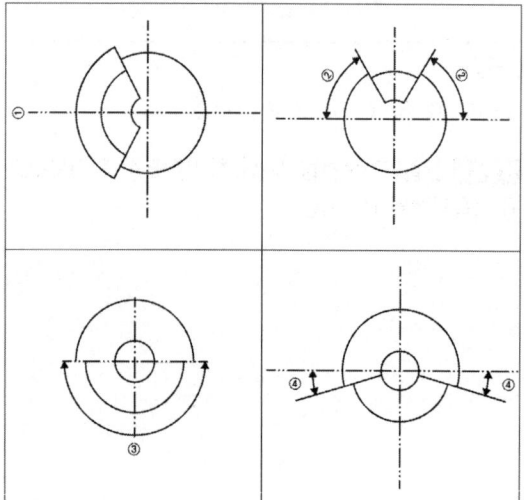

답

① 125° 이내   ② 60° 이상
③ 180° 이내   ④ 15° 이상

짚고가기
① 일반연삭작업 등에 사용하는 것을 목적으로 하는 탁상용 연삭기의 덮개 각도
② 연삭숫돌의 상부를 사용하는 것을 목적으로 하는 탁상용 연삭기의 덮개 각도
③ 휴대용 연삭기, 스윙연삭기, 스라브연삭기, 기타 이와 비슷한 연삭기의 덮개 각도
④ 평면연삭기, 절단연삭기, 기타 이와 비슷한 연삭기의 덮개 각도

연관규정 방호장치 자율안전기준 고시 [별표 4] 연삭기 덮개의 성능기준

10

[보기] 중 노출기준이 가장 낮은 것과 높은 것을 적으시오. (4점)

[보기]
① 암모니아   ② 불소
③ 과산화수소   ④ 사염화탄소
⑤ 염화수소

답

가) 낮은 것 : ② 불소
나) 높은 것 : ① 암모니아

연관규정 화학물질 및 물리적인자의 노출기준

짚고가기 TLV-TWA 기준
불소(플루오린 F2, Fluorine) : 0.1 [ppm]
과산화수소(H_2O_2) : 1 [ppm]
염화수소(염산 HCl) : 1 [ppm]
사염화탄소(CCl_4) : 5 [ppm]
암모니아(NH_3) : 25 [ppm]

11

「산업안전보건법령」상 근로자의 추락 등에 의한 위험을 방지하기 위하여 설치하는 안전난간의 주요구성 요소 4가지를 적으시오. (4점)

답

① 상부 난간대
② 중간 난간대
③ 발끝막이판
④ 난간기둥

연관규정 산업안전보건기준에 관한 규칙 제13조(안전난간의 구조 및 설치요건)

12

「산업안전보건법령」상 [보기]의 위험물과 혼재 가능한 물질을 적으시오. (단, 지정수량의 1/10 초과의 위험물이다) (4점)

— [보기] —
① 산화성고체
② 가연성고체
③ 자연발화 및 금수성 물질
④ 인화성액체
⑤ 자기반응성물질
⑥ 산화성액체

답

① 산화성고체 : ⑥
② 가연성고체 : ④, ⑤
③ 자연발화 및 금수성 물질 : ④
④ 인화성액체 : ②, ③, ⑤
⑤ 자기반응성물질 : ②, ④
⑥ 산화성액체 : ①

연관규정 위험물안전관리법 시행령 [별표 1] 위험물 및 지정수량, 위험물안전관리법 시행규칙 [별표 19] 위험물의 운반에 관한 기준

[1류] 산화성고체
[2류] 가연성고체
[3류] 자연발화 및 금수성 물질
[4류] 인화성액체
[5류] 자기반응성물질
[6류] 산화성액체

짚고가기 유별을 달리하는 위험물의 혼재기준

위험물의 구분	제1류	제2류	제3류	제4류	제5류	제6류
제1류		×	×	×	×	○
제2류	×		×	○	○	×
제3류	×	×		○	×	×
제4류	×	○	○		○	×
제5류	×	○	×	○		×
제6류	○	×	×	×	×	

[비고]
1. "×" 표시는 혼재할 수 없음을 표시한다.
2. "○" 표시는 혼재할 수 있음을 표시한다.
3. 이 표는 지정수량의 $\frac{1}{10}$ 이하의 위험물에 대하여는 적용하지 아니한다.

13

4 [m] 거리에서 Landolt Ring(란돌트 고리)을 1.2 [mm]까지 구별할 수 있는 사람의 시력을 계산하시오. (단, 시각은 600′ 이하일 때이며, Radian 단위를 분으로 환산하기 위한 상숫값은 57.3과 60을 모두 적용하여 계산하도록 한다) (3점)

답

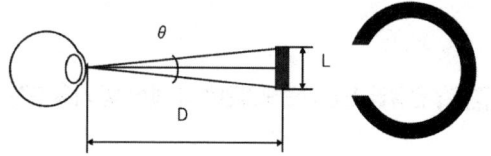

$$시각(\theta) = \frac{L}{D}(rad) = \frac{L}{D} \times 57.3 (도)$$

$$= \frac{L}{D} \times 57.3 \times 60 (분)$$

$$시력 = \frac{1}{시각}$$

※ $1(rad) = 57.3(도)$, $1도 = 60(분)$

$$각도(단위 : rad) = \frac{거리}{크기} = \frac{1.2}{4000}$$

[단위변환]

$$시각(\theta) = \frac{1.2}{4000} \times \frac{180}{\pi} \times 60$$

$$= \frac{1.2}{4000} \times 57.3 \times 60 = 1.031 \, [분]$$

$$시력 = \frac{1}{시각} = \frac{1}{1.031} = 0.97$$

14 ☑□□□□

「산업안전보건법령」상 [보기] 중 산업안전관리비로 사용 가능한 항목을 4가지 골라 번호를 적으시오. (4점)

― [보기] ―
① 면장갑 및 코팅장갑의 구입비
② 안전보건 교육장내 냉·난방 설비 설치비
③ 안전보건 관리자용 안전 순찰차량의 유류비
④ 교통통제를 위한 교통정리자의 인건비
⑤ 외부인 출입금지, 공사장 경계표시를 위한 가설울타리
⑥ 위생 및 긴급 피난용 시설비
⑦ 안전보건교육장의 대지 구입비
⑧ 안전 관련 간행물, 잡지 구독비

[답]

②, ③, ⑥, ⑧

[연관규정] 건설업 산업안전보건관리비 계상 및 사용기준

2013년 2회

01 ☑☐☐☐☐ [전기설비기술기준 개정]

접지공사 종류에서 접지저항값 및 접지선의 굵기에 관한 내용이다. 빈칸을 채우시오. (4점)

종별	접지저항	접지선의 굵기
제1종	(①) [Ω] 이하	공칭단면적 6 [mm²] 이상의 연동선
제2종	$\dfrac{150}{1선\ 지락전류}$ [Ω] 이하	공칭단면적 (②) [mm²] 이상의 연동선
제3종	(③) [Ω] 이하	공칭단면적 2.5 [mm²] 이상의 연동선
특별 제3종	10 [Ω] 이하	공칭단면적 (④) [mm²] 이상의 연동선

답

① 10 ② 16 ③ 100 ④ 2.5

[구] 전기설비기술기준

접지공사의 종류	접지저항 값
제1종	10 [Ω]
제2종	변압기의 고압 측 또는 특고압 측의 전로의 1선 지락전류의 암페어 수로 150(변압기의 고압 측 전로 또는 사용전압이 35 [kV] 이하의 특고압 측 전로가 저압 측 전로와 혼촉하여 저압 측 전로의 대지전압이 150 [V]를 초과하는 경우에, 1초를 초과하고 2초 이내에 자동적으로 고압전로 또는 사용전압이 35 [kV] 이하의 특고압 전로를 차단하는 장치를 설치할 때는 300, 1초 이내에 자동적으로 고압전로 또는 사용전압 35 [kV] 이하의 특고압전로를 차단하는 장치를 설치할 때는 600)을 나눈 값과 같은 Ω수
제3종 접지공사	100 [Ω]
특별	10 [Ω]

[신] 전기설비기술기준

접지공사의 종류	접지선의 굵기
제1종	공칭단면적 6 [mm²] 이상의 연동선
제2종	공칭단면적 16 [mm²] 이상의 연동선 (고압전로 또는 제135조 제1항 및 제4항에 규정하는 특고압 가공전선로의 전로와 저압 전로를 변압기에 의하여 결합하는 경우에는 공칭단면적 6 [mm²] 이상의 연동선)
제3종 및 특별 제3종	공칭단면적 2.5 [mm²] 이상의 연동선

연관규정 전기설비기술기준의 판단기준 제19조(접지공사의 종류), 제20조(각종 접지공사의 세목)

02 ☑☐☐☐☐

「산업안전보건법령」상 계단 및 계단참의 설치 기준이다. [보기]의 ( ) 안에 알맞게 내용을 적으시오. (5점)

[보기]
- 사업주는 계단 및 계단참을 설치하는 경우 매제곱미터당 (①)[kg] 이상의 하중에 견딜 수 있는 강도를 가진 구조로 설치하여야 하며, 안전율은 (②) 이상으로 하여야 한다.
- 계단을 설치하는 경우 그 폭을 (③)[m] 이상으로 하여야 한다.
- 높이가 (④)[m]를 초과하는 계단에는 높이 3[m] 이내마다 너비 1.2[m] 이상의 계단참을 설치하여야 한다.
- 높이 (⑤)[m] 이상인 계단의 개방된 측면에 안전난간을 설치하여야 한다.

답

① 500 ② 4 ③ 1 ④ 3 ⑤ 1

연관규정 산업안전보건기준에 관한 규칙
제26조, 제27조, 제28조, 제30조

03 ☑☐☐☐☐

「산업안전보건법령」상 잠함 또는 우물통의 내부에서 근로자가 굴착작업을 하는 경우, 잠함 또는 우물통의 급격한 침하에 의한 위험을 방지하기 위해 사업주가 준수해야 하는 사항을 2가지 적으시오. (4점)

답

① 침하관계도에 따라 굴착방법 및 재하량 등을 정할 것
② 바닥으로부터 천장 또는 보까지의 높이는 1.8[m] 이상으로 할 것

연관규정 산업안전보건기준에 관한 규칙
제376조(급격한 침하로 인한 위험 방지)

04 ☑☐☐☐☐

「산업안전보건법령」상 비, 눈, 그 밖의 기상상태의 악화로 작업을 중지시킨 후 또는 비계를 조립·해체하거나 변경한 후 그 비계에서 작업을 하는 경우 해당 작업시작 전 점검사항을 4가지만 적으시오. (4점)

답

① 발판 재료의 손상 여부 및 부착 또는 걸림 상태
② 해당 비계의 연결부 또는 접속부의 풀림 상태
③ 연결 재료 및 연결 철물의 손상 또는 부식 상태
④ 손잡이의 탈락 여부
⑤ 기둥의 침하, 변형, 변위 또는 흔들림 상태
⑥ 로프의 부착 상태 및 매단 장치의 흔들림 상태

연관규정 산업안전보건기준에 관한 규칙
제58조(비계의 점검 및 보수)

05

A회사의 제품은 10,000시간 동안 10개의 제품에 고장이 발생된다고 한다. 이 제품의 수명이 지수분포를 따른다고 할 경우 고장률과 900시간 동안 적어도 1개의 제품이 고장 날 확률을 구하시오. (4점)

답

① 고장률(λ)
$$= \frac{\text{고장건수}(r)}{\text{총가동시간}(t)} = \frac{10}{10000} = 0.001$$

② 고장발생확률(불신뢰도)
$$= F(t) = 1 - R(t) = 1 - e^{-\lambda t}$$
$$= 1 - e^{-0.001 \times 900}$$
$$= 0.593 ≒ 0.59$$

06

착용부위에 따른 방열복의 종류 4가지를 적으시오. (4점)

답

① 상체 : 방열상의
② 하체 : 방열하의
③ 몸체 : 방열일체복
④ 손 : 방열장갑
⑤ 머리 : 방열두건

연관규정 보호구 안전인증 고시

07

할로겐화합물 소화기에 사용하는 할로겐원소 부촉매제의 종류 4가지를 적으시오. (4점)

답

① F(불소 또는 플루오린)
② Cl(염소)
③ Br(브롬)
④ I(요오드 또는 아이오딘)

연관규정 할로겐화합물 소화설비의 화재 안전기준
- 제5조(소화약제)

08

「산업안전보건법령」상 화물의 낙하에 의하여 지게차의 운전자에 위험을 미칠 우려가 있는 작업장에서 사용된 지게차의 헤드가드가 갖추어야 하는 사항 관련하여 [보기]의 (   ) 안에 내용을 적으시오. (4점)

[보기]
- 강도는 지게차의 최대하중의 (①)배 값(4톤을 넘는 값에 대해서는 4톤으로 한다)의 등분포정하중에 견딜 수 있을 것
- 상부틀의 각 개구의 폭 또는 길이가 (②)센티미터 미만일 것

답

① 2
② 16

연관규정 산업안전보건기준에 관한 규칙
제180조(헤드가드)

09 ☑□□□□

FT도가 다음과 같을 때 최소 패스 셋(Minimal Path Set)을 모두 구하시오. (4점)

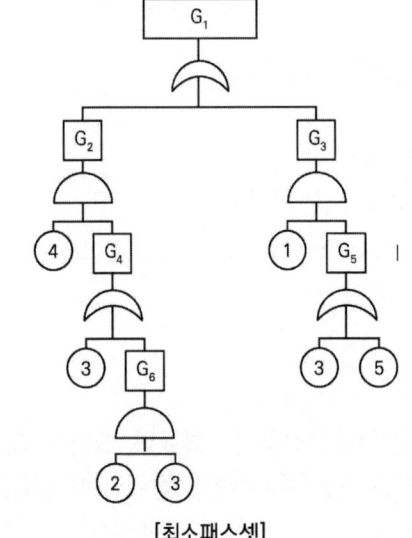

[최소패스셋]

답

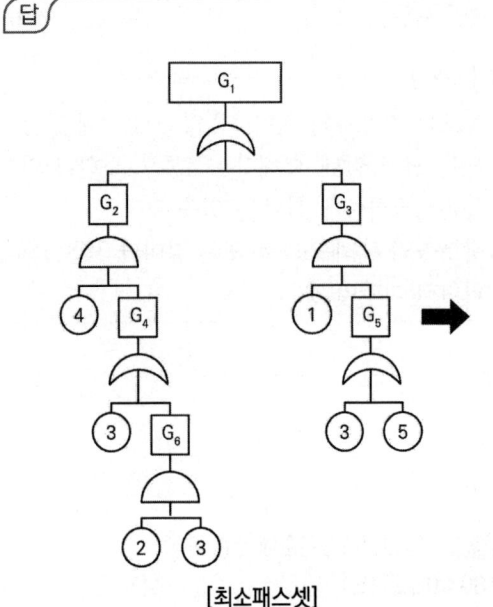

[최소패스셋]

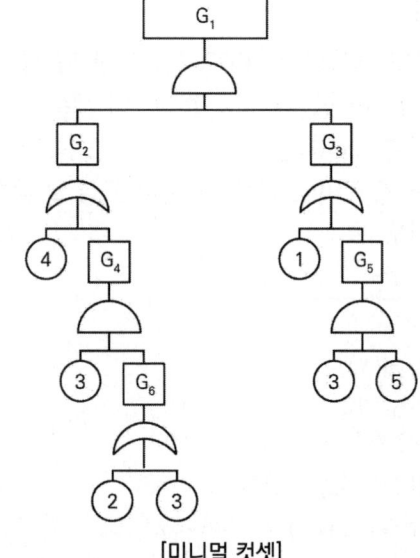

[미니멀 컷셋]

㉠ 최소패스셋은 FT도를 반대로 변환 후 미니멀 컷셋을 구한다.

㉡ $G_1 = G_2 \times G_3$

㉢ $G_2 = ④ + G_4 = ④ + (③ \times G_6) = ④ + [③ \times (② + ③)] = ④ + (③ \times ②) + (③ \times ③)$ $(A \times A = A)$
$= ④ + (③ \times ②) + ③$

㉣ $G_2 = ④ + [(② + 1) \times ③]$ $(A + 1 = 1) = ④ + ③$

㉤ $G_3 = ① + G_5 = ① + (③ \times ⑤)$

㉥ $G_1 = G_2 \times G_3 = (④ + ③) \times [① + (③ \times ⑤)]$
$= ① \times ④ + ① \times ③ + ④ \times ③ \times ⑤ + ③ \times ③ \times ⑤$ $(A \times A = A)$

㉦ $G_2 = ① \times ④ + ① \times ③ + \underline{④ \times ③ \times ⑤ + ③ \times ⑤}$ (밑줄은 ③ × ⑤로 묶음)

㉧ $G_2 = ① \times ④ + ① \times ③ + [(④ + 1) \times (③ \times ⑤)]$
$(A + 1 = 1) = ① \times ④ + ① \times ③ + ③ \times ⑤$

☑ 미니멀 컷셋 : (①, ④) (①, ③) (③, ⑤)

10 ☑☐☐☐☐

시스템 위험성 평가(MIL-STD-882B)의 위험 강도 분류 4가지를 적으시오. (4점)

답

① 파국적(Catastrophic)
② 중대적 또는 위기적(Critical)
③ 한계적(Marginal)
④ 무시가능(Negligible)

11 ☑☐☐☐☐

다음 설명을 읽고 보일러에서 발생하는 현상을 각각 적으시오. (4점)

① 보일러수 속의 용해 고형물이나 현탁 고형물이 증기에 섞여 보일러 밖으로 튀어 나가는 현상
② 유지분이나 부유물 등에 의하여 보일러수의 비등과 함께 수면부에 거품을 발생시키는 현상

답

① 캐리오버 ② 포밍

12 ☑☐☐☐☐

보일링 현상 방지대책을 3가지만 적으시오. (3점)

답

① 흙막이벽 근입깊이 증가 = 흙막이벽을 깊게 설치
② 흙막이벽 차수성 증대 = 지하수의 흐름을 막기
③ 흙막이벽 배면(뒷쪽) 지반 그라우팅(grouting) 실시
④ 흙막이벽 배면((뒷쪽) 지반 (지하) 수위 저하 = (굴착 바닥면 아래까지) 주변 수위 저하

13 ☑☐☐☐☐

연천인율, 평균강도율, 환산도수율, 안전활동율의 공식을 각각 적으시오. (4점)

답

① 연천인율 = $\dfrac{\text{연간재해자수}}{\text{연평균근로자수}} \times 1000$

② 평균강도율 = $\dfrac{\text{강도율}}{\text{도수율}} \times 1000$

③ 환산도수율 = 도수율 × $\dfrac{\text{총근로시간수}}{1000000}$

④ 안전활동율 = $\dfrac{\text{안전 활동 건수}}{\text{총근로시간수}} \times 1000000$

= $\dfrac{\text{안전 활동 건수}}{\text{근로 시간수} \times \text{평균 근로자수}} \times 1000000$

• 환산도수율 = 도수율 × 0.1 은 조건에 10만 시간이 있는 경우 사용할 수 있다.

도수율 = $\dfrac{\text{재해건수}}{\text{총근로시간수}} \times 1000000$ → 환산

도수율(재해건수) = $\dfrac{\text{도수율} \times \text{총근로시간수}}{1000000}$

14 ☑☐☐☐☐

다음은 데이비스의 동기부여에 관한 이론 공식이다. 빈칸을 채우시오. (4점)

가) 능력 = (①) × (②)
나) 동기 = (③) × (④)

답

① 지식 ② 기능 ③ 상황 ④ 태도

2013년 3회

01 ☑☐☐☐☐

「산업안전보건법령」상 비, 눈, 그 밖의 기상상태의 악화로 작업을 중지시킨 후 또는 비계를 조립·해체하거나 변경한 후 그 비계에서 작업을 하는 경우 해당 작업시작 전 점검사항을 4가지만 적으시오. (4점)

답

① 발판 재료의 손상 여부 및 부착 또는 걸림 상태
② 해당 비계의 연결부 또는 접속부의 풀림 상태
③ 연결 재료 및 연결 철물의 손상 또는 부식 상태
④ 손잡이의 탈락 여부
⑤ 기둥의 침하, 변형, 변위 또는 흔들림 상태
⑥ 로프의 부착 상태 및 매단 장치의 흔들림 상태

연관규정 산업안전보건기준에 관한 규칙 제58조(비계의 점검 및 보수)

02 ☑☐☐☐☐

공정안전보고서의 내용 중 '공정위험성 평가서'에서 적용하는 위험성 평가기법에 있어 '제조공정 중 반응, 분리(증류, 추출 등), 이송시스템 및 전기·계장시스템 등' 간단한 단위공정에 대한 위험성 평가기법 4가지를 적으시오. (4점)

답

① 위험과 운전 분석(HAZOP)
② 공정위험 분석(PHR)
③ 이상위험도 분석(FMECA)
④ 결함 수 분석(FTA)
⑤ 사건 수 분석(ETA)
⑥ 원인결과 분석(CCA)

연관규정 공정안전보고서의 제출·심사·확인 및 이행상태평가 등에 관한 규정 제29조(공정위험성 평가기법)

03 ☑☐☐☐☐

「산업안전보건법령」상 [보기]의 ( ) 안에 알맞게 내용을 적으시오. (4점)

[보기]
사업주는 연삭숫돌을 사용하는 작업의 경우 작업을 시작하기 전에는 (①) 이상, 연삭숫돌을 교체한 후에는 (②) 이상 시험운전을 하고 해당 기계에 이상이 있는지를 확인하여야 한다.

답

① 1분 ② 3분

연관규정 산업안전보건기준에 관한 규칙 제122조(연삭숫돌의 덮개 등)

04 ☑☐☐☐☐

「산업안전보건법령」상 근로자가 반복하여 계속적으로 중량물을 취급하는 작업할 때 작업 시작 전 점검사항 2가지를 적으시오. (단, 그 밖의 하역운반기계 등의 적절한 사용방법은 제외한다) (4점)

답

① 중량물 취급의 올바른 자세 및 복장
② 위험물이 날아 흩어짐에 따른 보호구의 착용
③ 카바이드·생석회 등과 같이 온도상승이나 습기에 의하여 위험성이 존재하는 중량물의 취급방법

연관규정 산업안전보건기준에 관한 규칙
[별표 3] 작업시작 전 점검사항

05 ☑☐☐☐☐

「산업안전보건법령」상 인체에 해로운 분진, 흄(Fume), 미스트(Mist), 증기 또는 가스 상태의 물질을 배출하기 위하여 설치하는 국소배기장치의 후드 설치 시 준수사항 3가지만 적으시오. (3점)

답

① 유해물질이 발생하는 곳마다 설치할 것
② (유해인자의 발생형태와 비중, 작업방법 등을 고려하여) 해당 분진 등의 발산원을 제어할 수 있는 구조로 설치할 것
③ 후드 형식은 가능하면 포위식 또는 부스식 후드를 설치할 것
④ 외부식 또는 리시버식 후드는 해당 분진 등의 발산원에 가장 가까운 위치에 설치할 것

연관규정 산업안전보건기준에 관한 규칙 제72조(후드)

06 ☑☐☐☐☐

「산업안전보건법령」상 건설공사 유해위험방지계획서의 ① 제출기한과 ② 첨부서류 2가지를 적으시오. (5점)

답

① 제출기한
   해당 공사의 착공 전날까지
② 첨부서류
   • 공사 개요 및 안전보건관리계획
   • 작업 공사 종류별 유해위험방지계획

연관규정 산업안전보건법 시행규칙 제42조(제출서류 등) [별표 10] 유해위험방지계획서 첨부서류(제42조 제3항 관련)

07 ☑☐☐☐☐

「산업안전보건법령」상 안전인증대상기계등에 안전인증을 전부 또는 일부를 면제할 수 있는 경우 3가지를 적으시오. (3점)

답

① 연구·개발을 목적으로 제조·수입하거나 수출을 목적으로 제조하는 경우
② 고용노동부장관이 정하여 고시하는 외국의 안전인증기관에서 인증을 받은 경우
③ 다른 법령에서 안전성에 관한 검사나 인증을 받은 경우

연관규정 산업안전보건법 제84조(안전인증)

08 ☑☐☐☐☐

[보기]의 안전밸브 형식표시사항을 상세히 기술하시오. (4점)

― [보기] ―

SF Ⅱ 1-B			
S	F	Ⅱ	1
①	②	③	④

답

① S : 증기의 분출압력을 요구
② F : 전량식
③ Ⅱ : 25 [mm] 초과 50 [mm] 이하
④ 1 : 1 [MPa] 이하

연관규정 방호장치 안전인증 고시

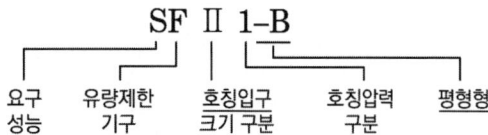

① 요구성능 → S : 증기의 분출압력을 요구, G : 가스의 분출압력을 요구
② 용량제한기구 → L : 양정식, F : 전량식

③ 호칭지름의 구분

호칭지름의 구분	I	II	III	IV	V
범위 (mm)	25 이하	25 초과 50 이하	50 초과 80 이하	80 초과 100 이하	100 초과

④ 호칭압력의 구분

호칭압력의 구분	1	3	5	10	21	22
설정압력의 범위 (MPa)	1 이하	1 초과 3 이하	3 초과 5 이하	5 초과 10 이하	10 초과 21 이하	21 초과

09 ☑□□□□

소형 전기기기와 방폭부품의 경우, 표시크기를 줄일 수 있다. 이러한 전기기기 또는 방폭부품에 최소 표시사항을 4가지 적으시오. (4점)

답

① 제조자의 이름 또는 등록상표
② 형식
③ 기호 Ex 및 방폭구조의 기호
④ 인증서 발급기관의 이름 또는 마크, 합격번호
⑤ X 또는 U 기호

연관규정 방호장치 안전인증 고시

10 ☑□□□□

A 사업장의 근무 및 재해발생현황이 다음과 같을 때, 이 사업장의 종합재해지수를 구하시오. (4점)

- 평균근로자 수 : 300명
- 월평균 재해건수 : 2건
- 휴업일수 : 219일
- 근로시간 : 1일 8시간, 연간 280일 근무

답

① 도수율 $= \dfrac{재해건수}{연근로시간수} \times 1000000$

$= \dfrac{월2건 \times 12개월}{300 \times 8 \times 280} \times 1000000$

$= 35.714 = 35.71$

② 강도율 $= \dfrac{총근로손실일수}{연근로시간수} \times 1000$

$= \dfrac{219 \times \dfrac{280}{365}}{300 \times 8 \times 280} \times 1000 = 0.25$

③ 종합재해지수 $= \sqrt{도수율 \times 강도율}$
$= \sqrt{35.71 \times 0.25} = 2.987 = 2.99$

11 ☑□□□□

안전성평가 진행순서를 [보기]를 보고 알맞은 순서대로 번호를 나열하시오. (4점)

[보기]
① 정성적 평가   ② 재평가
③ FTA 재평가   ④ 대책검토
⑤ 자료정비   ⑥ 정량적 평가

답

⑤ 자료정비 → ① 정성적 평가 → ⑥ 정량적 평가 → ④ 대책검토 → ② 재평가 → ③ FTA재평가

12

「산업안전보건법령」상 작업장에서 취급하는 대상화학물질의 물질안전보건자료에 해당되는 내용을 근로자에게 교육하여야 한다. 근로자에게 실시하는 교육사항을 4가지만 적으시오. (4점)

답

① 대상화학물질의 명칭(또는 제품명)
② 물리적 위험성 및 건강 유해성
③ 취급상의 주의사항
④ 적절한 보호구
⑤ 응급조치 요령 및 사고 시 대처방법
⑥ 물질안전보건자료 및 경고표지를 이해하는 방법

연관규정 산업안전보건법 시행규칙
[별표 5] 교육대상별 교육내용

13

「산업안전보건법령」상 경고표지에 용도 및 사용 장소에 관한 내용이다. 빈칸에 적당한 종류를 적으시오. (4점)

① 폭발성 물질이 있는 장소 : (　　　)
② 돌 및 블록 등 떨어질 우려가 있는 물체가 있는 장소 : (　　　)
③ 경사진 통로 입구, 미끄러운 장소 : (　　　)
④ 휘발유 등 화기의 취급을 극히 주의해야 하는 물질이 있는 장소 : (　　　)

답

① 폭발성 물질 경고　② 낙하물체 경고
③ 몸균형 상실 경고　④ 인화성물질 경고

연관규정 산업안전보건기준에 관한 규칙
[별표 7] 안전보건표지의 종류별 용도, 설치·부착 장소, 형태 및 색채

14

다음 FT도에서 컷셋(Cut Set)을 모두 구하시오. (4점)

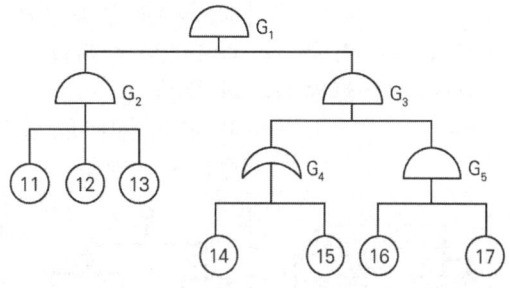

답

$G_1 = G_2 \cdot G_3 = (⑪ \cdot ⑫ \cdot ⑬) \cdot G_5 \cdot G_4 =$

$(⑪ \cdot ⑫ \cdot ⑬ \cdot ⑯ \cdot ⑰) \cdot (⑭, ⑮)$ =

Cut Set
⑪, ⑫, ⑬, ⑭, ⑯, ⑰
⑪, ⑫, ⑬, ⑮, ⑯, ⑰

컷셋과 최소컷셋(미니멀컷셋)

① $G_2 = ⑪ \cdot ⑫ \cdot ⑬$
② $G_3 = G_4 \cdot G_5 = (⑭ + ⑮) \cdot (⑯ \cdot ⑰)$
③ $G_1 = G_2 \cdot G_3 = (⑪ \cdot ⑫ \cdot ⑬) \cdot (⑭ + ⑮) \cdot (⑯ \cdot ⑰)$
　$= (⑪ \cdot ⑫ \cdot ⑬ \cdot ⑯ \cdot ⑰) \cdot (⑭ + ⑮)$
③ $G_1 = (⑪ \cdot ⑫ \cdot ⑬ \cdot ⑭ \cdot ⑯ \cdot ⑰) + (⑪ \cdot ⑫ \cdot ⑬ \cdot ⑮ \cdot ⑯ \cdot ⑰)$
④ 다음과 같이 컷셋을 나타낼 수 있다.

$G_1 = G_2 \cdot G_3 = (⑪ \cdot ⑫ \cdot ⑬) \cdot G_5 \cdot G_4 =$

$(⑪ \cdot ⑫ \cdot ⑬ \cdot ⑯ \cdot ⑰) \cdot (⑭, ⑮)$ =

Cut Set
⑪, ⑫, ⑬, ⑭, ⑯, ⑰
⑪, ⑫, ⑬, ⑮, ⑯, ⑰

⑤

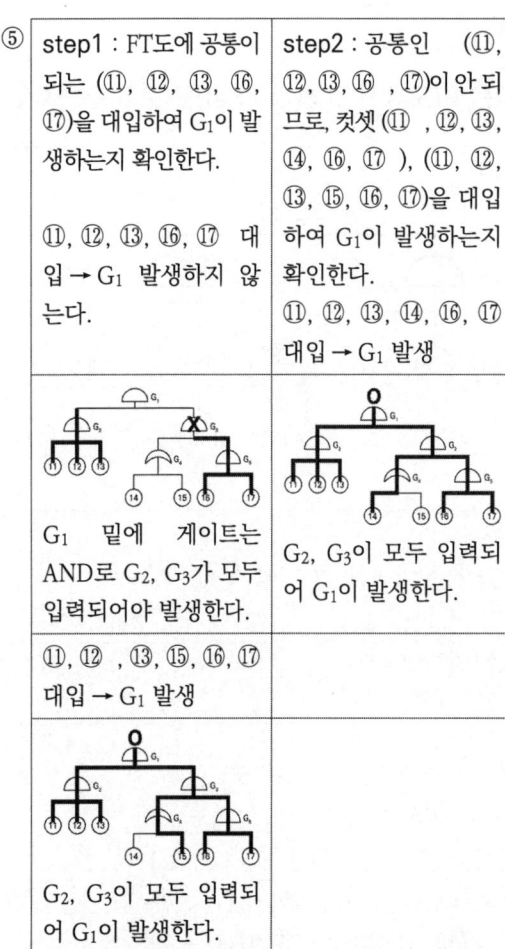

step1 : FT도에 공통이 되는 (⑪, ⑫, ⑬, ⑯, ⑰)을 대입하여 G_1이 발생하는지 확인한다. ⑪, ⑫, ⑬, ⑯, ⑰ 대입 → G_1 발생하지 않는다.	step2 : 공통인 (⑪, ⑫, ⑬, ⑯ , ⑰)이 안 되므로, 컷셋 (⑪ , ⑫, ⑬, ⑭, ⑯, ⑰), (⑪, ⑫, ⑬, ⑮, ⑯, ⑰)을 대입하여 G_1이 발생하는지 확인한다. ⑪, ⑫, ⑬, ⑭, ⑯, ⑰ 대입 → G_1 발생
G_1 밑에 게이트는 AND로 G_2, G_3가 모두 입력되어야 발생한다. ⑪, ⑫ , ⑬, ⑮, ⑯, ⑰ 대입 → G_1 발생	G_2, G_3이 모두 입력되어 G_1이 발생한다.
G_2, G_3이 모두 입력되어 G_1이 발생한다.	

⑥ 최소컷셋은 G_1이 발생될 최소 조건으로 아래 2가지 중 하나만 대입하여도 발생하므로 답은 하나만 작성

☑ (⑪, ⑫ , ⑬, ⑭, ⑯ , ⑰) 또는 (⑪, ⑫, ⑬ , ⑮, ⑯, ⑰)

PART 03

작업형 유형별 분석 (2024~2017)

학습방향 작업형 → 근거 기반 답안 작성 및 상황분석 능력은 합격의 지름길

작업형 시험은 [동영상 화면]을 보고, 주어진 질문에 답변한다. 총 45점(9문제)로 필답형 시험 준비를 철저히 했다면 적어도 20점 이상을 확보하여 충분히 합격할 수 있다.

다만 수험생들이 항상 걱정하는 것이 두 가지 있다. 먼저 필답형 시험 이후 짧은 준비시간인 "1~2주 정도 공부해서 좋은 점수를 받을 수 있을까요?"라는 걱정과 "동영상 화면을 보고 시험은 보는 건 처음인데 어떻게 공부해야 할지 모르겠어요"라는 걱정이다.

걱정보다는 필답형 시험이 마무리되는 시점부터 배운 내용을 기억하며 제시하는 학습전략에 따라 [동영상 화면]을 상상하며 접근하도록 하자.

01 산업안전일반
02 기계안전관리
03 인간공학 및 위험성 평가·관리
04 건설안전관리
05 전기안전관리
06 화공안전관리

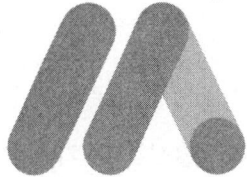

01 산업안전일반

산업안전기사 | 실기

산업재해 조사 및 분석

1 재해발생 형태와 기인물·가해물 구분

01 ☆☆☆ ☑☐☐☐☐

[동영상 화면]을 보고 ① 재해발생 형태 ② 기인물 ③ 가해물을 적으시오.

[동영상 설명]

[목재가공 작업 중 넘어짐 사고]
작업자가 기계톱을 사용하여 목재를 가공 중이다. 작업자가 오른쪽 다리를 작업대 위로 올리고 목재를 고정하며 기계톱으로 절단 작업 중, 발판 부분이 흔들리며 균형을 잃고 넘어진다.

정답

① 재해발생 형태 : 넘어짐(전도)   ② 기인물 : 작업발판   ③ 가해물 : 바닥

연관규정 산업재해 기록·분류에 관한 지침(KOSHA GUIDE G-83-2016)

---

02 ☑☐☐☐☐

[동영상 화면]은 기계를 정비 중에 발생한 재해이다. ① 기인물 ② 가해물을 적으시오.

[동영상 설명]

[슬라이스 기계 작업 중 사고]
김치공장에서 무채를 썰어내는 기계(슬라이스 기계)에 무를 넣는 작업 중 기계가 갑자기 멈추자, 고무장갑을 착용한 작업자가 앞에 기계 뚜껑을 열고 내부의 무채를 털어 내는데, 갑자기 무채 기계의 회전식 기계 칼날이 회전을 시작하면서 손가락을 다친다.

정답

① 기인물 : 슬라이스 기계   ② 가해물 : 칼날

연관규정 산업재해 기록·분류에 관한 지침(KOSHA GUIDE G-83-2016)

03

[동영상 화면]상 ① 가해물과 ② 안전장치는 무엇인지 적으시오.

[동영상 설명]

[프레스 작업 중 금형 낙하 사고]
작업자가 프레스 기계에 금형을 설치하던 중, 슬라이드가 하강하면서 몸이 끼인다.

정답

- 가해물 : 금형
- 안전장치 : 안전블록

연관규정 산업재해 기록 · 분류에 관한 지침(KOSHA GUIDE G-83-2016)
산업안전보건기준에 관한 규칙 제104조(금형조정작업의 위험 방지)

04 ☆☆☆

① 재해발생 형태 ② 가해물을 적으시오.

[동영상 설명]

[배전반 내 절연내력시험 중 감전 사고]
2만 볼트가 인가된 배전반을 절연내력시험기로 점검하던 작업자가 바로 뒤에 있던 다른 작업자를 발견하지 못해 발생한 재해사고

배전반 뒤쪽에서 작업자 1명이 작업을 한다.
배전반 앞쪽에는 다른 작업자 1명이 절연내력시험기의 1선은 배전반 접지에 꽂고 장비스위치를 킨다. 이 작업자는 나머지 1선을 배선용차단기에 여기저기 대고 있다. 작업자가 작업하며 이동 중에 뒤쪽 작업자가 쓰러져 있는 것을 발견한다.

정답

① 재해발생 형태 : 감전(전류 접촉)
② 가해물 : 배전반

연관규정 산업재해 기록 · 분류에 관한 지침(KOSHA GUIDE G-83-2016)

05

[동영상 화면]상 ① 재해발생 형태 ② 가해물을 적으시오.

> [동영상 설명]
>
> [크레인 사용 전주 낙하 사고]
> 크레인으로 전주를 운반하는 도중에 크레인 운전자가 전주에 머리를 맞는 사고가 발생한다.

정답

① 재해발생 형태 : 맞음(낙하 및 비래)
② 가해물 : 전주

연관규정 산업재해 기록·분류에 관한 지침(KOSHA GUIDE G-83-2016)

06

[동영상 화면]상 ① 재해발생 형태 ② 그 정의를 적으시오.

> [동영상 설명]
>
> [승강기 개구부 작업 중 인양물 맞음 사고]
> 승강기 개구부에서 2명의 작업자가 작업하는 가운데 작업자 A는 위에서 안전난간에 밧줄을 걸고 하중물을 끌어 올리고, 작업자 B는 이를 밑에서 올려준다. 그때, 인양하던 물건이 떨어져 밑에 있던 B가 다친다.

정답

① 재해발생 형태 : 맞음(구, 낙하 및 비래)
② 정의 : 구조물, 기계 등에 고정되어 있던 물체가 중력, 원심력, 관성력 등에 의하여 고정부에서 이탈하거나 또는 설비 등으로부터 물질이 분출되어 사람을 가해하는 경우

연관규정 산업재해 기록·분류에 관한 지침(KOSHA GUIDE G-83-2016)

07 ☆☆ ☑☐☐☐☐

[동영상 화면]에서 재해를 「산업재해 기록·분류에 관한 기준」에 따라 분류할 때 해당되는 재해발생 형태를 적으시오.

> **[동영상 설명]**
>
> [배관 보수 작업 중 이상온도 노출·접촉 사고]
> 증기 스팀 배관의 보수를 위해 작업자가 플라이어(펜치)로 누출 부위를 점검하면서 배관을 감싸고 있는 단열재를 툭툭 건드린다. 갑자기 배관에서 스팀이 누출되면서 작업자가 얼굴을 찡그린다.
> (작업자는 안전모와 장갑만 착용하고 보안경은 미착용한 상태)

정답

이상온도 노출·접촉

연관규정 산업재해 기록·분류에 관한 지침(KOSHA GUIDE G-83-2016)

2 직접원인과 간접원인 파악 및 분석

01 ☆☆☆☆☆ ☑☐☐☐☐

[동영상 화면]을 보고 사고사례의 직접적 원인 2가지를 적으시오.

> **[동영상 설명]**
>
> [항타기 및 항발기 작업 중 감전 사고]
> 현장에서는 항타기 및 항발기로 땅을 파고 전주를 세우는 작업을 하고 있다.
> 작업자가 전주 주변 정리를 위해 보도블럭을 파던 중 불안전하게 세워졌던 전주가 흔들리며 넘어지면서 인접고압활선에 접촉되어 작업자가 감전된다. (작업자는 면장갑을 착용하고 있는 상태이다)

정답

① 차량·기계장치의 충전전로 인근작업 시 충전부로부터 이격거리 미준수
② 충전전로의 전압에 적합한 절연용 방호구 등을 미설치
③ 울타리를 설치하거나 감시인 배치 등의 조치

연관규정 산업안전보건기준에 관한 규칙 제322조(충전전로 인근에서의 차량·기계장치작업)

02

[동영상 화면]의 작업자가 모습을 통해 불안전 행동을 2가지를 찾아 적으시오.

┌─[동영상 설명]─────────────────────────────────────┐
│ [컨베이어 위 형광등 교체 작업 중 추락사고]
│ 작업자가 작동하는 컨베이어 위에서 컨베이어의 벨트 끝부분에 발을 딛고 서서 불안정한 자세로 형
│ 광등을 교체하던 중, 움직이는 컨베이어의 벨트에 걸려 넘어져 바닥으로 떨어진다.
└───┘

정답

① 작업 발판 미사용으로 인한 작업 자세 불안정
② 컨베이어 전원 미차단

03 ☆☆

[동영상 화면]상 작업장 내 위험요인 3가지를 쓰시오.

┌─[동영상 설명]─────────────────────────────────────┐
│ [아세틸렌 용접·용단작업]
│ 작업자가 야외 작업장에서 아세틸렌 용접기를 사용하며 용단작업 중이다. 바닥에는 여러 자재(철
│ 판, 목재, 인화성물질이라 표시된 페인트 통)가 널 부러져 있고, 가스용기는 근처에 바닥으로부터
│ 20도 정도로 눕혀져 있다. 작업자는 목장갑을 끼고 용접하다 가스용기의 줄을 당겼는데, 호스가 뽑
│ 혀 그 연결부에서 가스가 새어 나오고 있다.
│ (소화기가 보이지 않고, 용접용 보안면 등을 미착용한 상태로, 작업장 주변으로 불티가 계속 튀고 있다)
└───┘

정답

• 위험요인(문제점) 및 안전대책

위험요인(문제점)	안전대책
가스용기가 바닥에 눕혀져 있어 밸브파손으로 인한 가스누출 위험	가스용기는 눕혀서 두지 않는다.
화기작업에 따른 인근 가연성물질에 대한 방호조치 및 소화기구 비치 미흡	화기작업에 따른 인근 가연성물질에 대한 방호조치 및 소화기구 비치 확인 및 실시
용접불티 비산방지덮개, 용접방화포 등 불꽃, 불티 등 비산방지조치 미흡	불꽃, 불티 등 비산방지조치 실시
용접·용단 시 불꽃이나 물체가 흩날릴 위험 존재	용접용 보안면 등 적합한 개인보호구 착용

> [연관규정] 산업안전보건기준에 관한 규칙 제233조(가스용접 등의 작업), 제234조(가스등의 용기), 제241조(화재위험 작업 시의 준수사항)

04

[동영상 화면]상 작업자 복장 및 행동에서 위험요인 3가지를 적으시오.

> [동영상 설명]
> [띠톱기계 사용 중 손가락 베임 사고]
> 작업자가 띠톱기계의 정지버튼을 누르고, 목장갑을 낀 손으로 이물질을 제거하던 중 갑작스럽게 띠톱기계가 작동하면서 목장갑이 말려들어가며 피가 번진다.
> (작업자는 보안경을 미착용한 상태이다)

[정답]

불안전한 상태	불안전한 행동
띠톱기계 사용 시 장갑 착용	전원 미차단 후 이물질 제거
보안경 미착용	이물질 제거 등 청소 시 전용 공구 미사용

05 ☆☆

[동영상 화면]상 ① 불안전한 행동 ② 재해발생 형태가 무엇인지 적으시오.

> [동영상 설명]
> [주유소 내 나화로 인한 폭발 사고]
> 주유소에서, 지게차에 주유하는 동안에 운전자가 시동을 건 채로 차에서 내려 다른 작업자와 흡연 중 폭발이 일어난다.

[정답]

① 불안전한 행동 : 인화성 가스 발생 우려 장소에서 흡연으로 인한 점화원 발생
② 재해발생 형태 : 폭발

06

[동영상 화면]상 운전자의 흡연(담뱃불)에 해당하는 발화원의 형태를 무엇이라 하는지 적으시오.

[동영상 설명]

[주유소 내 나화로 인한 폭발 사고]
주유소에서, 지게차에 주유하는 동안에 운전자가 시동을 건 채로 내려 다른 작업자와 흡연 중 폭발이 일어난다.

정답

나화(裸火, Naked Light) : 덮개가 없는 화염을 의미(대표적 예 : 담뱃불)

07

[동영상 화면]상 재해의 직접 요인을 2가지만 적으시오.

[동영상 설명]

[항타기·항발기 작업 중 작업자 감전 사고]
항타기, 항발기로 땅을 파는 중에 작업자가 손을 집어넣어 보도블럭을 빼낸다.
그 이후 전주를 옮기다 인접 활선에 접촉되어 스파크가 발생하고, 작업자가 쓰러진다.

정답

① 절연용 방호구 미설치
② 충전전로 인근 작업 시 이격거리 미준수

연관규정 산업안전보건기준에 관한 규칙 제322조(충전전로 인근에서의 차량·기계장치작업)

08 ☆☆

[동영상 화면]상 활선작업 시 내재되어 있는 불안전한 요소를 3가지를 적으시오.

―[동영상 설명]―

[활선작업 중 감전 사고]

작업자 2명이 고소작업차에서 활선작업을 하고 있다. 하부 작업자가 절연용 방호구를 조립하고 상부 작업자 2명은 고소작업차 위에서 달줄을 이용해서 물건을 받아 활선에 설치한다.
방호구 설치를 위해 작업자들은 절연용 방호장갑을 착용하고 밑에서 방호구를 올리는 작업자는 얇은 장갑을 착용하면서 당기고 있다. 울타리가 쳐져 있으나, 도로 쪽은 미설치되어 있다.
상·하부 작업자가 작업을 위해 소리를 지르나 잘 전달되지 않는다.

정답

① 고소작업차 붐대가 활선에 접촉 가능성이 있어 감전 위험 우려
② 하부 작업자가 내전압용 절연장갑 등을 착용하지 않아 감전 위험 우려
③ 작업자 간 신호체계 미구축

09

[동영상 화면]상 둥근톱 기계 작업 시 불안전한 행동을 3가지 적으시오.

―[동영상 설명]―

[둥근톱 기계 작업]

둥근톱 기계를 이용하여 대리석을 절삭가공하고 있다. 석분진 발생을 막기 위해 살수 중이다. 작업자는 둥근톱 기계를 정지시키지 않고 쇠파이프 막대로 수압조절밸브를 치면서 조절하는 중이다. 작업자가 벽면에 부착된 기계의 전원스위치를 움직이며 가동 중인 둥근톱 기계의 날 근처에서 분주히 움직이고 있다. (작업자는 면장갑을 착용하였으며 둥근톱 기계는 작동 중인 상태이다)

정답

① 전원 미차단
② 운전 중 점검 실시
③ 톱날접촉예방장치 등 방호장치 미설치 등

3 재해발생 형태 분석

01 ☑□□□□

[동영상 화면]은 자재 인양 중에 발생한 재해사례이다. ① 재해발생 형태와 ② 정의를 적으시오.

―[동영상 설명]―

[아파트 건설 현장 내 화물 낙하 사고]
작업자가 천막 뭉치를 로프를 사용하여 안전난간에 걸쳐서 올리다가 떨어져서, 하부 작업자가 천막 뭉치에 맞는다.

정답

① 재해발생 형태 : 맞음
② 정의 : 물건이 주체가 되어 사람이 맞는 경우
   (구조물, 기계 등에 고정되어 있던 물체가 중력, 원심력, 관성력 등에 의하여 고정부에서 이탈하거나 또는 설비 등으로부터 물질이 분출되어 사람을 가해하는 것)

연관규정 산업재해 기록·분류에 관한 지침(KOSHA GUIDE G-83-2016)

02 ☆☆☆☆ ☑□□□□

[동영상 화면]상 ① 재해발생 형태와 ② 재해발생 원인을 각각 1가지씩 적으시오.

―[동영상 설명]―

[전동권선기 사용 중 감전 사고]
전동권선기로 회전체에 코일(구리선)을 감는 작업 중이다. 작업자는 기계가 갑자기 멈추자 전원을 여러 차례 동작시킨다. 작동이 되지 않자 기계 배전반을 열어서 맨손으로 점검하다 전기 스파크가 발생하고 작업자는 쓰러진다.

정답

① 재해발생 형태 : 감전(전류접촉)
② 재해발생 원인
   1. 점검 시 전원 미차단
   2. 절연용 보호구(내전압용 절연장갑 등) 미착용

연관규정 산업안전보건기준에 관한 규칙
제302조(전기 기계·기구의 접지), 제319조(정전전로에서의 전기작업), 제323조(절연용 보호구 등의 사용)

03 ☑☐☐☐☐

[동영상 화면]상 ① 재해발생 형태 ② 불안전한 요소를 2가지 적으시오.

---[동영상 설명]---

[등기구 교체 중 감전 사고]
전원을 차단하지 않은 체 등기구를 교체하던 중 감전으로 인해 작업자가 바닥에 떨어진다.

[정답]

① 재해발생 형태 : 감전(= 전류접촉)
② 불안전한 요소
   1) 전원 미차단
   2) 절연용 보호구(내전압용 절연장갑 등) 미착용

04 ☆☆ ☑☐☐☐☐

[동영상 화면]상 재해의 ① 재해발생 형태 ② 재해발생 원인을 1가지만 쓰시오.

---[동영상 설명]---

[배전반 작업 중 감전 사고]
반코팅 목장갑을 낀 작업자가 작업자가 "배선용 차단기"라 써있는 배전반을 열고, 드라이버로 전선을 결선 중이다. 차단기에는 ON 표시등(전기가 통하는 상태)이 들어와 있다. 작업자가 배전반을 닫고, 스탠딩 조명 덮개를 잡는 순간 쓰러진다.

[정답]

① 재해발생 형태 : 감전 (= 전류 접촉)
② 재해발생 원인
   1) 전원 미차단 후 작업 실시
   2) 절연용 보호구(내전압용 절연장갑 등) 미착용
   3) 감전방지용 누전차단기 설치 및 점검

05 ☆☆

[동영상 화면]상 사출성형을 위한 금형 방전가공기에서 발생한 ① 재해발생 형태 ② 재해발생 원인을 2가지만 적으시오.

[동영상 설명]

[방전가공기 작업 중 감전 사고]
작업자가 배전반에서 START 버튼 누르고 방전가공기 작업을 시작한다.
그런데, 재료에서 물이 계속 흘러 나와서 맨손으로 흰 천을 이용해 흘러나온 물기를 닦다가 금형 부분을 건드리자마자 갑작스럽게 쓰러지고 부들거리며 몸을 떨고 있다.

정답

① 재해발생 형태 : 감전(= 전류 접촉)
② 재해발생 원인
  1) 전원 미차단 후 청소
  2) 절연용 보호구(내전압용 절연장갑 등) 미착용
  3) 충전부 방호조치 미실시 등

짚고가기 방전가공기란?

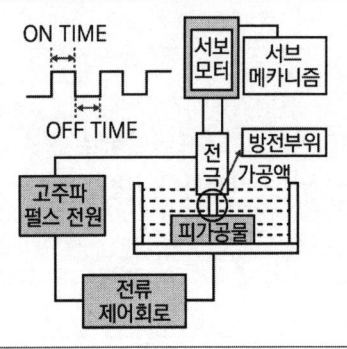

가공할 금속을 양극(+)으로 가공전극을 음극(-, 구리, 흑연 등)으로 하여 절연성의 액에 넣고 전극에 전류(60 ~ 100 [V] 직류)를 가하여 펄스성 (200 ~ 500 [khz]) 방전을 반복시키면 전자 충격에 의해 가공물표면이 고온으로 되어 침식 이온화되는 에너지를 이용한 가공방법이다.
주로 프레스, 사출성형기, 단조기 등의 금형제작에 사용한다.

연관규정 산업재해 기록·분류에 관한 지침(KOSHA GUIDE G-83-2016)

06

[동영상 화면]상 ① 재해발생 형태 ② 위험요인을 2가지 적으시오.

> [동영상 설명]
>
> [용접작업 중 용접기 접촉으로 인한 감전 사고]
> 작업자가 용접 준비 중에 분전반 판넬에서 전원을 미차단한 상태로 용접기 케이블을 결선하고 있다. 결선작업이 끝나고 용접기에 손을 내는 순간 작업자가 감전된다.
> (작업자는 절연장갑 대신 일반 장갑을 착용한 상태이다)

정답

① 재해발생 형태 : 감전(= 전류 접촉)
② 위험요인
   1) 누전차단기 미설치 및 상태 불량
   2) 절연용 보호구(내전압용 절연장갑 등)를 미착용
   3) 용접기 접지상태 불량 등

연관규정 산업재해 기록·분류에 관한 지침(KOSHA GUIDE G-83-2016)

07

[동영상 화면]상 ① 재해발생 형태 ② 그 정의를 적으시오.

> [동영상 설명]
>
> [도로공사 중 가설방호벽 설치 중 감전 사고]
> 작업자가 가설PE방호벽에 윙카호스를 설치하는 과정에서 전선부 절연테이프를 풀다가 감전된다.

정답

① 재해발생 형태 : 감전(전류 접촉)
② 재해의 정의 : 전기설비의 충전부 등에 신체의 일부가 직접 접촉하거나 유도 전류의 통전으로 근육의 수축, 호흡곤란, 심실세동 등이 발생한 경우 또는 특별고압 등에 접근함에 따라 발생한 섬락 접촉, 합선 혼촉 등으로 인하여 발생한 아크에 접촉된 경우
[축약] 전류 접촉이나 방전에 의해 사람이 전기적 충격을 받은 경우

연관규정 산업재해 기록·분류에 관한 지침(KOSHA GUIDE G-83-2016)

4 위험요인 분석

01

[동영상 화면]상 작업 시 위험요인 3가지를 적으시오.

[동영상 설명]

[충전전로 인근 크레인 위 전선 작업]
작업자 2명이 이동식 크레인 위쪽에서 전선 작업 중이다. 작업 중인 케이블 전선은 매우 복잡하고 전주와 크레인 붐대와 거리가 근접해 있다.
(작업자 중 1명은 안전대와 안전모를 미착용하고 엉성하게 제작된 사다리를 사용하고 있다)
작업반경 내 일반 시민들이 아래방향에서 작업을 지켜보고 있다.

정답

- 떨어짐 위험
    ① 안전모 미착용
    ② 안전대 미착용 등
- 맞음 위험
    ① 관계근로자 외 출입금지 조치 미실시
- 감전 위험
    ① 절연용 보호구 미착용
    ② 충전전로 인근 작업 시 차량·기계 장치의 이격거리 미준수

02

[동영상 화면]과 관련된 위험요인과 안전대책을 2가지 적으시오.

[동영상 설명]

[베어링 마감작업]
작업자가 베어링이 담긴 상자를 나르며 용제가 담긴 수조와 크레인을 이용하여 코팅작업 중이다.
(작업자는 고무장갑, 고무장화를 착용한 상태이나 안전모 및 마스크를 미착용했으며 크레인의 훅 해지 장치는 보이지 않는다)
작업자는 담배를 피우면서 한 손으로 허공에 매달려 있는 크레인 조작스위치를 조작하고, 한 손으로 베어링 상자가 걸린 훅을 잡고 있다. 베어링 상자를 올린 후 크레인 조작 스위치과 훅을 당기며 이동하다 계속 미끄러진다.

정답

위험요인(문제점)	안전대책
작업장 바닥이 액체로 미끄러워 넘어질 위험	작업장 바닥 등을 안전하고 청결한 상태로 유지
해지장치 미사용으로 물체 낙하 위험	훅 해지장치 사용
낙하물 위험 구간 내 작업	낙하물 위험 구간 밖에서 작업 실시
낙하물 위험 구간 내 보호구 미착용	안전모 등 보호구 착용

연관규정 산업안전보건기준에 관한 규칙 제3조(전도의 방지), 제137조(해지장치의 사용)

03

[동영상 화면]에 맞는 안전대책을 2가지 적으시오.

[동영상 설명]

[철도 내 작업 중 기차 충돌 사고]
작업자가 철길에서 작업 중이다. 철길 가운데에는 기름통 등이 놓여 있다. 작업자들은 서로 잡담하다가, 기차가 접근하는지 알지 못한다. (안전모를 착용하지 않은 상태이다)

정답

위험요인(문제점)	안전대책
철도·궤도 보수 및 점검 시 열차운행감시인 미배치로 인한 근로자 충돌 위험	열차운행감시인의 배치
열차통행 중 작업 제한 미실시	열차 시간간격 조정 및 안전대피 공간 확보 후 작업

연관규정 산업안전보건기준에 관한 규칙 제8장 궤도 관련 작업 등에 의한 위험 방지

04 ☆☆

[동영상 화면]상 프레스 금형 운반 중이다. 작업자 위험요인을 3가지 적으시오.

[동영상 설명]

[마그네틱 크레인 사용 금형 운반작업]
마그네틱 크레인을 금형 위에 올리고 손잡이를 작동시켜 이동시키고 있다.
작업자가 오른손으로 금형을 잡고, 왼손으로 상하좌우 조정장치(전기배선 외관에 피복이 벗겨져 있음)를 누르면서 이동한다. 작업자가 위를 바라보면서 이동하다가 넘어지면서 오른손이 마그네틱 ON/OFF 봉을 건드려 금형이 발등으로 떨어진다.
작업자가 넘어지면서 뒤에 금속제 다이에 머리를 부딪힌다.
(크레인은 해지장치가 없고, 훅에 샤클이 3개 연속으로 걸려 있다)

정답

위험요인(문제점)	안전대책
훅에 해지장치 미설치로 인한 달기구 이탈	해지장치 설치 및 상태 점검
조정장치의 전선 피복 상태불량으로 내부전선 단선되며 호이스트가 오동작	전선 피복의 절연상태 확인
작업반경 내 낙하 위험장소에서 조정장치를 조작	작업반경 내 접근금지

연관규정 산업안전보건기준에 관한 규칙
제137조(해지장치의 사용), 제313조(배선 등의 절연피복 등), 운반하역 표준안전 작업지침

05 ☆☆

[동영상 화면]을 보고 작업 중에 내재되어 있는 위험요인 3가지를 적으시오.

[동영상 설명]

[플랜지 교류아크용접작업]
위험작업자가 대형 관의 플랜지 부분을 교류아크용접기로 용접을 하고 있는 중이다.
왼손으로 플랜지를 회전시키면서 용접봉을 잡기도 한다. 작업장 주변부에는 인화성물질이 들어 있는 깡통 등이 주변에 쌓여 있고 전선 등 정리정돈 상태는 엉망이다.
(용접으로 인한 불티가 날리고 있고, 작업자는 가죽제장갑을 착용하고 있는 상태)

정답

위험요인(문제점)	안전대책
작업 준비 및 작업 절차 수립 미확인	작업자 복장 확인 및 작업절차 확인 및 실시
화기작업에 따른 인근 가연성물질에 대한 방호조치 및 소화기구 미실시로 인한 화재 위험	가연성 물질 방호조치 및 소화기 비치 실시
용접불티 비산방지덮개 또는 용접방화포 등 불꽃·불티 등의 비산을 방지하기 위한 조치 미확인으로 인한 화재 위험	불꽃·불티 비산방지조치를 위한 조치 확인 및 실시
인화성 액체의 증기 또는 인화성 가스가 남아 있지 않도록 하는 환기 조치 여부 미실시로 인한 화재 위험	작업 후 환기 상태 확인

연관규정 산업안전보건기준에 관한 규칙 제241조(화재위험작업 시의 준수사항)

06 ☆☆

[동영상 화면]상 위험요인을 3가지 적으시오.

─[동영상 설명]─

[배관 플랜지 점검 중 추락사고]
작업자가 높은 장소에 설치된 배관의 플랜지 부분을 점검 하기 위해 이동식 사다리를 딛고 올라서 배관플랜지 볼트를 조이다가 바닥으로 떨어진다.
(배관 내에는 뜨거운 고압증기가 흐르고 있는 상태이다. 작업자는 보안경, 방열장갑 등을 착용하지 않은 상태이다)

정답

위험요인(문제점)	안전대책
보안경 미착용으로 인한 고압증기 누출 시 눈 손상 위험	보안경 착용
방열장갑, 방열복 등 미착용으로 인한 배관 작업 시 화상 위험	방열복 등 고온접촉 방지를 위한 개인보호구 착용
이동식 사다리 설치 불량 및 불안전한 행동으로 인한 추락 위험	이동식 사다리 사용 시 추락 위험 방지 기준 준수

연관규정 산업안전보건기준에 관한 규칙 제254조(화상 등의 방지), 제42조(추락의 방지), 제32조(보호구의 지급 등)

07 ☆☆☆☆☆

[동영상 화면] 전기형강작업 중이다. 위험요인을 3가지 적으시오.

[동영상 설명]

[전주 위 전기형강작업 중 추락 사고]
작업자 2명이 전주 위에서 작업을 하고 있다.
작업자 1명은 변압기 볼트 발판 위에 올라가서 스패너로 볼트를 치면서 풀면서 흡연을 하며 작업을 하다가 추락한다.
(작업자는 면장갑을 착용하고 안전대를 허리에 착용만 한 상태이다. 발판용 볼트에 C.O.S(Cut Out Switch)가 고정되지 않은 채로 임시로 걸쳐져 있다)

정답

위험요인(문제점)	안전대책
C.O.S 미설치로 인한 감전 위험	C.O.S 설치
안전대 미사용으로 인한 추락 위험	U자 걸이용 안전대 착용 및 사용
절연용 보호구(내전압용 절연장갑 등) 미착용으로 인한 감전 위험	절연용 보호구 착용

연관규정 산업안전보건기준에 관한 규칙 제32조(보호구의 지급 등), 제319조(정전전로에서의 전기작업)

08 ☆☆

[동영상 화면]상 위험요인을 3가지 적으시오.

[동영상 설명]

[크레인 이용 화물 운반작업]
크레인을 이용하여 2줄 걸이로 배관 파이프를 운반한다. 작업자가 발판도 없는 비계 중간쯤 매달려서 안전대 안전모 없이 수신호 중이다.
크레인 기사가 손짓을 확인했지만 신호가 잘 전달되지 않고 배관 파이프는 철골 H 빔에 부딪힌다. 작업자가 배관 파이프를 손으로 받으려 하다 배관 파이프에 맞는다.
(훅 해지장치는 보이지 않는다)

정답

위험요인(문제점)	안전대책
작업 반경 내 관계근로자 외 출입	작업 반경 내 관계근로자 외 출입금지
신호전달체계 미흡	일정한 신호방법에 따라 신호 및 운전자 신호 준수
유도로프(보조로프) 미사용	유도로프(보조로프) 사용
훅에 해지장치 미설치	훅에 해지장치 설치

[연관규정] 운반하역 표준작업 지침

09

[동영상 화면] 위험요인을 2가지 적으시오.

[동영상 설명]

[배전반 점검 중 감전 후 추락사고]
작업자가 가정용 배전반의 전기 점검 중에 의자에 올라갔는데 흔들리면서 차단기에 직접 손이 접촉되고 감전되어 추락한다.
(차단기 일부는 ON, 일부는 OFF 되어 있다)

정답

위험요인(문제점)	안전대책
전원 미차단 및 잔류전하를 미제거	전원 차단 및 잔류전하 완전 제거 후 작업
절연용 보호구(내전압용 절연장갑 등)를 미착용	절연용 보호구(내전압용 절연장갑 등)를 착용

[연관규정] 산업안전보건기준에 관한 규칙 제319조(정전전로에서의 전기작업), 제323조(절연용 보호구 등의 사용)

10

[동영상 화면]상 ① 핵심 위험요인과 ② 사고 시 즉시 조치사항을 1개씩 적으시오.

[동영상 설명]

[컨베이어 벨트 사용 포대 운반작업 중 회전부 끼임 사고]
30도 정도 경사지게 설치된 컨베이어 벨트가 작동하고, 작업자는 작동 중인 컨베이어 위쪽에 1명 아래쪽 작업장 바닥에 1명이 있다. 바닥에 있는 근로자는 기계 오른쪽에 있는 종이 포대를 컨베이어 벨트 위로 올리는 작업을 하고 있다.
위쪽 작업자는 컨베이어 위쪽 회전부 끝부분에 위태롭게 양발을 벌리고 서서 실려 오는 포대를 계속 들어올리고 있다. 포대 끝부분이 발에 부딪치고 무게 중심을 잃은 작업자는 넘어져서 컨베이어 위를 굴러가다가 풀리 부분에 팔이 끼어들어 간다.
(비상정지장치는 설치되어 있는 상태이다)

정답

① 위험요인 : 컨베이어 위에서 작업
② 사고 시 조치 사항 : 기계 정지(비상정지장치 등 작동)

연관규정 산업안전보건기준에 관한 규칙 제192조(비상정지장치)

11

[동영상 화면]상 컨베이어 벨트 작업 시 위험 요인을 2가지 적으시오.

[동영상 설명]

[컨베이어 벨트 사용 포대 운반작업 중 회전부 끼임 사고]
30도 정도 경사지게 설치된 컨베이어 벨트가 작동하고, 작업자는 작동 중인 컨베이어 위쪽에 1명 아래쪽 작업장 바닥에 1명이 있다. 바닥에 있는 근로자는 기계 오른쪽에 있는 종이 포대를 컨베이어 벨트 위로 올리는 작업을 하고 있다.
위쪽 작업자는 컨베이어 위쪽 회전부 끝부분에 위태롭게 양발을 벌리고 서서 실려 오는 포대를 계속 들어올리고 있다. 포대 끝부분이 발에 부딪치고 무게 중심을 잃은 작업자는 넘어져서 컨베이어 위를 굴러가다가 풀리 부분에 팔이 끼어들어 간다.
(비상정지장치는 설치되어 있는 상태이다)

정답

위험요인(문제점)	안전대책
컨베이어 위 작업으로 인한 추락 위험	건널다리 설치
이송 중인 포대에 걸려 넘어질 위험	비상정지장치 등 안전장치 설치

연관규정 산업안전보건기준에 관한 규칙
제192조(비상정지장치), 제193조(낙하물에 의한 위험 방지), 제195조(통행의 제한 등)

12

[동영상 화면]상 위험요인 2가지를 적으시오.

―[동영상 설명]―

[파지압축 작업]
파지압축장에서 작업자 두 명은 컨베이어 위에서 작업을 하고 있는데, 고정식 크레인의 집게암이 파지를 들어서 작업자 머리 위를 통과한 후 흔들어서 파지를 떨어뜨리고 있다.

정답

위험요인(문제점)	안전대책
컨베이어 벨트 위에서 작업하여 추락 위험	건널다리 설치
상부 파지 운반으로 작업자가 낙하물에 맞을 위험	상하부 동시 작업 금지

연관규정 산업안전보건기준에 관한 규칙
제192조(비상정지장치), 제193조(낙하물에 의한 위험 방지), 제195조(통행의 제한 등)

13 ☆☆

[동영상 화면]상 나타나는 위험요인을 2가지 적으시오.

―[동영상 설명]―

[배전반 점검 중 감전 사고]
분전함(배전반) 점검 중 작업자가 감전으로 쓰러진다. 다른 작업자가 놀라 쓰러진 작업자에게 심폐소생술을 시도한다.

정답

위험요인(문제점)	안전대책
맨손으로 작업	절연용 보호구(내전압용 절연장갑 등) 착용
전원 미차단	점검 작업 시 전원 차단 실시
점검 중을 알리는 안내표지판 미부착	점검 중을 알리는 안내표지판 부착
차단장치 등 잠금장치 및 꼬리표 미부착	차단장치 등 잠금장치 및 꼬리표 부착

14 ☆☆

[동영상 화면]상 위험요인 3가지를 적으시오.

[동영상 설명]

[천장크레인 화물 인양작업 중 넘어짐 사고]
작업자가 천장크레인의 호이스트로 화물 인양 중이다. 작업자는 한손에는 조작스위치를 다른 손에는 배관(인양물)을 잡고 있다. 1줄 걸이로 걸린 배관을 마구 흔들다가 결국 기울어져 배관이 흘러 떨어진다. 작업자는 난장판이 된 부품에 걸려서 넘어지며 비명을 지른다.
(훅에 해지장치가 없는 상태이다)

정답

위험요인(문제점)	안전대책
1줄 걸이 실시	인양물의 특성에 따라 2줄 걸이 이상 줄걸이 실시
유도로프(보조로프) 미사용	흔들림 방지를 위해 유도로프(보조로프) 사용
단독(1인) 작업 실시	유도자 배치 및 2인 1조 작업 실시
정리정돈 상태 불량	정리정돈 실시
훅에 해지장치 미설치	훅에 해지장치 설치

연관규정 운반하역 표준안전 작업지침

15 ☆☆

[동영상 화면]상 분전반 작업에서 위험요인 2가지를 적으시오.

> **[동영상 설명]**
>
> [연마작업 중 감전 사고]
> 작업자가 야외 분전반의 콘센트에 플러그를 꽂고 전원을 연결하여 휴대용 연삭기로 연마(그라이딩) 작업을 하고 있다. 철골구조물 연마작업 중 다른 작업자가 도착하여 분전반 콘센트에 플러그를 맨손으로 꽂고, 분전반에 걸쳐있는 전기줄을 한쪽으로 치우고 ELB를 조작하던 중 감전되어 쓰러진다.

정답

- 감전 관련
    ① 절연용 보호구 (내전압용 절연장갑 등) 미착용
    ② 누전차단기 불량
    ③ 잠금장치와 꼬리표 미설치
- 그라인딩 관련
    ④ 휴대용 연삭기에 덮개 없음   ⑤ 휴대용 연삭기의 측면으로 작업
    ⑥ 방진마스크 미착용   ⑦ 보안경 미착용

연관규정 산업안전보건기준에 관한 규칙
제304조(누전차단기에 의한 감전방지), 산업안전보건기준에 관한 규칙 제122조(연삭숫돌의 덮개 등)

보호구의 선정 및 기준

01

[동영상 화면]상 안전모 각부에 명칭을 적으시오.

[동영상 설명]

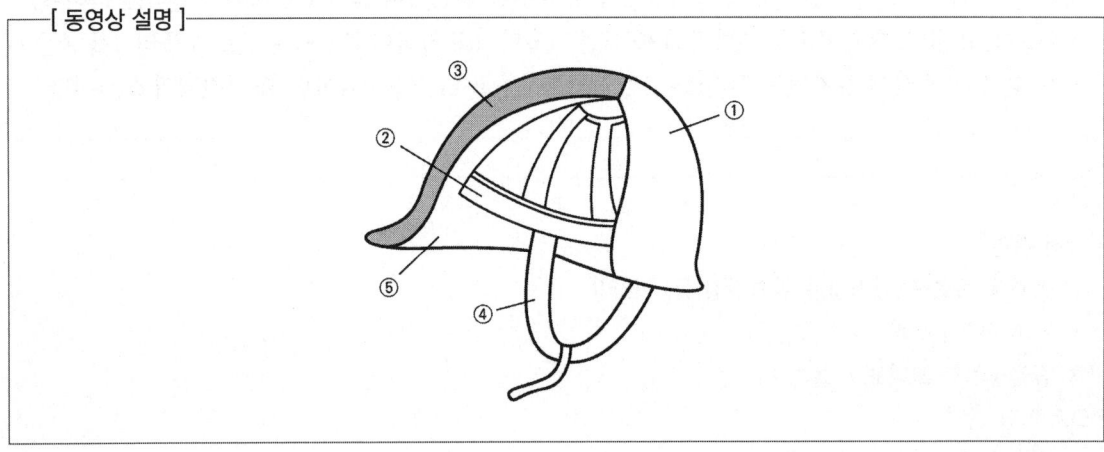

정답

① 모체 ② 착장체(着裝)
③ 충격흡수재 ④ 턱끈
⑤ 챙(차양)

연관규정 보호구 안전인증 고시 제2장 추락 및 감전 위험방지용 안전모

02

[동영상 화면]상 작업자가 착용하고 있는 안전대의 종류를 적으시오.

[동영상 설명]

[전주에서 형강 작업]
전신주에서 작업자가 형강 교체를 위해 전주를 오르고 있다. 작업자는 안전대를 착용하고 있고, 영상이 끝나는 시점에 확대해서 안전대를 보여준다.

> [정답]

① 종류 : 벨트식
② 용도 : U자 걸이용

[연관규정] 보호구 안전인증 고시 [별표 9] 안전대의 성능기준

03 ☆☆

[동영상 화면]상 ① 명칭, ② 기구가 갖추어야 하는 구조 조건 2가지를 적으시오.

┌─[동영상 설명]─────────────────────────────┐
│    [고소 작업을 위한 안전대 착용]
│   작업자가 안전대를 착용하고 있다. 천장부에 고
│   정된 고리에 안전대를 OO에 연결한다.
│   (천장과 지면과 높이 차는 대략 15 [m] 정도다)
└──┘

> [정답]

가) 명칭 : 안전블록
나) 갖추어야 하는 구조
  ① (추락 발생 시 추락을 억제할 수 있는) 자동잠김장치
  ② 안전블록부품은 부식방지처리

[연관규정] 보호구 안전인증 고시 [별표 9] 안전대의 성능기준

04

[동영상 화면]상 가죽제안전화의 뒷굽높이를 제외한 몸통높이를 적으시오.

[동영상 설명]

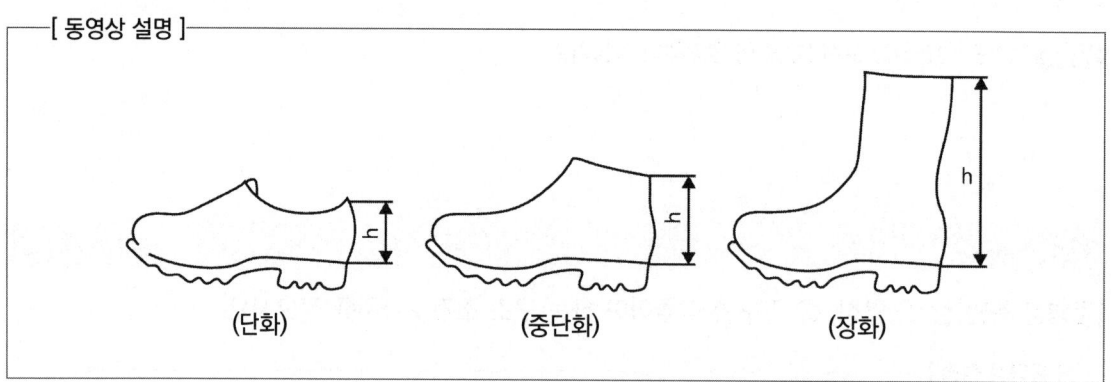

(단화)　(중단화)　(장화)

[보기]

[안전화 몸통 높이에 따른 구분]

단위 : mm

몸통 높이(h)		
단화	중단화	장화
① 미만	② 이상	③ 이상

정답

① 113 [mm] 미만
② 113 [mm] 이상
③ 178 [mm] 이상

연관규정 보호구 안전인증 고시 [별표 2] 안전화의 명칭·종류·등급(총괄) 및 가죽제안전화의 성능기준

05

[동영상 화면]의 가죽제 안전화 성능기준 항목 3가지를 적으시오.

정답

① 내답발성(날카로운 물체가 밟았을때 뚫고 나오지 못하는 성질)
② 내부식성
③ 내유성
④ 내압박성
⑤ 내충격성
⑥ 박리저항(뜯어지는 것)

연관규정 보호구 안전인증 고시 [별표 2의9] 가죽제안전화의 시험방법

1 절단 작업 시 보호구의 선정 및 기준

01 ☆☆

작업자가 추가로 착용해야 하는 보호구 3가지를 적으시오.

[동영상 설명]

[고속 절단 작업]
작업자가 고속 절단기로 파이프제단 작업 중, 불똥이 튀자 옆으로 피한다. 작업자는 안전화, 안전모는 착용 중이다.

정답

① 보안경
② 귀마개
③ 방진마스크

연관규정 산업안전보건기준에 관한 규칙 제32조(보호구의 지급 등) 등

2 유해화학물질 중독 위험작업 시 보호구의 선정 및 기준

01 ☆☆

[동영상 화면]상에서 보이는 것의 성능 기준 3가지를 적으시오.

[동영상 설명]
방독마스크(전면형 격리식 6가지색 정화통 색상 등 골고루 보여준다)

정답

① 종류　　② 등급 및 형태 분류　　③ 일반구조
④ 재료　　⑤ 안면부 흡기저항　　⑥ 정화통의 제독능력
⑦ 안면부 배기저항　　⑧ 안면부 누설율　　⑨ 배기밸브 작동
⑩ 시야　　⑪ 강도, 신장률 및 영구변형률　　⑫ 불연성
⑬ 음성전달판　　⑭ 투시부의 내충격성
⑮ 정화통 질량(여과재가 있는 경우 포함)
⑯ 정화통 호흡저항안면부 내부의 이산화탄소 농도

연관규정 보호구 안전인증 고시 [별표 5] 방독마스크의 성능기준

02

[동영상 화면]상 보호구(방독마스크)에 안전인증 표시외 추가표시사항 4가지를 적으시오.

[동영상 설명]
방독마스크 정화통 여러 개를 보여준다.

정답

① 파과곡선도
② 사용시간 기록카드
③ 정화통 외부측면의 표시색
④ 사용상 주의사항

짚고가기 파과 : 대응하는 가스에 대하여 정화통 내부의 흡착제가 포화상태가 되어 흡착능력을 상실한 상태
연관규정 보호구 안전인증 고시 [별표 5] 방독마스크의 성능기준

03

[동영상 화면]상 각 물음에 답을 적으시오. (단, 정화통의 문자 표기는 무시)

[동영상 설명]

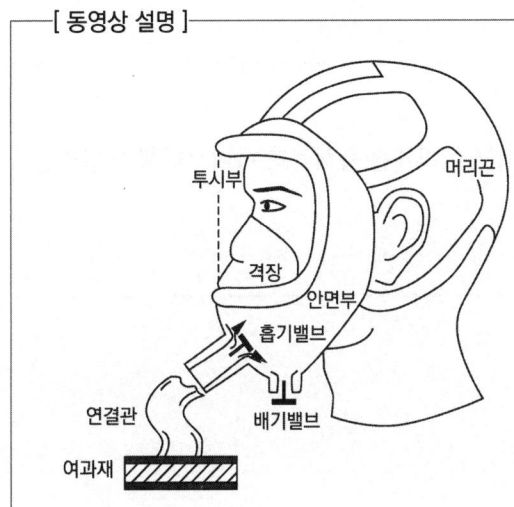

[폐수처리시설 내 작업]
작업자가 폐수처리시설로 진입하려고 한다. 진입 전 가스발생 우려 장소에서 방독마스크를 착용하고 있다.
(방독마스크의 정화통은 녹색으로 보인다)

[보기]
① 방독마스크의 종류를 적으시오.
② 방독마스크의 형식을 적으시오.
③ 방독마스크의 시험가스 종류를 적으시오.

정답

① 암모니아용 방독마스크
② 격리식 전면형
③ 암모니아 가스

연관규정 보호구 안전인증 고시 [별표 5] 방독마스크의 성능기준

04 ☆☆☆

[동영상 화면]상 작업에서 작업자가 착용해야 하는 방독마스크에 사용되는 흡수제의 종류를 2가지 적으시오.

[동영상 설명]

[도장 작업]
마스크와 보안경을 쓴 작업자가 스프레이건으로 쇠파이프 여러개를 눕혀놓고 아이보리색 페인트칠을 하고 있다.

정답

① 활성탄(Activated Charcoal)
② 소다라임(Sodalime)
③ 실리카겔(Silica Gel)

연관규정 보호구 안전인증 고시 [별표 5] 방독마스크의 성능기준

3 감전 사고 위험작업 시 보호구의 선정 및 기준

01

[동영상 화면]상 재해에서 ① 재해발생 형태 ② 가해물 ③ 감전 사고를 방지할 수 있는 안전모의 종류 2가지를 영어 기호로 적으시오.

[동영상 설명]

[크레인 사용 전주 운반작업]
크레인 운전자가 크레인으로 전주를 운반하는 도중 전주가 회전하면서 크레인 운전자가 전주에 머리를 맞는다.

정답

① 재해발생 형태 : 맞음
② 가해물 : 전주(전봇대 또는 전신주)
③ 안전모 종류
   1. AE종
   2. ABE종

연관규정 산업재해조사·기록 및 통계분석에 관한 지침
보호구 안전인증 고시 [별표 1] 추락 및 감전 위험방지용 안전모의 성능기준

02 ☑☐☐☐☐

[동영상 화면]상 전기 안전모 종류 2가지를 영어 기호로 적으시오.

> **정답**
> ① AE종
> ② ABE종
>
> **연관규정** 보호구 안전인증 고시 [별표 1] 추락 및 감전 위험방지용 안전모의 성능기준

4 용접 · 용단작업 시 보호구의 선정 및 기준 : 불티 비산으로 인한 화상 위험

01 ☑☐☐☐☐

[동영상 화면]은 교류아크용접작업 중 재해가 발생한 사례이다. 용접작업 중 사고를 예방하기 위해 착용해야 할 보호구를 4가지만 적으시오.

> ─[동영상 설명]─
> [교류아크용접 중 감전 사고]
> 용접용 보안면은 미착용, 일반 캡 모자와 목장갑을 착용한 작업자가 교류아크용접을 한다. 용접을 한번하고서 슬러지를 털어낸 뒤 육안으로 확인 후 다시 한번 용접을 위해 아크불꽃을 내는 순간 감전되어 쓰러진다. 절연장화를 착용한 것으로 보인다.

> **정답**
> • 용접용 보안면
> • 용접용 (가죽) 장갑
> • 용접용 (가죽) 앞치마
> • 용접용 (가죽) 자켓
> • 용접용 (가죽) 두건
> • 용접용 안전화 혹은 용접용 (가죽) 발커버
> • 용접용 마스크
>
> **연관규정** 산업안전보건기준에 관한 규칙 제32조(보호구의 지급 등) 등

02

화면에 나타난 보호장구(보안면)의 채색 투시부의 차광도를 구분하여 그 투과율[%]과 관련해서 ( )에 알맞은 숫자를 적으시오.

[동영상 설명]

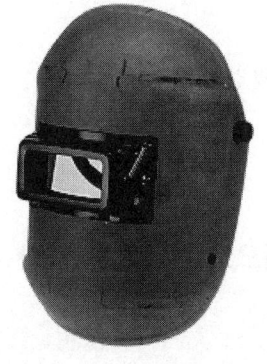

[철골부 용접 작업]
작업자가 철골 공사 진행을 위해 작업장 내에서 아세틸렌 용접장치를 사용하여 용접을 하고 있다.

[보기]

- 밝음 : (   ) ±7
- 중간 밝기 : (   ) ±4
- 어두움 : (   ) ±4

정답

① 50 ② 23 ③ 14

연관규정 보호구 자율안전 고시 [별표 3] 보안면(자율안전확인)의 성능기준

5 기계 사용 일반 작업 시 보호구의 선정 및 기준 ☆☆☆

01

섬유공장에서 기계가 돌아가고 있을 때 착용하여야 할 적절한 보호구를 3가지 적으시오.

[동영상 설명]

돌아가는 회전체가 보이고 일반모자를 쓴 작업자가 목장갑만 끼고 전기기구를 만진다. 중간에 먼지를 손으로 닦아낸다. 작업자의 귀, 눈을 집중적으로 보여주고, 작업자는 계속 얼굴을 찡그린다. 맨얼굴이다.

> **정답**

① 보안경 ② 귀마개(EP) 또는 귀덮개(EM) ③ 방진마스크

연관규정 산업안전보건기준에 관한 규칙 제32조(보호구의 지급 등)

02 ☑☐☐☐☐

연삭 작업 중 미착용한 보호구 2가지를 적으시오.

[동영상 설명]

[그라인더 연마작업]
작업자가 그라인더 연마작업을 한다. 작업자는 작업 끝나고 눈을 비비고 있다.
(보안경, 안전모, 귀마개 등 미착용 상태이다)

> **정답**

① 보안경 ② 방진마스크

연관규정 산업안전보건기준에 관한 규칙 제32조(보호구의 지급 등)

03 ☑☐☐☐☐

에어컴프레셔로 작업을 할 때 착용해야 하는 보호구를 3가지만 적으시오.

[동영상 설명]

[에어 컴프레셔 바닥 청소작업]
일반모자를 쓰고 있는 작업자가 개폐기함에 전원을 올리고 기계 장비 및 주변을 에어건로 불어 버리며 청소하고 있다. 바닥에까지 엎드려서 기계 밑 공장바닥에 있는 먼지를 맨 눈으로 확인하다가, 갑자기 눈을 감싸고 아파한다.
(보안경, 방진마스크, 귀마개 미착용 상태이다)

> **정답**

① 보안경 ② 귀마개(EP) 또는 귀덮개(EM) ③ 방진마스크

연관규정 산업안전보건기준에 관한 규칙 제32조(보호구의 지급 등)

6 고열작업 시 보호구의 선정 및 기준 : 방열복, 방열장갑, 방열두건, 방열일체복 등

01 ☑□□□□

「산업안전보건법령」상 ① 고열의 정의와 다량의 고열물체를 취급하거나 매우 더운 장소에서 작업하는 근로자에게 ② 사업주가 지급하고 착용하도록 하여야 하는 보호구 2가지를 적으시오.

---[동영상 설명]---

[고열작업]
작업자가 통에 펄펄 끓고 있는 물질을 휘젓고 있던 중 물질의 바닥으로 약간 넘쳐 흘렀다. 물질에 닿은 바닥은 색이 회색으로 변하고 작업자의 신발을 확대해서 보여준다. 작업자는 안전모와 마스크를 착용하지 않았다.

정답

① 고열의 정의
  열에 의하여 근로자에게 열경련·열탈진 또는 열사병 등의 건강장해를 유발할 수 있는 더운 온도
② 착용 보호구
  • 방열장갑
  • 방열복

연관규정 산업안전보건기준에 관한 규칙 제 572조(보호구의 지급 등)
1. 다량의 고열물체를 취급하거나 매우 더운 장소에서 작업하는 근로자 : 방열장갑과 방열복
2. 다량의 저온물체를 취급하거나 현저히 추운 장소에서 작업하는 근로자 : 방한모, 방한화, 방한장갑 및 방한복

짚고가기
• 한랭 : 냉각원(冷却源)에 의하여 근로자에게 동상 등의 건강장해를 유발할 수 있는 차가운 온도를 말한다.
• 다습 : 습기로 인하여 근로자에게 피부질환 등의 건강장해를 유발할 수 있는 습한 상태를 말한다.

02

[동영상 화면]상 작업 시 작업자를 보호할 수 있는 신체부위 별 보호복 3가지를 적으시오.

[동영상 설명]

[용광로 작업]
작업자가 용광로 쇳물 탕도 내에 고무래로 출렁이는 쇳물 표면을 젖고 당기면서 일부 굳은 찌꺼기를 긁어내고 작업자 바로 앞에 있던 다른 고무래로 충격을 주며 털어낸다. 작업자는 안전모, 면장갑, 일반작업복을 착용하고 있다.

정답

- 손 : 방열장갑
- 발 : 방열장화
- 몸 : 방열(일체)복
- 얼굴 : 방열두건 혹은 보안면

03

[동영상 화면]과 같은 「보호구 안전인증 고시」상 방열복에 쓰이는 내열원단의 성능시험기준 항목 3가지를 적으시오.

정답

① 난연성
② 절연저항
③ 인장강도
④ 내열성
⑤ 내한성

연관규정 보호구 안전인증 고시 [별표8] 방열복의 성능기준

04 ☆☆☆

[동영상 화면]과 같은 방열복 내열원단의 시험성능 기준을 [보기] ( ) 안에 알맞게 적으시오.

[보기]
- 난연성 : 잔염 및 잔진시간이 (①)초 미만이고 녹거나 떨어지지 말아야 하며, 탄화길이가 (②) [mm] 이내일 것
- 절연저항 : 표면과 이면의 절연저항이 (③) [MΩ] 이상일 것

정답

① 2 ② 102 ③ 1

연관규정 보호구 안전인증 고시 [별표8] 방열복의 성능기준

7 유해화학물질 취급 및 사용 시 보호구의 선정 등 기준 : 보안경, 불침투성 보호장갑, 불침투성 보호복

01 ☆☆☆☆☆

[동영상 화면]상 작업 시 다음 신체 부위를 보호할 수 있는 보호구를 3가지 적으시오.

[동영상 설명]

[변압기 도금(절연처리 및 건조)작업]
소형변압기(TR)의 양쪽에 나와 있는 선을 일반 작업복만 입은 작업자가 양손으로 들고 도금욕조에 넣었다 빼서 앞쪽 선반에 올리는 작업을 맨손으로 하고 있다.
소형변압기를 건조시키기 위해 건조기에다가 넣고 문을 닫는 화면을 보여 준다. 작업자는 냄새 때문인지 얼굴을 찡그리고 계속해서 작업을 하고 있다.
(안전모 및 보안경 미착용 상태이다)

정답

- 눈 : 불침투성 보호복
- 손 : 불침투성 보호장갑
- 피부 : 불침투성 보호장화
- 그 외 : 방독마스크

연관규정 산업안전보건기준에 관한 규칙 제451조(보호복 등의 비치 등)

02 ☆☆

[동영상 화면]과 같은 「산업안전보건법령」상 피부자극성 및 부식성 관리대상 유해물질 취급 시 비치하여야 할 보호장구 3가지를 적으시오.

―[동영상 설명]―

[DMF(디메틸포름아미드) 취급 작업]
DMF작업장에서 한 작업자가 방독마스크, 안전장갑, 보호복 등을 착용하지 않은 채 작업

정답
① 불침투성 보호복
② 불침투성 보호장갑
③ 불침투성 보호장화

연관규정 산업안전보건기준에 관한 규칙 제451조(보호복 등의 비치 등)

03

[동영상 화면]과 같은 DMF(디메틸포름아미드) 취급 시 작업 용기 외부에 부착해야 하는 경고표지를 보기에서 모두 고르시오.

―[동영상 설명]―

[DMF(디메틸포름아미드) 취급 작업]
DMF작업장에서 한 작업자가 방독마스크, 안전장갑, 보호복 등을 착용하지 않은 채 작업

―[보기]―
1. 인화성물질경고   2. 산화성물질경고
3. 급성독성물질경고 4. 발암성물질경고
5. 부식성물질경고

정답
1. 급성독성 물질경고   2. 발암성 물질경고
3. 인화성 물질경고   4. 부식성 물질경고

연관규정 산업안전보건법 시행규칙 [별표 6] 안전보건표지의 종류와 형태(제38조 제1항 관련)

04

[동영상 화면]과 같은 작업 시 착용해야 하는 호흡용 보호구 2가지를 적으시오.

[동영상 설명]

[밀폐공간 작업]
화면은 하수처리장 작업을 보여준다. (회색 뻘 폐수처리조) 밀폐공간에서 작업자가 갑자기 쓰러진다.

정답

① 공기호흡기
② 송기마스크

연관규정 산업안전보건기준에 관한 규칙 제450조(호흡용 보호구의 지급 등)

05 ☆☆

[동영상 화면]을 보고 필요한 보호구를 3가지 적으시오.

[동영상 설명]

[연구실 내 실험]
실험실에서 처음에 페놀 용기를 보여주고 두번째는 황산(H_2SO_4)용기를 보여준다.
맨 얼굴, 맨 손에 실험가운만 입고 있는 사람이 피펫이랑 삼각플라스크를 만지고 비커를 들어 올리다가 비커에서 화학반응이 발생하여 이를 떨어뜨리고 비커가 깨져 바닥에 퍼진다.

정답

- 불침투성 보호복
- 불침투성 보호장갑
- 불침투성 보호장화

연관규정 산업안전보건기준에 관한 규칙 제451조(보호복 등의 비치 등)

06 ☆☆☆☆☆

[동영상 화면]을 보고「산업안전보건법령」상 해당 작업에서 착용해야 하는 보호구 4가지 적으시오. (단, 안전모는 제외한다)

―[동영상 설명]―
[브레이크 라이닝 세척작업]
자동차부품(브레이크 라이닝)을 화학약품을 사용하여 작업자가 세척하고 있다. (작업자는 고무장화 등을 착용하지 않고, 운동화와 일반 작업복을 착용하고 방진 마스크와 면장갑을 착용하고 있고 세정제가 바닥에 흩어져 있는 상태이다)

정답

① 송기마스크 및 방독마스크
② 불침투성 보호복
③ 불침투성 보호장갑
④ 불침투성 보호장화
⑤ 보안경

연관규정 산업안전보건기준에 관한 규칙 제450조(호흡용 보호구의 지급 등), 제451조(보호복 등의 비치 등)

8 연마작업 시 안전대책 : 분진, 소음, 맞음 위험

01

연마작업 시 착용해야 하는 보호구를 3가지 적으시오. (단, [동영상 화면]은 참고로 한다)

―[동영상 설명]―
[연마작업]
작업자가 손으로 접속부에 연마기를 꽂고 연마작업 중이다.

정답

① 보안경
② 방진마스크
③ 귀마개 혹은 귀덮개

연관규정 산업안전보건기준에 관한 규칙 제32조(보호구의 지급 등)

9 건설현장 내 작업 시 보호구 선정 및 기준

01 ☑☐☐☐☐

[동영상 화면]을 보고 근로자가 작업 시 착용해야 할 보호구를 4가지 적으시오.

[동영상 설명]

[인도 개보수 작업]
작업자가 보도블럭 옆 인도를 해머드릴을 이용하여 철거(일명 브레이커, 햄머 작업)하고 있다. 작업자 주변은 울타리 등 출입금지구역 설정이 되지 않았고, 감시자도 배치되지 않았다. 해머드릴의 전원은 리드선에서 따왔다.
(작업자는 안전화, 안전모, 목장갑을 착용했으나 안면부에는 마스크, 귀마개, 보안경은 미착용 상태고, 해머드릴에는 전선이 휘감겨 있는 상태이다)

정답

① 방진마스크　　② 방음용 보호구
③ 진동 보호구(방진장갑)　　④ 보안경
⑤ 안전화　　⑥ 안전모

연관규정 산업안전보건기준에 관한 규칙 제32조(보호구의 지급 등) 등

작업시작 전 점검사항

01 ☑☐☐☐☐

「산업안전보건법령」상 [동영상 화면]과 같은 맞음(낙하·비래)위험을 방지하기 위한 작업시작 전 점검사항 3가지를 적으시오.

[동영상 설명]

[크레인 이용 화물 운반작업]
크레인을 이용하여 2줄 걸이로 배관 파이프를 운반한다. 작업자가 발판도 없는 비계 중간쯤 매달려서 안전대와 안전모 없이 수신호 중이다.
크레인 기사가 손짓을 확인했지만 신호가 잘 전달되지 않고 배관 파이프는 철골 H 빔에 부딪힌다. 작업자가 배관 파이프를 손으로 받으려 하다 배관 파이프에 맞는다.
(해지장치는 보이지 않는다)

> **정답**

가. 권과방지장치 · 브레이크 · 클러치 및 운전장치의 기능
나. 주행로의 상측 및 트롤리(Trolley)가 횡행하는 레일의 상태
다. 와이어로프가 통하고 있는 곳의 상태
+ 와이어로프등의 이상 유무

연관규정 산업안전보건기준에 관한 규칙 [별표 3] 작업시작 전 점검사항
4. 크레인을 사용하여 작업을 하는 때
8. 양중기의 와이어로프 · 달기체인 · 섬유로프 · 섬유벨트 또는 훅 · 샤클 · 링 등의철구를 사용하여 고리걸이작업을 할 때

02 ☆☆☆☆

「산업안전보건법령」상 [동영상 화면]과 같은 이동식 크레인을 사용하여 작업을 할 때, 작업시작 전 점검사항 3가지를 적으시오.

[동영상 설명]

[이동식 크레인 사용 화물 인양작업]
이동식 크레인 붐대 와이어로프에 화물을 매달아 올린다.
(훅의 상태와, 신호수 그리고 지반 상태 등을 확대해서 보여준다)

> **정답**

가. 권과방지장치나 그 밖의 경보장치의 기능
나. 브레이크 · 클러치 및 조정장치의 기능
다. 와이어로프가 통하고 있는 곳 및 작업장소의 지반상태

연관규정 산업안전보건기준에 관한 규칙 [별표 3] 작업시작 전 점검사항

03 ☆☆☆☆

「산업안전보건법령」상 동영상(컨베이어)의 작업시작 전 점검 사항 3가지를 적으시오.

[동영상 설명]

[컨베이어 사용 상자 이송 작업]
큰 공장 안에 대형 컨베이어가 가동 중이며, 컨베이어 위에 상자가 줄지어 이동 중이다. 컨베이어 벨트를 청소하는 작업자가 정지 중이던 벨트와 풀리 사이를 청소하려고 손을 집어 넣을 때, 다른 작업자가 컨베이어 기계를 작동시키면서 청소하던 작업자의 손이 물려들어가 고통스러운 표정을 짓는다.

정답

① 원동기 및 풀리 기능의 이상 유무
② 이탈 등의 방지장치 기능의 이상 유무
③ 비상정지장치 기능의 이상 유무
④ 원동기·회전축·기어 및 풀리 등의 덮개 또는 울 등의 이상 유무

연관규정 산업안전보건기준에 관한 규칙 [별표 3] 작업시작 전 점검사항

04

「산업안전보건법령」상 [동영상 화면]의 기계·기구 작업을 하는 때 작업시작 전, 사업주가 관리감독자로 하여금 점검하도록 해야 할 사항 4가지를 적으시오. (단, 그 밖의 연결 부위의 이상 유무 제외)

[동영상 설명]

[공기압축기 작업시작 전 점검]
근로자는 공기압축기 각 부위의 이상 유무를 점검 중이다.

정답

① 공기저장 압력용기의 외관 상태
② 드레인밸브의 조작 및 배수
③ 압력방출장치의 기능
④ 언로드밸브의 기능
⑤ 윤활유의 상태
⑥ 회전부의 덮개 또는 울

연관규정 산업안전보건기준에 관한 규칙 [별표 3] 작업시작 전 점검사항

05 ☆☆☆☆

「산업안전보건법령」상 [동영상 화면]과 같은 작업시작 전 점검사항을 4가지 적으시오.

[동영상 설명]

[프레스 작업시작 전 점검]
작업자가 프레스 외관을 점검하고 있다. 페달도 밟아보고 전원을 올려 작동도 해본다. 클러치 및 브레이크 페달을 밟아보기도 하고, 프레스 전원을 올려 작동 상태도 확인한다.

정답

① 클러치 및 브레이크의 기능
② 크랭크축·플라이휠·슬라이드·연결봉 및 연결 나사의 풀림 여부
③ 1행정 1정지기구·급정지장치 및 비상정지장치의 기능
④ 슬라이드 또는 칼날에 의한 위험방지 기구의 기능
⑤ 프레스의 금형 및 고정볼트 상태
⑥ 방호장치의 기능
⑦ 전단기(剪斷機)의 칼날 및 테이블의 상태

연관규정 산업안전보건기준에 관한 규칙 [별표 3] 작업시작 전 점검사항

06 ☆☆

「산업안전보건법령」상 [동영상 화면]의 작업을 하는 때의 작업시작 전 점검사항 2가지 적으시오.

[동영상 설명]

[건설용 리프트 작업시작 전 점검]
작업자가 건설용 리프트 미닫이 문을 열고 들어가 탑승 문을 닫고 Switch 작동 후 미동작 판넬 커버를 열고 점검한다.

정답

① 방호장치, 브레이크 및 클러치의 기능
② 와이어로프가 통하고 있는 곳의 상태

연관규정 산업안전보건기준에 관한 규칙 [별표 3] 작업시작 전 점검사항

07 ☆☆☆☆

「산업안전보건법령」상 [동영상 화면]과 같은 작업시작 전 점검 사항 3가지를 적으시오.

> [동영상 설명]
>
> [지게차의 작업시작 전 점검]
> 지게차를 운행하기 전, 별다른 보호구를 착용하지 않은 지게차 운전자가 바퀴를 발로 찬 후에, 운전석에 들어가 포크를 올렸다 내렸다 하고, 포크 안쪽을 점검한 후 지게차를 운행한다.

정답

① 제동장치 및 조종장치 기능의 이상 유무
② 하역장치 및 유압장치 기능의 이상 유무
③ 바퀴의 이상 유무
④ 전조등·후미등·방향지시기 및 경보장치 기능의 이상 유무

연관규정 산업안전보건기준에 관한 규칙 [별표 3] 작업시작 전 점검사항

작업계획서

01 ☆☆☆☆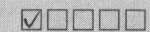

「산업안전보건법령」상 [동영상 화면]과 같은 지게차를 사용하는 작업 시 작업계획서에 포함하는 사항을 2가지 적으시오.

> [동영상 설명]
>
> [지게차 하역 및 운반작업]
> 지게차가 기다란 강관 2개를 포크 위에 상차하여 운행 중이다.
> 지게차에 위에 올려진 강관은 백레스트 보다 위로 튀어나와 있고, 지게차 폭보다 튀어 나온 상태이다. 지게차가 철봉을 운반하던 중, 주변에 있던 다른 작업자를 철봉으로 친다.

정답

① 해당 작업에 따른 추락·낙하·전도·협착 및 붕괴 등의 위험 예방대책
② 차량계 하역운반기계등의 운행경로 및 작업방법

연관규정 산업안전보건기준에 관한 규칙 [별표 4] 사전조사 및 작업계획서 내용(제38조 제1항 관련)

02

「산업안전보건법령」상 [동영상 화면]을 보고 해당 내용에 대한 작업계획서에 제출할 내용을 3가지 적으시오.

[동영상 설명]

[중량물 취급 작업]
작업자가 물체를 분해하고 닦은 후 다시 조립하고 있다. 조립 후 중량물을 이동시키기 위해 2인 1조 작업 중이다. 작업자 1명이 중량물이 무거워서 허리를 삐끗하며 중량물을 놓치고 다른 작업자 발등에 중량물이 떨어진다.

정답

① 추락위험을 예방할 수 있는 안전대책
② 낙하위험을 예방할 수 있는 안전대책
③ 전도위험을 예방할 수 있는 안전대책
④ 협착위험을 예방할 수 있는 안전대책
⑤ 붕괴위험을 예방할 수 있는 안전대책

연관규정 산업안전보건기준에 관한 규칙 [별표 4] 사전조사 및 작업계획서 내용

03 ☆☆☆☆

「산업안전보건법령」에 의거, 화면상에 나타난 작업의 작업계획서 작성 시 포함사항을 3가지만 적으시오. (단, 그 밖에 안전·보건에 관련된 사항은 제외)

[동영상 설명]

[압쇄기를 이용한 건물해체작업]
압쇄기를 단 굴착기를 이용해서 건물을 해체하는 중, 해체물이 작업자에게 떨어진다.

정답

① 해체의 방법 및 해체 순서 도면
② 가설설비·방호설비·환기설비 및 살수·방화설비 등의 방법
③ 사업장내 연락방법
④ 해체물의 처분계획
⑤ 해체작업용 기계·기구 등의 작업계획서
⑥ 해체작업용 화약류 등의 사용계획서

연관규정 산업안전보건기준에 관한 규칙 [별표 4] 사전조사 및 작업계획서 내용

02 기계안전관리

산업안전기사 | 실기

기계 위험요인 조사 및 분석

협착점		왕복운동을 하는 동작부분과 움직임이 없는 고정부분 사이에 형성되는 위험점 예 프레스, 전단기, 성형기, 조형기, 절곡기 등
끼임점		고정부분과 회전하는 동작 부분이 함께 만드는 위험점 예 연삭숫돌과 작업대 사이, 교반기의 날개와 몸체 사이, 회전 풀리와 베드 사이 등
절단점		회전하는 운동부분 자체의 위험에서 초래되는 위험점 예 목재 가공용 둥근톱날, 목공용 띠톱날, 밀링커터 등
물림점		반대 방향으로 맞물려 회전하는 두 개의 회전체에 물려 들어갈 위험성이 형성되는 것 예 롤러와 롤러의 물림, 기어와 기어의 물림, 압연기 등
회전말림점		회전하는 물체에 작업복 등이 말려드는 위험이 존재하는 위험점 예 회전하는 축, 커플링, 회전하는 공구(드릴) 등
접선물림점		회전하는 부분의 접선 방향으로 물려 들어갈 위험이 존재하는 위험점 예 평벨트, V벨트, 체인벨트, 기어와 랙 등

01

[동영상 화면]상 ① 위험점 ② 재해형태 ③ 재해형태의 정의를 적으시오.

─[동영상 설명]─

[승강기 모터 벨트 끼임 사고]
근로자가 승강기 모터 벨트를 걸레로 청소 중 모터 상부 고정 외부덮개에 손이 끼인다.

정답

① 위험점 : 끼임점
② 재해발생 형태 : 끼임(협착)
③ 재해발생 형태의 정의 : 물건에 끼워진 상태
  (길게 : 두 물체 사이의 움직임에 의하여 일어난 것으로 직선 운동하는 물체 사이의 끼임, 회전부와 고정체 사이의 끼임, 로울러 등 회전체 사이에 물리거나 또는 회전체 돌기부 등에 감긴 경우)

02

[동영상 화면]과 같은 롤러기 작업 시 ① 위험점의 명칭 ② 정의를 적으시오.

─[동영상 설명]─

[롤러기 작업]
작업자가 롤러기 정비 후 정지된 롤러기를 재가동 시킨다. 작동 중인 롤러기를 목장갑을 낀 손으로 털다가 회전체 사이로 작업자의 손이 물려 들어간다.

정답

① 위험점 명칭 : 물림점
② 정의 : 서로 반대 방향으로 맞물려 회전하는 두 전체 사이에 물려 들어가는 위험점

03 ☆☆☆

화면상의 인쇄윤전기를 청소하다가 손이 말려들어가는 상황에 대해서 ① 위험점의 명칭 ② 위험점의 정의를 적으시오.

---[동영상 설명]---

[인쇄윤전기(롤러기)]
작업자가 롤러기 기계 정지 후 정비를 끝내고 다시 가동시키고, 여러개의 회전체 사이에 목장갑 낀 손을 넣고 먼지를 털다가 손이 물린다.
(진짜 사람 손으로 할 수 없으므로) 장난감 손이 롤러기에 물린 채 작업자가 소리를 지른다.

정답

① 위험점의 명칭 : 물림점
② 정의 : 회전하는 두 개의 회전체에 물려 들어가는 위험점

[해설] 물림점(Nip Point)
회전하는 두 개의 회전체에는 물려 들어가는 위험성이 존재하고, 이때 위험점이 발생되는 조건은 회전체가 반대방향으로 맞물려 회전되어야 한다.

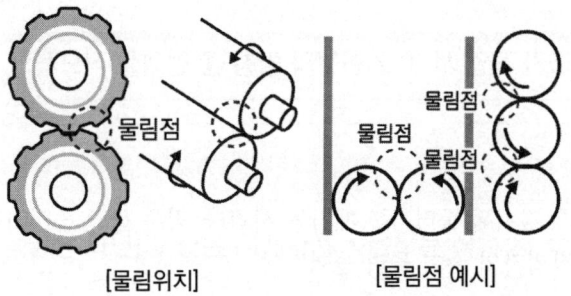

[물림위치]   [물림점 예시]

04 ☆☆☆☆

[동영상 화면]상 기계의 운동 형태에서 발생할 수 있는 ① 위험점의 명칭 ② 그 위험점의 정의를 적으시오.

---[동영상 설명]---

[선반 작업]
작업자가 선반에 샌드페이퍼(사포)를 감고 회전축 부분을 손으로 지지하며 작업을 하고 있다.
작업자는 장갑을 착용한 상태로 지지하던 손의 장갑과 함께 회전축 부분에 손가락이 말려들어간다.

> **정답**

① 위험점 명칭 : 회전말림점
② 정의 : 회전하는 물체의 회전 부위에 장갑, 작업복 등이 말려들어가 형성되는 위험점

05 ☑☐☐☐☐

[동영상 화면]상 ① 위험점 ② 그 위험점의 정의를 적으시오.

─[동영상 설명]─
[모터벨트 점검 작업]
작업자가 장갑을 착용한 손으로 동력이 걸리지 않은 모터 벨트를 몇 차례 위에서 아래쪽으로 밀면서 점검한다.
위에서 아래쪽으로 2/3 되는 지점에서 벨트와 풀리 사이 가장자리에서 장갑이 끼어 작업자가 비명을 지른다.
그리고 모터 벨트가 반대방향인 아래쪽에서 위로 돌면서 장갑이 벨트를 타고 올라가서 위쪽에 있는 모터 상부 고정 외부덮개에 손이 낀다.

> **정답**

① 위험점 : 접선물림점
② 위험점의 정의 : 회전하는 부분의 접선방향으로 물려 들어가는 위험점

06 ★★★ ☑☐☐☐☐

[동영상 화면]상 기계의 운동 형태에서 발생할 수 있는 ① 위험점 ② 정의를 적으시오.

─[동영상 설명]─
[슬라이스 기계]
작업자가 김치공장에서 무채를 썰어내는 기계(슬라이스 기계)에 무를 넣으며 써는 작업 중, 기계가 갑자기 멈추자, 고무장갑을 착용한 작업자가 앞에 기계 뚜껑을 열고 무채를 손으로 털어 내는데, 무채 기계의 회전식 기계 칼날이 회전을 시작하면서 재해가 발생한다.

> **정답**

① 위험점 : 절단점
② 정의 : 회전하는 운동부분 자체의 위험에서 초래되는 위험점

기계·기구별 방호장치

1 일반적 안전수칙

01 ☆☆☆

[동영상 화면]상 위험요인을 3가지 적으시오.

─[동영상 설명]─

[양수기점검 중 감전 사고]
왼쪽 작업자가 면장갑을 착용하고 작동 중인 경운기 양수기(동력부와 벨트)를 점검하면서 작업자를 바라보고 대화하고 있다. 다른 작업자가 수공구를 던져준다. 작업자는 수공구를 받고 양수기의 벨트 점검을 위해 다가간다. 작동 중인 경운기에 양수기 벨트 부위에 손을 넣어 점검을 한다.
(양수기의 벨트부위에는 덮개 또는 울이 설치되어 있지 않은 상태이다)

정답

위험요인(문제점)	안전대책
점검 시 전원 차단 미실시로 인한 회전부 말림 위험	점검 시 전원 차단 실시
방호장치(덮개·울) 미설치로 인한 회전부 말림 위험	덮개 또는 울 등 방호장치 설치
적합한 공구를 사용하지 않고 손으로 점검	손이 아닌 전용공구를 사용하여 점검 실시

연관규정 산업안전보건기준에 관한 규칙 제87조(원동기·회전축 등의 위험 방지)

02

[동영상 화면]상 기계 작업 시 위험요인을 2가지 적으시오.

─[동영상 설명]─

섬유공장에서 실을 감는 기계가 돌아가고 있고, 장갑을 착용한 작업자가 그 밑에서 일을 하고 있는데 갑자기 실이 끊어지며 기계가 멈춘다. 이때 작업자가 회전하는 대형 회전체의 문을 열고 허리까지 안으로 집어넣고 안을 들여다보며 점검할 때, 갑자기 기계가 돌아가며 작업자의 몸이 회전체에 낀다.

정답

위험요인(문제점)	안전대책
기계 정비 시 전원 미차단으로 인한 끼임 위험	기계 정비 시 전원 차단 설치
작업자 외 전원 투입으로 인한 끼임 위험	기동장치 잠금장치 설치 및 통전금지 표지판 설치
작업방법 및 절차 미준수로 인한 끼임 위험	작업지휘자 배치 및 작업계획에 따른 작업 실시

연관규정 산업안전보건기준에 관한 규칙 제92조(정비 등의 작업 시의 운전정지 등)

03 ☆☆

[동영상 화면]상 해당 기기에 해당하는 일반적인 각 방호장치를 1개씩 적으시오.

[동영상 설명]

| 노란색의 컨베이어 위에 건널다리 ① | 선반 축 ② | 덮개 없는 휴대용 연삭기 ③ |

정답

① 1. 비상정지장치
  2. 건널다리
  3. 방호울
  4. 덮개
  5. 역전방지장치
  6. 이탈방지장치
② 1. 덮개 또는 울
  2. 칩비산방지판
  3. 가드
③ 덮개

연관규정 산업안전보건기준에 관한 규칙 제87조(원동기·회전축 등의 위험 방지), 제122조(연삭숫돌의 덮개 등), 제192조(비상정지장치), 제193조(낙하물에 의한 위험 방지), 제195조(통행의 제한 등)

2 연삭기 및 연마기

01

[동영상 화면]을 보고 핵심위험요인을 3가지 적으시오.

> **[동영상 설명]**
> [대리석 연삭 작업]
> 작업자가 휴대용 연삭기를 사용하여 대리석 연삭 작업을 하고 있다. 휴대용 연삭기는 덮개가 없으며 측면을 사용하여 작업을 하던 중 대리석 돌가루가 튀어 오른다.
> (작업자 2명 모두 방진마스크, 보안경을 착용하지 않고 있으며, 작업장 주변은 이동전선과 충전부가 어지럽게 널려있고 물웅덩이에 닿은 부분도 보인다)

정답

위험요인(문제점)	안전대책
방호장치(연삭기 덮개) 미설치	방호장치 설치
개인보호구(방진마스크, 보안경 등) 미착용	개인 보호구 착용
이동전선 및 충전부 감전 위험	이동전선 및 충전부 절연 조치

02 ☆☆☆☆

[동영상 화면]은 봉강 연마작업 중 발생한 사고사례이다. 해당 사고의 ① 기인물과 봉강 연마작업 시 파편이나 칩의 비래에 의한 위험에 대비하기 위해 설치해야 하는 ② 방호장치를 적으시오.

> **[동영상 설명]**
> [봉강 연마작업 중 물체에 맞음]
> 작업자가 탁상용 연삭기를 활용하여 연마작업 중이다. 봉강연마 중 파편의 눈으로 튀어 막던 중 봉강이 작업자의 가슴팍으로 튀어 날아간다.

정답

① 기인물 : 탁상용 연삭기
② 봉강연마작업 시 파편이나 칩의 비래에 의한 위험에 대비하기 위해 설치해야 하는 방호장치 : 칩 비산 방지(투명)판

03

[동영상 화면]상 (가) 작업자의 손에 들려있는 기구의 자율안전확인대상품상 정식 명칭과 (나) 덮개 설치 시 숫돌 '노출' 각도를 적으시오.

―[동영상 설명]―
[휴대용 연삭기 사용 연마작업]
작업자가 덮개가 없는 휴대용 연삭기(핸드 그라인더)로 연마작업을 하고 있다.

정답

(가) 정식 명칭
　　휴대용 연삭기
(나) 숫돌 '노출' 각도
　　180° 이내

연관규정 방호장치자율안전기준고시 [별표 4] 연삭기 덮개의 성능기준

04 ☆☆☆

「산업안전보건법령」상 휴대용 연삭기 방호장치의 ① 명칭 ② 방호장치의 설치 각도를 적으시오.

―[동영상 설명]―
[휴대용 연삭기 사용 연마작업]
작업자가 덮개가 없는 휴대용 연삭기(핸드 그라인더)로 연마작업을 하고 있다.

정답

① 덮개
② 180° 이상

연관규정 방호장치자율안전기준고시 [별표 4] 연삭기 덮개의 성능기준
휴대용 연삭기 방호장치 – 덮개의 노출 각도 기준 : 180° 이내

3 선반 및 드릴링 머신

01

[동영상 화면]상 선반 작업 시 작업자에게 사고가 발생할 수 있는 위험 요인을 3가지 적으시오.

[동영상 설명]

[선반 작업]
면장갑을 착용 및 보안경을 미착용한 작업자가 선반 작업을 하고 있다. 작업자가 회전축에 샌드페이퍼(사포)를 감아 손으로 지지하고 있다. 작업에 집중하지 못하고 있는데, 작업복과 손이 감겨 들어간다.

정답

위험요인(문제점)	안전대책
장갑 착용	장갑 착용 금지
전용 고정장치 미사용	전용 고정장치 사용
방호장치 (덮개 혹은 울) 미설치	방호장치 설치

연관규정 산업안전보건기준에 관한 규칙
제87조(원동기·회전축 등의 위험 방지), 제92조(정비 등의 작업 시의 운전정지 등), 제95조(장갑의 사용 금지)

02

[동영상 화면]과 같은 선반 가공 작업 시 근로자에게 발생할 수 있는 내재 된 위험요인을 3가지 적으시오.

[동영상 설명]

[선반 가공 작업]
선반에 방호장치(덮개 또는 울)가 없고 길이가 긴 공작물이 흔들리고 있다. 칩이 끊어지지 않고 길게 선반에서 나오는 중이다.
작업자가 장비 조작부에 손을 얹은 채 선반에서 칩이 나오는 모습을 지켜보고 있다.
(선반에 '칩 비산주의'라는 표지판이 부착되어 있으며 작업자는 맨손으로 선반을 조작하고 있는 상태이다)

정답

위험요인(문제점)	안전대책
방호장치 (덮개 혹은 울) 미설치	방호장치 설치
칩이 길게 발생	칩 브레이커 설치
칩이 비산하여 작업자가 맞을 위험	칩비산방지판 설치 및 보안경 착용

연관규정 산업안전보건기준에 관한 규칙
제87조(원동기 · 회전축 등의 위험 방지), 제92조(정비 등의 작업 시의 운전정지 등), 제95조(장갑의 사용 금지)

03 ☆☆☆☆☆

[동영상 화면]상 드릴 작업 중 작업방법 및 작업자의 위험요인을 2가지만 적으시오. (단, 안전모 착용 상태는 제외한다)

[동영상 설명]

[전동 드릴 사용 작업 중 손가락 말림 사고]
보안경 미착용, 목장갑을 착용한 작업자가 탁상용 드릴 작업을 하면서 공작물을 바이스에 고정시켜 놓았고 (발생한 쇠가루의 이물질을 입으로 불면서) 동시에 손으로 제거하려다 손이 말려 들어가 드릴 날에 검지 손가락이 접촉되어 피가 난다.

정답

위험요인(문제점)	안전대책
이물질 제거 중 전원 미차단으로 인한 회전부 말림 위험	청소 작업 시 전원 차단 실시
장갑 착용으로 인한 손가락 말림 위험	드릴 작업 시 장갑 착용 금지
손으로 이물질 제거로 인한 손가락 말림 위험	이물질 제거 시 전용도구 사용

연관규정 산업안전보건기준에 관한 규칙 제92조(정비 등의 작업 시의 운전정지 등), 제95조(장갑의 사용 금지)

04 ☆☆

[동영상 화면]을 보고 위험요인 2가지를 적으시오.

[동영상 설명]

[드릴링 머신 사용 작업]
작업자가 양손으로 작은 원통형 철물을 움켜쥐고 드릴로 판에 구멍을 하나 뚫는다.
뒤로 돌아서 바닥에 놓여져 있는 나무각목을 면장갑을 낀 한 손으로 움켜쥐고 나머지 한손으로 유선 드릴을 들고 나무 각목에 구멍을 연달아 3개를 뚫는다. 작업자는 면장갑을 낀 채 드릴 위 먼지를 털어내며, 드릴의 전선 중간 중간에는 흰색 테이프가 감겨져 있다.
(목재가공 시 분진이 많이 흩날리며 작업자는 보안경, 안전모, 방진마스크를 착용하지 않은 상태이다)

정답

위험요인(문제점)	안전대책
공작물(작업물)을 전용 공구로 미고정으로 인한 작업물에 맞을 위험	바이스나 클램프 사용 고정
장갑 착용으로 인한 회전부 말림 위험	장갑 미착용
보호구(보안경 및 방진 마스크) 미착용	보호구 착용

4 컨베이어

01

[동영상 화면]과 같은 컨베이어의 [보기]의 내용에 답하시오.

[동영상 설명]

[컨베이어 벨트 사용 운반작업]
일반적인 벨트 컨베이어를 보여준다.

[보기]

1. 자율안전확인대상에 의거한 명칭을 쓰시오. : ①
2. 운전 중인 이 장치 위로 근로자를 넘어가도록 하는 경우에는 위험을 방지하기 위하여 설치해야 하는 방호장치 명칭을 쓰시오. : ②

> **정답**

① 컨베이어
② 건널다리

연관규정 산업안전보건법 시행령 제77조(자율안전확인대상기계등)
산업안전보건기준에 관한 규칙 제195조(통행의 제한 등)

02 ☑☐☐☐

[동영상 화면]과 같은 컨베이어의 「산업안전보건법령」상 방호장치를 4가지 적으시오.

---[동영상 설명]---

[컨베이어 벨트 사용 포대 운반작업 중 회전부 끼임 사고]
30도 정도 경사지게 설치된 컨베이어 벨트가 작동하고, 작업자 1명은 작동 중인 컨베이어 위쪽에, 아래쪽 작업장 바닥에는 나머지 작업자 1명이 있다. 기계 오른쪽에 있는 종이 포대를 컨베이어 벨트 위로 올리는 작업을 하고 있다.
위쪽 작업자는 컨베이어 위에 회전부에 끝부분에 위태롭게 양발을 벌리고 서서 실려 오는 포대를 계속 올리고 있다. 발에 포대 끝부분이 부딪치고 무게 중심을 잃은 작업자는 굴러가다가 컨베이어의 풀리 부분에 팔이 끼어들어 간다.
(비상정지장치는 설치되어 있는 상태이다)

> **정답**

① 비상정지장치
② 덮개
③ 울
④ 건널다리
⑤ 화물 또는 운반구의 이탈 및 역주행을 방지하는 장치(이탈방지장치 및 역전방지장치)

연관규정 산업안전보건기준에 관한 규칙
제191조(이탈 등의 방지), 제192조(비상정지장치), 제193조(낙하물에 의한 위험 방지), 제195조(통행의 제한 등)

03

[동영상 화면]과 같이 「산업안전보건법령」상 컨베이어 시스템의 설치 등으로 높이 1.8 [m] 이상의 울타리를 설치할 수 없는 일부 구간에 대해서 설치해야 하는 방호장치를 2가지만 적으시오.

─[동영상 설명]─

[컨베이어 벨트 사용 운반작업]
협소한 공간 내에 컨베이어 벨트가 설치되어 있고 위태롭게 작업자가 자재를 올리고 있다.

정답

① 안전매트   ② 감응형(광전자식 방호장치) 등

연관규정 산업안전보건기준에 관한 규칙 제223조(운전 중 위험 방지)

5 프레스 또는 전단기

01 ☆☆

[동영상 화면]상 프레스 기계의 방호장치이다. 화면을 보고 명칭, 구조를 쓰시오. 이 장치의 종류는 A-1이다.

─[동영상 설명]─

[프레스 기계 사용 가공 작업]
프레스 기계에 설치된 광전자식 방호장치를 보여준다.

정답

① 명칭 : 광전자식 방호장치
② 구조 : 투광부, 수광부, 컨트롤 부분으로 구성된 것으로서 신체의 일부가 광선을 차단하면 기계를 급정지시키는 방호장치

연관규정 방호장치 안전인증 고시 [별표1]

종류	분류	기능
광전자식	A-1	슬라이드 하강 중에 정전 또는 방호장치의 이상 시 정지할 수 있는 구조 프레스 또는 전단기에서 일반적으로 많이 활용하고 있는 형태로서 투광부, 수광부, 컨트롤 부분으로 구성된 것으로 신체의 일부가 광선을 차단하면 기계를 급정지시키는 방호장치
	A-2	급정지기능이 없는 프레스의 클러치 개조를 통해 광선 차단 시 급정지시킬 수 있도록 한 방호장치

02 ☆☆

[동영상 화면]상 공작기계에 사용할 수 있는 ① 방호장치 종류 4개 ② 그 중 작업자가 기능을 무력화 시킨 방호장치 1개를 적으시오.

[동영상 설명]

[프레스기 작업 중 손가락 끼임 사고]
수광부, 투광부가 프레스 입구를 통해서 보이고 작업자가 페달로 작동시키는 프레스기로 철판에 구멍을 뚫는 작업 중이다. 작업자가 광전자식 방호장치를 제끼고 2회 더 작업을 한다.
작업이 끝난 후 작업자는 손을 넣어 프레스를 청소하다가 페달을 밟아 프레스가 재가동되고 그 사이에 손가락이 끼인다.

정답

① 방호장치의 종류
- 감응형 방호장치
- 양수조작식
- 가드식 방호장치
- 손쳐내기식 방호장치
- 수인식 방호장치

② 작업자가 기능을 무력화시킨 방호장치
- 광전자식 방호장치

연관규정 방호장치 안전인증 고시 [별표 1] 프레스 또는 전단기 방호장치의 성능기준(제4조 관련)

03

[동영상 화면]상 슬라이드 하강 시 금형의 추락을 방호할 수 있는 안전장치 이름은?

[동영상 설명]

[프레스기 사용 중 금형 낙하 사고]
프레스기 사용 중 작업자가 가공물을 넣던 중 금형이 추락한다.

정답

안전블록

연관규정 산업안전보건기준에 관한 규칙 제104조(금형조정작업의 위험 방지)

04

[동영상 화면]상 사고의 예방을 위해 조치하여야 할 사항 2가지를 적으시오.

> [동영상 설명]
>
> [프레스 작업 중 손 협착사고]
> 작업자가 프레스로 철판에 구멍을 뚫는 작업 중이다. 작업자가 철판 위 가루를 털다가 내려오는 프레스에 손을 다친다.
> (프레스에는 급정지기구가 설치되어 있지 않은 상태)

정답

① 방호장치(게이트가드식 등)를 설치
② 금형에 붙어 있는 이물질을 제거는 전용 공구를 사용

연관규정 프레스 방호장치의 선정·설치 및 사용 기술지침(M-122-2012)

05 ☆☆☆

급정지기구가 설치되어 있지 않은 프레스에 사용가능한 방호장치 종류를 4가지를 적으시오.

> [동영상 설명]
>
> [프레스 작업 중 손 협착사고]
> 작업자가 프레스로 철판에 구멍을 뚫는 작업 중이다. 작업자가 철판 위 가루를 털다가 내려오는 프레스에 손을 다친다.
> (프레스에는 급정지기구가 설치되어 있지 않은 상태)

정답

[급정지기구가 설치되지 않았을 때 사용가능한 프레스 방호장치]
① 가드식 방호장치
② 양수기동식 방호장치
③ 수인식 방호장치
④ 손쳐내기식 방호장치

짚고가기 프레스의 급정지기구가 부착되어야만 하는 프레스의 방호장치
• 양수조작식 방호장치 • 감응식(광전자식 등) 방호장치

연관규정 프레스 방호장치의 선정·설치 및 사용 기술지침(M-122-2012)

06

[동영상 화면]상 기계장치에 설치하여 사용할 수 있는 유효한 방호장치를 3가지 적으시오.

---[동영상 설명]---

[크랭크 프레스 철판 작업]
작업자는 크랭크 프레스로 철판에 구멍을 뚫는 작업을 하고 있다. 주변정리가 되어 있지 않다. 보안경을 쓰지 않은 작업자가 몸을 기울인 채 손으로 이물질을 제거하는 작업을 하다가 실수로 페달을 밟아 프레스에 손을 찍히는 재해가 발생한다. 페달에는 U자형 덮개가 없다.
작업자는 목장갑을 끼고 야구모자를 썼다.

정답

- 감응식(광전자식) 방호장치
- 양수조작식
- 가드식 방호장치
- 손쳐내기식 방호장치
- 수인식 방호장치
- 덮개
- 안전블록

연관규정 산업안전보건기준에 관한 규칙 제103조(프레스 등의 위험 방지)
방호장치 안전인증 고시 [별표1] 프레스 또는 전단기 방호장치의 성능기준(제4조 관련)

07 ☆☆☆

[동영상 화면]상 작업 시 위험요인 3가지를 적으시오.

---[동영상 설명]---

[크랭크 프레스 철판 작업]
작업자는 크랭크 프레스로 철판에 구멍을 뚫는 작업을 하고 있다. 주변정리가 되어 있지 않다. 보안경을 쓰지 않은 작업자가 몸을 기울인 채 손으로 이물질을 제거하는 작업을 하다가 실수로 페달을 밟아 프레스에 손을 찍히는 재해가 발생한다. 페달에는 U자형 덮개가 없다.
작업자는 목장갑을 끼고 야구모자를 썼다.

정답

위험요인(문제점)	안전대책
이물질 제거 시 전원을 차단하지 않았다	전원 차단 후 작업 실시
방호장치 미설치 또는 미작동	방호장치 설치 및 작동상태 확인
맨손으로 이물질 제거	전용 공구 사용

짚고가기 U자형 덮개

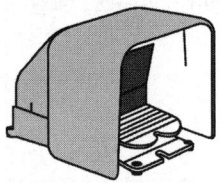

08

[동영상 화면]상 ① 금형 프레스기에 발로 작동하는 조작장치에 설치해야 하는 방호장치 ② 프레스의 상사점에 있어서 상형과 하형과의 간격, 가이트 포스트와 부쉬의 간격 틈새는 얼마 이하로 금형을 설치해야 하는지 적으시오. (단, 단위를 반드시 적을 것)

정답

① U자형 페달 덮개

② 8 [mm]

연관규정 프레스 및 전단기 제작기준·안전기준 및 검사기준 [시행 1997.11.27.]

제99조(금형에 의한 위험의 방지)

금형에 신체의 일부가 협착되는 위험을 방지하기 위해 다음과 같은 조치를 하여야 한다.

1. 금형설치 등 위험방지 조치는 다음에 의할 것

   가. 금형의 사이에 신체의 일부가 들어가지 않도록 안전망을 설치할 것

   나. 다음 부분의 빈틈이 8 [mm] 이하 되도록 금형을 설치할 것

      (1) 상사점에 있어서 상형과 하형(스트리퍼를 이용하는 경우에 있어서는 상사점 있어서 상형과 하형과 스트리퍼)과의 간격

      (2) 가이드 포스트와 부쉬의 간격

6 사출성형기

01 ☑☐☐☐☐

[동영상 화면]은 사출성형기 V형 금형 작업 중 재해가 발생한 사례이다. ① 재해발생 형태 ② 기인물을 적으시오.

─[동영상 설명]─
[사출성형기 작업 중 끼임 사고]
작업자가 사출성형기 작업을 하고 있다. 사출성형기 작업 후 잔류물 제거를 위해 금형의 볼트를 손으로 빼내려하지만 잘 되지 않는다. 작업자가 사출성형기의 제어판을 눌러본 후, 다시 금형을 빼내려다 하강하는 금형에 손이 눌린다.
(작업자는 안전모와 장갑을 착용한 상태이다)

> 정답
> ① 재해발생 형태 : 끼임
> ② 기인물 : 사출성형기

02 ☆☆☆ ☑☐☐☐☐

[동영상 화면]상 사출성형기 노즐 이물질 제거 작업 중에서 감전 사고가 발생한다. 동종 재해방지대책 3가지를 적으시오.

─[동영상 설명]─
[사출성형기 청소 중 감전 사고]
작업자가 사출성형기의 노즐 부분에 끼인 잔류물을 맨 손으로 제거하다 노즐 충전부에서 감전되어 뒤로 넘어진다.

> 정답
> ① 작업 전 전원 차단
> ② 작업 전 전원부 잠금장치 설치
> ③ 제거 작업 시 보수작업 중임을 알리는 안내표지판을 설치하고 감시인을 배치
> ④ 제거 작업 시 절연용 보호구(내전압용 절연장갑 등) 착용
> ⑤ 제거 작업 시 전용공구 사용

> **짚고가기** 근로자 신체 일부가 말려들어갈 위험이 존재하는 경우
게이트가드(Gate Guard) 또는 양수조작식 등에 의한 방호장치, 그 밖에 필요한 방호 조치를 실시
> **연관규정** 산업안전보건기준에 관한 규칙 제121조(사출성형기 등의 방호장치), 제302조(전기 기계·기구의 접지)

7 롤러기

01 ☆☆☆ ☑☐☐☐☐

「방호장치 자율안전기준 고시」상 롤러기의 급정지장치 ① 종류 3가지 ② 종류별 설치 위치를 각각 정확하게 적으시오.

[동영상 설명]

[롤러기 청소 중 손가락 끼임 사고]
작업자가 가동 중인 롤러기의 전원 차단 스위치를 꺼서 정지시킨 후 내부수리를 하고 있다. 수리완료 후 롤러기를 가동시켜 내부의 이물질을 장갑을 착용한 손으로 제거하다 롤러기에 손이 말려들어 간다.

정답

① 종류
  1) 손조작식 급정지장치
  2) 복부조작식 급정지장치
  3) 무릎조작식 급정지장치

② 종류별 설치위치
  1) 손조작식 급정지장치 : 밑면에서 1.8 [m] 이내
  2) 복부조작식 급정지장치 : 밑면에서 0.8 [m] 이상 1.1 [m] 이내
  3) 무릎조작식 급정지장치 : 밑면에서 0.6 [m] 이내

- 1.8[m] 손 조작식 : 성인남자 기준으로 큰 키의 기준은 1.8[m] 정도 됨
- 1.2[m] 복부 조작식 : 0.8~1.1[m] 손 조작식 값을 이용(Cross)하여 기억
- 0.6[m] 무릎 조작식 : 키 1.8[m]인 사람 기준을 무릎은 1/3 정도 되는 위치에 있다고 암기 → 0.6[m]

> **연관규정** 방호장치 자율안전기준 고시 [별표 3] 롤러기 급정지장치의 성능기준

02 ☆☆☆☆

롤러기 청소 시 작업자 행동의 문제점 및 안전대책을 각각 2가지씩 적으시오.

> [동영상 설명]
>
> [롤러기 청소 중 손가락 끼임 사고]
> 작업자가 가동 중인 롤러기의 전원 차단 스위치를 꺼서 정지시킨 후 내부수리를 하고 있다. 수리완료 후 롤러기를 가동시켜 내부의 이물질을 장갑을 착용한 손으로 제거하다 롤러기에 손이 말려들어간다.

정답

위험요인(문제점)	안전대책
장갑 착용	롤러기 등 회전부에 말려들어갈 위험의 있을 시 장갑을 착용하지 않는다.
전원 미차단	전원을 차단하고 수리 및 청소 작업을 실시한다.
방호조치 없이 작업 실시	인터록 등 방호조치 후 작업 실시
맨손으로 청소 실시	전용 공구의 사용

연관규칙 산업안전보건기준에 관한 규칙 제92조(정비 등의 작업 시의 운전정지 등), 제93조(방호장치의 해체 금지), 제94조(작업모 등의 착용)

03 ☆☆☆☆

[동영상 화면]상 롤러기 청소 시, 작업자에 해단 행동의 문제점 및 안전대책을 각 2가지씩 적으시오.

> [동영상 설명]
>
> [롤러기 내부 수리 작업]
> 작업자가 가동 중인 인쇄용 윤전기의 롤러 부위를 전원 차단 스위치로 정지시킨 후 내부 수리를 하고 있다.
> 수리 완료 후 인쇄용 윤전기를 재가동시키고 내부 이물질 청소를 위해 장갑을 착용하고 손으로 제거하다가 롤러기에 손이 물린다.

> 정답

- 위험요인(문제점) 및 안전대책

위험요인(문제점)	안전대책
장갑을 착용으로 인한 손가락 물림 위험	장갑 착용 금지
전원 미차단으로 인한 손가락 물림 위험	전원 차단 실시
안전장치 설치 없이 내부 수리 작업 실시	안전장치 설치(예 : 롤러기의 급정지 장치 등)
청소 시 맨손으로 내부 이물질 제거	전용 청소도구 사용

연관규정 산업안전보건기준에 관한 규칙 제92조(정비 등의 작업 시의 운전정지 등), 제93조(방호장치의 해체 금지), 제94조(작업모 등의 착용)

8 산업용 로봇

01 ☑☐☐☐☐

산업용 로봇 안전매트 관련하여 (가) 작동원리와 (나) 안전인증의 표시 외에 추가로 표시할 사항 2가지를 적으시오.

──[동영상 설명]──
작업자가 작업실 들어갈 때 검은색 매트 밟는다.

> 정답

(가) 작동원리 : 유효감지영역 내의 임의의 위치에 일정한 정도 이상의 압력이 주어졌을 때 이를 감지하여 신호를 발생시키는 장치
(나) 안전인증의 표시 외에 추가로 표시할 사항
　　가. 작동하중
　　나. 감응시간
　　다. 복귀신호의 자동 또는 수동 여부
　　라. 대소인공용 여부

연관규정 방호장치 안전인증 고시 제37조(정의), [별표 25] 안전매트 성능기준 및 시험방법

9 둥근톱 등 목공기계의 안전관리

01 ☆☆

[동영상 화면]상 ① 재해발생 원인 1가지 ② 방호장치의 종류 2가지를 적으시오.

[동영상 설명]

[목재가공소 내 둥근톱 기계 작업]
작업자가 둥근톱을 이용하여 나무판자를 일자로 밀며 절삭가공을 작업 중이다. 이때, 누군가 작업자를 부른다. 작업자는 곁눈질을 하는 등 부주의한 상태이다. 작업자가 가공을 위해 다시 목재를 밀다가 손가락이 반 정도 절단되면서 자빠진다.
(둥근톱에 덮개가 없으며, 재해자는 보안경 및 방진마스크 및 목장갑을 미착용한 상태이다)

정답

① 재해발생 원인 : 방호장치 미설치
② 방호장치
   1) 덮개(날 접촉 예방장치 = 톱날 접촉 예방장치)
   2) 분할날 = 반발 예방장치

짚고가기 덮개 및 반발 예방장치

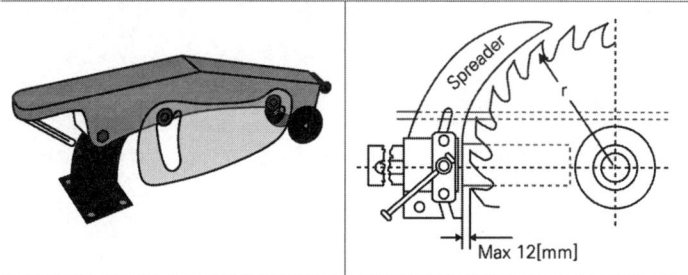

연관규정 산업안전보건기준에 관한 규칙 제105조(둥근톱기계의 반발예방장치)
방호장치 자율안전기준 고시 [별표 5] 목재가공용 덮개 및 분할날 성능기준

02 ☆☆☆☆☆

[동영상 화면]을 보고 「방호장치 자율안전기준 고시」상 방호장치가 없는 둥근톱 기계에 고정식 접촉예방장치를 설치하고자 한다. 이때 간격은 각각 얼마로 조정하는지 쓰시오.

[동영상 설명]

[목재가공 중 손가락 절단 사고]
작업자가 둥근톱기계로 목재를 절단하는 작업 중이다.
방호장치(날접촉 예방장치)가 없는 상태로 작업을 하다 타 작업자가 불러 곁눈질을 하던 중에 손가락이 둥근톱에 접촉되어 반 정도 절단되며 자빠진다.
(작업자는 보안경 및 방진마스크를 미착용한 한 상태이다)

[보기]

1. 가공재의 상면에서 덮개 하단까지의 최대 간격 : ①
2. 덮개의 하단과 테이블면 사이의 최대 간격 : ②

정답

① 8 [mm] 이하
② 25 [mm]

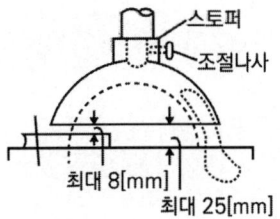

고정식 접촉 예방 장치는 비교적 얇은 가공재의 절단용의 것이고, 본체 덮개는 테이블위의 정한 위치에 고정해서 사용 하는 것으로 톱날 등 분할 날에 대면하고 있는 부분 및 송급하는 가공재의 상면에서 덮개 하단까지의 빈틈이 8 [mm] 이하가 되게 위치를 조절해 주어야 한다. 또한 덮개의 하단이 테이블면 위로 25 [mm] 이상 높이로 올릴 수 있게 스토퍼를 설치하여야 한다.

연관규정 방호장치 자율안전기준 고시 [별표 5] 목재가공용 덮개 및 분할날 성능기준

03 ☆☆

[동영상 화면]을 보고 해당 장비의 ① 명칭과 ② 장비에서 필요한 방호장치를 적으시오.

[동영상 설명]

[동력식 수동대패기 사용 작업]
동력식 수동대패기에 작업자가 목재를 밀어 넣는다. 노란색 덮개가 보이고, 기계 아래로 톱밥이 떨어진다. 마지막에는 테이블 위 공작물만 보인다.

정답

① 장비 명칭 : 동력식 수동대패기
② 방호장치 : 날접촉예방장치(칼날접촉예방장치)

연관규정 산업안전보건기준에 관한 규칙 제109조(대패기계의 날접촉예방장치)

03 인간공학 및 위험성 평가·관리

산업안전기사 I 실기

근골격계부담작업 시 안전관리

1 근골격계질환 유해요인 조사

01 ☑☐☐☐☐

(가) 영상과 같은 근골격계부담작업 시 유해요인 조사 항목 2가지 (나) 신설되는 사업장의 경우에는 신설 일부터 얼마 기간 이내에 최초의 유해요인 조사를 하여야 하는지 적으시오.

[동영상 설명]

중장년으로 보이는 한 남자가 구부정하게 앉아서 컴퓨터 단말기 작업을 하고 있다.

정답

(가) 유해요인 조사 항목
  1. 설비·작업공정·작업량·작업속도 등 작업장 상황
  2. 작업시간·작업자세·작업방법 등 작업조건
  3. 작업과 관련된 근골격계질환 징후와 증상 유무 등
(나) 1년 이내

연관규정 산업안전보건기준에 관한 규칙 제657조(유해요인 조사)

2 VDT 작업 시 안전관리

01 ☑☐☐☐☐

[동영상 화면]상 작업으로 올 수 있는 장해를 3가지 적으시오.

[동영상 설명]

[사무실 내 컴퓨터 조작작업]
작업자가 사무실에서 의자에 앉아 컴퓨터를 조작 중이다. 작업자는 의자 높이가 맞지 않아 다리를 구부리고 앉아 있으며, 모니터를 가까이에서 바라 보고 있다. 또한 키보드를 손으로 조작하는데 키보드가 너무 높은 곳에 위치하고 있다.

정답
① 어깨 결림, 손목통증(수근관증후군)
② 요통 (허리 통증)
③ 시력 저하

02 ☆☆

[동영상 화면]을 보고 「산업안전보건법령」상 ① 반복적인 동작, 부적절한 작업자세, 무리한 힘의 사용, 날카로운 면과의 신체접촉, 진동 및 온도 등의 요인에 의하여 발생하는 건강장해로서 목, 어깨, 허리, 팔·다리의 신경·근육 및 그 주변 신체조직 등에 나타나는 질환의 명칭 ② 근로자가 컴퓨터 단말기의 조작업무를 하는 경우에 사업주의 조치사항을 4가지 적으시오.

[동영상 설명]

[사무실 내 컴퓨터 조작작업]
작업자가 사무실에서 의자에 앉아 컴퓨터를 조작 중이다. 작업자는 의자 높이가 맞지 않아 다리를 구부리고 앉아 있으며, 모니터를 가까이에서 바라 보고 있다. 또한 키보드를 손으로 조작하는데 키보드가 너무 높은 곳에 위치하고 있다.

정답

(가) 근골격계질환
(나) 사업주의 조치사항
  1. 실내는 명암의 차이가 심하지 않도록 하고 직사광선이 들어오지 않는 구조로 할 것
  2. 저휘도형(低輝度型)의 조명기구를 사용하고 창·벽면 등은 반사되지 않는 재질을 사용할 것
  3. 컴퓨터 단말기와 키보드를 설치하는 책상과 의자는 작업에 종사하는 근로자에 따라 그 높낮이를 조절할 수 있는 구조로 할 것
  4. 연속적으로 컴퓨터 단말기 작업에 종사하는 근로자에 대하여 작업시간 중에 적절한 휴식시간을 부여할 것

연관규정 산업안전보건기준에 관한 규칙 제667조(컴퓨터 단말기 조작업무에 대한 조치)

03 ☆☆

[동영상 화면]상 컴퓨터 단말기 증후군(VDT) 자세 개선점을 3가지 적으시오.

> **[동영상 설명]**
>
> **[사무실 내 컴퓨터 조작작업]**
> 작업자가 사무실에서 의자에 앉아 컴퓨터를 조작 중이다. 작업자는 의자 높이가 맞지 않아 다리를 구부리고 앉아 있으며, 모니터를 가까이에서 바라 보고 있다. 또한 키보드를 손으로 조작하는데 키보드가 너무 높은 곳에 위치하고 있다.

정답

① 허리를 등받이 깊숙이 지지하여 앉는다.
② 키보드를 조작하기 편한 위치에 놓는다.
③ 모니터를 보기 편한 위치에 놓는다.

연관규정 영상표시단말기(VDT) 취급근로자 작업관리지침

04 건설안전관리

산업안전기사 | 실기

작업장 안전관리

1 작업발판

01 ☆☆☆☆☆☆☆ ☑☐☐☐☐

[동영상 화면]과 같은 사업주가 비계(달비계, 달대비계 및 말비계는 제외한다)의 높이가 2 [m] 이상인 작업장소에 작업발판을 설치를 해야 한다. 「산업안전보건법령」상 설치기준 3가지를 적으시오. 단, 폭과 틈에 관한 설치기준은 제외)

---[동영상 설명]---

[비계 설치작업]
작업자 2명이 비계를 조립 중이다. 작업자가 나무발판을 안전난간에 걸치고 위로 올라서서 고정철물을 전달받다가 떨어진다.

정답

1. 발판재료는 작업할 때의 하중을 견딜 수 있도록 견고한 것으로 할 것
2. 추락의 위험이 있는 장소에는 안전난간을 설치할 것. 다만 작업의 성질상 안전난간을 설치하는 것이 곤란한 경우, 작업의 필요상 임시로 안전난간을 해체할 때에 추락방호망을 설치하거나 근로자로 하여금 안전대를 사용하도록 하는 등 추락위험 방지 조치를 한 경우에는 그러하지 아니하다.
3. 작업발판의 지지물은 하중에 의하여 파괴될 우려가 없는 것을 사용할 것
4. 작업발판재료는 뒤집히거나 떨어지지 않도록 둘 이상의 지지물에 연결하거나 고정시킬 것
5. 작업발판을 작업에 따라 이동시킬 경우에는 위험 방지에 필요한 조치를 할 것

연관규정 산업안전보건기준에 관한 규칙 제56조(작업발판의 구조)

02 ☆☆☆☆☆

[동영상 화면]과 같은 「산업안전보건법령」상 비계의 높이가 2 [m] 이상인 작업장소에 설치하는 작업발판 관련 ( )에 알맞은 것을 적으시오.

― [동영상 설명] ―

[아파트 건설현장 내 이동]
작업발판을 통해 작업자가 이동하고 있다.

― [보기] ―

- 발판재료는 작업할 때의 하중을 견딜 수 있도록 견고한 것으로 할 것
- 작업발판의 폭은 (①) [cm] 이상으로 하고, 발판재료 간의 틈은 (②) [cm] 이하로 할 것. 다만 외줄비계의 경우에는 고용노동부장관이 별도로 정하는 기준에 따른다.

― 정답 ―

① 40 ② 3

연관규정 산업안전보건기준에 관한 규칙 제56조(작업발판의 구조)

03

[동영상 화면]과 같은 비계(달비계, 달대비계 및 말비계는 제외한다)의 높이가 2 [m] 이상인 작업장소에는 기준에 맞는 작업발판을 설치하여야 한다. 「산업안전보건법령」상 ( )을 알맞게 채우시오.

― [동영상 설명] ―

[작업발판 점검]
작업자가 설치 된 작업발판의 상태를 점검하고 있다.

― [보기] ―

1. 발판재료는 작업할 때의 하중을 견딜 수 있도록 견고한 것으로 할 것
2. 작업발판의 폭은 ( ) [cm] 이상으로 하고, 발판재료 간의 틈은 3 [cm] 이하로 할 것. 다만 외줄비계의 경우에는 고용노동부장관이 별도로 정하는 기준에 따른다.

― 정답 ―

40

연관규정 산업안전보건기준에 관한 규칙 제56조(작업발판의 구조)

2 계단 및 계단참

01 ☑☐☐☐

[동영상 화면]은 「산업안전보건법령」상 계단 및 계단참의 설치기준이다. [보기]의 ( ) 안에 알맞게 내용을 적으시오.

[동영상 화면]

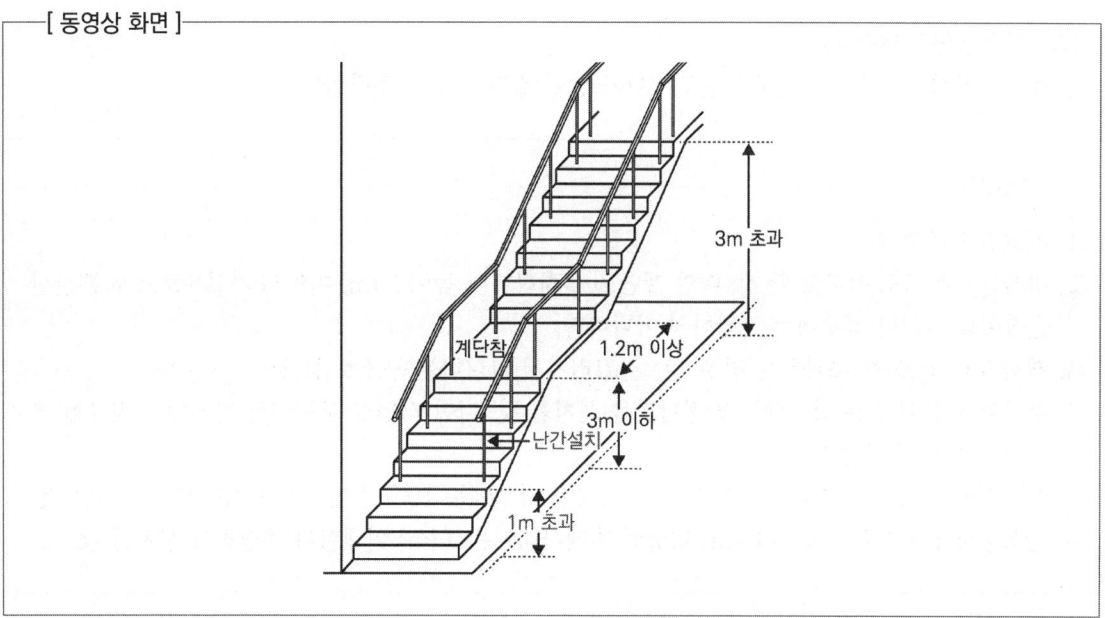

[보기]

- 사업주는 계단 및 계단참을 설치하는 경우 매제곱미터당 (①) [kg] 이상의 하중에 견딜 수 있는 강도를 가진 구조로 설치하여야 하며, 안전율은 (②) 이상으로 하여야 한다.
- 사업주는 계단을 설치하는 경우 그 폭을 (③) [m] 이상으로 하여야 한다. (다만 급유용, 보수용, 비상용계단 및 나선형 계단이거나 높이 (④) [m] 미만의 이동식 계단인 경우에는 그러하지 아니하다)
- 사업주는 높이가 (⑤) [m] 를 초과하는 계단에 높이 3 [m] 이내마다 너비 (⑥) [m] 이상의 계단참을 설치하여야 한다.

정답

① 500 ② 4 ③ 1
④ 1   ⑤ 3 ⑥ 1.2

연관규정 산업안전보건기준에 관한 규칙 제26조(계단의 강도), 제27조(계단의 폭)

3 가설 통로 ☆☆

01

[동영상 화면]과 같은 가설통로가 갖춰야 할 구조 관련하여 (   )를 채우시오.

---[동영상 설명]---
[아파트 건설현장 추락사고]
건설현장 가설통로에서 작업자가 움직이다가 발이 걸려 아래로 추락한다.

---[보기]---
1. 견고한 구조로 할 것
2. 경사는 (①)도 이하로 할 것. 다만 계단을 설치하거나 높이 2 [m] 미만의 가설통로로서 튼튼한 손잡이를 설치한 경우에는 그러하지 아니하다.
3. 경사가 (②)도를 초과하는 경우에는 미끄러지지 아니하는 구조로 할 것
4. 추락할 위험이 있는 장소에는 안전난간을 설치할 것. 다만 작업상 부득이한 경우에는 필요한 부분만 임시로 해체할 수 있다.
5. 수직갱에 가설된 통로의 길이가 15 [m] 이상인 경우에는 10 [m] 이내마다 계단참을 설치할 것
6. 건설공사에 사용하는 높이 8 [m] 이상인 비계다리에는 7 [m] 이내마다 계단참을 설치할 것

정답
① 30
② 15

4 사다리식 통로

01

「산업안전보건법령」상 사다리식 통로를 설치하는 경우 준수사항을 3가지 적으시오. (단, 견고한 구조 관련 내용은 제외하고, 범위나 치수를 포함한다)

정답
4. 발판과 벽과의 사이는 15 [cm] 이상의 간격을 유지할 것
5. 폭은 30 [cm] 이상으로 할 것
7. 사다리의 상단은 걸쳐놓은 지점으로부터 60 [cm] 이상 올라가도록 할 것

8. 사다리식 통로의 길이가 10 [m] 이상인 경우에는 5 [m] 이내마다 계단참을 설치할 것
9. 사다리식 통로의 기울기는 75도 이하로 할 것. 다만 고정식 사다리식 통로의 기울기는 90도 이하로 하고, 그 높이가 7 [m] 이상인 경우에는 바닥으로부터 높이가 2.5 [m] 되는 지점부터 등받이울을 설치할 것

연관규정 산업안전보건기준에 관한 규칙 제24조(사다리식 통로 등의 구조)

추락 및 낙하위험 방지대책

01 ☆☆

[동영상 화면]을 보고 ① 추락재해 방지대책, ② 낙하재해 방지대책을 각각 1가지씩 적으시오.

[동영상 설명]

[비계 설치작업 중 낙하물 추락사고]
가로수 위로 3 [m] 높이에 있는 건설현장에서, 작업자가 안전대를 착용하지 않은 상태로 작업발판을 설치하고 있다. 작업자가 망치를 들고 약간 기울어진 발판을 발로 두드리며 설치하다가 갑자기 망치를 떨어뜨린다.

정답

① 추락재해 방지대책
- 추락방호망 설치
- 안전대 및 안전대 부착설비 사용

② 낙하재해 방지대책
- 낙하물 방지망 설치
- 수직보호망 또는 방호선반의 설치
- 출입금지구역의 설정
- 보호구의 착용

연관규정 산업안전보건기준에 관한 규칙 제14조(낙하물에 의한 위험의 방지), 제42조(추락의 방지)

1 개구부 등의 위험방지 : 추락 방지

01 ☆☆

「산업안전보건법령」상 [동영상 화면]과 같은 장소 주변에서 작업하는 경우 작업장 내 '안전조치사항'을 3가지 적으시오. (단, 안전대 착용 관련 사항은 제외한다)

> [동영상 설명]
>
> [아파트 개구 주변 작업 중 추락 사고]
> 작업자 2명이 피트(구덩이 = 추락 가능한 개구부) 주변에서 작업 중이다.
> 피트 주변에서 작업자들은 쪼그려 앉아 손으로 주변을 폐기물을 정리하고 있다. 한 작업자가 종이포대를 밟고 미끄러져 피트 내부로 추락하여 떨어진다.
> (작업자들은 안전모를 착용하고 있고, 피트 주변은 안전난간과 안전대 부착설비, 추락방호망, 개구부 덮개 등 방호장치가 설치되지 않았다)

정답
① 안전난간 설치 ② 울타리 설치
③ 수직형 추락방망 설치 ④ 덮개 설치
⑤ 추락방호망 설치

연관규정 산업안전보건기준에 관한 규칙 제43조(개구부 등의 방호 조치)

02 ☆☆☆☆☆☆

[동영상 화면]은 아파트 창틀에서 작업 중 발생한 재해사례를 나타내고 있다. 작업자의 추락사고 원인 3가지를 적으시오.

> [동영상 설명]
>
> [아파트 현장 개구부 추락 사고]
> 작업자가 아파트 대형 창틀(샷시 없음)에서, 다른 작업자는 약 50[cm] 벽을 두고 옆 처마 위에서 작업을 하고 있다.
> 작업자가 창틀 밖으로 작업발판을 다른 작업자에게 건네준다. 그리고, 작업자가 있는 옆 처마 위로 이동하다 발을 헛디뎌 바닥으로 추락한다.
> (주변에 정리정돈이 되어 있지 않은 상태이다)

> [정답]

- 작업발판 미설치
- 안전난간 미설치
- 울타리 미설치
- 수직형 추락방망 미설치
+ 추락방호망 미설치, 안전대 미착용

[연관규정] 산업안전보건기준에 관한 규칙 제42조(추락의 방지) 제43조(개구부 등의 방호 조치)

03 ☆☆☆

[동영상 화면]과 같은 건설현장 개구부 주변 장소에 추락방지를 위한 방안 3가지를 적으시오.

┌─[동영상 설명]─────────────────────────────
│ [승강기 피트 안 작업 중 추락 사고]
│ 승강기 피트 안, 나무판자로 엉성하게 이어붙인 작업발판 위에서 작업자가 피트 내 벽면에 돌출되어
│ 있는 콘크리트 타이핀(콘크리트 판넬 지지 철물)을 망치 장도리로 때려 빼고 있다.
│ 콘크리트타이핀 철물이 작업자 얼굴로 간간히 튕겨들고 있다.
│ (보안경은 착용하지 않았고 안전대를 착용했으나 걸지는 않았다)
│ 작업자는 갑자기 발을 이리저리 헛딛는 모습을 보이고 곧 피트 바닥으로 화면이 바뀐다.

> [정답]

1) 안전난간
2) 울타리
3) 수직형 추락방망
4) 덮개
5) 어두운 장소에서도 알아볼 수 있도록 개구부임을 표시
6) 추락방호망

[연관규정] 산업안전보건기준에 관한 규칙 제43조(개구부 등의 방호조치)

04 ☆☆☆

[동영상 화면]을 보고, 재해발생 원인 3가지를 적으시오.

[동영상 설명]

[교량 하부 점검 중 추락 사고]
작업자들이 교량 하부를 점검하고 있다. 제대로 된 안전난간이 없고 로프만 두줄 설치되어 있으며, 추락방호망도 없다. 주변은 정리정돈이 안 되어 어지럽고, 발판 역시 부실하다.
작업자가 로프로 된 안전난간 쪽으로 기대다가, 로프가 느슨해지면서 추락한다.
(작업자는 안전대를 미착용한 상태이다)

[정답]

① 안전대 미착용
② 안전난간 설치 불량
③ 추락방호망이 미설치
④ 작업자 주변 정리정돈 상태가 불량
⑤ 작업 전 작업발판 등 부속설비 점검 미비 상태

연관규정 산업안전보건기준에 관한 규칙 제42조(추락의 방지), 제43조(개구부 등의 방호 조치)

05

[동영상 화면]상 추락방지 대책 2가지를 적으시오.

[동영상 설명]

[고소 작업 중 추락 사고]
작업자가 모르타르를 퍼내는 작업을 하다가 추락한다.

[정답]

① 안전난간 설치
② 안전대 부착설비 및 안전대 설치
③ 추락방호망 설치

2 낙하물에 대한 위험방지

01 ☑☐☐☐☐

[동영상 화면]을 보고 낙하물 안전 대책을 2가지 적으시오.

[동영상 설명]

[비계 위 작업 중 낙하물 맞음 사고]
비계 2층에서 작업자가 작업을 하고 있고 바로 밑에서 또 다른 작업자가 작업 중이다. 상부 작업자가 걷던 중 공구를 발로 차고 공구가 떨어지면서 하부 작업자가 머리에 맞는다.

[정답]

① 낙하물 방지망 ② 수직보호망, 방호선반
③ 출입금지구역 설정 ④ 보호구의 착용

[연관규정] 산업안전보건기준에 관한 규칙 제14조(낙하물에 의한 위험의 방지)

비계 안전관리

1 강관비계

[동영상 화면]상 「산업안전보건법령」상 강관비계에 관한 내용이다. [보기]의 ( ) 안에 알맞게 내용을 적으시오.

[보기]

[강관비계 설치 작업]
작업자들이 강관비계를 설치하는 비계공을 보여 준다.

[보기]

- 비계기둥 간격은 띠장 방향에서는 (①) [m] 이하, 장선 방향에서는 (②) [m] 이하로 할 것
- 띠장간격은 2 [m] 이하의 위치에 설치할 것
- 비계기둥의 제일 윗부분으로부터 (③) [m] 되는 지점 밑부분의 비계기둥은 2개의 강관으로 묶어 세울 것
- 비계기둥 간의 적재하중은 (④) [kg]을 초과하지 않도록 할 것

정답

① 1.85
② 1.5
③ 31
④ 400

연관규정 산업안전보건기준에 관한 제60조(강관비계의 구조)

2 말비계

01 ☑☐☐☐☐

[동영상 화면]과 같은 「산업안전보건법령」상 말비계를 조립하여 사용하는 경우에 사업주의 준수 사항 관련해서 (   )에 알맞은 것을 적으시오.

---[동영상 설명]---

[교량 공사 중 말비계 추락 사고]
작업자는 교량 밑 다리 기둥에서 철제 발판에서 나무로 만든 작은 의자 크기 말비계에 올라서 작업 중이다. 작업자가 기둥 부분에 몽키스패너로 작업을 하다 발을 헛디뎌 말비계에서 추락한다.
(안전모, 안전복, 안전장갑을 착용 중인 상태이다)

---[보기]---

1. 말비계의 높이가 2 [m]를 초과하는 경우에는 작업발판의 폭을 (①) [cm] 이상으로 할 것
2. 지주부재와 수평면의 기울기를 (②)도 이하로 하고, 지주부재와 지주부재 사이를 고정시키는 보조부재를 설치할 것
3. 지주부재(支柱部材)의 하단에는 미끄럼 방지장치를 하고, 근로자가 양측 끝부분에 올라서서 작업하지 않도록 할 것

정답

① 40
② 75

연관규정 산업안전보건기준에 관한 규칙 제67조(말비계)

3 이동식비계

01 ☆☆☆☆

[동영상 화면]상 작업 시 위험요인 2가지를 적으시오.

[동영상 설명]

[2단 이동식비계 위 상부 작업]
작업자가 2층에서 천정 작업을 하던 중, 2층에서 포장 박스(KCC 마이톤)를 칼/가위로 뜯어낸다. 주변은 엄청나게 어지럽다.
2단에 설치된 안전난간은 양 옆에만 있고, 앞 뒤에는 없다. 바퀴 고정이 안 되서 비계가 덜컹거린다.
(목재 합판을 사용하여 작업 발판이 삐딱하게 비계에 걸쳐져 있다. 작업발판 폭은 40 [cm] 넘지만, 발판재료 간 틈은 3 [cm] 이상으로 굉장히 넓은 상태이다)

정답

① 이동식비계의 바퀴에는 뜻밖의 갑작스러운 이동 또는 전도를 방지하기 위하여 브레이크·쐐기 등으로 바퀴를 고정시킨 다음 비계의 일부를 견고한 시설물에 고정하거나 아웃트리거(Outrigger, 전도방지용 지지대)를 설치하는 등 필요한 조치를 할 것
② 승강용사다리는 견고하게 설치할 것
③ 비계의 최상부에서 작업을 하는 경우에는 안전난간을 설치할 것
④ 작업발판은 항상 수평을 유지하고 작업발판 위에서 안전난간을 딛고 작업을 하거나 받침대 또는 사다리를 사용하여 작업하지 않도록 할 것
⑤ 작업발판의 최대적재하중은 250 [kg]을 초과하지 않도록 할 것

연관규정 산업안전보건기준에 관한 규칙 제68조(이동식비계)

02 ☆☆☆☆☆

[동영상 화면]상 위험요인을 3가지 적으시오.

---[동영상 설명]---

[이동식비계 사용 작업]

이동식비계 상부 작업발판에 안전모 및 장갑을 착용한 작업자 1명이 서서 안전대는 안전난간의 중간난간대(무릎 높이)에 체결하고 있으며, 별도의 작업은 진행하고 있지 않은 상태이다.

이동식비계 하부는 바퀴로만 되어 있고 다른 작업자 1명이 이동식비계를 붙잡고 있고, 이동식비계는 고정 상태이다.

이동식비계 하부의 바퀴가 브레이크·쐐기 등으로 고정된지 여부는 확실하지 않다..

정답

① 안전대를 너무 낮은 곳에 체결
② 이동식비계의 일부를 견고한 시설물에 고정하지 않음
③ 이동식비계의 하부에 아웃트리거(Outrigger, 전도방지용 지지대)를 설치하지 않음

연관규정 산업안전보건기준에 관한 규칙 제68조(이동식비계)

03 ☆☆

[동영상 화면]을 보고 작업 시 위험요인 2가지를 적으시오.

---[동영상 설명]---

[이동식비계 작업]

작업자가 이동식비계의 최상층에서 작업 중이다. 안전난간은 설치되어 있으며 비계 자체가 흔들리는 모습을 보여준다. 타 작업자가 위치를 조정하기 위해서 이동식비계를 밀자 심하게 흔들린다.

이동식비계 위 작업자는 안전대와 안전모를 미착용한 상태이고 하부를 지지하는 아웃트리거 4개가 모두 설치되어 있지만 지상에 고정되어 있지 않다.

승강용사다리는 고정된 상태이고 작업발판은 설치되어 있으나 일부분은 합판으로 임시 설치되어 있다.

정답

① 바퀴 미고정
② 안전대 및 안전대 부착설비 사용

연관규정 산업안전보건기준에 관한 규칙 제68조(이동식비계)

거푸집 및 동바리 안전

01 ☆☆

「산업안전보건법령」상 기둥·보·벽체·슬래브 등의 거푸집 및 동바리를 조립하거나 해체하는 작업을 하는 경우에는 사업주가 지켜야 하는 준수 사항을 3가지만 적으시오.

[동영상 설명]

[거푸집 해체작업 중 물체에 맞음 사고]
작업자가 일반사다리를 짚고 거푸집 해체작업 중, 거푸집 지지대가 떨어져서 작업자가 맞는다.

정답

① 해당 작업을 하는 구역에는 관계 근로자가 아닌 사람의 출입을 금지
② 비, 눈, 그 밖의 기상상태의 불안정으로 날씨가 몹시 나쁜 경우에는 그 작업을 중지
③ 재료, 기구 또는 공구 등을 올리거나 내리는 경우에는 근로자로 하여금 달줄·달포대 등을 사용
④ (낙하·충격에 의한 돌발적 재해를 방지하기 위하여) 버팀목을 설치하고 거푸집 및 동바리를 인양장비에 매단 후에 작업

연관규정 산업안전보건기준에 관한 규칙 제333조(조립·해체 등 작업 시의 준수사항)

02

[동영상 화면]과 같은 「산업안전보건법령」상 동바리의 종류 중 규격화·부품화된 수직재, 수평재 및 가새재 등의 부재를 현장에서 조립하여 거푸집을 지지하는 지주 형식의 동바리 조립 시 준수사항이다. [보기]의 ( ) 안에 알맞게 내용을 적으시오.

[보기]

- 해당 동바리의 명칭을 적으시오. : (①)
- 수평재는 수직재와 직각으로 설치해야 하며, 흔들리지 않도록 견고하게 설치할 것
- 연결철물을 사용하여 수직재를 견고하게 연결하고, 연결부위가 탈락 또는 꺾어지지 않도록 할 것
- 수직 및 수평하중에 대해 동바리의 구조적 안정성이 확보되도록 조립도에 따라 수직재 및 수평재에는 가새재를 견고하게 설치할 것
- 동바리 최상단과 최하단의 수직재와 받침철물은 서로 밀착되도록 설치하고 수직재와 받침철물의 연결부의 겹침길이는 받침철물 전체길이의 (②) 이상 되도록 할 것

> [정답]

① 시스템 동바리
② 3분의 1

연관규정 산업안전보건기준에 관한 규칙 제332조의2(동바리 유형에 따른 동바리 조립 시의 안전조치)

03 ☑☐☐☐☐

[동영상 화면]과 같은 「산업안전보건법령」상 콘크리트 타설작업 시 안전수칙 3가지를 적으시오.

──[동영상 설명]──

[아파트 현장 콘크리트 타설 작업]
작업장에서는 아파트 최상층에 콘크리트 타설 장비를 사용하여 타설을 하고 있다.

> [정답]

① 당일의 작업을 시작하기 전에 해당 작업에 관한 거푸집 및 동바리의 변형·변위 및 지반의 침하 유무 등을 점검하고 이상이 있으면 보수할 것
② 작업 중에는 감시자를 배치하는 등의 방법으로 거푸집 및 동바리의 변형·변위 및 침하 유무 등을 확인해야 하며, 이상이 있으면 작업을 중지하고 근로자를 대피시킬 것
③ 콘크리트 타설작업 시 거푸집 붕괴의 위험이 발생할 우려가 있으면 충분한 보강조치를 할 것
④ 설계도서상의 콘크리트 양생기간을 준수하여 거푸집 및 동바리를 해체할 것
⑤ 콘크리트를 타설하는 경우에는 편심이 발생하지 않도록 골고루 분산하여 타설할 것

연관규정 산업안전보건기준에 관한 규칙 제334조(콘크리트의 타설작업)

안전시설의 기준

1 안전난간

01

[동영상 화면]에서 가르키는 안전시설물 설치 시 기준을 적으시오.

[동영상 설명]

[안전가시설 : 안전난간]
작업자가 계단을 올라가다 난간 아래 발끝막이판을 쳐다본다.

정답

바닥면으로부터 10 [cm] 이상의 높이로 할 것

연관규정 산업안전보건기준에 관한 규칙 제13조(안전난간의 구조 및 설치요건)

02

「산업안전보건법령」상 사업주가 근로자의 추락 등의 위험을 방지하기 위하여 안전난간을 설치하는 경우 기준에 맞는 구조로 설치하기 위하여 [보기]의 (   ) 안에 적으시오. (단, 기준 작성 시 단위 및 범위를 정확히 기재한다)

[동영상 설명]

[작업장 이동]
작업자가 가설계단을 올라가며 안전난간을 잡고 있다.

[보기]

- 상부난간대 : (①)
- 난간대 : 지름 (②)
- 발끝막이판 : (③)

정답

① 90 [cm] 이상 ② 2.7 [cm] 이상 ③ 10 [cm] 이상

연관규정 산업안전보건기준에 관한 규칙 제13조(안전난간의 구조 및 설치요건)

2 추락방호망

01

[동영상 화면]과 같은 「산업안전보건법령」상 추락방호망에 대한 설명이다. [보기] 안에 ( )에 알맞은 내용을 적으시오.

[동영상 설명]

[교량 상부 작업 중 추락 사고]
작업자가 교량설치작업 중이다.
교량 위에 작업자가 일어나 옆에 있던 타 작업자에게 공구를 빌리러 간다.
화면은 밑에 있는 그물망을 비추더니, 화면이 흔들린다. (추락하고 있음을 암시한다)

[보기]

- 추락방호망의 설치위치는 가능하면 작업면으로부터 가까운 지점에 설치하여야 하며, 작업면으로부터 망의 설치지점까지의 수직거리는 (①) [m] 를 초과하지 아니할 것
- 추락방호망은 (②)으로 설치하고, 망의 처짐은 짧은 변 길이의 (③) [%] 이상이 되도록 할 것
- 건축물 등의 바깥쪽으로 설치하는 경우 추락방호망의 내민 길이는 벽면으로부터 3 [m] 이상 되도록 할 것

정답

① 10
② 수평
③ 12

연관규정 산업안전보건기준에 관한 규칙 제42조(추락의 방지)

02 ☆☆

[동영상 화면]과 같은 상황에서 필요한 ① 안전용품 이름과 ② 빈칸을 채우시오.

―[동영상 설명]―

[교량 상부 작업 중 추락 사고]
교량 위에서 작업자가 일어나서 옆 작업자에게 간다. 갑자기 화면은 밑에 있는 그물을 비추더니, 화면이 흔들리며 추락한다.

―[보기]―

- 재해를 막기 위해 필요한 방호구는? ①
- 해당 방호구의 설치 거리 조건? ②

정답

① 재해를 막기 위해 필요한 방호구는? : 추락방호망
② 해당 방호구의 설치 거리 조건? : 작업면으로부터 망의 설치지점까지의 수직거리는 10 [m]를 초과하지 아니할 것

연관규정 산업안전보건기준에 관한 규칙 제42조(추락의 방지), 제42조(추락의 방지)

3 낙하물방지망 ☆☆☆☆☆☆

01

[동영상 화면]과 같은 「산업안전보건법령」상 낙하물방지망을 설치하는 경우에는 사업주의 준수 사항에 대해서 [보기]에 알맞은 것을 적으시오.

―[보기]―

- 높이 (①) [m] 이내마다 설치하고, 내민 길이는 벽면으로부터 (②) [m] 이상으로 할 것
- 수평면과의 각도는 (③)도 이상 (④)도 이하를 유지할 것

정답

① 10 ② 2 ③ 20 ④ 30

연관규정 산업안전보건기준에 관한 규칙 제14조(낙하물에 의한 위험의 방지)

4 토사 등의 붕괴 방지 : 흙막이 지보공, 터널지보공 설치

01 ☑☐☐☐☐

[동영상 화면]과 같은 흙막이 지보공의 ① 설치 목적을 적고「산업안전보건법령」상 사업주가 흙막이 지보공을 설치하였을 때에는 정기적으로 점검하고 이상을 발견하면 ② 즉시 보수하여야 하는 사항을 3가지만 적으시오.

> [동영상 설명]
> [흙막이 지보공 점검]
> 지하 6층 지상 12층 규모의 주상복합공간 시공 현장에서 지하 3층이 흙막이 지보공이 버팀대 상태를 관리감독자가 점검하고 있다.

정답

① 설치목적 : 지반이나 토사 등(토사·암석)의 붕괴 또는 낙하 방지
② 붕괴 등 위험방지를 위한 점검·보수 사항
  • 부재의 손상·변형·부식·변위·탈락의 유무와 상태
  • 버팀대의 긴압의 정도
  • 부재의 접속부·부착부 및 교차부의 상태
  • 침하의 정도

연관규정 산업안전보건기준에 관한 규칙 제347조(붕괴 등의 위험 방지)

02 ☆☆ ☑☐☐☐☐

[동영상 화면]과 같은「산업안전보건기준에 관한 규칙」에 의거한 사업주가 흙막이 지보공을 설치하였을 때에는 정기적으로 다음 각 호의 사항을 점검하고 이상을 발견하면 즉시 보수하여야 하는 사항 3가지를 적으시오.

정답

① 부재의 손상 변형 부식 변위 탈락의 유무와 상태
② 버팀대의 긴압의 정도
③ 부재의 접속부 부착부 및 교차부의 상태
④ 침하의 정도

연관규정 산업안전보건기준에 관한 규칙 제347조(붕괴 등의 위험 방지)

03 ☑☐☐☐☐

[동영상 화면]과 같은 「산업안전보건기준에 관한 규칙」에 의거한 터널 굴착공사 중에 사용되는 지보공 점검 사항 3가지를 적으시오.

> **정답**

① 부재의 손상·변형·부식·변위 탈락의 유무 및 상태
② 부재의 긴압 정도
③ 부재의 접속부 및 교차부의 상태
④ 기둥침하의 유무 및 상태

연관규정 산업안전보건기준에 관한 규칙 제366조(붕괴 등의 방지)

건설공사 시 안전작업

1 악천후 작업 시 작업 중지

01 ☆☆ ☑☐☐☐☐

[동영상 화면]은 타워크레인의 작업 중지에 관한 내용이다. 「산업안전보건법령」상 기준에 알맞게 빈칸에 숫자를 넣으시오.

─[동영상 설명]─

[타워크레인 사용 강관비계 양중 중 추락 사고]
타워크레인을 이용하여 강관 비계를 운반 도중 신호수(안전모, 안전대 미착용) 머리 위로 지나가며 다소 흔들리며 내리다 철제배관과 부딪히며 재해가 발생한다.

─[보기]─

• 설치·수리·점검 또는 해체작업 중지하여야 하는 순간풍속 (①)m/s
• 운전작업을 중지하여야 하는 순간풍속 (②)m/s

> **정답**

① 10
② 15

연관규정 산업안전보건기준에 관한 규칙 제37조(악천후 및 강풍 시 작업 중지)

2 비계 설치 및 해체작업 시 위험요인과 안전대책

01

[동영상 화면]을 보고 작업 시 ① 위험요인과 각각 해당하는 ② 안전대책을 2가지씩 적으시오.

―[동영상 설명]―

[비계 설치 작업 중 추락 사고]
건설현장 내 작업발판이 미설치된 상태에서 작업자가 비계 설치작업을 하고 있다. 작업자는 안전모를 착용한 상태로 비계에 발을 걸치고 플라이어와 케이블 타이로 낙하물방지망을 비계에 묶던 중 비계가 흔들리며 추락한다.

정답

위험요인[문제점]	안전대책
작업발판 미설치	작업발판 설치
안전대 및 안전대 부착설비 미사용	안전대 및 안전대 부착설비 사용

3 중량물 인양작업

01

[동영상 화면]상 비계 상부에서 로프로 중량물 인양 시 위험요인을 3가지만 적으시오.

―[동영상 설명]―

[비계 위 인양작업]
비계 상부에서 작업자가 1줄 걸이로 철근을 로프를 묶어서 손으로 인양하다가 놓쳐서, 인양물이 비계 아래 작업자에게로 떨어진다.
(비계가 흔들리고 안전난간이 없다)

정답

① 비계의 일부를 견고한 시설물에 고정하거나 않아서 흔들린다.
② 비계의 최상부에서 작업을 하는 경우에는 안전난간을 미설치
③ 안전대 착용 및 체결 미실시
④ 1줄 걸이로 인양
⑤ 중량물을 양중기를 사용하지 않고, 손으로 인양
⑥ 인양물 하부에 작업자 출입 금지 미실시

연관규정 산업안전보건기준에 관한 규칙 제68조(이동식비계), 제20조(출입의 금지 등)

02

[동영상 화면]상 위험요인을 3가지만 적으시오.

---[동영상 설명]---

[크레인 사용 파이프 운반작업]
크레인을 이용하여 2줄 걸이로 파이프 다발을 운반 중인데 유도로프는 없다. 와이어로 양쪽 끝 두바퀴 감아서 샤클로 체결되어 있다. 그런데, 샤클 1개가 반대로 체결되어 있다.
수신호자가 발판도 없는 비계 중간쯤 매달려서 안전대와 안전모 없이 수신호 중이다.
신호자가 손짓을 하면 크레인이 이에 맞춰 운전을 하지만 신호가 잘 이뤄지지 않아 파이프가 철골 H빔에 부딪힌다.
작업자가 손으로 받으려고 하다가 안 돼서, 파이프가 흔들리다가 작업자가 파이프에 맞는다. 해지장치는 보이지 않는다.

정답

① 유도 로프(보조 로프) 미사용
② 인양물 하부에 작업자 출입 금지 미실시
③ 인양 시 신호체계 미흡
④ 훅 해지방치 미사용
⑤ 샤클 체결 방향 잘못됨(그림 참고)

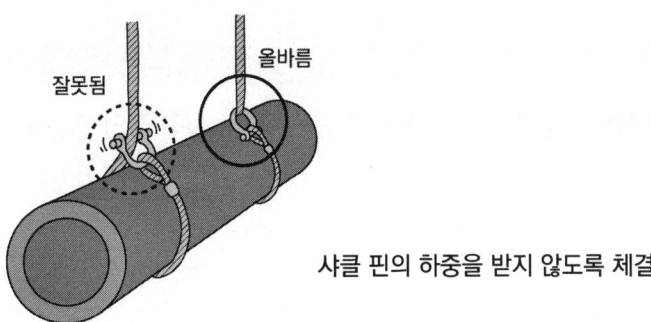

샤클 핀의 하중을 받지 않도록 체결

[연관규정] 운반하역 표준안전 작업지침

4 운반 및 하역 작업

01

콘크리트공사표준안전작업지침상 철근 인력 운반작업 시 주의사항을 2가지만 적으시오.

[동영상 설명]

[철근 운반작업]
작업자가 철근을 어깨에 메고 운반 중이다.
(안전화 미착용, 작업복 상태가 불량하다)

정답

① 1인당 무게는 25 [kg] 정도가 적절하며, 무리한 운반을 삼가하여야 한다.
② 2인 이상이 1조가 되어 어깨메기로 하여 운반하는 등 안전을 도모하여야 한다.
③ 운반할 때에는 양끝을 묶어 운반하여야 한다.
④ 내려놓을 때에는 천천히 내려놓고 던지지 않아야 한다.
⑤ 공동 작업을 할 때에는 신호에 따라 작업을 하여야 한다.

연관규정 콘크리트공사표준안전작업지침 제12조(운반)

02

[동영상 화면]과 같은 「운반하역 표준안전 작업지침」상 크레인으로 하물 인양 시 걸이 작업 관련 준수사항 3가지를 적으시오.

[동영상 설명]

[크레인 사용 화물 인양 중 넘어짐 사고]
크레인에 쇠파이프를 걸고, 작업자가 올라가다 넘어진다.

정답

① 와이어로프 등은 크레인의 후크 중심에 걸어야 한다.
② 인양 물체의 안정을 위하여 2줄 걸이 이상을 사용하여야 한다.
③ 밑에 있는 물체를 걸고자 할 때에는 위의 물체를 제거한 후에 행하여야 한다.
④ 매다는 각도는 60도 이내로 하여야 한다.
⑤ 근로자를 매달린 물체 위에 탑승시키지 않아야 한다.

연관규정 운반하역 표준안전 작업지침 제22조(걸이)

5 양수 작업 시 안전대책

01 ☑☐☐☐☐

[동영상 화면]상 재해를 막기 위한 안전 대책 2가지를 적으시오.

─[동영상 설명]─

[엘리베이터 피트 양수작업]
작업복을 입고 안전모, 안전화를 착용한 작업자 2명이 피트에서 양동이로 더러운 물을 퍼내는 작업을 한다.
작업자 1명이 손으로 양동이로 물 퍼내서 다른 작업자에게 건네주는 작업을 반복하던 중, 물 퍼내는 작업자가 거의 물에 빠지려고 할 때, 다른 작업자가 안빠지게 옷을 잡아 멈춘다.

─[정답]─

위험요인(문제점)	안전대책
개인보호구 미착용으로 인한 추락 위험	안전대를 착용하고 구명줄에 체결
적합한 작업방법 및 절차 미준수로 인한 추락 위험	양동이에 달줄을 연결해서 작업
인력(사람의 힘)에 의한 운반으로 인한 추락 위험	인력이 아닌 기계(동력, 양수기 등)운반을 이용

6 지붕공사 : 지붕 설치작업

01 ☆☆☆☆☆ ☑☐☐☐☐

[동영상 화면]을 보고 위험요인과 재해예방을 위한 안전대책을 4가지 적으시오.

─[동영상 설명]─

[경사지붕 설치 작업]
박공지붕(경사지붕) 위에서 작업자들이 휴식 중이다. 휴식 중인 작업자 뒤에 놓여 있던 적재물이 굴러와 작업자 등에 부딪혀 작업자가 추락한다.
(재해를 입은 작업자는 안전모와 안전화를 착용하지 않았고, 안전난간과 추락방호망은 설치되어 있지 않았다)

[공장 지붕 설치 작업]
공장 지붕 패널 설치 작업 중 발이 빠져 추락

정답

위험요인(문제점)	안전대책
안전난간 등 추락방호조치 미실시로 인한 추락	안전난간대 설치 또는 추락방호망 설치
작업장소 내 휴식 금지로 인한 물체에 맞음	낙하물 위험구간 출입 통제 또는 재해 위험구간 내 휴식 금지
보호구 미착용으로 인한 추락 및 물체에 맞음	안전대 착용 및 안전대 부착설비 결속
적재물 낙하 방지 조치 미실시로 인한 물체에 맞음	적재물 구름멈춤대, 쐐기 등 이용

연관규정 산업안전보건기준에 관한 규칙 제45조(지붕 위에서의 위험 방지), 제386조(경사면에서의 중량물 취급)

7 타워크레인 사용 중량물(하물) 인양작업 시 안전대책 ☆☆

01 ☆☆

[동영상 화면]과 같은 「산업안전보건기준에 관한 규칙」에 따른 타워크레인을 사용하여 작업을 하는 경우 사업주가 관계 근로자에게 준수하도록 해야 할 안전수칙 3가지를 적으시오.

[동영상 설명]

[타워크레인 사용 인양작업]
작업자가 타워크레인에 2줄 걸이 슬링벨트로 인양물(커다란 통)을 걸어 아파트 건물 위로 들어올린다. 작업자가 보고서를 점검한다.

정답

1. 인양할 하물(荷物)을 바닥에서 끌어당기거나 밀어내는 작업을 하지 아니할 것
2. 유류드럼이나 가스통 등 운반 도중에 떨어져 폭발하거나 누출될 가능성이 있는 위험물 용기는 보관함(또는 보관고)에 담아 안전하게 매달아 운반할 것
3. 고정된 물체를 직접 분리·제거하는 작업을 하지 아니할 것
4. 미리 근로자의 출입을 통제하여 인양 중인 하물이 작업자의 머리 위로 통과하지 않도록 할 것
5. 인양할 하물이 보이지 아니하는 경우에는 어떠한 동작도 하지 아니할 것(신호하는 사람에 의하여 작업을 하는 경우는 제외한다)

연관규정 산업안전보건기준에 관한 규칙 제146조(크레인 작업 시의 조치)

8 해체공사 : 해체작업용 기계·기구 활용 해체작업

01 ☑☐☐☐☐

[동영상 화면]을 보고 해당 작업 시 준수사항을 3가지 적으시오.

> [동영상 설명]
> [건물 해체작업]
> 압쇄기로 건물 해체작업을 진행하는 중이다. 신호수가 압쇄기 근처로 다가가 장비 기사에게 신호를 보내던 중 해체한 물체에 맞는다.

정답

[해체작업 시 안전일반사항]
① 작업구역 내 관계자 이외의 자에 대한 출입 통제
② 강풍, 폭우, 폭설 등 악천후 시 작업 중지
③ 사용기계기구 등을 인양하거나 내릴 때에는 그물망이나 그물포대 등을 사용
④ 외벽과 기둥 등을 전도시키는 작업을 할 경우, 전도 낙하위치 검토 및 파편 비산거리 등을 예측하여 작업반경 설정
⑤ 전도작업을 수행할 때에는 작업자 이외의 다른 작업자는 대피시키도록 하고 완전 대피상태를 확인한 다음 전도시키도록 하여야 한다.
⑥ 해체건물 외곽에 방호용 비계를 설치하여야 하며 해체물의 전도, 낙하, 비산의 안전거리 유지
⑦ 파쇄공법의 특성에 따라 방진벽, 비산차단벽, 분진억제 살수시설 설치
⑧ 작업자 상호간의 적정한 신호규정을 준수하고 신호방식 및 신호기기사용법은 사전교육에 의해 숙지
⑨ 적정한 위치에 대피소 설치

[압쇄기 해체작업 시]
① 압쇄기의 중량, 작업충격을 사전에 고려하고, 차체 지지력을 초과하는 중량의 압쇄기부착을 금지
② 압쇄기 부착과 해체에는 경험이 많은 사람으로서 선임된 자에 한하여 실시
③ 압쇄기 연결구조부는 보수점검을 수시로 진행
④ 배관 접속부의 핀, 볼트 등 연결구조의 안전 여부 점검
⑤ 절단날은 마모가 심하기 때문에 적절히 교환하여야 하며 교환대체품목을 항상 비치

연관규정 해체공사표준안전작업지침 제3조(압쇄기), 제16조(안전일반)

02

[동영상 화면]은 해체작업을 보여주고 있다. [보기]의 물음에 답하시오.

―[동영상 설명]―

[건물 해체작업]
압쇄기를 활용하여 건물 벽체를 해체하고 있다.

―[보기]―

1) [동영상 화면]에서 보여주고 있는 해체장비 명칭을 적으시오.
2) [동영상 화면]에서 보여주고 있는 해체작업을 할 때 재해예방 대책을 2가지 적으시오.

정답

1) 압쇄기(Crusher)
2) 압쇄기 해체작업 시 안전수칙
   ① 압쇄기의 중량, 작업충격을 사전에 고려하고, 차체 지지력을 초과하는 중량의 압쇄기부착을 금지
   ② 압쇄기 부착과 해체에는 경험이 많은 사람으로서 선임된 자에 한하여 실시
   ③ 압쇄기 연결구조부는 보수점검을 수시로 진행
   ④ 배관 접속부의 핀, 볼트 등 연결구조의 안전 여부 점검
   ⑤ 절단날은 마모가 심하기 때문에 적절히 교환하여야 하며 교환대체품목을 항상 비치

연관규정 해체공사표준안전작업지침 제3조(압쇄기)

9 터널작업

01 ☆☆

[동영상 화면]상 터널작업 시 근로자 입장에서 위험요인을 2가지만 적으시오.

[동영상 설명]

[터널공사 – 굴착토 운반작업]
터널 내부 굴착 중, 컨베이어 벨트를 통해 굴착된 토사를 운반하는 중이다.
TBM 머신 안으로 작업자 2 ~ 3명이 드나들고 주변에 방진마스크를 착용하지 않은 작업자가 5 ~ 6명 정도 서 있다.
(토사가 컨베이어에 떨어지며 분진이 발생되고 있으며 작업자들은 방진마스크를 미착용한 상태이다. 컨베이어에 덮개 또는 울이 미설치되어 있다)

* TBM(Tunnel Boring Machine) : 터널 굴착기를 사용, 땅 속에서 수평으로 회전시키면서 암반을 압력으로 파쇄시키는 시공방식
* NATM(New Austrian Tunnelling Method) : 오스트리아에서 개발, 주변 지반의 응력을 터널의 주요 지지체로 활용하며, 지반 자체를 주요 지보재로 사용하는 것

정답

① 분진 발생으로 인한 근로자 호흡기 질환 위험
② 컨베이어에 덮개 또는 울 미설치로 인한 화물 낙하 위험

안전상 조치	보건상 조치

• 발파 등으로 인한 가스농도 증가로 인한 화재·폭발 예방대책
  1) 인화성 가스의 농도 측정 및 담당자 지정
• 낙반 예방조치 : 터널지보공 및 록 볼트의 설치, 부석 제거
• 컨베이어 이송 구간으로 방호대책
  1) 덮개, 울 등 설치
	• 분진 등에 대한 호흡기 관리대책
	  1) 집진장치 사용
	  2) 살수 조치
	  3) 방진마스크 착용 등
	• 발파 등 산소농도 저하로 인한 질식예방 대책
	  1) 전체환기시설 설치(배풍기 등)

연관규정 산업안전보건기준에 관한 규칙 제2관 발파작업의 위험방지, 제3관 터널작업 등

02

[동영상 화면]상 터널 등의 건설작업에 있어서 낙반 등에 의하여 근로자에게 위험을 미칠 우려가 있을 때 위험을 방지하기 위하여 필요한 조치를 2가지 적으시오.

[동영상 설명]

[터널공사 중 장약작업]
터널 막장 구간 내 작업자가 발파 작업을 위해 화약을 천공구멍에 충진하고 있다.

정답

① 부석의 제거
② 터널 지보공 및 록볼트(Rock Bolt)의 설치

연관규정 산업안전보건기준에 관한 규칙 제351조(낙반 등에 의한 위험의 방지)

03

[동영상 화면]상 터널 굴착을 위한 장약작업 시 준수사항을 3가지 적으시오.

[동영상 설명]

[터널공사 중 장약작업]
터널 막장 구간 내 작업자가 발파 작업을 위해 화약을 천공구멍에 충진하고 있다.

정답

1. 얼어붙은 다이나마이트는 화기에 접근시키거나 그 밖의 고열물에 직접 접촉시키는 등 위험한 방법으로 융해되지 않도록 할 것
2. 화약이나 폭약을 장전하는 경우에는 그 부근에서 화기를 사용하거나 흡연을 하지 않도록 할 것
3. 장전구(裝塡具)는 마찰·충격·정전기 등에 의한 폭발의 위험이 없는 안전한 것을 사용할 것
4. 발파공의 충진재료는 점토·모래 등 발화성 또는 인화성의 위험이 없는 재료를 사용할 것
5. 점화 후 장전된 화약류가 폭발하지 아니한 경우 또는 장전된 화약류의 폭발 여부를 확인하기 곤란한 경우에는 다음의 사항을 따를 것
   가. 전기뇌관에 의한 경우에는 발파모선을 점화기에서 떼어 그 끝을 단락시켜 놓는 등 재점화되지 않도록 조치하고 그 때부터 5분 이상 경과한 후가 아니면 화약류의 장전장소에 접근시키지 않도록 할 것
   나. 전기뇌관 외의 것에 의한 경우에는 점화한 때부터 15분 이상 경과한 후가 아니면 화약류의 장전장소에 접근시키지 않도록 할 것

6. 전기뇌관에 의한 발파의 경우 점화하기 전에 화약류를 장전한 장소로부터 30미터 이상 떨어진 안전한 장소에서 전선에 대하여 저항측정 및 도통(導通)시험을 할 것

연관규정 산업안전보건기준에 관한 규칙 제348조(발파의 작업기준)

04 ☑☐☐☐☐

[동영상 화면]상 화약장전 시 불안전한 행동을 1가지 적으시오

―[동영상 설명]―

[터널공사 중 장약작업]
터널공사장에서 작업자가 장전구 안으로 화약을 집어넣고 있다. 작업자는 젖은 장갑을 착용하고 강봉(길고 얇은 철물)을 이용해서 화약을 장전구 안으로 밀어 넣고 있다.
3 ~ 4개 정도 밀어 넣고, 접속한 전선을 꼬아서 발파를 위한 모선에 연결한다. 화약주임과 발파기와 터널 전경을 보여준다.

정답

강봉을 장전구(裝填具)로 사용

05 ☑☐☐☐☐

[동영상 화면]상 발파에 의한 터널 굴착공사 중에 사용되는 계측 방법의 종류 3가지를 적으시오.

―[동영상 설명]―

[터널공사 중 계측관리]
발파 및 굴착작업 중 관리감독자가 계측관리 상태를 확인하고 있다.

정답

① 내공 변위 측정(Convergence Measurement)
② 천단 침하 측정(Crown Settle Measurement)
③ 지중, 지표침하 측정(Underground Displacement)
④ 록볼트 축력 측정(Rock Bolt Displacement)
⑤ 숏크리트 응력 측정(Shot Crete Stress Displacement)

연관규정 터널공사 표준안전 작업지침-NATM공법 제3장 발파 및 굴착 제6조(일반사항)

10 화재위험작업 : 용접 및 용단작업 ☆☆

01

[동영상 화면]상 용접작업 시 위험 요인 3가지를 적으시오.

---[동영상 설명]---

[용접 및 용단작업]
일반 운동화를 착용한 작업자가 혼자 작업장에서 용접용 보안면, 용접용 가죽장갑, 용접용 앞치마를 착용한 상태에서 모재를 집게로 물려놓고 피복아크 용접(전기용접, 수동용접)을 하고 있다. 빨간색과 주황색 드럼통이 작업자 뒤에 보인다. 작업장 바닥은 정리정돈이 안되어 있다.
한 손으로 용접기, 다른 손으로 작업봉을 잡은 채 용접한다.
정리정돈이 안된 작업대 위로 모재에서 발생하는 불티가 산개되고 있다.

정답

위험요인(문제점)	안전대책
작업 준비 및 작업 절차 수립 미확인	작업자 복장 확인 및 작업절차 확인 및 실시
화기작업에 따른 인근 가연성물질에 대한 방호조치 및 소화기구 미실시로 인한 화재 위험	가연성 물질 방호조치 및 소화기 비치 실시
용접불티 비산방지덮개 또는 용접방화포 등 불꽃·불티 등의 비산을 방지하기 위한 조치 미확인으로 인한 화재 위험	불꽃·불티 비산방지조치를 위한 조치 확인 및 실시
인화성 액체의 증기 또는 인화성 가스가 남아 있지 않도록 하는 환기 조치 여부 미실시로 인한 화재 위험	작업 후 환기 상태 확인

연관규정 산업안전보건기준에 관한 규칙 제236조(화재 위험이 있는 작업의 장소 등)

건설기계 및 운반장비

1 항타기 및 항발기

01 ☑☐☐☐☐

「산업안전보건법령」상 동력을 사용하는 항타기 또는 항발기에 대하여 무너짐을 방지하기 위한 사업주의 준수 사항 관련해서 ( ) 안을 알맞은 것을 1가지만 쓰시오.

[동영상 설명]

[기초공사를 위한 콘크리트 파일 양중작업]
기초공사에 필요한 콘크리트 파일을 박기 위해 항타기·항발기로 천공을 하고 있다. 보조 크레인은 콘크리트 파일을 양중하여 세우는 중이다. 항타기 인근 고압전선로(활선)에 접촉되어 스파크가 발생한다.

[보기]

1. 연약한 지반에 설치하는 경우에는 (①) 등 지지구조물의 침하를 방지하기 위하여 깔판 혹은 받침목 등을 사용할 것
2. 궤도 또는 차로 이동하는 항타기 또는 항발기에 대해서는 불시에 이동하는 것을 방지하기 위하여 (②) 등으로 고정시킬 것

정답

① 아웃트리거 혹은 받침
② 레일 클램프(Rail Clamp) 혹은 쐐기

연관규정 산업안전보건기준에 관한 규칙 제209조(무너짐의 방지)

02 ☆☆

「산업안전보건법령」상 [동영상 화면]에 보이는 건설기계를 조립하거나 해체하는 경우 사업주가 점검해야 할 사항 3가지를 적으시오.

[동영상 설명]

[기초공사를 위한 콘크리트 파일 양중 작업]
기초공사에 필요한 콘크리트 파일을 박기 위해 항타기·항발기로 천공을 하고 있다. 보조 크레인은 콘크리트 파일을 양중하여 세우는 중이다. 항타기 인근 고압전선로(활선)에 접촉되어 스파크가 발생한다.

정답

① 본체 연결부의 풀림 또는 손상의 유무
② 권상용 와이어로프·드럼 및 도르래의 부착상태의 이상 유무
③ 권상장치의 브레이크 및 쐐기장치 기능의 이상 유무
④ 권상기의 설치상태의 이상 유무
⑤ 리더(Leader)의 버팀방법 및 고정상태의 이상 유무
⑥ 본체·부속장치 및 부속품의 강도가 적합한지 여부
⑦ 본체·부속장치 및 부속품에 심한 손상·마모·변형 또는 부식이 있는지 여부

연관규정 산업안전보건기준에 관한 규칙 제207조(조립 시 점검) 제2항

03 ☆☆☆

[동영상 화면]과 같은 「산업안전보건법령」상 콘크리트 파일 권상용 항타기 관련해서 다음 빈칸을 채우시오.

[보기]

1. 항타기 권상장치의 드럼축과 권상장치로부터 첫 번째 도르래의 축과의 거리를 권상장치의 드럼 폭의 (①)배 이상으로 해야 한다.
2. 도르래는 권상장치의 드럼의 (②)을 지나야 하며 축과 (③)상에 있어야 한다.

정답

① 15 ② 중심 ③ 수직면

연관규정 산업안전보건기준에 관한 규칙 제216조(도르래의 부착 등)

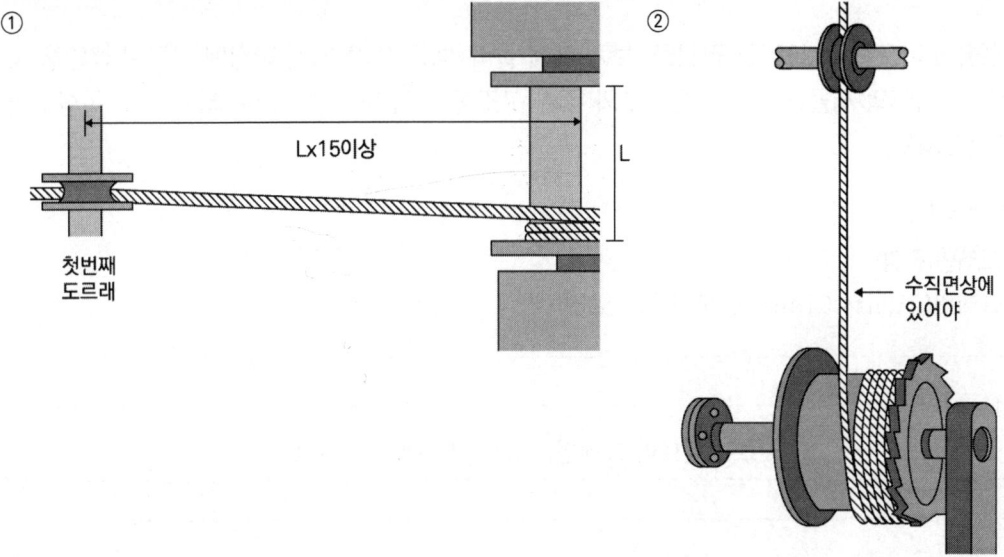

2 크레인 및 이동식 크레인

01 ☑☐☐☐☐

[동영상 화면]과 같은 「산업안전보건법령」상 이동식 크레인의 방호장치를 [보기]의 ( ) 안에 알맞게 적으시오.

---[보기]---
- 권과를 방지하기 위하여 인양용 와이어로프가 일정한계 이상 감기게 되면 자동적으로 동력을 차단하고 작동을 정지시키는 장치 : (①)
- 훅에서 와이어로프가 이탈하는 것을 방지하는 장치 : (②)
- 전도 사고를 방지하기 위하여 장비의 측면에 부착하여 전도 모멘트에 대하여 효과적으로 지탱할 수 있도록 한 장치 : (③)

정답

① 권과방지장치   ② 해지장치   ③ 아웃트리거(전도방지용 고정지지대)

연관규정 산업안전보건기준에 관한 규칙 제9절 양중기 제1관 총칙 제134조(방호장치의 조정)

02

[동영상 화면]에 나오는 ① 크레인 명칭을 [보기]에서 골라 적고, ② 작업장 바닥에 고정된 레일을 따라 주행하는 크레인의 새들(Saddle) 돌출부와 주변 구조물 사이의 안전공간은 최소 얼마 이상이어야 하는지 적으시오.

[동영상 설명]

[겐트리 크레인 전경]
겐트리 크레인(Gantry Crane)을 보여주고 있다.

[보기]

호이스트, 겐트리 크레인, 지브, 서스펜션 크레인

정답

① 명칭 : 겐트리 크레인(Gantry Crane)
② 안전공간 간격 : 40 [cm] 이상

연관규정 산업안전보건기준에 관한 규칙 제139조(크레인의 수리 등의 작업)

03

[동영상 화면]상 사고요인 2가지를 적으시오.

[동영상 설명]

[천정크레인 변압기 인양 중 낙하 사고]
천장 크레인 조종자와 유도자가 변압기를 2줄 걸이로 인양작업 중 이다. 훅 부분에 해지장치는 존재하였지만 해지장치 안쪽으로 와이어로프는 체결하지 않은 상태이다.
유도로프를 사용하지 않아서 중간에 흔들거려 유도자가 손으로 인양물을 붙잡고 있다. 물건을 내리던 도중 크레인 훅에서 와이어로프가 이탈하면서 변압기가 유도자의 발에 떨어진다.

정답

① 해지장치를 사용하지 않음
② 작업반경 내 낙하 위험장소에서 조정장치를 조작
③ 유도로프(보조로프) 미사용

연관규정 운반하역 표준안전 작업지침

04

[동영상 화면]과 같은 장비에 관한 사항이다. [보기]의 물음에 답하시오.

[동영상 설명]

[천정크레인 이용 양중 작업]
작업자가 트럭 위에서 수송해 온 철판을 하역하는 작업 중이다. 작업자가 철판집게(ㄷ자 모양) 틈에 철판을 끼다가 빠지면서 철판이 낙하하여 트럭 위 작업자가 깔린다.
(옆에는 스위치를 조작하는 작업자가 있으며 유도로프와 해지장치는 없다)

[보기]

1. 산업안전보건기준에 관한 규칙에 따라서, 양중기의 방호장치를 2가지 적으시오.
2. 빈칸 안에 적절한 수치를 적어 넣으시오.
    안전검사주기에서 사업장에 설치가 끝난 날부터 (①)년 이내에 최초 안전검사를 실시하되, 그 이후부터 매(②)년[건설현장에서 사용하는 것은 최초로 설치한 날로부터 6개월]마다 안전검사를 실시한다

정답

1. 양중기의 방호장치의 종류
    ① 과부하방지장치
    ② 권과방지장치(捲過防止裝置)
    ③ 비상정지장치
    ④ 제동장치
2. 건설현장 안전검사 주기
    ① 3
    ② 2

연관규정 산업안전보건기준에 관한 규칙 제134조(방호장치의 조정), 산업안전보건법 시행규칙 제126조(안전검사의 주기와 합격표시 및 표시방법)

05 ☆☆

[동영상 화면]상 양중기 운전자가 준수해야 할 사항 3가지 적으시오.

> **[동영상 설명]**
>
> **[이동식 크레인 화물 인양작업]**
> 작업자가 이동식 크레인에 수신호를 하면서 기둥 위 강관 파이프를 들어올리는 양중작업을 하고 있다. 인양물이 작업자 머리 위를 지나다가 철근 구조물에 부딪히고 흔들린다.

정답

① 일정한 신호방법을 정하고 신호수의 신호에 따라 작업
② 인양물을 매단 채 운전석을 이탈 금지
③ 작업 종료 후 크레인에 동력을 차단 및 정지 조치를 확실히 실시

연관규정 산업안전보건기준에 관한 규칙
제40조(신호), 제41조(운전위치의 이탈금지), 제146조(크레인 작업 시의 조치), 운반하역 표준안전 작업지침

06 ☆☆

[동영상 화면]상 이동식 크레인 작업 시 재해발생 원인을 3가지 적으시오.

> **[동영상 설명]**
>
> **[이동식 크레인 사용 비계 인양작업]**
> 작업자가 비계 인양을 위해 달기구(슬링벨트 또는 와이어로프)로 결속을 하려 할 때, 달기구의 상태가 손상된 것으로 확인된다.
> (신호수 간 신호가 소통되지 않고 있으며 유도로프 없이 인양물이 흔들리고 있다. 인양물이 건축 중인 철골부에 부딪쳐 작업자 위로 인양물이 낙하한다.)

정답

① 상부 작업 시 하부 출입 금지 미실시
② 손상된 달기구(와이어로프 또는 섬유로프 등) 사용
③ 2줄 걸이 미 실시
④ 유도 로프(보조 로프) 미사용

연관규정 산업안전보건기준에 관한 규칙 제169조(꼬임이 끊어진 섬유로프 등의 사용금지)

3 리프트

01 ☆☆☆

[동영상 화면]을 보고 건설용 리프트의 각 부분별 방호장치의 명칭을 적으시오.

[동영상 설명]

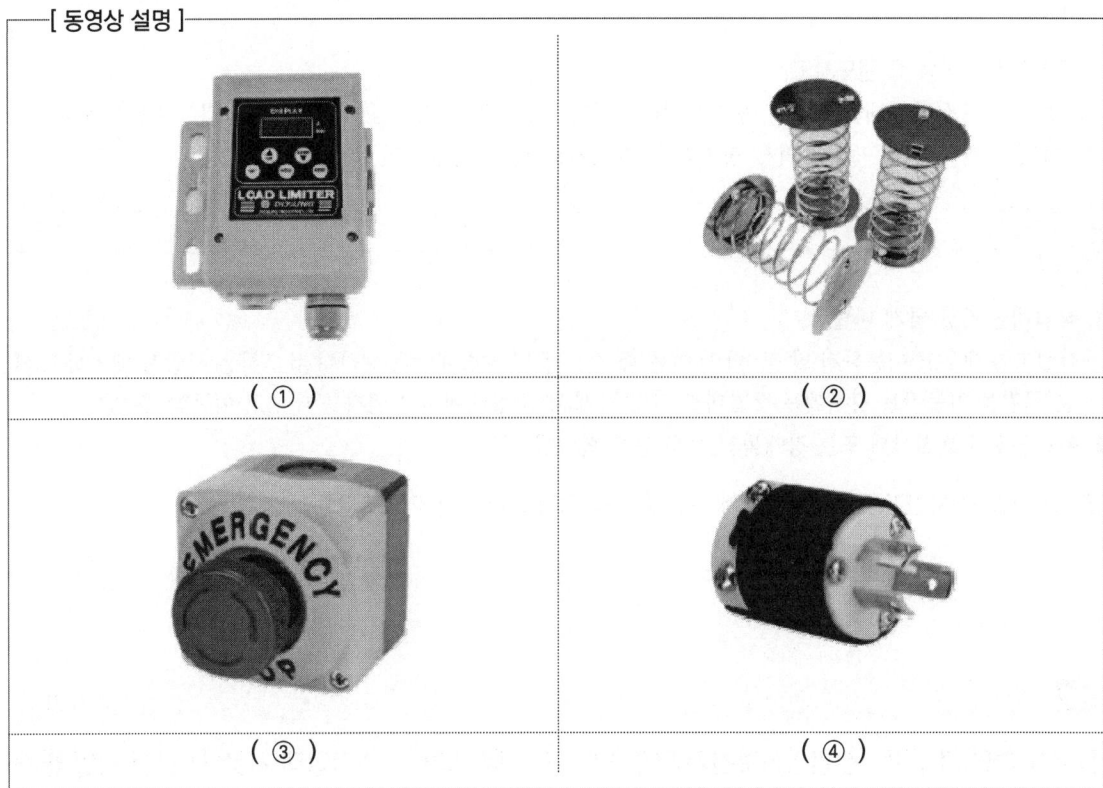

(①)   (②)
(③)   (④)

정답

① 과부하방지장치
② 완충 스프링
③ 비상정지장치
④ 3상 전원차단장치

짚고가기

⑤ 출입문 연동장치
⑥ 방호울 출입문 연동장치

연관규정 안전검사 고시 제4장 리프트, 산업안전보건기준에 관한 규칙 제134조(방호장치의 조정)

4 고소작업대

01 ☆☆

[동영상 화면]과 같은 「산업안전보건법령」상 고소작업대 이동 시 준수사항 3가지만 적으시오.

[동영상 설명]
[고소작업대 이동 중 전도사고]
작업자가 고소작업대의 최상층에 탑승한 채, 작업대를 위로 올리고 이동하고 있다. 고소작업대가 바닥에 널려있는 철근에 걸려서 정지되고 작업자와 함께 지면으로 넘어진다.

[정답]

① 작업대를 가장 낮게 내릴 것
② 작업자를 태우고 이동하지 말 것. 다만 이동 중 전도 등의 위험예방을 위하여 유도하는 사람을 배치하고 짧은 구간을 이동하는 경우에는 작업대를 가장 낮게 내린 상태에서 작업자를 태우고 이동할 수 있다
③ 이동통로의 요철상태 또는 장애물의 유무 등을 확인할 것

연관규정 산업안전보건기준에 관한 규칙 제186조(고소작업대 설치 등의 조치) 제3항

02

[동영상 화면]과 같은 「산업안전보건기준에 관한 규칙」에 의거, 고소작업대 사용 시 안전 작업 준수사항 3가지를 적으시오.

[동영상 설명]
[시저형 고소작업대 사용 용단작업]
고소작업대를 완전히 내린 상태에서 작업자를 태우고 다리 밑으로 이동하고 있다.
이후 작업자가 고소작업대를 상승시켜 용단작업을 진행 중이다.

[정답]

1. 작업자가 안전모·안전대 등의 보호구를 착용하도록 할 것
2. 관계자가 아닌 사람이 작업구역에 들어오는 것을 방지하기 위하여 필요한 조치를 할 것
3. 안전한 작업을 위하여 적정수준의 조도를 유지할 것
4. 전로(電路)에 근접하여 작업을 하는 경우에는 작업감시자를 배치하는 등 감전 사고를 방지하기 위하여 필요한 조치를 할 것
5. 작업대를 정기적으로 점검하고 붐·작업대 등 각 부위의 이상 유무를 확인할 것

6. 전환스위치는 다른 물체를 이용하여 고정하지 말 것
7. 작업대는 정격하중을 초과하여 물건을 싣거나 탑승하지 말 것
8. 작업대의 붐대를 상승시킨 상태에서 탑승자는 작업대를 벗어나지 말 것. 다만 작업대에 안전대 부착설비를 설치하고 안전대를 연결하였을 때에는 그러하지 아니하다.

연관규정 산업안전보건기준에 관한 규칙 제186조(고소작업대 설치 등의 조치) 제4항

5 지게차

01

[동영상 화면]을 보고 해당 장비의 ① 명칭과 ② 방호장치를 4가지 적으시오.

[동영상 설명]
[지게차 사용 화물 하역 및 운반작업]
지게차 기사가 포크에 화물을 적재하여 운반 중이다.

정답

① 명칭 : 지게차
② 방호장치
   1) 헤드 가드
   2) 백레스트(Backrest)
   3) 전조등
   4) 후미등
   5) 안전벨트

연관규정 위험기계·기구 방호조치 기준 제18조(방호장치)

02

[동영상 화면]과 같은 지게차에 관한 사항을 [보기]를 보고 답하시오.

[동영상 설명]
[지게차 사용 화물 하역 및 운반작업]
지게차로 높은 곳에 적재된 화물을 아래로 적재하고 있다.

[보기]
1. 지게차 마스트를 뒤로 기울일 경우 마스트 후방으로 물건이 떨어지는 것을 막아주는 짐받이틀의 이름을 쓰시오.
2. 지게차 헤드가드(Head Guard)가 갖춰야하는 조건을 1가지만 쓰시오.

정답

① 백레스트(Backrest)
② 헤드가드가 갖춰야하는 조건
  1. 강도는 지게차의 최대하중의 2배 값(4톤을 넘는 값에 대해서는 4톤)의 등분포정하중(等分布靜荷重)에 견딜 수 있을 것
  2. 상부틀의 각 개구의 폭 또는 길이가 16 [cm] 미만일 것
  3. 운전자가 앉거나 서서 조작하는 지게차 헤드가드는 한국산업표준에서 정하는 높이 기준 이상일 것

연관규정 산업안전보건기준에 관한 규칙 제180조(헤드가드)

03 ☆☆

[동영상 화면]상 위험요인을 3가지 적으시오.

[동영상 설명]

[지게차 사용 전구 교체 작업 중 떨어짐 사고]
작업자가 지게차 포크 위에 올라 전구가 켜진 상태에서 전구를 교체하고 있다. 교체 후 포크를 지면으로 다 내리지 않은 상태에서 지게차 운전자가 하역장치에 제동을 걸고 이 반동에 의해 작업자가 지면으로 떨어진다.
(안전모 등 보호구는 착용하지 않은 상태이다)

정답

위험요인(문제점)	안전대책
지게차를 주용도 외 사용으로 인한 근로자 추락	주용도 외 사용 금지
전구 교체 작업 시 전원 미차단 후 작업 실시로 인한 근로자 감전	감전 위험작업 시 전원 차단 실시
안전모 등 개인보호구 미착용으로 인한 근로자 추락	개인보호구 착용

연관규정 산업안전보건기준에 관한 규칙 제175조(주용도 외의 사용 제한) 등

04 ☆☆☆☆☆☆☆

[동영상 화면]상 지게차 재해발생 원인을 3가지 적으시오.

[동영상 설명]

[지게차 화물 낙하 사고]
지게차의 포크로 LG김치냉장고 박스들을 2열로 높이 쌓아올렸는데, 높이도 안 맞고 고정되어 있지도 않으며, 운전자의 시야를 가리고 있다.
다른 작업자가 수레로 공구 등을 내려 놓고 정리한 뒤 뒤돌아서 나오는 순간 지게차와 부딪힌다.
(박스가 흔들리고 화면도 같이 흔들린다)

[천장크레인 인양작업]
실내 작업장에서 작업자가 천장크레인 호이스트로 인양물(원통형 철구조물)을 양중하며 뒷걸음으로 이동하고 있다. 인양물이 흔들린다.
잠시 후 후진하는 지게차에 작업자가 부딪힌다.
작업장에 지게차 유도자는 없으며, 노란색으로 표시된 보행자/차량 통로 경계선을 지게차가 침범한 상황

정답

위험요인(문제점)	안전대책
지게차 충돌 우려 장소에 타 작업자가 출입	관계근로자 외 출입금지
작업지휘자 또는 유도자가 미배치	작업지휘자 또는 유도자 배치
과적으로 인한 운전자 시야 미확보	과적 금지 및 시야 확보
근로자 충돌 위험 장소 내 후방 확인 조치 미실시	후방 확인을 위한 후진경보기 경광등 설치

[연관규정] 산업안전보건기준에 관한 규칙 제172조(접촉의 방지), 제173조(화물적재 시의 조치), 제179조(전조등 등의 설치)

05 ☆☆

[동영상 화면]과 같은 지게차에 대한 지게차의 안정도 기준이다. [보기]의 ( ) 안에 알맞게 내용을 적으시오.

[동영상 설명]

[지게차 하역 및 운반작업]
지게차 기사가 상차를 위해 포크를 올리고 적재상태를 확인하고 있다.

[보기]

- 지게차는 다음 각 호에 해당하는 지면에서 중심선이 지면이 기울어진 방향과 평행할 경우 앞이나 뒤로 넘어지지 아니하여야 한다.
  - 지게차의 최대하중상태에서 포크를 가장 높이 올린 경우 기울기가 (①), 지게차의 최대하중이 5톤 이상인 경우에는 (②)인 지면
  - 지게차의 기준부하상태에서 주행할 경우 기울기가 (③)인 지면
- 지게차는 다음 각 호에 해당하는 지면에서 중심선이 지면이 기울어진 방향과 직각으로 교차할 경우 옆으로 넘어지지 아니하여야 한다.
  - 지게차의 최대하중상태에서 포크를 가장 높이 올리고 마스트를 가장 뒤로 기울인 경우 기울기가 (④)인 지면
  - 지게차의 기준무부하상태에서 주행할 경우 구배가 지게차의 최고주행속도에 1.1을 곱한 후 15를 더한 값인 지면. 다만 규격이 5,000 [kg] 미만인 경우에는 최대 기울기가 50 [%], 5000 [kg] 이상인 경우에는 최대 기울기가 40 [%]인 지면을 말한다.

정답

① 4 [%]
② 3.5 [%]
③ 18 [%]
④ 6 [%]

연관규정 건설기계 안전기준에 관한 규칙 제4절 지게차

06

[동영상 화면]과 같은 지게차가 5 [km]의 속도로 주행 시 좌우 안정도를 적으시오.

[동영상 설명]

[지게차 하역 및 운반작업]
지게차 기사가 상차를 위해 포크를 올리고 적재상태를 확인하고 있다.

정답

계산식 : (15 + 1.1 V) [%] 이내 40 [%]
답 : (15 + 1.1 × 5) = 20.5 [%]

연관규정 건설기계 안전기준에 관한 규칙 제4절 지게차

안정도	지게차의 상태	
하역작업 시 전후 안전도 : 4 [%] (5 [t] 이상 : 3.5 [%])		(위에서 본 경우)
주행 시 전후 안정도 : 18 [%]		
하역작업 시 좌우안정도 : 6 [%]		
주행 시 좌우안정도 (15 + 1.1 V) [%] (V = 최고속도 km/h)		(위에서 본 경우)

전도구배

안정도 $= \dfrac{h}{l} \times 100 [\%]$

6 차량계 하역운반기계

01

[동영상 화면]과 같은 상황에 설치해야 하는 안전장치를 2가지 적으시오.

[동영상 설명]

[자동차정비용 리프트 사용 정비 중 깔림 사고]
자동차 하부에서 정비 작업을 하다가 보안경을 쓰지 않아 얼굴쪽으로 이물질이 튀어 팔로 닦는다. 그러다가 리프트를 건드리며, 작업자가 깔리는 재해가 발생한다.

[정답]

- 안전지지대
- 안전블럭

연관규정 산업안전보건기준에 관한 규칙 제176조(수리 등의 작업 시 조치)

02 ☆☆☆☆☆

차량계 하역운반기계 등의 수리 또는 부속장치의 장착 및 해체작업을 하는 때에 작업시작 전 조치사항 2가지 적으시오.

[동영상 설명]

[덤프트럭 수리 작업 중 끼임 사고]
덤프트럭 기사가 운전석에서 내려 덤프트럭 적재함을 올리고 실린더 유압장치 밸브를 수리하던 중 적재함 사이에 낀다.

[정답]

① 작업순서를 결정하고 작업을 지휘
② 안전지지대 또는 안전블록 등의 사용 상황 등을 점검

연관규정 산업안전보건기준에 관한 규칙 제176조(수리 등의 작업 시 조치)

전기안전관리

정전 작업

01 ☆☆

[동영상 화면]과 같은 「산업안전보건법령」상 정전전로에서 작업을 마친 후 전원을 공급하는 경우에는 작업에 종사하는 근로자 또는 그 인근에서 작업하거나 정전된 전기기기 등(고정설치된 것으로 한정)과 접촉할 우려가 있는 근로자에게 감전의 위험이 없도록 준수하여야 하는 사항 3가지만 적으시오.

정답

① 작업기구, 단락 접지기구 등을 제거하고 전기기기등이 안전하게 통전될 수 있는지를 확인할 것
② 모든 작업자가 작업이 완료된 전기기기등에서 떨어져 있는지를 확인할 것
③ 잠금장치와 꼬리표는 설치한 근로자가 직접 철거할 것
④ 모든 이상 유무를 확인한 후 전기기기등의 전원을 투입할 것

연관규정 산업안전보건기준에 관한 규칙 제319조(정전전로에서의 전기작업)

02 ☆☆

「산업안전보건법령」상 사업주는 근로자가 노출된 충전부 또는 그 부근에서 작업함으로써 감전될 우려가 있는 경우에는 작업에 들어가기 전에 해당 전로를 차단하여야 한다. 그러나 전로를 차단하지 않아도 되는 경우 3가지를 적으시오.

정답

① 생명유지장치, 비상경보설비, 폭발위험장소의 환기설비, 비상조명설비 등의 장치·설비의 가동이 중지되어 사고의 위험이 증가되는 경우
② 기기의 설계상 또는 작동상 제한으로 전로차단이 불가능한 경우
③ 감전, 아크 등으로 인한 화상, 화재·폭발의 위험이 없는 것으로 확인된 경우

연관규정 산업안전보건기준에 관한 규칙 제319조(정전전로에서의 전기작업)

03

[동영상 화면]과 같은 안전사고의 재발방지대책 3가지를 적으시오.

―[동영상 설명]―

[승강기 점검 중 감전 사고]
MCC패널(승강기 컨트롤 패널) 점검작업 중이다. 개폐기에는 통전중이라는 표지가 붙여 있고 작업자(면장갑 착용)가 개폐기 문을 열어 전원을 차단하고 문을 닫은 후 다른 곳 패널에서 작업하려다 갑자기 쓰러진다.
(차단기별 회로명을 표시하는 표찰은 부착상태이다)

정답

위험요인(문제점)	안전대책
정전작업 시 잔류전하 방전 유무 미확인으로 인한 감전	잔류전하를 완전히 제거
정전작업 시 절연용 보호구 미착용으로 인한 감전	절연용 보호구(내전압용 절연장갑 등)를 착용
정전작업 시 해당 작업자 외 통전 실시로 인한 감전	개폐기 문에 통전금지 표지판을 설치하고, 감시인을 배치한 후 작업
해당 작업자 외 오작동 방지 조치 미실시로 인한 감전	잠금장치 및 꼬리표를 부착하여 해당 작업자 이외의 자에 의한 오작동 방지

연관규정 산업안전보건기준에 관한 규칙 제319조(정전전로에서의 전기작업), 제321조(충전전로에서의 전기작업), 제323조(절연용 보호구 등의 사용)

충전부작업

01

[동영상 화면]과 같은 「산업안전보건법령」상 근로자가 작업이나 통행으로 인해 전기·기계에 접촉하거나 접근함으로 인한 충전부 감전 방지를 위한 방법을 3가지 적으시오.

―[동영상 설명]―

[아파트 건설현장 가설 분전함]
작업자가 가설 분전함을 열어 보고 충전부에 맨손으로 점검 중 감전당한다.

> 정답

1. 충전부가 노출되지 않도록 폐쇄형 외함(外函)이 있는 구조로 할 것
2. 충전부에 충분한 절연효과가 있는 방호망이나 절연덮개를 설치할 것
3. 충전부는 내구성이 있는 절연물로 완전히 덮어 감쌀 것
4. 발전소·변전소 및 개폐소 등 구획되어 있는 장소로서 관계 근로자가 아닌 사람의 출입이 금지되는 장소에 충전부를 설치하고, 위험표시 등의 방법으로 방호를 강화할 것
5. 전주 위 및 철탑 위 등 격리되어 있는 장소로서 관계 근로자가 아닌 사람이 접근할 우려가 없는 장소에 충전부를 설치할 것

연관규정 산업안전보건기준에 관한 규칙 제301조(전기 기계·기구 등의 충전부 방호)

충전전로 및 인근작업

01 ☆☆

[동영상 화면]과 같은 활선작업 시 핵심위험요인을 3가지만 적으시오.

---[동영상 설명]---

(고소작업차에서 작업 중인 작업자는 절연장갑과 절연용 안전모를 착용하였으나 안전대는 착용하지 않았고, 다른 작업자는 면장갑만 착용한 상태이다)

[충전전로 인근에서의 차량·기계장치작업]

- 작업자가 고소작업차에 탑승한 채로 활선작업 중이다. 다른 작업자가 활선작업을 위해 설치할 절연용 방호구를 와이어로프에 매달아 작업차 위의 작업자에게 올려 보낸다. 와이어로프는 절연조치가 되어 있지 않는 상태로 전주전선에 걸쳐진 상태다. 두 작업자 간 정해진 신호는 없으며 소리를 지르며 의사소통 중이다.
- 고소작업차에 2개의 탑승 칸이 있고 각 칸에 작업자가 탑승한 채로 붐대의 위치를 조정 중에 있다. 아웃트리거(전도방지용 고정지지대)가 설치되지 않아 차량이 흔들린다. 전로에 절연용방호구를 설치하던 작업자와 고소작업차는 활선전로에 매우 근접해 있는 상태이다.

정답

위험요인(문제점)	안전대책
활선작업용 절연용 보호구(내전압용 절연장갑, 절연용 안전모 등) 미착용으로 인한 감전 위험	활선작업 시 절연용 보호구 착용
활선작업 시 접근한계거리 미준수에 따른 감전 위험	활선작업 시 접근한계거리 준수
절연용 방호구 설치 시 간접접촉으로 인한 감전 위험	절연용 방호구 설치 후 활선작업 실시

연관규정 산업안전보건기준에 관한 규칙 제322조(충전전로 인근에서의 차량·기계장치작업)

02 ☆☆☆☆

「산업안전보건법령」상 충전전로에서의 전기작업 중 조치 사항에 대해서 [보기]의 빈칸을 채우시오.

― [동영상 설명] ―

[항타기 및 항발기 작업 중 감전 사고]
항타기 및 항발기로 땅을 파고 전주를 세우는 작업을 하고 있다.
작업자가 전주 주변 정리를 위해 보도블럭을 파던 중 불안전하게 세워진 전주가 흔들리며 인접고압 활선에 접촉되어 감전된다.
(작업자는 면장갑을 착용하고 있는 상태이다)

― [보기] ―

1. 충전전로를 취급하는 근로자에게 그 작업에 적합한 (①)를 착용시킬 것
2. 충전전로에 근접한 장소에서 전기작업을 하는 경우에는 해당 전압에 적합한 (②)를 설치할 것. 다만 저압인 경우에는 해당 전기작업자가 (①)를 착용하되, 충전전로에 접촉할 우려가 없는 경우에는 (②)를 설치하지 아니할 수 있다.
3. 유자격자가 아닌 근로자가 충전전로 인근의 높은 곳에서 작업할 때에 근로자의 몸 또는 긴 도전성 물체가 방호되지 않은 충전전로에서 대지전압이 50 [kV] 이하인 경우에는 (③) [cm] 이내로, 대지전압이 50 [kV]를 넘는 경우에는 10 [kV]당 10 [cm]씩 더한 거리 이내로 각각 접근할 수 없도록 할 것

정답

① 절연용 보호구 ② 절연용 방호구 ③ 300

연관규정 산업안전보건기준에 관한 규칙 제321조(충전전로에서의 전기작업)

03 ☑☐☐☐☐

[동영상 화면과 같은 크레인을 이용하여 고압선 주변에서 작업할 경우, 사업주의 감전 조치사항 3가지를 적으시오.

—[동영상 설명]—

[이동식 크레인 작업 중 감전 사고]
330 [kV] 전압이 흐르는 고압선 아래에서 이동식 크레인이 작업을 하다가 붐대가 전선에 닿아 크레인 운전수가 감전된다.

정답

① 차량등을 충전부 이격거리 준수
② 절연용 방호구 설치
③ 울타리를 설치 및 감시인 배치
④ 근로자가 해당 전압에 적합한 절연용 보호구등을 착용하거나 사용

연관규정 산업안전보건기준에 관한 규칙 제322조(충전전로 인근에서의 차량·기계장치작업)

04 ☆☆ ☑☐☐☐☐

[동영상 화면]과 같은 활선 전로 인접 전주 작업 시 관리적 대책을 3가지 적으시오.

—[동영상 설명]—

[항타기 및 항발기 작업 중 감전 사고]
항타기 및 항발기로 땅을 파고 전주를 세우는 작업을 하고 있다.
작업자가 전주 주변 정리를 위해 보도블럭을 파던 중 불안전하게 세워진 전주가 흔들리며 인접고압 활선에 접촉되어 감전된다.
(작업자는 면장갑을 착용하고 있는 상태이다)

정답

① 차량등을 충전부로부터 이격거리 유지
② 울타리 설치 및 감시인 배치
③ 차량 등의 절연되지 않은 부분이 접근 한계거리 이내로 접근하지 않도록 조치 등

연관규정 산업안전보건기준에 관한 규칙 제322조(충전전로 인근에서의 차량·기계장치작업)

이동전선과 전기기기 점검

01 ☆☆☆

화면은 작업자가 수중펌프 접속부위에 감전되어 발생한 재해사례이다. 작업자가 감전 사고를 당한 원인을 인체의 피부저항과 관련하여 설명하시오.

[동영상 설명]

[단무지 공장 내 감전 사고]
단무지 공장에서 작업자가 무릎 정도 물이 차 있는 수조 내에서 단무지를 확인하고 있다. 수조에 연결되어 있던 수중펌프 작동과 동시에 작업자가 감전 당한다.

정답

인체가 수중에 있으므로 인체 피부저항이 1/25로 감소되어 쉽게 감전

02 ☆☆☆

[동영상 화면]을 보고 습윤한 장소에서 사용되는 이동 전선 사용 전 점검사항 2가지를 적으시오.

[동영상 설명]

[단무지 공장 내 감전 사고]
단무지 공장에서 작업자가 무릎 정도 물이 차 있는 수조 내에서 단무지를 확인하고 있다. 수조에 연결되어 있던 수중펌프 작동과 동시에 작업자가 감전당한다.

정답

① 전선의 피복 또는 외장의 손상유무 점검
② 접속기구의 절연 상태 점검
③ 절연저항 측정 실시

연관규정 산업안전보건기준에 관한 규칙 제314조(습윤한 장소의 이동전선 등)

03 ☆☆☆

[동영상 화면]의 재해를 예방할 수 있는지 방안 3가지를 적으시오.

[동영상 설명]

[단무지공장 감전]
단무지 공장에서 작업자가 무릎 정도 물이 차 있는 수조 내에서 단무지를 확인하고 있다. 수조에 연결되어 있던 수중펌프 작동과 동시에 작업자가 감전 당한다.

정답

위험요인(문제점)	안전대책
전기기계·기구 습윤장소 사용으로 인한 감전 위험	감전방지용 누전차단기를 설치
작업 중 배선에 접촉할 우려가 있어 감전 위험	충분히 피복하거나 적합한 접속기구를 사용
이동전선을 습윤 장소에서 사용하여 감전 위험	충분한 절연효과가 있는 이동전선을 사용

연관규정 산업안전보건기준에 관한 규칙
제304조(누전차단기에 의한 감전방지), 제313조(배선 등의 절연피복 등), 제314조(습윤한 장소의 이동전선 등)

04 ☆☆

[동영상 화면]상 안전사고의 문제점을 2가지 적으시오.

[동영상 설명]

[변압기 전압 측정 중 감전 사고]
맨손에 슬리퍼를 착용한 작업자가 변압기의 2차 전압을 측정하기 위해 유리창 너머에 있는 다른 작업자에게 개폐기함에 전원을 투입하라는 신호를 보낸다. 작업자가 측정 완료 후 다른 작업자에게 다시 차단하라고 신호를 보내고 측정기기를 맨손으로 철거하다가 감전당한다.

정답

위험요인(문제점)	안전대책
절연용 보호구 (내전압용 절연장갑 등)를 미착용	절연용 보호구 착용 후 작업 실시
신호전달 체계 미흡	전기작업 시 신호전달 체계 구축
전원 차단 상태 확인 미흡	정해진 절차에 따라 차단 여부 확인 후 작업 실시

연관규정 산업안전보건기준에 관한 규칙 제32조(보호구의 지급 등), 제321조(충전전로에서의 전기작업)

뇌격에 의한 위험 방지

1 피뢰기의 설치 및 구비조건

01

뇌격(雷擊)에 따른 뇌서지(雷surge)로부터 전력설비를 보호하기 위하여 설치하는, [동영상 화면]에 표시된 ① 방호장치 명칭과 ② 그 장치가 갖추어야 할 구비조건을 3가지만 적으시오.

> [동영상 설명]
>
> [피뢰기]
> 전주 위에 설치된 피뢰기를 보여주고 있다.

정답

① 명칭 : 피뢰기(Lightening Arrestor)
② 피뢰기가 갖추어야 할 구비조건
   1. 반복동작이 가능할 것
   2. 구조가 견고할 것
   3. 특성이 변하지 않을 것
   4. 점검 및 보수가 간단할 것
   5. 충격 방전 개시 전압이 낮을 것
   6. 제한 전압이 낮을 것
   7. 방전능력이 클 것
   8. 속류 차단이 확실할 것

누전에 의한 감전위험 방지

01 ☆☆☆☆

[동영상 화면]과 같은 「산업안전보건법령」상 누전에 의한 감전위험을 방지하기 위하여 해당 전로의 정격에 적합하고 감도가 양호하며 확실하게 작동하는 감전방지용 누전차단기를 설치하는 조건을 3가지 적으시오.

[동영상 설명]

[휴대용 연삭기 절삭가공 작업]
작업자가 철물을 휴대용 연삭기(핸드그라인더)로 작업하고 있다. 그 주변에 물이 흥건하고 마지막에는 전선 같은 것이 보인다.

[배전반 점검 중 감전 사고]
작업자가 차단기(DS) 스위치를 올리고, 드라이버로 충전부를 건드리다가 감전당한다.

정답
① 대지전압이 150 [V]를 초과하는 이동형 또는 휴대형 전기기계·기구
② 물 등 도전성이 높은 액체가 있는 습윤장소에서 사용하는 저압용 전기기계·기구
③ 철판·철골 위 등 도전성이 높은 장소에서 사용하는 이동형 또는 휴대형 전기기계·기구
④ 임시배선의 전로가 설치되는 장소에서 사용하는 이동형 또는 휴대형 전기기계·기구

연관규정 산업안전보건기준에 관한 규칙 제304조(누전차단기에 의한 감전방지)

02 ☆☆☆

[동영상 화면]과 같은 연삭 작업 시 감전 사고 예방을 위한 안전대책을 2가지 적으시오.

[동영상 설명]

[휴대용 연삭기 사용 작업 중 감전 사고]
작업자가 강재에 물을 뿌리며 열을 식히며 연삭작업을 하고 있다. 전선의 접속부를 장갑 안에 넣어 물에 젖은 바닥에 두자 전기 스파크가 작업자 손 주변을 타고 나간다.
(주변 환경은 물기 많은 바닥에 방치된 접속부가 방치되어 있다)

> 정답

① 감전방지용 누전차단기를 설치
② 전선을 서로 접속하는 경우에는 해당 전선의 절연성능 이상으로 절연될 수 있는 것으로 충분히 피복하거나 적합한 접속기구를 사용.
③ 습윤한 장소에서는 충분한 절연효과가 있는 이동전선을 사용
④ 통로바닥에 전선 또는 이동전선등을 설치하여 사용 금지

[연관규정] 산업안전보건기준에 관한 규칙 제304조(누전차단기에 의한 감전방지), 제313조(배선 등의 절연피복 등), 제314조(습윤한 장소의 이동전선 등), 제315조(통로바닥에서의 전선 등 사용 금지)

교류아크용접 시 안전대책

2 교류아크용전기의 안전장치 : 자동전격방지기의 사용

01 ☆☆

[동영상 화면]과 같은 「산업안전보건법령」상 습윤한 장소에서 사용하는 교류아크용접기에 부착해야 하는 안전장치는?

[동영상 설명]

[교류아크용접기 사용 용접작업]
작업자가 교류아크용접기의 전원을 켜면서 상수도 용접을 하고 있다.

> 정답

자동전격방지기

[연관규정] 산업안전보건기준에 관한 규칙 제306조(교류아크용접기 등)

02 ☑☐☐☐

「산업안전보건법령」상 근로자가 물·땀 등으로 인하여 도전성이 높은 습윤 상태에서 작업하는 장소에서 사용하는 교류아크용접기에 부착해야 하는 ① 안전장치의 명칭과 ② 용접홀더 구비조건을 1가지만 적으시오.

[동영상 설명]

[교류아크용접기 사용 용접작업]
작업자가 교류아크용접기의 전원을 켜면서 상수도 용접을 하고 있다.

정답

① 안전장치 : 자동전격방지기
② 용접홀더 구비조건
   1. 절연내력
   2. 내열성

연관규정 산업안전보건기준에 관한 규칙 제306조(교류아크용접기 등)

3 자동전격방지기의 사용

01 ☑☐☐☐

[동영상 화면]상 교류아크용접기 자동전격방지기 종류를 4가지 적으시오.

[동영상 설명]

[교류아크용접기 사용 용접작업]
작업자가 교류아크용접기를 사용하여 용접을 하는 중이다.

정답

① 외장형   ② 내장형
③ 저저항 시동형(L형)   ④ 고저항 시동형(H형)

연관규정 산업안전보건기준에 관한 규칙
제306조(교류아크용접기 등), 방호장치 자율안전확인 고시 [별표 2] 전격방지기의 성능기준

06 화공안전관리

산업안전기사 I 실기

폭발의 종류와 소화방법

01 ☆☆☆☆

[동영상 화면]은 인화성물질의 취급 및 저장소이다. ① 점화원 형태와 ② 점화원의 종류를 적으시오.

─[동영상 설명]─

[인화성물질 취급 및 저장소 내 폭발 사고]
화기주의, 인화성물질이라고 써 있는 드럼통(200ℓ)이 여러 개 보관된 창고 안에서 일반 작업복과 운동화를 착용한 작업자가 인화성물질이 든 운반용 캔(약 40ℓ)을 몇 개 운반하다가 잠시 쉰다. 작업자가 작은 용기에 있는 걸 큰 용기에 담으려고 하는지 드럼통 뚜껑을 열고 스웨터를 벗는 순간 폭발이 일어난다.

정답

① 점화원의 형태 : 정전기
② 점화원의 종류 : 박리대전

02 ☆☆☆

[동영상 화면]상 ① 가스폭발의 종류와 ② 설명을 적으시오.

─[동영상 설명]─

[인화성물질 취급 및 저장소 내 폭발 사고]
화기주의, 인화성물질이라고 써 있는 드럼통(200ℓ)이 여러 개 보관된 창고 안에서 일반 작업복과 운동화를 착용한 작업자가 인화성물질이 든 운반용 캔(약 40ℓ)을 몇 개 운반하다가 잠시 쉰다. 작업자가 작은 용기에 있는 걸 큰 용기에 담으려고 하는지 드럼통 뚜껑을 열고 스웨터를 벗는 순간 폭발이 일어난다.

정답
① 폭발의 종류 : UVCE(개방계 증기운폭발, UVCE, Unconfined Vapor Cloud Explosion)
② 설명 : 가연성 물질의 서서히 누출되어 대기 중에 공기와 혼합하여 증기운(증기구름)으로 형성되어, 점화원에 의하여 순간적으로 모든 가스가 동시에 폭발하는 현상
[축약] 인화성 가스가 대기 중에 존재하다가 점화원에 의해 폭발

03 ☆☆

[동영상 화면]과 같이 ① 폭발성물질 저장소에 들어가는 작업자가 신발에 물을 묻히는 이유는 무엇인지 상세히 설명하고, 화재 시 적합한 ② 소화방법은 무엇인지 적으시오.

[동영상 설명]

[폭발성물질 저장소 내 작업]
작업자가 정전기 방지를 위해 작업장에 들어기기 전 물받이에 발로 밟으면서 신발에 물을 묻힌다. 작업자가 다른 작업장을 이동하는데 바닥에는 가루가 묻어 있다. 이동 중 신발이 미끄러지듯 하더니, 신발 바닥에서 스파크가 발생한다.

정답
① 이유 : 작업화와 바닥면 접촉으로 인한 정전기(점화원) 발생을 억제하기 위함
② 소화방법 : 다량 주수(물을 뿌린다)에 의한 냉각소화

04 ☆☆

[동영상 화면]과 같은 「산업안전보건법령」상 용융한 고열의 광물(이하 "용융고열물")을 취급하는 피트(고열의 금속찌꺼기를 물로 처리하는 것은 제외한다)에 대하여 수증기 폭발을 방지하기 위하여 사업주가 해야 하는 조치를 1가지 적으시오.

[동영상 설명]

[철강공강 내 제강작업]
철강공장 내 용강로에서 작업 중 작업자가 쇳물이 흐르는 작은 통로를 도구로 긁다가 쇳물이 바닥에 튀자 깜짝 놀란다.

> 정답

① 지하수가 내부로 새어드는 것을 방지할 수 있는 구조로 할 것
② 작업용수 또는 빗물 등이 내부로 새어드는 것을 방지할 수 있는 격벽 등의 설비를 주위에 설치할 것

연관규정 산업안전보건기준에 관한 규칙 제248조(용융고열물 취급 피트의 수증기 폭발방지)

화학설비 등의 안전기준

1 특수화학설비의 안전장치의 기준 ☆☆☆

01

[동영상 화면]상 특수화학설비 내부의 이상상태를 조기에 파악하기 위하여 설치해야 할 계측장치를 3가지 적으시오.

─[동영상 설명]─
[특수화학설비 중 화학반응기 점검 중 추락 사고]
작업자가 화학반응기 위에서 점검하던 중 스패너로 두드리다가 아래로 떨어진다.

> 정답

① 온도계 ② 유량계 ③ 압력계

연관규정 산업안전보건기준에 관한 규칙 제273조(계측장치 등의 설치)

02 ☆☆☆

[동영상 화면]과 같은 「산업안전보건법령」상 특수화학설비를 설치하는 경우, 그 내부의 이상 상태를 조기에 파악 및 이상 상태의 발생에 따른 폭발·화재 또는 위험물의 누출을 방지하기 위해서 사업주가 설치해야 하는 장치를 2가지만 적으시오.(단, 온도계·유량계·압력계 등의 계측장치는 제외)

─[동영상 설명]─
[특수화학설비 중 화학반응기 점검 중 추락 사고]
작업자가 화학반응기 위에서 점검하던 중 스패너로 두드리다가 아래로 떨어진다.

> 정답

① 자동경보장치
② 긴급차단장치
③ 제품 등의 방출장치
④ 불활성가스 주입 장치
⑤ 냉각용수 등의 공급 장치

연관규정 산업안전보건기준에 관한 규칙
제273조(계측장치 등의 설치), 제274조(자동경보장치의 설치 등), 제275조(긴급차단장치의 설치 등)

유해화학물질의 관리

1 유해화학물질 취급 시 일반적 주의사항

01 ☆☆☆ ☑☐☐☐☐

[동영상 화면]상 유해물질(화학물질) 취급 시 일반적인 주의사항을 3가지 적으시오.

┌─ [동영상 설명] ─────────────────────┐

[크롬 도금작업]
상의에 티셔츠만 착용한 작업자가 앞치마 형식의 보호복을 입고 실내 작업공간에서 도금작업 중이다.
(보안경 및 방독마스크는 미착용 상태이다)

[연구실 내 실험]
작업자가 실험실에서 피펫으로 약품을 메스실린더에 주입하고 옮기다가 연기가 나자 이를 놓치며 바닥에 떨어뜨리고 메스실린더는 박살난다.
(보호구를 미착용한 상태이다)

└─────────────────────────────┘

> 정답

① 유해화학물질에 대한 사전 조사
② 유해화학물질의 발생원인 봉쇄
③ 작업공정의 제거 및 작업장 격리
④ 유해화학물질의 위치 및 작업공정의 변경
⑤ 실내 환기와 점화원 제거
⑥ 주변환경 정리정돈과 청소

2 유해화학물질로 인한 재해발생 형태 및 흡수경로

01 ☆☆☆☆

[동영상 화면]을 보고 ① 재해발생 형태 및 ② 정의를 각각 적으시오.

[동영상 설명]

[연구실 내 실험]
작업자가 실험실에서 H_2SO_4(황산)을 비커에 따르다가 손에 묻는다. 작업자는 맨손이며, 마스크를 미착용하고 있다.

정답

① 재해발생 형태 : 유해·위험물질 노출·접촉
② 정의 : 유해·위험물질에 노출·접촉 또는 흡입하거나 독성동물에 쏘이거나 물린 경우

02 ☆☆

[동영상 화면]과 같이 황산이 체내에 유입될 수 있다. ① 재해발생 형태와 ② 정의를 적으시오.

[동영상 설명]

[연구실 내 실험]
작업자가 실험실에서 H_2SO_4(황산)을 비커에 따르다가 손에 묻는다. 작업자는 맨손이며, 마스크를 미착용하고 있다.

정답

① 재해발생 형태 : 유해 위험물질 노출 접촉
② 정의 : 유해 위험물질에 노출 접촉 또는 흡입하였거나 독성동물에 쏘이거나 물린 경우

03 ☆☆☆

[동영상 화면]상 작업에서 황산이 체내에 유입될 수 있다. 인체로 흡수되는 경로를 3가지 적으시오.

[동영상 설명]

[연구실 내 실험]
작업자가 실험실에서 H_2SO_4(황산)을 비커에 따르다가 손에 묻는다. 작업자는 맨손이며, 마스크를 미착용하고 있다.

정답

① 호흡기 ② 소화기 ③ 피부 및 점막

3 유해화학물질 안전대책
공학적 대책 : 기계환기 및 자연환기 대책

01

[동영상 화면]과 같은 「산업안전보건법령」상 인체에 해로운 분진, 흄(Fume), 미스트(Mist), 증기 또는 가스 상태의 물질을 배출하기 위하여 설치하는 국소배기장치의 후드 설치 시 준수사항 3가지만 적으시오.

[동영상 설명]

[크롬 도금작업]
상의에 티셔츠만 착용한 작업자가 앞치마 형식의 보호복을 입고 실내 작업공간에서 도금작업 중이다.
(보안경 및 방독마스크는 미착용 상태이다)

정답

① 유해물질이 발생하는 곳마다 설치할 것
② (유해인자의 발생형태와 비중, 작업방법 등을 고려하여) 해당 분진 등의 발산원을 제어할 수 있는 구조로 설치할 것
③ 후드 형식은 가능하면 포위식 또는 부스식 후드를 설치할 것
④ 외부식 또는 리시버식 후드는 해당 분진 등의 발산원에 가장 가까운 위치에 설치할 것

연관규정 산업안전보건기준에 관한 규칙 제72조(후드)

가스누출로 인한 폭발방지

1 가스장치실 설치기준

01 ☑☐☐☐☐

[동영상 화면]과 같은 「산업안전보건법령」상 사업주는 가스장치실을 설치해야 하는데 설치기준 3가지를 적으시오.

> **[동영상 설명]**
>
> [가스장치실 전경]
> 가스장치실을 보여준다. 문이 열리자 안에 가스통이 정리된 상태로 보관되어 있다.

정답

① 가스가 누출된 경우에는 그 가스가 정체되지 않도록 할 것
② 지붕과 천장에는 가벼운 불연성 재료를 사용할 것
③ 벽에는 불연성 재료를 사용할 것

연관규정 산업안전보건기준에 관한 규칙 제292조(가스장치실의 구조 등)

02 ☆☆ ☑☐☐☐☐

[동영상 화면]과 같은 「산업안전보건법령」상 가스집합용접장치(이동식을 포함)의 배관을 하는 경우에는 사업주의 준수사항을 2가지만 적으시오.

> **[동영상 설명]**
>
> 액체질소, 액화탄산가스 등 용기

정답

1. 플랜지·밸브·콕 등의 접합부에는 개스킷을 사용하고 접합면을 상호 밀착시키는 등의 조치를 할 것
2. 주관 및 분기관에는 안전기를 설치할 것. 이 경우 하나의 취관에 2개 이상의 안전기를 설치하여야 한다.

연관규정 산업안전보건기준에 관한 규칙 제293조(가스집합용접장치의 배관)

03

「산업안전보건법령」상 용접장치에 관한 설명이다. [보기]의 ( ) 안에 알맞게 내용을 적으시오.

[보기]
- 사업주는 아세틸렌 용접장치를 사용하여 금속의 용접·용단 또는 가열작업을 하는 경우에는 게이지 압력이 (①) [kPa]을 초과하는 압력의 아세틸렌을 발생시켜 사용해서는 아니 된다.
- 플랜지·밸브·콕 등의 접합부에는 개스킷을 사용하고 접합면을 상호 밀착시키는 등의 조치를 할 것
- 주관 및 분기관에는 (②)를 설치할 것. 이 경우 하나의 취관에 2개 이상의 (②)를 설치하여야 한다.
- 사업주는 아세틸렌 용접장치의 아세틸렌 발생기를 설치하는 경우에는 전용의 발생기실에 설치하여야 한다.
- 발생기실은 건물의 최상층에 위치하여야 하며, 화기를 사용하는 설비로부터 (③) [m]를 초과하는 장소에 설치하여야 한다.
- 발생기실을 옥외에 설치한 경우에는 그 개구부를 다른 건축물로부터 1.5 [m] 이상 떨어지도록 하여야 한다.
- 사업주는 용해 아세틸렌의 가스집합용접장치의 배관 및 부속기구는 구리나 구리함량이 (④) [%] 이상인 합금을 사용해서는 아니 된다.

정답
① 127
② 안전기
③ 3
④ 70

연관규정 산업안전보건기준에 관한 규칙 제6절 아세틸렌 용접장치 및 가스집합 용접장치

04 ☆☆

[동영상 화면]과 같은 「산업안전보건법령」상 누설감지경보기의 적절한 ① 설치위치 ② 경보설정값이 몇 [%] 이하가 적당한지 적으시오.

[동영상 설명]

[LPG 저장소 내 폭발사고]
작업자가 LPG저장소라고 표시되어 있는 문을 열고 들어가려니 어두워서 들어가자마자 왼쪽에 있는 스위치를 눌러서 불을 켜는 순간 스파크가 발생하면서 폭발

정답

① 설치위치 : 바닥 근처 낮은 곳에 설치
② 경보설정값 : 폭발하한계의 25 [%] 이하

연관규정 가스누출감지경보기 설치에 관한 기술상의 지침 제5조(설치위치)

공정안전관리기술

1 보일러의 압력방출장치의 설치조건

01 ☑☐☐☐☐

[동영상 화면]상 「산업안전보건법령」의 보일러 안전점검 내용 중 ( )에 알맞은 것을 적으시오.

─[동영상 설명]─

[보일러의 안전점검]
사업장 내 보일러를 보여준다. 작업자가 보일러의 압력계와 유량계 등을 보며 현재 상태를 확인하는 중이다.

─[보기]─

- 사업주는 보일러의 안전한 가동을 위하여 보일러 규격에 맞는 압력방출장치를 1개 또는 2개 이상 설치하고 (①) 이하에서 작동되도록 하여야 한다.
- 다만 압력방출장치가 2개 이상 설치된 경우에는 (①) 이하에서 1개가 작동되고, 다른 압력방출장치는 (①)의 (②)배 이하에서 작동되도록 부착하여야 한다.

정답

① 최고사용압력
② 1.05

연관규정 산업안전보건기준에 관한 규칙 제116조(압력방출장치)

2 파열판의 설치조건

01 ☑☐☐☐☐

[동영상 화면]과 같이 「산업안전보건법령」상 입구 측의 압력이 설정압력에 도달하면 판이 파열하면서 유체가 분출하도록 용기 등에 설치 된 얇은 판으로 다시 닫히지 않는 압력방출 안전장치의 ① 장치명과 ② 이것을 설치하여야 하는 경우를 2가지만 적으시오.

> **정답**
>
> ① 장치명 : 파열판
> ② 파열판을 설치하여야 하는 경우 2가지
>   • 반응폭주 등 압력상승 우려가 있는 경우
>   • 급성 독성물질의 누출로 인하여 주위의 작업환경을 오염시킬 우려가 있는 경우
>   • 운전 중 안전밸브에 이상 물질이 누적되어 안전밸브가 작동되지 아니할 우려가 있는 경우
>
> **연관규정** 산업안전보건기준에 관한 규칙 제262조(파열판의 설치)

3 플레어스택(연소탑)

01 ☑☐☐☐☐

[동영상 화면]상 설비는 화학설비 및 그 부속설비 중 안전밸브 등으로부터 방출된 기체 및 액체 물질을 안전하게 처리하며, 플레어헤더, 녹아웃드럼, 액체 밀봉드럼 및 이 설비를 포함한다. 이 설비는 스택지지대, 플레어 팁, 파이롯버너 및 점화장치 등으로 구성된 설비 일체를 말한다. [보기]의 내용을 읽고 알맞게 내용을 적으시오.

> [동영상 설명]
>
> [플레어 스택(Flare Stack, 연소탑)]
> 플레어 스택을 통해 폐가스가 연소되어 처리되고 있다.

> [보기]
>
> ① 플레어 시스템의 설치 목적을 적으시오.
> ② [동영상 화면]의 설비 명칭을 적으시오.

> **정답**
>
> ① 설치목적 : 긴급상황 발생 시 안전밸브 등에서 방출되는 폐가스 등을 연소시켜 독성을 제거하여 안전하게 대기 중으로 배출
> ② 설비 명칭 : 플레어스택 또는 플레어시스템(Flare Stack)
>
> **연관규정** 플레어시스템의 설계·설치 및 운전에 관한 기술지침(KOSHA GUIDE D – 59 – 2020)

4 화학설비 등 경유, 등유 등 주입작업 시 안전조치 예외 조건

01 ☑☐☐☐☐

「산업안전보건법령」상 사업주는 화학설비로서 가솔린이 남아 있는 화학설비(위험물을 저장하는 것으로 한정), 탱크로리, 드럼 등에 등유나 경유를 주입하는 작업을 하는 경우에는 미리 그 내부를 깨끗하게 씻어내고 가솔린의 증기를 불활성 가스로 바꾸는 등 안전한 상태로 되어 있는지를 확인한 후에 그 작업을 여야 한다. 다음의 조치를 하는 경우에는 그러하지 아니하다. [보기]의 ( ) 안에 알맞게 내용을 적으시오.

[동영상 설명]

[화학설비 내 연료 주입작업]
작업자가 화학설비 내에 등유를 주입하고 있다.

[보기]
- 등유나 경유를 주입하기 전에 탱크·드럼 등과 주입설비 사이에 접속선이나 접지선을 연결하여 (①)를 줄이도록 할 것
- 등유나 경유를 주입하는 경우에는 그 액표면의 높이가 주입관의 선단의 높이를 넘을 때까지 주입속도를 초당 (②)미터 이하로 할 것

정답

① 전위차
② 1

연관규정 산업안전보건기준에 관한 규칙 제228조(가솔린이 남아 있는 설비에 등유 등의 주입)

밀폐공간작업 안전관리

1 밀폐공간의 조건

01 ☆☆☆

「산업안전보건법령」상 적정공기의 조건이다. [보기]의 빈칸을 채우시오.

―[동영상 설명]―

[탱크 내부 작업 시 산소결핍 사고]
작업자가 탱크 내부에서 그라인더를 사용하여 연마작업 중이다. 탱크 외부에서 지나가던 다른 작업자가 국소배기장치(배풍기)를 발로 차 전원공급의 차단된다.
탱크 내부 작업자가 의식을 잃고 쓰러진다.
(작업자는 안전모를 착용하지 않았고 그라인더에는 덮개가 미설치된 상태이다)

―[보기]―

[적정공기의 조건]
적정공기란 산소농도의 범위가 (①) [%] 이상 (②) [%] 미만,
이산화탄소의 농도가 (③) [%] 미만,
일산화탄소의 농도가 30 [ppm] 미만,
황화수소의 농도가 (④) [ppm] 미만인 수준의 공기를 말한다.

정답

① 18
② 23.5
③ 1.5
④ 10

연관규정 산업안전보건기준에 관한 규칙 제618조(정의)

02

[동영상 화면]과 같은 장소에서 작업 시 위험 요인 2가지를 적으시오.

[동영상 설명]

[탱크 내부 작업 시 산소결핍 사고]
작업자가 탱크 내부에서 그라인더를 사용하여 연마작업 중이다. 탱크 외부에서 지나가던 다른 작업자가 국소배기장치(배풍기)를 발로 차 전원공급의 차단된다.
탱크 내부 작업자가 의식을 잃고 쓰러진다.
(작업자는 안전모를 착용하지 않았고 그라인더에는 덮개가 미설치된 상태이다)

정답

위험요인(문제점)	안전대책
① 밀폐공간 작업 시 산소 결핍 위험	1. 작업 전 산소농도 측정 및 산소결핍 우려 장소 일 시 환기 실시
② 밀폐공간 내 유독가스 발생 시 중독 및 질식 위험	2. 작업 중 지속적으로 환기 실시
	3. 국소배기장치 사용 시 전원부 잠금 장치 및 감시인 배치
③ 가연성 가스 등으로 인한 화재 및 폭발 위험	4. 환기조치가 불가능 한 경우 호흡용 보호구(공기호흡기 또는 송기마스크) 착용 등

연관규정 산업안전보건기준에 관한 규칙 제619조의2(산소 및 유해가스 농도의 측정)
제620조(환기 등), 제621조(인원의 점검), 제622조(출입의 금지)
제623조(감시인의 배치 등), 제624조(안전대 등), 제625조(대피용 기구의 비치)

2 밀폐공간 작업 시 안전수칙

01 ☆☆☆

「산업안전보건법령」상 산소결핍장소에서의 안전수칙 3가지를 적으시오. (단, 감시자를 배치한다는 것과 안전교육 관련은 제외)

[동영상 설명]

[폐수처리조 작업]
폐수처리조 하수처리장에서 작업자 A가 문이 열린 밖에 서 있다. 내부에서 작업 중인 작업자 B는 슬러지를 치우기 위해서 안으로 들어 포대와 삽으로 슬러지를 퍼담다가 쓰러진다.
(별도의 가스 누출은 확인하기 어려운 상태이고, 작업자는 송기마스크와 안전모를 미착용하고 있다)

> 정답

① 작업을 시작하기 전 밀폐공간의 산소 및 유해가스 농도를 측정하여 적정공기가 유지되도록 평가
② 작업을 시작하기 전과 작업 중에 해당 작업장을 적정공기 상태가 유지되도록 환기
③ 근로자에게 공기호흡기 또는 송기마스크를 지급하여 착용
④ 근로자를 입장시킬 때와 퇴장시킬 때마다 인원을 점검
⑤ 관계 근로자가 아닌 사람의 출입을 금지하고, 출입금지 표지를 밀폐공간 근처의 보기 쉬운 장소에 게시

연관규정 산업안전보건기준에 관한 규칙 제2절 밀폐공간 내 작업 시의 조치 등
제619조(밀폐공간 작업 프로그램의 수립·시행), 제619조의2(산소 및 유해가스 농도의 측정), 제620조(환기 등)
제621조(인원의 점검), 제622조(출입의 금지), 제623조(감시인의 배치 등), 제624조(안전대 등), 제625조(대피용 기구의 비치)

3 밀폐공간 작업 시 작업지휘자 배치

01 ☑☐☐☐☐

밀폐공간 작업지휘자의 직무 3가지를 적으시오.

[동영상 설명]

[밀폐공간 작업]
작업자가 밀폐공간 우려가 있는 공간을 복합가스농도측정기로 측정하고 점검표에 산소농도와 가스 농도를 적고 있다.

> 정답

① 산소가 결핍된 공기나 유해가스에 노출되지 않도록 작업시작 전에 해당 근로자의 작업을 지휘
② 작업을 하는 장소의 공기가 적절한지를 작업시작 전에 측정
③ 측정장비·환기장치 또는 공기호흡기 또는 송기마스크를 작업시작 전에 점검
④ 근로자에게 공기호흡기 또는 송기마스크의 착용을 지도하고 착용 상황을 점검

연관규정 산업안전보건기준에 관한 규칙 제35조(관리감독자의 유해·위험 방지 업무 등)
산업안전보건기준에 관한 규칙 [별표 2] 관리감독자의 유해·위험 방지(제35조 제1항 관련)

4 밀폐공간 작업 시 상황별 안전보호구 및 장비의 선정

01 ☆☆

「산업안전보건법령」에 따라 [동영상 화면]과 같은 밀폐공간 작업 시 착용해야 하는 호흡용 보호구 2가지를 적으시오.

---[동영상 설명]---

[폐수처리조 작업]
폐수처리조 하수처리장에서 작업자 A가 문이 열린 밖에 서 있다. 내부에서 작업 중인 작업자 B는 슬러지를 치우기 위해서 안으로 들어 포대와 삽으로 슬러지를 퍼담다가 쓰러진다.
(별도의 가스 누출은 확인하기 어려운 상태이고, 작업자는 송기마스크와 안전모를 미착용하고 있다)

정답

① 공기호흡기
② 송기마스크

연관규정 산업안전보건기준에 관한 규칙 제619조의2(산소 및 유해가스 농도의 측정), 제620조(환기 등)
① 사업주는 근로자가 밀폐공간에서 작업을 하는 경우에 작업을 시작하기 전과 작업 중에 해당 작업장을 <u>적정공기 상태가 유지되도록 환기</u>하여야 한다. 다만 폭발이나 산화 등의 위험으로 인하여 환기할 수 없거나 작업의 성질상 환기하기가 매우 곤란한 경우에는 근로자에게 <u>공기호흡기 또는 송기마스크</u>를 지급하여 <u>착용하도록</u> 하고 환기하지 아니할 수 있다.
② 근로자는 지급된 보호구를 착용하여야 한다.
　　공기호흡기, 송기마스크

02 ☆☆

「산업안전보건법령」상 [동영상 화면]과 같은 재해 발생 시 구조자가 착용해야 할 보호구를 1가지 적으시오.

---[동영상 설명]---

[맨홀 내 작업]
맨홀 내에서 가공케이블 작업 중이던 작업자가 의식을 잃고 쓰러진다.

정답

① 공기호흡기
② 송기마스크

연관규정 산업안전보건기준에 관한 규칙 제643조(구출 시 공기호흡기 또는 송기마스크의 사용)
① 사업주는 밀폐공간에서 위급한 근로자를 구출하는 작업을 하는 경우 그 구출작업에 종사하는 근로자에게 **공기호흡기 또는 송기마스크**를 지급하여 착용하도록 하여야 한다.
② 근로자는 지급된 보호구를 착용하여야 한다.

03 ☆☆☆

「산업안전보건법령」상 동영상과 같은 재해에 대비하여 밀폐공간에서 작업을 하는 경우에 비상시에 근로자를 피난시키거나 구출하기 위하여 갖추어 두어야 할 기구 3가지를 적으시오.

[동영상 설명]

[밸러스트 탱크(평형수) 내 슬러지 제거작업]
작업자가 선박 밸러스트 탱크 내부의 슬러지를 제거하는 작업 도중에 갑자기 의식을 잃는다. (작업자는 마스크 및 안전대, 안전모, 안전화를 착용하지 않은 상태이다)

정답

① 공기호흡기 또는 송기마스크
② 사다리
③ 섬유로프

연관규정 산업안전보건기준에 관한 규칙 제625조(대피용 기구의 비치)
사업주는 근로자가 밀폐공간에서 작업을 하는 경우에 **공기호흡기 또는 송기마스크, 사다리 및 섬유로프** 등 비상시에 근로자를 피난시키거나 구출하기 위하여 필요한 기구를 갖추어 두어야 한다.

5 밀폐공간 작업 시 산소 및 유해가스 농도 측정 [법개정]

01 ☑☐☐☐☐

「산업안전보건법령」상 밀폐공간의 산소 및 유해가스 농도를 측정 및 평가하는 자에 대하여 밀폐공간에서 작업을 시작하기 전에 알리고 숙지 여부를 확인하고 필요한 교육을 실시해야 하는 사항을 4가지 적으시오.

─[동영상 설명]─

[밀폐공간 저수저 작업]
지하 저수조 내에 작업을 진행하기 전, 관리감독자가 산소호흡기를 착용하고 복합가스농도측정기를 통해 적정공기 수준을 확인하고 있다.

─ 정답 ─

① 밀폐공간의 위험성
② 측정장비의 이상 유무 확인 및 조작 방법
③ 밀폐공간 내에서의 산소 및 유해가스 농도 측정방법
④ 적정공기의 기준과 평가방법

연관규정 산업안전보건기준에 관한 규칙 제619조의2(산소 및 유해가스 농도의 측정)

6 밀폐공간 작업 시 공학적 대책

01 ☆☆☆ ☑☐☐☐☐

해당 공간에서 실행해야 할 퍼지작업 종류 3가지를 적으시오.

─[동영상 설명]─

[탱크 내부 밀폐공간작업]
밸러스트 탱크 등 내부공간을 보여준다.

─ 정답 ─

① 진공 퍼지(Vaccum)
② 압력 퍼지(Pressure)
③ 사이펀 퍼지(사이폰 퍼지, Syphon)
④ 스위프 퍼지(Sweep)

7 밀폐공간 작업 시 특별안전보건교육 ☆☆☆

01

「산업안전보건법령」상 [동영상 화면]과 같은 밀폐공간에서 작업을 하는 근로자에게 하여야 하는 특별안전보건교육 내용을 3가지만 적으시오. (단, 그 밖에 안전·보건관리에 필요한 사항은 제외)

[동영상 설명]

[밀폐공간작업 + 그 밖에 밀폐공간 가능한 조건의 장소에서의 작업]

밀폐공간명	작업종류	
맨홀내부 (상수도)	• 상수도관 보수 • 노후배관 도색 • 노후관 교체 • 방소·도장작업 • 기타 점검·보수작업	• 노후변실 보수 • 유량계 설치 • 배수지 청소 • 양수작업
맨홀내부 (하수도)	• 하수관로 보수 • 맨홀 내 인버터작업 • 수밀시험 • 양수작업 • 기타 점검·보수작업	• 하수관 준설 • 기존관 연결작업 • 방수·도장작업
하수처리장 (오니처리장)	• 하수(오수) 관거 설치 • 침사지 준설·보수작업 • 토출정 준설·보수작업 • 방수·도장작업 • 기타 점검·보수작업	• 맨홀 설치 및 보수작업 • 탈수기동 준설·보수작업 • 탈취기 슬러지 청소 • 양수작업
음식물 처리시설	• 탈리액저장조 보수·점검 • 슬러지 청소	• 반입저장 호퍼 투입작업 • 기타 점검·보수작업

정답

① 산소농도 측정 및 작업환경에 관한 사항
② 사고 시의 응급처치 및 비상시 구출에 관한 사항
③ 보호구 착용 및 보호 장비 사용에 관한 사항
④ 작업내용·안전작업방법 및 절차에 관한 사항
⑤ 장비·설비 및 시설 등의 안전점검에 관한 사항

연관규정 산업안전보건법 시행규칙 [별표 5] 안전보건교육 교육대상별 교육내용

직업성 질병 또는 질환

01 ☆☆

[동영상 화면]상 브레이크 라이닝 작업 시 석면분진 노출로 인한 직업성 질병 이환 우려가 있다. 장기간 석면 폭로 시 어떤 종류의 ① 직업병이 발생할 수 있는 이유와 ② 직업성 질병 3가지를 적으시오.

[동영상 설명]

[브레이크 라이닝 작업 – 석면분진 노출]
자동차부품(브레이크 라이닝)에 함유된 석면에 작업자가 브레이크라이닝을 교체하고 엔진을 수리하는 작업을 하고 있다.
(작업자는 일반작업복에 일반 장갑, 일반 마스크를 착용한 상태이다)

정답

① 직업성 질병이 발병할 수 있는 이유
  석면분진이 흩날릴 우려가 있는 작업을 하는 장소에 방진마스크(특급만 해당) 등을 지급 및 착용하고 있지 않아 석면분진을 흡인할 우려가 있다.
② 직업성 질병
  (1) 폐암
  (2) 악성중피종
  (3) 석면폐증

연관규정 산업안전보건기준에 관한 규칙 제491조(개인보호구의 지급·착용)
산업안전보건기준에 관한 규칙 [별지 제3호 서식] 석면함유 잔재물 등의 처리 시 표지

📎 위험물 품질명, 물질명 명칭 변경

변경 전	변경 후	
트리	트라이	
디에틸에테르	다이에틸에터	
니트로	나이트로	
글리콜	글라이콜	
요오드	아이오딘	
메탄, 에탄, 프로판	메테인, 에테인, 프로페인	
히드록실	하이드록실	
히드라진	하이드라진	
디아조	다이아조	
에테르	에터	
에스테르	에스터	
질산에스테르류	질산에스터류	
유황	황	
황화린	황화인	
알데히드	알데하이드	
브롬	브로민	
과망간	과망가니즈	
중크롬	다이크로뮴	
클레오소오트류	크레오소트유	
염소화시아눌산	염소화아이소사이아누르산	
시크로헥사놀퍼옥사이드	사이클로헥산온퍼옥사이드	
인산1수소칼슘2수화물	인산수소칼슘2수화물	
할로겐화합물	할로젠화합물	과목별 표기 상이
할로겐간화합물	할로젠간화합물	
할로겐화합물 및 불활성기체	할로겐화합물 및 불활성기체	
갑종 방화문	60분+방화문 또는 60분 방화문	
갑종 또는 을종 방화문	60분+방화문· 60분 방화문 또는 30분 방화문	
을종 방화문	30분 방화문	

※ 할로겐화합물 및 불활성기체 : 화재안전기준 용어로 아직 변경 전

모아 산업안전기사 실기(필답형+작업형)

발행일	2025년 3월 1일 초판 1쇄
지은이	한지훈
발행인	황모아
발행처	(주)모아교육그룹
주 소	서울특별시 영등포구 영신로 32길 29 세화빌딩 2층
전 화	02-2068-2393(출판, 주문)
등 록	제2015-000006호 (2015.1.16.)
이메일	moagbooks@naver.com
ISBN	979-11-6804-410-4 (13530)

이 책의 가격은 뒤표지에 있습니다.

Copyright ⓒ (주)모아교육그룹 Co., Ltd. All Rights Reserved.

이 책은 저작권법에 의해 보호를 받는 저작물이므로 저자와 출판사의 서면 허락 없이
내용의 전부 또는 일부를 이용하는 것을 금합니다.

산업안전기사 합격!
여러분의 합격은 모아의 보람입니다.

끊임없이 변화를 추구하는 교육기업
모아교육그룹

모아를 선택해주신 여러분께 감사드립니다.

✔ 모아는 혁신적인 교육을 통해 인간의 사고(思考)를 확장 및 변화시킬 수 있다고 믿고 있습니다.

✔ 모아는 미래를 교육으로 변화시킬 수 있다고 믿고 있습니다.

✔ 모아는 청년부터 장년, 중년, 노년까지의 성인교육에 중점을 두고 사업을 진행하고 있습니다.

초고령화, 불확실성의 시대

모아는 당신의 미래를 함께 하는 혁신적인 교육 플랫폼이 되겠습니다.